Development Practice on Computer Monitoring System

计算机监控系统开发与实战

马玉春 李壮 张鲲 黄应红 编著

计算机监控系统集成了计算机软件、硬件和信息通信系统，并广泛应用于安防、消防、军事、工业控制、航空航天、高速公路监控等众多领域。本书是作者从事十余年项目开发和理论研究的结晶，提供了快速开发计算机监控系统的主控机和受控机软件包。本书的编排循序渐进，先从基本概念入手，然后介绍工具的使用，再介绍主要技术，最后讲解综合实例和模型，有助于读者轻松掌握计算机监控技术。

本书可供计算机与自动控制相关的工程技术人员及硕士研究生参考，并可作为大专院校高年级学生的选修课教材和毕业设计的参考资料，也可用做技术培训教材。

图书在版编目（CIP）数据

计算机监控系统开发与实战／马玉春等编著. —北京：机械工业出版社，2012. 4

ISBN 978-7-111-37605-7

Ⅰ. 计…　Ⅱ. 马…　Ⅲ. 计算机监控－教材　Ⅳ. TP277

中国版本图书馆 CIP 数据核字（2012）第 035059 号

机械工业出版社（北京市西城区百万庄大街 22 号　邮政编码　100037）
责任编辑：佘　洁
北京京北印刷有限公司印刷
2012 年 4 月第 1 版第 1 次印刷
186mm×240mm · 24.75 印张
标准书号：ISBN 978-7-111-37605-7
　　　　　ISBN 978-7-89433-345-2（光盘）
定价：69.00 元（附光盘）

凡购本书，如有缺页、倒页、脱页，由本社发行部调换
客服热线：（010）88378991；88361066
购书热线：（010）68326294；88379649；68995259
投稿热线：（010）88379604
读者信箱：hzjsj@hzbook.com

前　言

计算机监控系统集成了计算机软件、硬件和信息通信系统，并广泛应用于安防、消防、军事、工业控制、航空航天、高速公路监控等众多领域。计算机监控系统与软件产业和集成电路产业紧密相关，不了解硬件就不能开发出驾驭硬件的软件；不掌握信息通信的方法，计算机监控系统就无法完成内部通信与外部通信。软件产业和集成电路产业是国家战略性新兴产业，是国民经济和社会信息化的重要基础。

本书的积累过程与应用前景

1996 年，作者在江苏理工大学读研期间师从赵跃华教授，参与研发了世界银行贷款的“浙江省钱塘江大型泵站监控系统”、国家大型水利工程“引滦入津——天津尔王庄泵站监控系统”，并在北京邮电通信设备厂主持完成“杭甬温数字微波电路高山无人站电源监控系统”。2004 年，作者从北京理工大学博士毕业后，在这些工程项目经验的基础之上，研发了一系列软件仿真模块、辅助工具和通用多功能计算机监控系统测试软件，可以无成本（计算机、接口转换器及连接电缆除外）搭建支持多种通信模式的可裁剪的计算机监控系统仿真开发平台，所涉及的内容从简单到复杂，从感性认识到理性认识，作者在工作中用来培训和培养青年教师和在校学生，收到了良好的效果。

最简单的计算机监控系统由分别运行于两台计算机上的一个软件仿真模块和主控程序组成，并由串行通信电缆进行连接。在这个系统上，可以尝试 C 语言和 .NET 语言的软件开发、计算机接口、数据校验方法、数据库的使用等。如用于教学，任课教师可以先演示程序的运行，展示声光效果，激发学生的兴趣，然后让学生操作、模仿和改进。在此基础之上，可以使用其他通信模式和增加模块建立网络，甚至使用无线传感器网络。提供的仿真环境充分利用了计算机比较普及的优势，让教师在计算机机房增加工程研发经验，在一定程度上培养了有企业工程背景的教师；让学生在宿舍积累工程研发经验，在某种意义上达到了让学生到企业实践，进行项目训练的效果。一般读者可利用本书及随书光盘，轻松掌握计算机监控系统的开发方法。

作者长期从事计算机监控技术的项目研发与应用研究，发表论文70余篇，出版专著两部，这些成果多次被国内外同仁作为指导实例引用。本书是作者最新科研成果的结晶，所有软件仿真模块、辅助工具、测试软件以及主控软件都采用微软公司免费的Visual Basic 2008速成版开发完成，受控软件用C语言开发完成。另外，本书还提供了基于Java的串行通信解决方案。本书的主要章节都配有精心设计的简洁的实例，解释详尽，通俗易懂，通过理论与实践的对比，可以让读者在轻松模仿实例、边学边做的同时，循序渐进地掌握开发工具的使用方法与技巧，并具备独自承担工程项目的能力。

本书的主要内容

本书分为七个部分介绍计算机监控系统的主要技术与开发案例。由于搭建仿真开发平台的软件及主控软件都是采用Visual Basic 2008速成版开发完成，因此详细介绍了该开发工具，并突出了其与计算机监控相关的技术。第一部分是计算机监控系统基础知识，第二部分是精心安排的基本编程基础与技巧，第三部分是数据库操作技术与DataGridView模板及其应用，第四部分是一个完整独到的串行通信解决方案，第五部分是Java与C语言串行通信解决方案，第六部分是网络通信与Web服务编程，第七部分主要介绍受控机与主控机软件开发实例。

第一部分首先介绍计算机监控系统的基本概念、主要通信接口以及通信协议。然后从实际的硬件实例出发，介绍通用多功能计算机监控系统测试软件的使用方法，接着介绍两个软件仿真模块、通用TCP客户机与服务器以及接口转换软件。第2章的软件可用于搭建支持多种通信模式的可裁剪的计算机监控系统仿真开发平台，须熟练使用。

第二部分（第3~8章）首先介绍了Visual Basic 2008的开发环境、插入代码段、程序的编写、调试与部署。接着讲解界面设计，涉及常用控件的使用方法。图形程序设计是绘制计算机监控系统中的实时曲线，以及提升程序的美观和动态效果的有效手段，该部分介绍了坐标变换、绘制各种形状及实时曲线等内容。My命名空间对于提高编程效率非常有用，其中的方法可以用来方便地播放音频、访问剪贴板、访问用户设置、读写文件和注册表等。随后介绍了常用的编程技巧，包括对话框、环境变量、String类的使用、时间与日期的处理、可变数组与控件数组的使用以及多线程的实现等内容。最后在String类的基础之上，介绍了作者创建的自定义字符串处理类，该类可用于Web中文文本分词、密码穷举等。

第三部分（第9~12章）首先介绍了数据库基础及ADO.NET的基本原理及简单的数据库操作技术，随后介绍了作者创建的Access数据库类，可以方便地用于检索和更新Access数据库（也可扩展使用其他类型的数据库）。数据库的显示与操作是应用程序编程中的重要内容，作者创建的DataGridView模板可以方便地处理Access数据库，程序界面代码可以自动生成，省去了程序员调整界面的麻烦。Windows事务提醒程序是一个综合数据库应用程序，主要利用了Access数据库类和DataGridView模板，可以用来提醒用户，避免用户遗忘重要事务。

第四部分（第 13 ~ 16 章）是一个完整独到的基于 Visual Basic 2008 的串行通信解决方案，是作者从事多项大型计算机监控系统研发和长期理论研究的软件结晶。数据编码与处理技术主要涉及字节、字符（包括汉字）与十六进制字符串之间的相互转换，字节的置位与复位技术等，可以用于各种场合，包括对手机短信的编码与解码。数据包的校验技术以数据编码与处理技术为基础，提供异或、累加和、循环冗余与累加求补多种校验方式，可以用来对串行通信协议和 TCP/IP 协议中的数据包进行校验。串口操作技术则以编码和校验技术为基础，除了打开、关闭串口的功能外，还可以发送指定校验码和结尾码的数据包，读取串口数据也极其简单可靠，如 ReadHexCharsDelay 方法可以一次读取所有的串口数据。办公电话自动拨号程序是基于 Modem 的串口操作技术，可以自动判断内线、市话和长途电话，自动添加外线号码和 IP 号码，拨打电话非常方便，而且可以自动登记拨打电话的历史记录。

第五部分（第 17 ~ 20 章）主要用 Java 语言实现了数据的编码与解码技术及数据的格式化处理，然后用 Java 事件驱动和 Java 类实现了串行通信，可以收发任何格式的数据，这些技术可以用于 Web 服务中的服务器端。C 语言综合解决方案是第三部分内容的 C 语言实现，主要用于快速开发运行于嵌入式系统的受控机程序。

第六部分（第 21 ~ 23 章）首先在 TcpClient 类的基础之上创建了自定义 TCP 客户端类，充实了 TcpClient 类的状态并添加了事件，在此基础之上又设计了一个通用 TCP 客户机程序。同理，在 TcpListener 类的基础之上创建了自定义服务器类，又设计了一个通用 TCP 服务器程序。由此提出了 TCP 管道和 RS-232/RJ-45 接口转换软件模型。因为 Web 服务是当前的研究热点，所以最后介绍了 Web 服务的基本概念及开发方法，并调用 Web 服务实现了一个天气预报程序。

第七部分（第 24 ~ 26 章）首先介绍了作者曾经做过的一个基于 C 语言的受控机系统，这个系统基本可以采用第 20 章的技术来进行仿真；然后介绍了针对软件仿真模块的主控软件开发方法，分别采用了三种通信模式，即串行通信、基于 TCP 的客户机/服务器通信和 Web 服务。

本书的读者对象

- 工程技术人员：阅读本书可以快速提升自己的工程技术水平，利用本书提供的通用源代码开发项目，可以节省时间，增强系统的可靠性。
- 大专院校学生：本书综合了计算机相关专业的多门主干课程，人手一册，可以在求学的各个阶段学到实用技术。早日掌握一技之长，早日找到理想的工作。
- 高校教师：利用本书授课，不但可以给学生传授实践技能，而且可以丰富自己的工程经验。
- 硕士研究生：本书完整独特的串行通信解决方案和网络通信技术，无疑非常有助于项目研发。

本书的学习方法

本书的主要章节都有源代码实例，阅读各章节内容时，首先打开相应的例程，一边操作例程，一边学习书本知识。遇到有疑问的地方，则设置断点跟踪程序的运行，如此掌握程序的逻辑。光盘中的子目录名与每章内容相对应，以 Ch 开头，后跟章的序号。VB_NET 文件夹中存放的是通用 Visual Basic 2008 源代码，Classes 子文件夹中存放的是自定义数据库类、字符串类、TCP 客户机类和服务器类；Modules 子文件夹中存放的是常用模块，包括串行通信解决方案相关的模块、文件操作与 BASE64 编码模块等；DataGridView_ACCESS 子文件夹中存放的是 DataGridView 模板。另外，C_Source 目录下存放的是开发受控机系统的 C 语言软件包。对于容易引起歧义的章节，都在子目录的 ReadMe.txt 文件进行了简要说明。

致谢

本书得到海南省嵌入式系统重点实验室基金、海南省“十二五规划”首批高等学校中青年骨干教师基金、海南省自然科学基金（编号：610225）、2010～2011 年海南省高等学校计算机类课程教学改革项目基金（编号：HJJSJ2010-19）、琼州学院学科带头人和博士科研启动项目基金（编号：QYXB201007）的资助。南京博众网络科技有限公司总裁吕启辉先生对本书的技术非常感兴趣，并无偿提供了一定的资助。清华大学博士后、琼州学院校长武耀廷教授，留德博士、琼州学院副校长过建春教授对本书的撰写一直很关心，并为本书用于教学及培养应用型人才寄予厚望；厦门大学赵致琢教授在百忙之中对本书的教学应用做了指导。在此对所有为本书顺利出版做过贡献的良师益友一并致以诚挚的谢意！

声明

本书中的所有应用程序或软件工具都是作者独立开发的，作者已经或正在申报软件著作权，软件的使用仅限于购买本书的读者本人或已经取得作者或出版社授权的单位，未经许可不得以任何形式复制传播。作者所使用的操作系统为 Windows Vista Home Premium 版本，不同的操作系统程序界面可能会有所差别。由于作者的学识有限，书中不足和疏漏之处在所难免，请读者不吝赐教，以便进一步完善（可发邮件到 walker_ma@163.com）。

马玉春

2012 年 2 月 7 日于三亚

目　　录

前言

第一部分　计算机监控系统基础

第1章　概述 / 2

1.1　计算机监控系统的概念 / 2
1.2　计算机监控系统的主要特点 / 2
1.3　计算机监控系统的分类 / 3
1.4　计算机监控系统的应用 / 4
1.5　计算机监控系统的实例 / 4
1.6　串行接口 / 5
1.6.1　RS-232 接口 / 6
1.6.2　RS-422 与 RS-485 接口 / 7
1.6.3　对等接口之间的通信连接方法 / 7
1.7　网络接口 / 8
1.8　通信协议 / 9
1.9　本章小结 / 10
思考与练习 / 10

第2章　软件仿真模块和常用工具 / 11

2.1　综合硬件实例 / 11

2.2 通用多功能计算机监控系统测试软件 / 12
2.2.1 基本功能 / 13
2.2.2 充当主控机 / 14
2.2.3 充当受控机 / 14
2.2.4 截取通信协议 / 14
2.2.5 远程调试 / 15
2.2.6 Modem 功能 / 15
2.2.7 主窗体界面 / 16
2.2.8 系统设置界面 / 16
2.2.9 协议管理界面 / 17
2.2.10 电话簿界面 / 18
2.2.11 校验码计算界面 / 19
2.2.12 测试报告界面 / 19
2.3 开关量 I/O 软件仿真模块 / 19
2.3.1 硬件模型 / 19
2.3.2 通信协议 / 20
2.3.3 主窗体界面 / 21
2.3.4 参数设置界面 / 22
2.3.5 用 TestPort 测试软件仿真模块 / 23
2.4 模拟量输入开关量输出软件仿真模块 / 23
2.5 RS-232/RS-232 接口转换软件 / 24
2.6 通用 TCP 客户机与服务器 / 26
2.6.1 通用 TCP 客户机 / 26
2.6.2 通用 TCP 服务器 / 27
2.7 RS-232/RJ-45 接口转换软件 / 28
2.7.1 应用模型 / 28
2.7.2 界面介绍 / 29
2.8 本章小结 / 29
思考与练习 / 30

第二部分 编程基础与技巧

第 3 章 Visual Basic 2008 入门 / 32

3.1 Visual Basic 2008 的开发环境 / 32
3.1.1 启动 Visual Basic 2008 / 32
3.1.2 定制 IDE / 34

3.2 创建 Windows 窗体应用程序 / 36
3.2.1 需求分析 / 36
3.2.2 环境与界面的处理 / 36
3.2.3 代码编写 / 39
3.2.4 插入代码段的使用 / 41
3.3 调试 / 42
3.4 部署应用程序 / 43
3.4.1 理解 ClickOnce 技术 / 43
3.4.2 使用发布向导 / 44
3.4.3 测试安装程序 / 46
3.5 命名空间 / 47
3.6 本章小结 / 48
思考与练习 / 48

第 4 章 界面设计 / 49

4.1 公共控件 / 49
4.1.1 Label / 49
4.1.2 LinkLabel / 50
4.1.3 TextBox / 51
4.1.4 CheckBox / 52
4.1.5 RadioButton / 52
4.1.6 ComboBox / 53
4.1.7 ToolTip / 54
4.1.8 NotifyIcon / 55
4.1.9 PictureBox / 56
4.1.10 ProgressBar / 57
4.1.11 TrackBar / 58
4.1.12 DateTimePicker / 59
4.2 容器 / 59
4.2.1 GroupBox / 60
4.2.2 Panel / 60
4.2.3 TabControl / 61
4.2.4 SplitContainer / 62
4.2.5 TableLayoutPanel / 63
4.2.6 FlowLayoutPanel / 65
4.3 菜单和工具栏 / 65
4.3.1 MenuStrip / 65

4.3.2 ContextMenuStrip / 66
4.3.3 ToolStrip / 67
4.3.4 ToolStripContainer / 69
4.3.5 StatusStrip / 70
4.4 对话框 / 70
4.4.1 OpenFileDialog / 70
4.4.2 SaveFileDialog / 72
4.5 组件 / 73
4.5.1 ErrorProvider / 73
4.5.2 HelpProvider / 74
4.5.3 Timer / 75
4.5.4 SerialPort / 76
4.6 本章小结 / 78
思考与练习 / 79

第5章 图形程序设计 / 80

5.1 坐标系及其变换 / 80
5.2 系统颜色 / 81
5.3 Pen 类 / 81
5.4 Graphics 类 / 82
5.5 绘制形状 / 83
5.5.1 绘制直线 / 84
5.5.2 绘制矩形 / 85
5.5.3 绘制椭圆 / 85
5.5.4 绘制多边形 / 85
5.6 Brush / 86
5.7 绘制实时数据线 / 87
5.8 本章小结 / 89
思考与练习 / 89

第6章 My 命名空间 / 90

6.1 访问主机 / 90
6.1.1 播放音频 / 91
6.1.2 剪贴板操作 / 91
6.1.3 访问系统时钟 / 92
6.1.4 获取主机系统信息 / 92
6.1.5 访问键盘 / 93

6.1.6 访问鼠标 / 93
6.1.7 获取计算机的名称 / 93
6.1.8 访问网络 / 94
6.1.9 访问串口 / 94
6.2 访问应用程序 / 95
6.3 访问资源元素 / 96
6.4 访问用户与应用程序级设置 / 97
6.5 文本文件操作 / 101
6.6 注册表操作 / 103
6.6.1 使用 My.Computer.Registry 访问注册表 / 104
6.6.2 注册表的访问测试 / 105
6.7 My 命名空间扩展 / 107
6.8 本章小结 / 109
思考与练习 / 109

第 7 章 常用编程技巧 / 110

7.1 消息框 / 110
7.2 输入对话框 / 111
7.3 模式对话框 / 112
7.4 获取环境变量的值 / 113
7.5 识别操作系统 / 114
7.6 String 类及数据的格式化处理 / 115
7.6.1 String 类的使用 / 115
7.6.2 数据的格式化处理 / 118
7.6.3 经典字符串函数的使用 / 120
7.7 日期与时间的处理 / 120
7.7.1 日期与时间的计算 / 121
7.7.2 日期与时间的格式化处理 / 122
7.8 可变数组与控件数组的使用 / 124
7.8.1 可变数组 / 124
7.8.2 控件数组 / 125
7.9 BASE64 编码与解码 / 126
7.10 Stopwatch 的使用 / 127
7.11 控制计算机休眠或待机 / 128
7.12 Using 语句的使用 / 129
7.13 控件获取焦点 / 130
7.14 动画精灵的实现 / 130

7.15　多线程的实现 / 133
7.16　杂项代码 / 136
7.16.1　时间相关函数 / 136
7.16.2　其他函数 / 139
7.16.3　杂项代码综合测试 / 140
7.17　本章小结 / 141
思考与练习 / 141

第8章　自定义字符串处理类 / 142

8.1　自定义类的创建 / 142
8.2　数据与属性的定义 / 143
8.3　构造函数与销毁函数 / 144
8.4　Web 中文文本分词相关函数 / 145
8.5　密码穷举相关函数 / 153
8.6　其他常用函数 / 157
8.7　类的使用与测试 / 158
8.8　本章小结 / 160
思考与练习 / 160

第三部分　数据库操作技术

第9章　数据库基础 / 162

9.1　Access 数据库的创建 / 162
9.2　关系数据库标准语言 SQL / 163
9.2.1　SQL 的数据查询功能 / 163
9.2.2　SQL 的数据操纵功能 / 165
9.3　在应用程序中访问数据库 / 166
9.3.1　连接到数据库 / 166
9.3.2　数据库的绑定 / 167
9.4　ADO.NET 的基本原理 / 168
9.5　通过 ADO.NET 连接到数据源 / 169
9.6　通过 DataReader 访问数据库 / 171
9.7　通过 DataAdapter 访问数据库 / 173
9.7.1　DataSet 的基本原理 / 173
9.7.2　用 DataAdapter 填充数据集 / 175
9.7.3　使用 DataAdapter 更新数据源 / 176

9.7.4　使用 CommandBuilder 生成命令 / 177
9.8　本章小结 / 179
思考与练习 / 179

第 10 章　Access 数据库类 / 180

10.1　私有变量与辅助函数的定义 / 180
10.2　属性 / 181
10.3　构造函数 / 183
10.4　数据源的更新 / 184
10.5　序号自动操作方法 / 185
10.6　其他方法 / 186
10.7　应用测试 / 187
10.8　本章小结 / 189
思考与练习 / 189

第 11 章　DataGridView 模板 / 190

11.1　DataGridView 的主要特点 / 190
11.2　DataGridView 的常用属性 / 190
11.2.1　布局属性 / 191
11.2.2　数据属性 / 191
11.2.3　外观属性 / 191
11.2.4　行为属性 / 193
11.2.5　杂项属性 / 194
11.3　DataGridView 的常用方法 / 195
11.4　DataGridView 的常用事件 / 195
11.4.1　CellClick 事件 / 195
11.4.2　CellFormatting 事件 / 195
11.4.3　RowHeaderMouseClick 事件 / 196
11.4.4　RowPrePaint 事件 / 196
11.4.5　RowValidated 事件 / 196
11.4.6　UserDeletingRow 事件 / 197
11.5　非绑定模式的数据显示 / 197
11.6　BindingSource 类用于数据绑定 / 199
11.7　DataGridView 模板的实现 / 200
11.7.1　变量定义和数据表信息的获取 / 200
11.7.2　布局自动完成的准备工作 / 201
11.7.3　代码自动生成与属性的自动获取 / 203

11.7.4 数据自动更新技术 / 205
11.7.5 其他相关操作 / 205
11.8 DataGridView 模板的发布与应用 / 206
11.9 本章小结 / 207
思考与练习 / 207

第 12 章 Windows 事务提醒程序 / 208

12.1 数据库的设计 / 208
12.2 框架设计 / 208
12.2.1 需要的软件模块 / 208
12.2.2 窗体设计 / 209
12.2.3 项目属性设计 / 211
12.3 主窗体的代码实现 / 211
12.3.1 变量与方法定义 / 211
12.3.2 主窗体的主要事件 / 212
12.3.3 其他事件的处理 / 214
12.4 时钟代码的主要工作 / 214
12.4.1 主窗体信息更新和准备工作 / 214
12.4.2 记录的检索与处理 / 215
12.5 时间表设置窗体的代码实现 / 217
12.6 事务提醒窗体的代码实现 / 219
12.7 Interlocked 类的使用 / 219
12.8 程序测试 / 220
12.9 本章小结 / 221
思考与练习 / 221

第四部分 串行通信解决方案

第 13 章 数据编码与处理技术 / 224

13.1 枚举类型和常量的定义 / 224
13.2 十六进制字符串的预处理 / 225
13.3 十六进制字符串中插入或删除空格 / 226
13.4 字节(数组)转换为十六进制字符串 / 227
13.5 十六进制字符串转换为字节(数组) / 228
13.6 普通字符串与十六进制字符串之间的相互转换 / 229
13.7 字节数组与普通字符串之间的相互转换 / 230

13.8 普通字符串与 Unicode 字符串之间的相互转换 / 231
13.8.1 普通字符串转换为 Unicode 字符串 / 231
13.8.2 Unicode 字符串转换为普通字符串 / 232
13.9 中文信息的加密与解密 / 233
13.10 随机字节(数组)的生成 / 234
13.11 字节的位操作与二进制转换 / 235
13.11.1 字节的位操作 / 235
13.11.2 二进制转换 / 236
13.11.3 应用测试 / 237
13.12 本章小结 / 238
思考与练习 / 238

第 14 章 数据包的校验技术 / 239

14.1 全局枚举类型的定义 / 239
14.2 累加和(Add)校验 / 240
14.3 异或(Xor)校验 / 241
14.4 循环冗余(CRC)校验 / 242
14.5 累加求补(BCS)校验 / 244
14.6 结尾码的处理 / 245
14.7 数据包的统一校验 / 246
14.8 数据包的综合生成与信息提取 / 247
14.9 应用测试 / 248
14.10 本章小结 / 249
思考与练习 / 249

第 15 章 串行接口操作技术 / 250

15.1 串行接口名称的获取与应用 / 250
15.2 串行接口的打开与关闭 / 251
15.3 获取调制解调器的接口名称 / 251
15.4 获取串行接口的状态 / 252
15.5 通过串行接口发送数据 / 253
15.6 通过串行接口接收数据 / 254
15.7 带延迟的接收数据方法 / 255
15.8 综合测试 / 256
15.8.1 变量和辅助方法的定义 / 256
15.8.2 主要控件对象的关键代码 / 257
15.8.3 测试效果 / 259

15.9　本章小结 / 260
思考与练习 / 260

第 16 章　办公电话自动拨号程序 / 261

16.1　基本原理 / 261
16.2　窗体布局 / 261
16.3　项目属性设计 / 262
16.4　需要的软件模块 / 263
16.5　窗体代码分析 / 265
16.5.1　变量与方法的定义 / 265
16.5.2　主窗体的主要事件 / 266
16.6　拨号功能的实现 / 268
16.7　复位操作的主要功能 / 269
16.8　上下文菜单代码分析 / 271
16.9　程序测试 / 272
16.10　本章小结 / 273
思考与练习 / 273

第五部分　Java 与 C 语言解决方案

第 17 章　Java 通用数据处理技术 / 276

17.1　十六进制字符串转换为字节(数组) / 276
17.2　字节(数组)转换为十六进制字符串 / 277
17.3　英文字符串与字节(数组)之间的相互转换 / 278
17.4　字符串转换为 Unicode 编码 / 279
17.5　Unicode 编码转换为字符串 / 279
17.6　从 ByteBuffer 中获取 byte 数组 / 280
17.7　十六进制字符串的格式化处理 / 280
17.8　ByteProcess 类的综合应用测试 / 281
17.9　本章小结 / 282
思考与练习 / 282

第 18 章　Java 事件驱动的串行通信实现 / 283

18.1　Java 串行通信开发包的安装 / 283
18.2　Java Communications API 中与 RS-232 相关的类与方法 / 283
18.3　串行通信的实现 / 284

18.4 程序的测试 / 286
18.5 本章小结 / 286
思考与练习 / 286

第 19 章 Java 串行通信类的设计与应用 / 287

19.1 OperateCOM 类 / 287
19.2 ReadCOM 类 / 289
19.3 串口类的发布 / 292
19.4 串口类的测试:SerialExample 类 / 292
19.5 本章小结 / 293
思考与练习 / 294

第 20 章 C 语言综合解决方案 / 295

20.1 bioscom 通信函数及相关定义 / 295
20.2 通信函数的设计 / 296
20.3 通信函数的应用 / 299
20.4 校验码的计算 / 300
20.5 数据包的校验 / 302
20.6 位操作函数 / 303
20.7 其他函数 / 304
20.8 综合应用 / 305
20.9 本章小结 / 308
思考与练习 / 308

第六部分 网络通信与 Web 服务

第 21 章 通用 TCP 客户机 / 310

21.1 网络编程的常用类 / 310
21.2 IP 地址的获取 / 311
21.3 TcpClient 类 / 311
21.4 自定义 TCP 客户端类 / 312
21.4.1 基本定义 / 313
21.4.2 构造函数与销毁函数 / 314
21.4.3 与远程主机的连接 / 314
21.4.4 数据接收的处理 / 315
21.4.5 数据发送的处理 / 316
21.5 TCP 客户机的窗体设计 / 317

21.6 需要的软件模块 / 318
21.7 主窗体的代码分析 / 318
21.7.1 自定义类的事件代理分析 / 319
21.7.2 主窗体及其他相关控件的关键代码分析 / 320
21.8 参数设置窗体的代码分析 / 322
21.9 本章小结 / 323
思考与练习 / 323

第22章 通用TCP服务器 / 324

22.1 TcpListener 类 / 324
22.2 自定义 TCP_Server 类 / 325
22.2.1 基本定义 / 325
22.2.2 构造函数和销毁函数 / 326
22.2.3 连接请求的处理 / 327
22.3 TCP 服务器的窗体设计 / 328
22.4 需要的软件模块 / 328
22.5 窗体代码分析 / 329
22.6 应用模型 / 330
22.7 本章小结 / 330
思考与练习 / 330

第23章 Web服务 / 331

23.1 什么是 Web 服务 / 331
23.2 Web 服务的体系结构 / 332
23.3 Visual Web Developer 2008 的开发环境 / 333
23.4 天气预报 Web 服务应用程序 / 335
23.4.1 准备工作 / 335
23.4.2 代码分析 / 337
23.4.3 程序测试 / 339
23.5 本章小结 / 339
思考与练习 / 339

第七部分 受控机与主控机软件开发实例

第24章 高山无人站电源监控系统 / 342

24.1 项目背景 / 342
24.2 受控站的硬件结构设计 / 342

24.3 软件实现 / 343
24.3.1 通信协议说明 / 343
24.3.2 函数说明 / 344
24.3.3 主要源代码 / 345
24.3.4 主控程序的设计 / 349
24.4 系统调试 / 349
24.5 本章小结 / 350
思考与练习 / 350

第25章 DI/DO主控软件 / 351

25.1 RS-232主控程序 / 351
25.1.1 主界面设计 / 351
25.1.2 关键代码分析 / 352
25.1.3 软件测试 / 355
25.2 基于TCP客户机的主控程序 / 356
25.2.1 主界面设计 / 356
25.2.2 关键代码分析 / 356
25.2.3 软件测试 / 358
25.3 Web服务主控程序 / 358
25.3.1 创建Web服务 / 358
25.3.2 调用Web服务 / 362
25.4 本章小结 / 365
思考与练习 / 365

第26章 计算机监控系统模型 / 366

26.1 计算机监控系统的硬件模型 / 366
26.2 主控机软件模型 / 367
26.3 受控机软件模型 / 369
26.4 网络环境下的主机安全维护 / 370
26.5 本章小结 / 371
思考与练习 / 371

参考文献 / 372

第一部分

计算机监控系统基础

第 1 章　概述

第 2 章　软件仿真模块和常用工具

第1章　概　述

计算机监控系统集成了计算机软件、硬件和信息通信系统，并广泛应用于安防、消防、军事、工业控制、航空航天、高速公路监控等众多领域。目前中国软件产业的发展，既有软件人才在数量上供不应求的问题，更有质量上结构不合理的问题，缺少多层次、复合型、交叉型、国际化的软件人才。随着信息技术产业的不断发展，作为其核心和灵魂的软件产业越来越受到各个国家的重视，软件产业已经成为关系到国家经济和社会发展的重要战略性产业之一。无论教师或学生，通过独立研发计算机监控系统，具备计算机软件、硬件和信息通信系统相关的技能和理论基础，都可以成为一个复合型软件人才，在国民经济建设和社会信息化发展中贡献一份力量。

1.1　计算机监控系统的概念

计算机监控系统是指具有数据采集、监视和控制功能的计算机系统，是以监测控制计算机为主体，加上检测装置（传感器）、执行机构与被监测控制的对象（生产过程）共同构成的整体。在这个系统中，计算机直接参与被监控对象的检测、监督和控制。

以前，人们要知道设备或生产线的运行参数和状态，需要依靠人工进行逐级汇报。这些汇报需要使用电信手段或工具，这样就容易延误处理时机，有可能造成不可弥补的损失。有了计算机监控系统，就可以及时掌握设备运行的参数及状态，可以了解整个工程甚至整个行业或更大范围所发生的一切，对于紧急情况可以根据事先设定的规则采取合适的措施，然后，通过有线或者无线的手段向管理人员汇报，并在计算机中进行登记。

1.2　计算机监控系统的主要特点

- 实时性　计算机监控系统是一种实时计算机系统，可以根据采集到的数据，立即采取相应的动作。例如，检测到化学反应罐的压力超限，可以立即打开减压阀，这样就避免了爆炸的危险。实时性是区别于普通计算机系统的关键特点，也是衡量计算机监控系统性能的一个重要指标。
- 可靠性　计算机监控系统的可靠性是指系统无故障运行的能力。在监控过程中即使系统由于其他原因出现故障错误，计算机系统仍能做出实时响应并记录完整的数据。可靠性常用“平均无故障运行时间”，即平均的故障间隔时间来定量地衡量。在设计计算机监控系统的时候，应充分考虑系统运行的健壮性。
- 可维护性　可维护性是指进行维护工作时的方便快捷程度。计算机监控系统的故障会影响正常的操作，有时会大面积地影响监控过程的进行，甚至使整个过程瘫痪。因此，方便地维护监控系统的正常运行，在最短时间内排除它的故障，成为计算机监控系统的一个重要特点。可维护性也与硬件、软件等诸多因素有关，要求监控软件具有在线实时诊断程序，可以在不影响系统运行的情况下及时发现故障。对监控系统的维护，可以采取现场或通过 Internet 进行远程维护两种方式。计算机监控系统应该具有紧急手动控制装置，以便于计算机监控系统发生重大故障时进行控制。

- *数据自动采集处理* 自动地对监测对象进行数据采集、监视，能将测量的数据进行分类处理、数学运算、误差修正及工程单位换算等。例如，被监测对象的温度范围为 0 ~ 100℃，实际得到的被测数据为 0 ~ 255，那么，就需要将实测数据转换为对应温度，进行显示和做出相应的处理。
- *人机交互* 在计算机监控系统中，人机交互的方式应该友好简捷，便于操作，并可以根据要求显示数据和打印相关报表。
- *通信功能* 这里所说的通信，主要是指在监控系统中，计算机与计算机之间、相同类型或不相同类型总线之间以及计算机网络之间的信息传输。本书主要涉及串行通信和基于 TCP/IP 协议的网络通信。
- *信息处理和控制算法* 在设计计算机监控系统的过程中，信息处理和控制算法的设计、开发和调试是最为核心的内容，也是最花费时间的工作，它占据了开发调试的大部分工作量。信息处理和控制算法主要是软件工作，这些软件的开发除了与采用的操作系统、软件开发工具有关外，还和硬件（特别是接口部件）以及生产工艺要求有密切关系。例如，同样是针对调制解调器（Modem）的操作，在此型号的 Modem 上测试通过的软件，换一个 Modem 未必能通过。在开发软件产品时，必须反复调试，确保软件的健壮性。
- *管理功能* 大多数监控系统建立了相应的数据库，兼有办公管理或工程管理的功能，可以根据要求统计、分析和打印各种报表。对于重要的情况，可以通过短信或邮件来通知系统管理员。
- *自动运行* 能按预先设计好的策略自动运行。如有特殊要求，操作人员可以更改程序自动运行的规则，并按照新的规则运行。在自动运行状态，可以不需要人工的介入。
- *自动报警* 监控系统本身应该具有故障诊断、报警的功能，对监测对象的设备或工艺运行参数进行监视，如超过了设计规定值，能进行自动报警。报警有多种方式，如声音报警、电子邮件报警、短信报警等，并登记相关事件。
- *自动校正* 有的监控系统，可以根据用户需要，按预先给定的标准进行自动校正，以清除某种干扰带来的影响。
- *自动调度决策* 有的系统能按一定的工艺模型运行，自动选择测试、监控项目，使监控对象处于最佳状态。如浙江省钱塘江大型泵站监控系统，通过调整泵的叶轮角度来达到节能目的。

1.3 计算机监控系统的分类

根据对象的不同监测控制要求、系统所完成的监测控制功能和基本特点，可将计算机监控系统分为下述4类：

- *计算机监测系统* 计算机监测系统又称计算机数据采集与处理系统，其主要功能是以计算机为核心对生产过程的参数和工况进行巡回检测。监测系统的输出不直接作用于生产过程的执行机构，不直接影响生产过程的进行，它是一个开环监测系统。生产过程的控制和调节由人工完成。
- *计算机监督系统* 计算机监督系统具有分析决策的功能，在检测系统的基础之上，发挥计算机智能的特点，充分利用计算机快速计算、大容量记忆、综合分析、逻辑判断等功能，对预处理后的信息进行二次加工。
- *计算机控制系统* 计算机控制系统又称直接数字控制系统，具有自动控制功能，即由计算机直接对生产过程进行控制。它是在监测系统的基础之上根据事先决定并存储在计算机中的一种或多种控制策略，输出控制信息，直接作用于执行机构，完成自动控制和调节功能。它是一个闭环系统，不仅有从生产过程传输至计算机系统的检测信息通道，而且有从计算机系统传输至生产过程的控制信息通道。
- *计算机综合监控系统* 计算机综合监控系统综合了上述三种系统的功能，由计算机完成输入处理、信息加工、分析决策以及输出控制调节。

1.4 计算机监控系统的应用

- *在电力系统中的应用* 计算机监控系统在电力系统中应用时间较早，规模也比较大，尤其是华东、华北和东北等各大电力系统总调监控系统，当时都是引进世界先进水平的系统。现在，各省、区的供电局、供电所都有监控系统，无人值班变电所也开始运行。
- *在交通监控系统中的应用* 在交通运输行业应用计算机监控系统发展很快，如机动车辆智能收费系统、高速公路交通监控系统、移动巡警车等。其中的智能交通系统发展较快，可以对交通流量进行计算机监控和调度，已成为当前的研究热点。
- *在消防监控系统中的应用* 随着生活水平的提高、电器设备的增多、高层及超高层建筑的增加以及商场超市等群众聚集场所规模的迅速扩大，消防安全的重要性越来越突出，越来越多的新型建筑采用了智能消防系统。它由两部分构成，一部分是火灾自动报警系统，与消防指挥调度中心联网；另一部分是联动灭火系统，即执行系统。这种智能消防系统能及时发现建筑的火灾隐患，采取相应措施，避免损失。
- *在各行业中的应用* 计算机监控系统广泛应用于邮电、钢铁、化工、环保、国防、航空航天、工业水处理等诸多领域，几乎所有行业都程度不同地采用各种测控、监控设备。有的监控系统技术相当先进，设备十分完善。计算机监控系统已渗透到各个国家的政治、经济活动中，甚至参与管理国家的一切事务，监测全球范围内的某些参数或现象。

1.5 计算机监控系统的实例

如图1.1所示是一个计算机监控系统的实例。监控模块具有串行通信接口（又称串行接口或串口）RS-232，可以跟计算机的 RS-232 接口连接，进行串行通信。传感器将环境温度转化为电信号，但是，需要通过变送器将此电信号转换成监控模块可以接收的信号范围。监控模块定时采样该信号，并将该模拟量转换为数值保存起来。计算机通过 RS-232 接口发送查询信息给监控模块，监控模块检查所收到的信息后，如果正确将返回保存的温度信息。计算机收到返回的温度信息，如果发现温度超过规定的数值，就给监控模块发送控制信息。监控模块收到控制信息后，检查正确，则打开开关，让执行器动作，从而让受控器（如加热装置）停止加热。

监控模块负责将模拟量转换为数值，即实现了 A/D 转换，同时，与计算机进行通信，执行计算机发送的控制命令，让执行器动作，从而控制受控装置。为了简单地说明问题，监控模块只有 1 路模拟量输入，1 路开关量输出。用软件实现计算机监控，不需要知道监控模块的内部实现，只需要掌握其外部功能和软件控制即可。

如图 1.2 所示是一个嵌入式监控模块的实物图，该模块有一个 RS-232 串行接口和一个以太网接口（RJ-45，即网络接口或网口）。I-7188EX 嵌入式 Internet/Ethernet 控制器主要是用于嵌入式控制，而 I-7188EN 因特网通信控制器主要用于通信应用。按照不同的嵌入式配置和应用程序，因特网通信控制器能够用做设备服务器，或是可设址的以太网到 RS-232/485/422 的转换器，也可以用做嵌入式 Internet/Ethernet 控制器。此模块没有数据采集功能，但是，可以通过 RS-232 接口接收其他数据采集模块的数据，然后通过以太网接口将数据传送到 Internet，从而实现远程监控。下面简单介绍计算机监控系统中常用的串行接口和网络接口的基本物理特性，至于编程实现将在后续章节介绍。

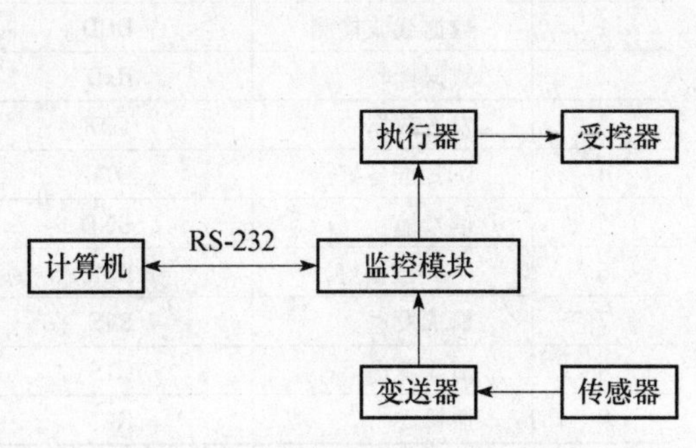

图 1.1 计算机监控系统的实例

图 1.2 I-7188E1/E10 模块

1.6 串行接口

串行接口一般包括 RS-232/422/485，其技术简单成熟、性能可靠、价格低廉，且所要求的软硬件环境或条件都很低，因此广泛应用于计算机及相关领域，遍及 Modem、串行打印机、各种监控模块、PLC、摄像头云台、数控机床、单片机及相关智能设备，甚至路由器也不例外（通过串口设置参数）。在计算机监控系统中，主控机一般采用工控机，通过串口与监控模块相连，监控模块再连接相应的传感器和执行器，如此形成一个简单的双层结构的计算机监控系统。这种结构主要用于单独的中小型企业或部门，如果属于综合型企业或部门，如电力系统监控、高速公路监控和收费系统，则可以此为基础结构进行扩充；用集线器将众多双层监控系统连接起来，再用交换机将若干集线器连接起来，统一接上路由器，从而与 Internet 互联（当然，软件结构也得做相应调整），如此即可形成一个庞大的计算机监控网络。由此可见，尽管现代计算机的新接口层出不穷，各种网络日新月异且规模也越来越大，但是，其基础结构却有不少是串行通信系统，串行通信也成了其中的核心技术。

1.6.1 RS-232 接口

RS-232 接口是一种用于近距离（一般在 15m 之内，最长不超过 60m）、慢速度、点对点的通信协议。虽然有 9 根线，但是，只要连接发送线 TxD、接收线 RxD、地线 GND 即可工作。在 RS-232 中一个信号只用到一条信号线，采取与地电压参考的方式，因而在长距离传输后，发送端和接收端的对地电压有出入，容易造成通信出错或速度降低。如果采用光电隔离的长线驱动器，也可使通信距离延长至 2 000m。RS-232 的最高速率一般可达到 115 200bit/s，通常默认的工作参数为：9 600bit/s，8 位，无校验。图 1.3 所示为 RS-232 接口的实物图，其中 a 图为针状，称做公口，大部分计算机或笔记本都采用该形状；b 图为孔状，称做母口，模块采用此形状的较多。两种接口的针或孔都标有数字 1~9。

a）公口

b）母口

图 1.3 RS-232 接口的实物图

表 1.1 DB-9 引脚说明

序号	功能说明	英文缩写
1	数据载波检测	DCD
2	数据接收	RxD
3	发送数据	TxD
4	DTE 准备好	DTR
5	信号地	GND
6	DCE 准备好	DSR
7	请求发送	RTS
8	清除发送	CTS
9	振铃	RI

表 1.1 所示是 DB-9 型连接器的引脚说明，分为三类，即联络控制信号线、数据发送与接收线以及地线。表中的 DTE（Data Terminal Equipment）即数据终端设备，是广义的概念，计算机也可以是数据终端。DCE（Data Communications Equipment）即数据通信设备，用来连接 DTE，Modem 就是典型的 DCE。

（1）联络控制信号线

- 数据设备准备好（Data Set Ready，DSR） 其状态为有效，表明 Modem 处于可以使用的状态。
- 数据终端准备好（Data Terminal Ready，DTR） 其状态为有效，表明数据终端可以使用。

有时将 DSR 和 DTR 与电源连接，一上电就立即有效。这两个设备状态信号有效，只表示设备本身可用，并不说明通信链路可以开始进行通信了，能否开始进行通信要由下面的控制信号决定。

- 请求发送（Request To Send，RTS） 如果 DTE（如计算机）要向 DCE（如 Modem）发

送数据，就使 RTS 有效。

- 允许发送（Clear To Send，CTS） 如果 Modem 有接收空间，就使 CTS 有效，然后计算机开始发送数据；否则，就不会发送 CTS 有效信号，因而计算机不能发送数据。

RTS/CTS 用于半双工 Modem 系统中发送方式和接收方式之间的切换。在全双工系统中，因配置了双向通道故不需要 RTS/CTS 联络信号。

- 载波数据检测（Data Carrier Detection，DCD） 用来表示 DCE 已经接通通信链路，告知 DTE 准备接收数据。当本地的 Modem 收到由通信链路另一端（远地）的 Modem 送来的载波信号时，使 DCD 有效，通知终端准备接收，并且由 Modem 将接收下来的载波信号解调成数字量数据后，沿接收数据线 RxD 送到终端。
- 振铃指示（Ring Indicator，RI） 当 Modem 收到交换台送来的振铃呼叫信号时，使该信号有效，然后通知终端已被呼叫。

（2）数据发送与接收线

- 发送数据（Transmitted Data，TxD） 通过 TxD 终端将串行数据发送到 Modem。
- 接收数据（Received Data，RxD） 通过 RxD 终端接收从 Modem 发来的串行数据。

（3）地线

- 地线（Ground，GND） 在两个串口之间传输数据，地线直接相连。

1.6.2 RS-422 与 RS-485 接口

RS-232 作为一种通信标准得到了广泛的应用，但是，其通信距离短、速度慢，且在一个连接中不能有超过两台以上的设备。为了满足通信发展对更快的速度、更长的连接和多节点连接的需求，RS-422 与 RS-485 应运而生。

RS-422 由 RS-232-C 发展而来，定义了一种平衡通信接口，将传输速率提高到 10Mbit/s，是一种单机发送、多机接收的单向平衡传输规范，被命名为 TIA/EIA-422-A 标准。为了扩展应用范围，EIA 又于 1983 年在 RS-422 的基础上制定了 RS-485 标准，增加了多点、双向通信能力，即允许多个发送器连接到同一条总线上，同时增加了发送器的驱动能力和冲突保护特性，扩展了总线共模范围，后命名为 TIA/EIA-485-A 标准。由于 EIA 提出的建议标准都是以“RS”作为前缀，所以，在通信工业领域仍然习惯将上述标准以 RS 作前缀称谓。

RS-422/485 接口采用与 RS-232 接口不同的方式：每个信号都采用双绞线（两根信号线）传送，两条线间的电压差用于表示数字信号。例如，将双绞线中的一根标为 A（正），另一根标为 B（负），当 A 为正电压（通常为 +5V）、B 为负电压时（通常为 0），表示信号“1”；反之，A 为负电压、B 为正电压时表示信号“0”。RS-422/485 允许通信距离可达到 1 200m。

RS-422 与 RS-485 采用相同的通信协议，但又有所区别：RS-422 通常作为 RS-232 通信的扩展，它采用两根双绞线，数据可以同时双向传递（全双工）；RS-485 则采用一根双绞线，输入输出信号不能同时进行（半双工）。

1.6.3 对等接口之间的通信连接方法

两台 RS-232 设备之间的通信连接，只要发送线与接收线交叉连接、地线直接连接即可。一般用于主控机（如工控机）与受控机（CPU 模块）之间的连接。有的设备之间的连接还需要一些联络信号，如计算机跟 GSM Modem（俗称短信猫）进行通信，为了可靠，要求进行 CTS/RTS 联络，如果 GSM Modem 处于此状态，而计算机不使用联络信号，将会导致计算机发送数据给 GSM Modem 后，无法接收到 GSM Modem 响应的数据，直到计算机也使用联络信号。这就是为什么别人的主控程序发送给受控设备相同的数据包，能得到响应，而自己的程序却不行的主要原因。图 1.4所示是一个 RS-232 连接简图。

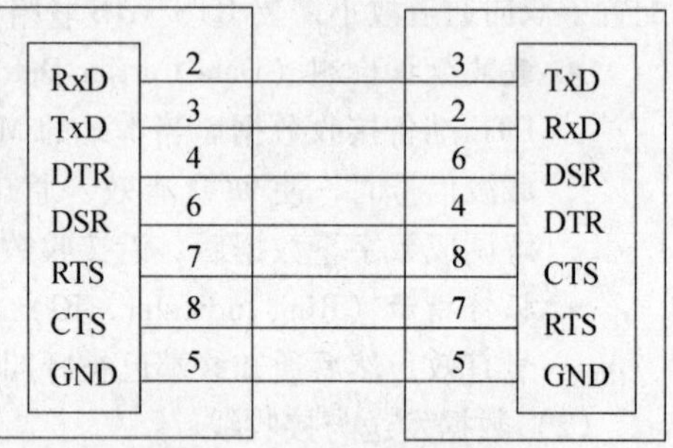

图 1.4 RS-232 连接方法

RS-422 是对 RS-232 的扩展，RS-232 只能进行半双工通信，而 RS-422 可以进行全双工通信，而且传输速率高、距离远。两台 RS-422 设备之间的通信连接，也只是发送线与接收线交叉连接。由于发送线和接收线各自有两根，交叉后正极与正极相连、负极与负极相连。这种情况主要用于受控机离主控机距离较远，在主控机的 RS-232 上挂接 RS-232/422 转换器，从而实现两台 RS-422 设备之间的连接。图 1.5 所示是 RS-422 设备连接图。

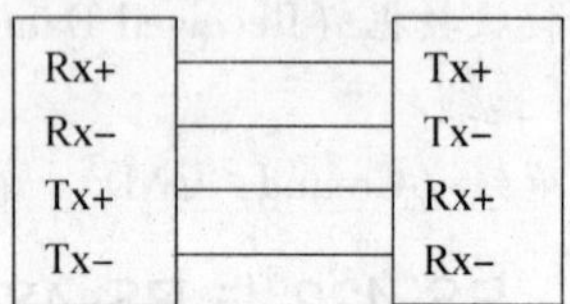

图 1.5 RS-422 连接方法

RS-485 可以说是最简单高效的串口了，传输速率高、距离远，一条信号线上一般可以连接多达 128 台设备，执行器一般配备此接口。两台 RS-485 设备之间的通信连接，只要直连即可，即正极连接正极、负极连接负极。受控机一般配备标准的串口，即 RS-232，同时配备 RS-485 用于跟距离较远的多台执行器通信、发送命令或查询设备状态。图 1.6 是 RS-485 设备连接图。工程效果如图 2.1 所示。

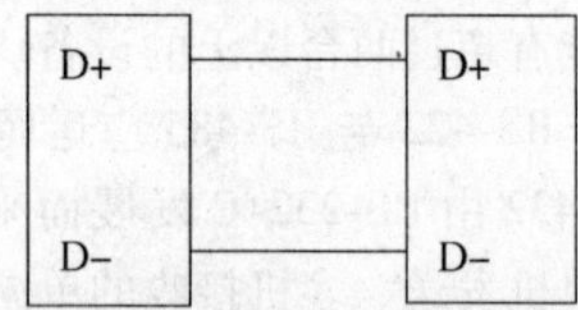

图 1.6 RS-485 连接方法

1.7 网络接口

RS-232 只能用于近距离传输数据，RS-422/485 的传输距离也非常有限。随着 Internet 的普及，如果计算机监控系统的数据不能通过 TCP/IP 协议进行传输，那么，这种监控系统将缺乏灵活性和实用性。

网口一般使用 RJ-45 接口（俗称水晶头），采用 8 芯（4 对）双绞线，只用其中两对，另外两对作为将来扩展使用。8 芯双绞线的作用和颜色如表 1.2 所示（RJ-45 头的金属线向上，双绞线靠近自己，从左到右即为 1 至 8 的顺序）。在双绞线中橙、绿两对线比另外两对绕得更紧一些，所以在有关标准中规定用这两对线作为收发线，可以有更长的传输距离。网口的传输速率可以根据实际需要进行设定，只要不超过网卡的参数和网络带宽及计算机的处理速度。如图 1.7所示是水晶头的实物图。

表1.2　双绞线的功能和颜色

序号	颜色	功能	说明	序号	颜色	功能	说明
1	白橙	Tx +	数据发送的正极	5	白蓝	—	未用
2	橙	Tx −	数据发送的负极	6	绿	Rx −	数据接收的负极
3	白绿	Rx +	数据接收的正极	7	白棕	—	未用
4	蓝	—	未用	8	棕	—	未用

有线网络主要使用我们都很熟悉的双绞线进行互连。现在，千兆以太网正在逐步取代百兆以太网。网线主要有两种类型：

- 直通线，最广泛使用的双绞线。
- 交叉线，用于特殊情况下的连接。

使用直通线的网络设备一般连接到交换机（Switch）或集线器（Hub）上，如果想要直接连接两种同类设备，如两台PC，则可以使用交叉线而无需通过交换机或集线器，其连线方法如图1.8所示，4、5、7、8线直连即可。

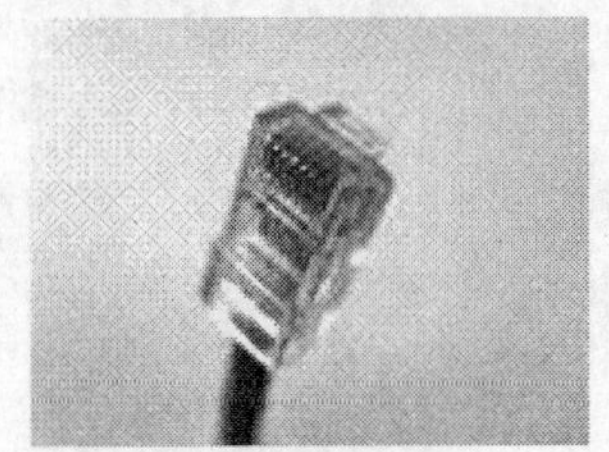

图1.7　RJ-45实物图

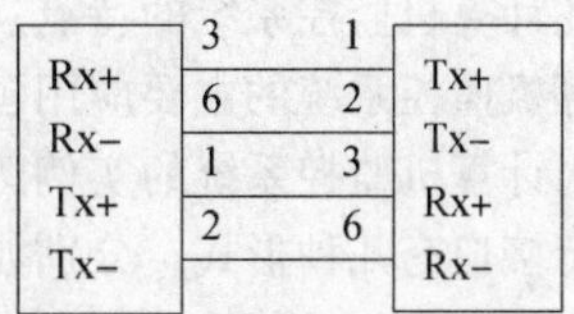

图1.8　RJ-45交叉连线方法

1.8　通信协议

计算机监控系统集成了计算机软件、硬件和信息通信系统。没有信息通信系统，计算机监控系统就不能完成系统内部和系统外部的信息传输。所谓的信息通信，可以简单地理解为“有特定意义”的字节数据的发送和接收。双方通信必须遵循的规范就是所谓的通信协议，如下所示是通信协议的常用格式：

```
前导字符,地址码,功能码[,数据字节][,校验码][,结尾码]
```

相同厂家或类型的模块往往有相同的前导字符，地址码是对一条数据总线上的设备进行标识，就像IP地址是对计算机的标识一样，功能码表示这条协议是读取对方模块中的数据还是发送控制命令等；如果是返回的协议，一般会增加数据字节（一个或多个字节），校验码用来检查所发送或接收的数据是否正确，结尾码是协议结束的标志。对方收到此协议后，首先对协议进行检查：前导字符、地址码、校验码与结尾码是否正确，如果错误，就不予理睬；如果正确，就开始检查功能码并根据功能码做出相应的处理。例如，有如下具体的通信协议：

```
04 01 52 0D
```

其中，前导字符是字节04，地址码为01，功能码为52（即“R”，读取信息），0D表示以回车字符结尾，这里没有使用校验码。

通信协议中还涉及各种编码方法（将在第13章介绍）和数据校验方法（将在第14章介绍）。信息通信的方法主要以串行通信、网络通信和GSM通信为主。

1.9 本章小结

本章主要介绍了计算机监控系统的基本概念、特点和分类，以及计算机监控系统的主要应用领域，然后给出一个计算机监控系统的实例框架和模块的实物图。信息通信是计算机监控系统中的关键部分，随后介绍了计算机监控系统中常用的串行接口、网络接口，并对通信协议的格式与含义做了简单介绍。下一章将介绍软件仿真模块和常用工具的使用方法，这些软件综合应用了多种接口，利用这些软件即可搭建计算机监控系统。

思考与练习

1. 简述计算机监控系统的特点。
2. 计算机监控系统的主要应用领域有哪些？
3. 画出计算机监控系统的实例图，并说明其意义。
4. 串行接口有几种形式，分别如何对等连接？
5. 网络接口如何对等连接？
6. 通信协议有何作用，其基本格式如何？

第 2 章　软件仿真模块和常用工具

计算机监控系统集成了计算机软件、硬件和信息通信系统，是一个具有数据采集、监视和控制功能的计算机系统，是以监测控制计算机为主体，加上检测装置（传感器）、执行机构与被监测控制的对象（生产过程）共同构成的整体。因而，没有硬件就无法学习计算机监控系统的开发。本章首先展示一个计算机监控系统的综合实例，让读者有一个感性认识，接着介绍通用多功能计算机监控系统测试软件的原理与用法，最后介绍软件仿真模块和辅助工具。

2.1　综合硬件实例

图 2.1 所示是一个计算机监控系统的综合硬件实例。左侧的控制器（或叫主控机、上位机）可以采用 PC 和专用嵌入式模块，右侧主要挂接输入输出（Input/Output，I/O）模块。主控机中有主控程序，用来向挂接的模块发送命令。收到命令的模块分析命令，如果该命令是针对自己的就发出响应。没有这套昂贵的硬件设备，如何学习计算机监控技术？

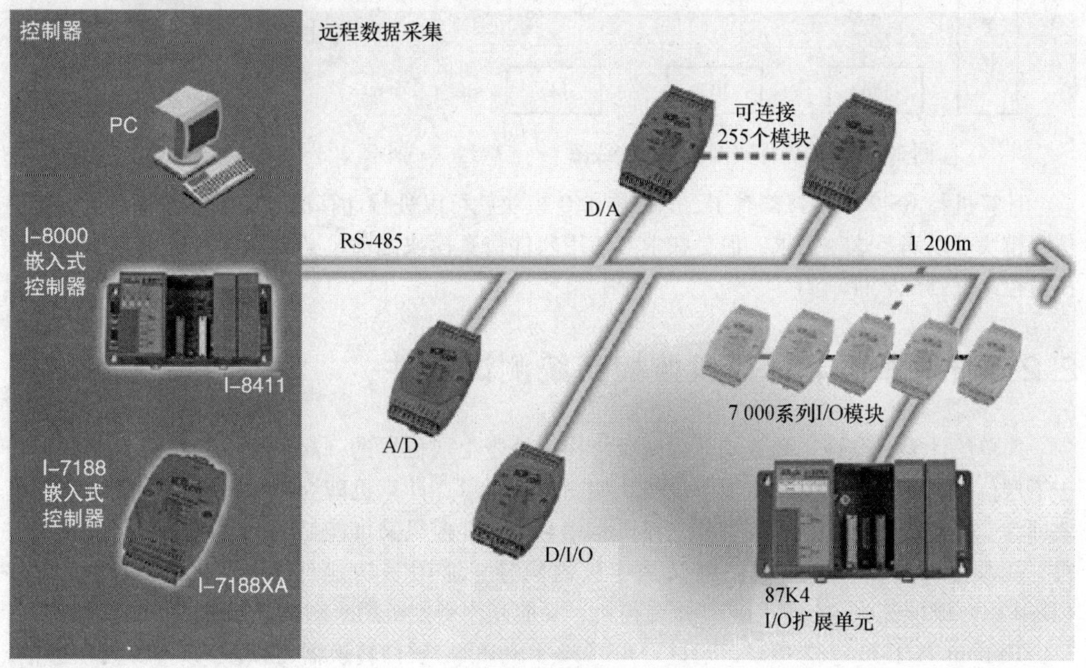

图 2.1　计算机监控系统的综合硬件实例

简单地说，计算机监控系统就是硬件加软件，首先要根据设计要求购买硬件，然后将硬件连接起来。RS-485 接口只需要两根信号线，即可进行数据通信，而且传输距离可以达到 1 200m，因而，在工业控制中应用非常广泛。RS-485 总线上可以并联连接多达 256 个设备。如图 2. 2所示是对图 2. 1 的抽象，一台计算机通过 RS-485 总线连接了三个 I/O 模块，计算机通过 RS-485 接口发送命令，三个模块都能收到，但是，到底哪一个模块做出响应呢？1. 8 节提到，数据传输都有一套格式，即通信协议，其中有一个字节为地址，用来对模块进行编号。不妨假设第二个字节为地址码，图 2. 2 中，三个模块从左到右依次为 01、02、03，如果计算机发送的命令中，第二个字节为 03，则第三个模块做出响应，其他模块不做任何处理。同理，I/O 模块响应时也应加上自己的地址码，这可以让计算机知道是哪一个模块发送了响应数据。

掌握了连接计算机监控模块的方法，还是无法开发计算机监控系统，因为计算机没有 RS-485接口。这可以通过“USB 转 RS-485”模块来实现，这是需要购买的。RS-485 与 RS-232 的编程方法基本相同，但是除了工控机，现在的笔记本几乎都不提供 RS-232 接口，甚至有的台式机也不配置该接口。如何方便地利用现有的计算机轻松学习 RS-232 接口编程呢？这可以使用如图 2. 3 所示的 USB 转 RS-232 连接线来实现。

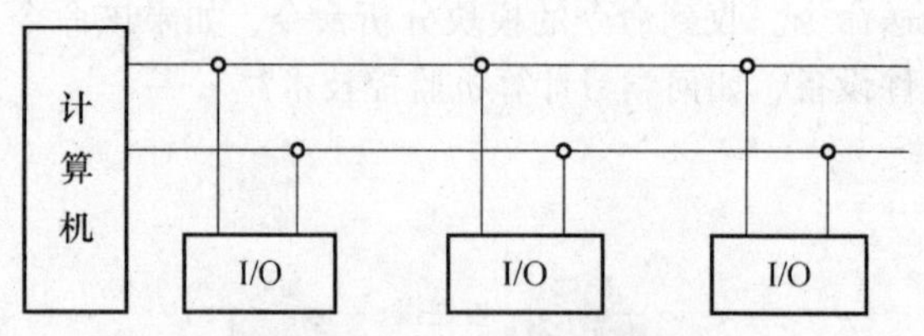

图 2. 2 综合硬件实例的抽象接线图

图 2. 3 USB 转 RS-232 连接线

计算机与 RS-232 接口都有了，只要有 I/O 模块就可以进行计算机监控系统的开发了，软件仿真模块可以满足这一需求，但是在学习使用软件仿真模块之前，必须先学习通用多功能计算机监控系统测试软件。

2. 2 通用多功能计算机监控系统测试软件

简单的计算机监控系统主要分为两级结构，处于上层位置的一般称为主控机或上位机，处于下层位置的一般称为受控机或下位机。如图 1. 1 所示，计算机即为主控机或上位机，监控模块即为受控机或下位机。主控机与受控机是相对的，受控机又可能是下一级系统或模块的主控机，就像营长是团长的下属，但又是连长的领导。通用多功能计算机监控系统测试软件（TestPort）既能充当主控机用来测试受控机，又能充当受控机用来测试主控机。

TestPort 基于 RS-232 接口，通过“RS-232/RS-485”硬件转换器可以跟 RS-485 模块通信，通过“RS-232/RJ-45”软件转换工具，可以测试 TCP 协议。在协议处理方面，TestPort 可以自动添加校验码和结尾码，选择以普通字符串或者十六进制形式显示，在主窗口自动记录数据收发及引脚变化的时间（精确到毫秒），并且可以根据需要将某时间片内的数据自动合并为一个数据包。下面是 TestPort 的一些典型功能和技术特点。

- 基本功能：自动添加异或、累加和、CRC 和累加求补校验码以及 CR 和 CRLF 结尾码，以普通字符串或十六进制形式显示收发数据，同时显示引脚信号变化并加上时间戳，用来测试基于串行接口的“设备/模块/系统”（为方便行文，以下统称为“智能设备”），获取通信参数，为系统开发做前期准备。
- 充当主控机：自动测试受控机，并记录受控机的错误响应数据包，自动统计数据通信的准确率，还可以自动保存受控机的响应协议（采用 Access 数据库）。
- 充当受控机：用来测试主控机，自动动态响应，即随机模拟传感器数据，还可以自动记录主控机的协议，该功能可以用于计算机监控系统的“单机仿真开发”。
- 远程调试：与“RS-232/RJ-45 转换器”结合，可以实现基于 Internet 的计算机监控系统的远程调试。
- Modem 功能：可以用来通过 Modem 拨号实现抢拨电话，还可以用来辅助开发“基于 Modem 的电话客户管理系统”。

2.2.1　基本功能

串行通信是半双工形式，通过串口发送数据相对简单，在时间上可以随意控制，如果使用微软提供的 SerialPort 组件，只要直接调用其 Write 方法即可完成数据的发送；使用 Turbo C2.0 语言或汇编语言，也只要在一个循环之内向串口的数据端口写数据即可。但是，接收数据则比较麻烦，因为中断接收时数据常常不均匀流畅，其中存在空白间隔，给数据处理带来困难。大部分监控模块都有串口初始化函数、数据发送和接收函数，如果直接使用数据接收函数来接收数据，则由于以上问题常常接收到残缺的数据，使工作无法完成，尽管逻辑上没有任何错误。因此在具体实现上，应该在接收到第一批数据时，开始等待 T 时间片，将第一批数据与随后的第二批数据相加，如此继续循环，直到新的 T 时间片结束而无数据到达，再跳出循环。至于 T 时间片大小的选取，应该根据具体的模块或设备来调整，如果 T 过小，则一个数据包会被截成几个小的数据包；如果 T 过大，则会将两个以上数据包合并为一个数据包。数据接收算法如图 2.4 所示。由于 TestPort 可以记录数据收发和引脚变化的详细情况并附上时间戳，所以，可以观察接收一个完整的数据包会引起几次中断，以及每个中断之间的最大时间间隔是多少毫秒，然后将最大时间间隔乘以 1.5 即是理想的 T，这样既能保证系统的灵敏度，又能保证系统的可靠性。

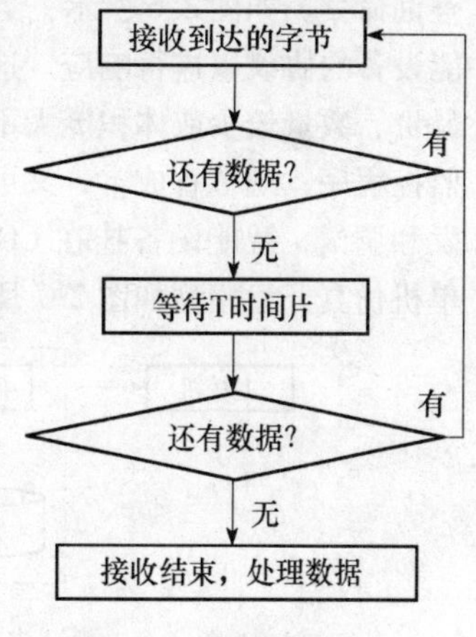

图 2.4　数据接收算法

有时，串行通信两端设备正常，却不能完成通信，这可能是握手信号不协调所造成。由于 TestPort 可以记录引脚信号的变化，因此可以为系统开发提供原始的技术支撑资料。一个计算机监控系统常常有多种模块或设备，由于 TestPort 可以自动添加校验码和结尾码，因而，可以先使用 TestPort 对这些模块或设备进行测试，如果成功，则记录通信的历史数据供系统开发参考；如果失败，则可能所测模块或设备存在故障，应立即跟厂家联系。

2.2.2 充当主控机

在计算机监控系统中，需要选择或自行设计一些特殊的智能设备，但是其数据性能如何保证？这可以通过模拟主控机来测试，将 TestPort 设置成主控机自动工作方式，逐条发送主控机协议，对智能设备响应的协议进行分析（包括协议标志、校验码和结尾码），如果有错误，则记录发生时间、主控机协议与智能设备的响应协议。测试原理如图 2.5 所示（虚线框表示 TestPort 所在系统，下同），其中协议库中为主控机针对受控机的查询和控制协议，错误记录即为主控机协议与对应的智能设备响应的错误协议，虚线箭头表示协议来源（下同），实际通过主控机进行记录。总的测试报告内容见表 2.1 所示，单位为发送或接收的次数。详细的测试分析可以借助错误记录进行。

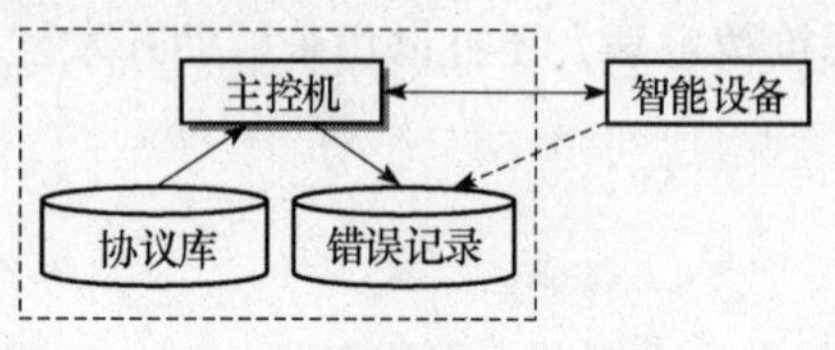

图 2.5 测试智能设备

表 2.1 智能设备数据性能报告

总计	正确	错误	无响应
25 536	25 523	11	2

正确率 =99.95% 所用时间 =22:35:19

2.2.3 充当受控机

将软件设置成受控机（智能设备）动态响应模式，充当智能设备角色，自动应答主控机的查询命令。如图 2.6 所示，当收到主控机协议并在协议库中找到匹配的协议时，将动态生成智能设备的协议以进行响应。这种功能可用来配合开发或调试主控机程序，尤其当智能设备比较昂贵、数量较少或体积庞大不便运输时，采用此方式可以并行异地开发和调试针对智能设备的监控程序，既节省成本，又可极大地提高工作效率。作为一种特例，可用一台 PC 进行模拟开发和调试，智能设备挂在 COM2 口，开发或调试的软件挂于 COM1 口，COM1 和 COM2 对接。单机仿真开发模型如图 2.7 所示。

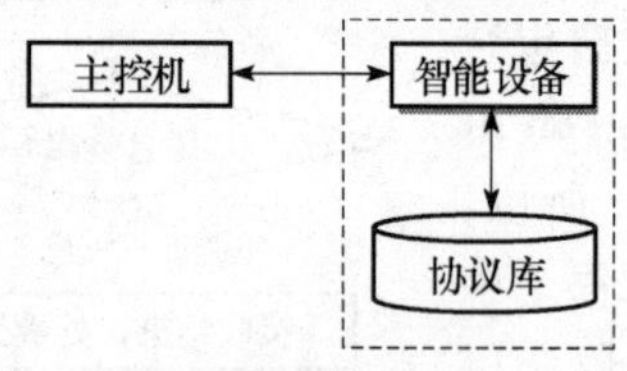

图 2.6 测试主控机

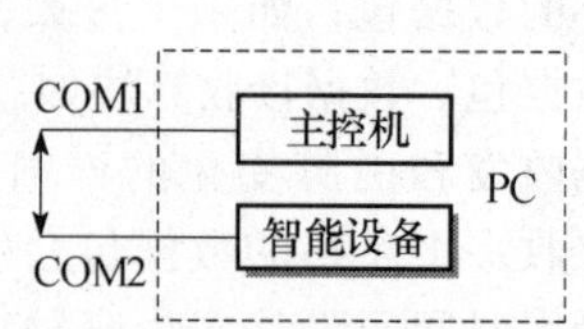

图 2.7 单机仿真开发模型

2.2.4 截取通信协议

现假设某公司生产一智能设备，与该设备配套的测试软件运行于测试机上。现欲截取测试机与智能设备之间的通信协议，TestPort 运行于侦听机上（如图 2.8 所示）。在这里，侦听机充当二传手的作用，首先通过 COM1 口截取测试机发来的协议，存入协议库，随后通过 COM2 口将原协议发往智能设备。侦听机通过 COM2 口接收到智能设备的响应后，将协议存入协议库（与相应的测试机协议位于同一条记录），随后通过 COM1 口将原协议发往测试机。如此即可将测试机与智能设备之间的通信协议全部截取并保存。

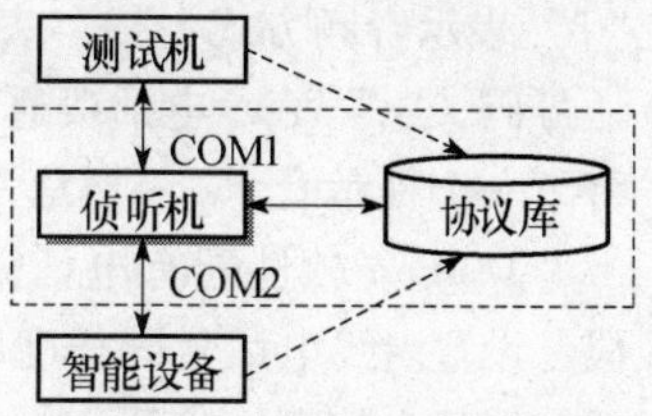

图 2.8 截取通信协议

通信协议一般包括功能码、地址码、有效数据、校验码和结束标志（可选），常用的校验码有异或、累加和、CRC 等。通信协议截取后，依次分析校验码、功能码、地址码和数据。可以模拟主控机观察智能设备的动作响应和信号灯变化，也可以模拟智能设备观察主控机软件界面的变化。如果协议没有加密，则只要直接分析协议即可；如果协议已经加密，可以利用密码学中的方法去分析解密，然后再分析协议本身。有的通信协议在数据加密的同时，还配合信号线的变化。由于 TestPort 主界面的多行文本框显示并记录着串口的收发数据及信号线变化的历史状态，包括发生时间，这给协议分析提供了重要的原始资料。

协议破译成功后，即可自行开发软件对智能设备进行监控。笔者在计算机监控系统开发实践中，处理一台从德国进口的大型柴油发电机组（以下简称油机），可利用提供的串口对其进行监控，但是却没有该油机的合适版本的通信协议，只有厂家配套免费提供的简单的油机测试软件（运行于主控机上）。一般情况下，都是通过人工对油机启动或停机。在项目改造中，需要对油机进行监控，如果编写项目任务书，请厂家设计监控软件，无疑周期较长，价格较贵。笔者通过此协议截取和破译方法，成功地破译其通信协议，并设计出监控软件。

2.2.5 远程调试

TestPort 具有强大的功能，如果仅仅用于传输距离只有 15m 之内的串行通信测试，显然是个浪费。这个问题可以通过引入 RS-232/RJ-45 接口转换软件来解决，具体模型如图 2.9 所示。TestPort 和远程受控机都通过 RS-232 接口与 RS-232/RJ-45 接口转换软件连接，从而都具有了网络通信功能。与受控机相连的接口转换软件工作在服务器模式，等待客户机的连接请求。与 TestPort 相连的接口转换软件工作在客户机模式，连接到服务器，从而建立了 TCP 通信管道。这样，TestPort 就可以通过 Internet 对远程受控机进行透明测试。

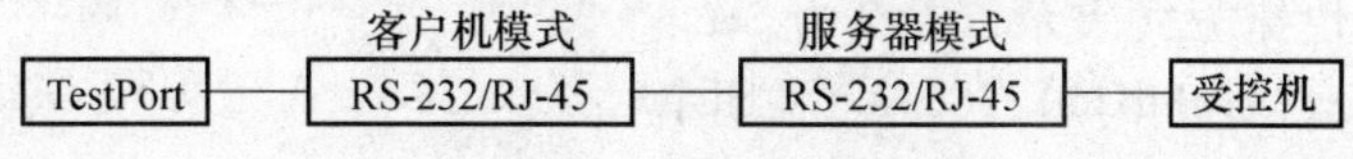

图 2.9 TestPort 的远程测试模型

2.2.6 Modem 功能

如果选择通过 Modem 拨打电话，需要购置一个内置 Modem，如图 2.10 所示，电话线插入 Modem 的 Line 端口，Modem 的 Phone 端口连接话机。如果拨打长途电话“025-12345678”，只要向 Modem 发送 AT 命令：

```
ATDT9,17909,025-12345678;[CR]
```

“AT”是Modem命令开始标志，对应的英文单词为Attention，即“注意”，“D”表示拨号，“T”表示音频方式，“9”表示需要通过该数字拨打外线，“17909”是IP号码，随后是长途电话号码，“;”表示电话拨通以后保持连接状态，最后以回车符结尾。AT命令中的“,”表示等待下一个提示音，“-”是为了增加可读性，Modem会忽略该符号。

TestPort软件配有电话簿，可以选择电话号码、设置内线电话号码长度以及拨打外线是否需要加拨某个数字。然后，在主窗体中单击“Dial”（快捷方式），软件将根据用户的设置自动生成对应的AT命令，完成拨打电话的功能；如果听到忙音，再次单击“Dial”（带“闪断”功能，闪断与拨打一键完成）即可，直到拨通为止，从而实现抢拨。

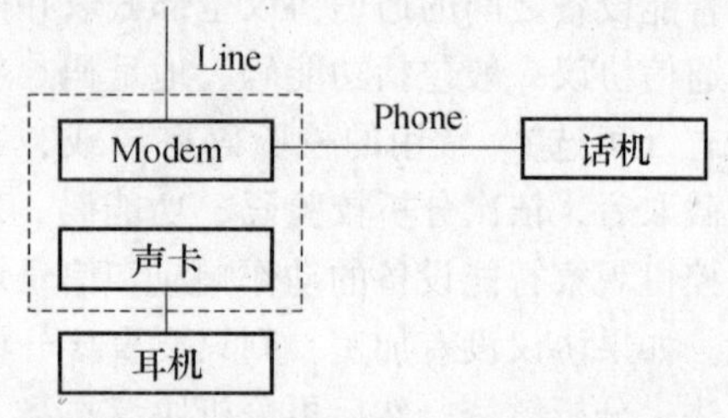

图2.10 用Modem拨打电话接线方法

支持来电显示的Modem可以用来开发“电话客户管理系统”，通过来电号码调出客户数据，以便客服人员快速响应。但是，来电显示的格式如何，怎样提取来电数据呢？可以将TestPort设置为字符形式显示，并打开与Modem相连的串口。当有来电时，TestPort就会在主窗体中显示来电格式并附上时间戳，第二次响铃显示日期和时间以及来电号码，其他每次响铃只显示“RING”字符串，每次响铃间隔大约6秒，这些数据可以直接提供给开发人员用来设计“电话客户管理系统”软件。

2.2.7 主窗体界面

主窗体界面如图2.11所示，从上到下依次为菜单、快捷方式、Hex文本框和Char文本框（当前收发的数据，前者用十六进制显示，后者用普通字符串显示）、多行文本框（显示数据收发及引脚信号变化，并附有时间戳）以及状态栏（显示串口参数和状态）。View菜单组的“Insert Space”功能对连续的十六进制字符进行分割，“Delete Space”反之；Operation菜单组的内容大部分通过快捷方式表示，依次为Setup（系统设置）、Open（打开串口）、Close（关闭串口）、Send（发送数据）、Dial（拨打电话）、Caller（开通来电显示）、Clear（清除数据）、Char <-> Hex（字符及其ASCII码转换）以及Exit（退出）。

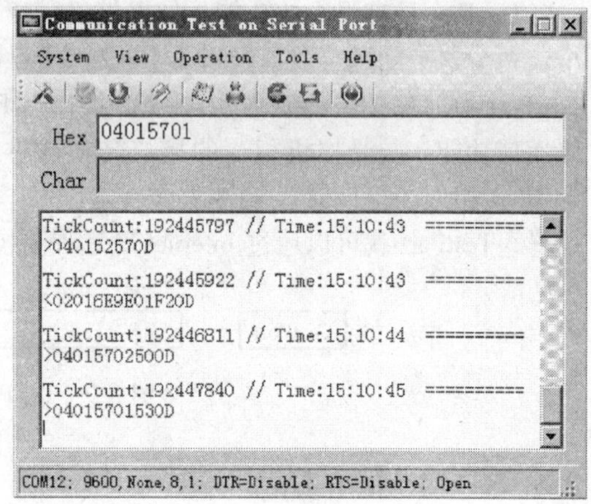

图2.11 主窗体界面

2.2.8 系统设置界面

系统设置界面（Setup）有两个标签页：Port Setup和Protocols Setup。

Port Setup（串口设置界面）用来设置串口号、传输速率、数据长度、校验位与停止位以及握手信号，如图2.12所示。Length是接收数据的字节数，通过调整该参数，使得TestPort可以灵敏可靠地处理整个数据包，Sound复选框打勾，可以在收到数据后播放提示音。

Protocols Setup（协议设置界面）如图2.13所示。Display Mode（显示模式）选择Char表示以普通字符方式显示收发数据，这种方式比较适合Modem之类的设备；Hex表示以十六进制方式显示收发数据，这种方式比较适合计算机监控系统中的数据采样及发送控制命令，图2.11所示即为Hex显示模式。Group Parity是系统通信协议的校验方式，依次为None（无校验）、Xor（异或）、Add（累加和）、CRC（循环冗余）以及CheckSum（累加求补，TCP/IP协议中使用较多）。End Mark表示结尾码方式，None表示不添加结尾码，CR表示添加回车结尾码，CRLF表示添加回车换行结尾码。

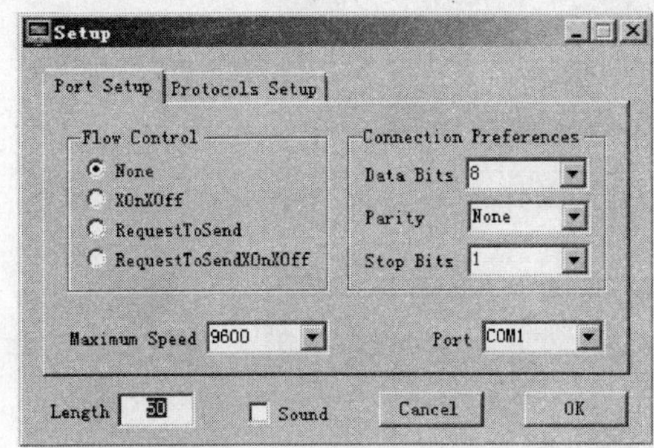

图2.12 串口设置界面

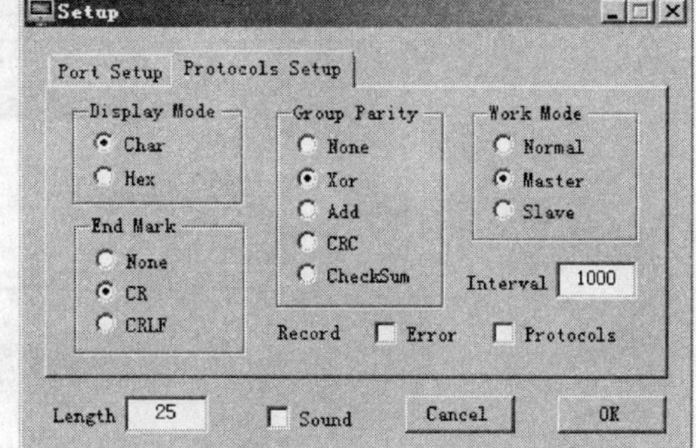

图2.13 协议设置界面

Work Mode是系统工作方式。Normal表示手动方式，软件只完成协议处理的基本功能，即在通过串口发送数据时自动添加校验码和结尾码。图2.11所示的历史显示区域（多行文本框）中，“ > ”表示该批数据是发送出去的，“ < ”表示该批数据是接收到的，这些数据都自动添加了校验码和结尾码，但是，当前的Hex文本框中的数据没有添加校验码和结尾码，时间戳的TickCount是开机以来所经过的毫秒数，Time是当前北京时间。系统工作在Normal方式下，不能对受控机的响应进行统计，也不能自动记录受控机的错误数据包及响应协议，因而，Error和Protocols复选框都禁用，Interval文本框是针对Master工作方式的，因而也禁用。

在Master工作方式下，如图2.13所示，充当主控机每隔1 000ms向受控机发送一次查询或控制协议，如果勾选Error则自动统计受控机的响应情况，如果勾选Protocols还将自动记录受控机的响应协议。

在Slave工作方式下，充当受控机自动响应主控机的命令，如果勾选Protocols则可以自动记录主控机的协议。此时，Interval文本框和Error复选框都禁用。

2.2.9 协议管理界面

协议管理界面（Protocols）如图2.14所示。该窗体管理主控机（Master）和对应的受控机（Slave）协议，并可用来模拟随机字节，将任意个“**”替换成随机字节，这一般用于受控机协议。如图2.14所示，可以将“0201******”替换成“0201F40C3E”，并添加异或校验码 C5 和结尾码 0D（通过“Test”按钮，每次单击都产生不同的随机字节）。Work Mode 为 Normal 时“Test”禁用。

“Format”检查协议中有没有除 0~9、a~f、A~F 以及“＊”以外的非法字符，并且字符个数必须为偶数，“＊”必须成对出现。

辅助按钮“Enlarge”和“Normal”用来调整协议的序号，“Delete All”将清除所有协议，“Insert Space”和“Delete Space”用于将协议文本框的十六进制字符串插入间隔或者删除间隔，图 2.14 中已经插入间隔，所以“Insert Space”按钮禁用，而删除间隔按钮“Delete Space”有效。

由于可以模拟随机字节，TestPort 软件可以全真地仿真受控机。

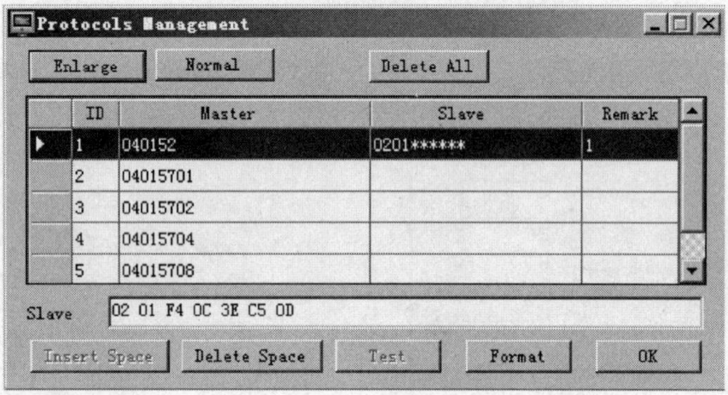

Protocols Management

Enlarge　Normal　Delete All

	ID	Master	Slave	Remark
▶	1	040152	0201******	1
	2	04015701		
	3	04015702		
	4	04015704		
	5	04015708		

Slave　02 01 F4 0C 3E C5 0D

Insert Space　Delete Space　Test　Format　OK

图 2.14　协议管理界面

2.2.10　电话簿界面

电话簿界面（Phone Book）如图 2.15 所示。Out 文本框中表示拨打外线需要先拨打 9，当然还可以设置其他数字，如果不需要则填写“-”即可；Local length 表示内线电话长度，如果电话（Phone 字段）号码的长度等于 4，则不用拨打 9；Phone 文本框中是完整的电话号码（区号-电话）。单击“OK”按钮后，将生成 2.2.6 节所示的 AT 命令。通过 2.2.7 节主窗体界面中的“Dial”命令，即可发送此 AT 命令并完成拨号功能。“Dial”命令具有“闪断”功能，即先关闭串口，等待 50ms 后再打开串口，最后发送 AT 命令，因而，使用“Dial”命令可以实现“一键拨号”。

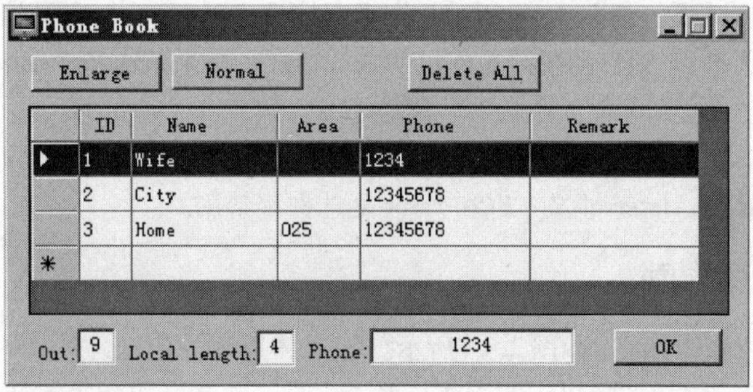

Phone Book

Enlarge　Normal　Delete All

	ID	Name	Area	Phone	Remark
▶	1	Wife		1234	
	2	City		12345678	
	3	Home	025	12345678	
*					

Out: 9　Local length: 4　Phone: 1234　OK

图 2.15　电话簿界面

2.2.11　校验码计算界面

校验码计算界面（Parity）如图 2.16 所示，在 Hex 文本框中输入十六进制数，选择校验码方式，单击“Calculate”，可以在 Result 文本框中得到运算结果。如果选择 Length，则可以得到字节长度。设置这个小工具主要是为了方便临时计算校验码和数据包的长度。

图 2.16　校验码计算界面

2.2.12　测试报告界面

测试报告界面（Report）如图 2.17 所示，上表显示的是收到的错误数据包及其对应的开机以来的毫秒数与北京时间，下表是一个统计结果，即主控机一共发送了 28 个数据包，受控机正确响应 21 个数据包，错误响应 2 个数据包，有 5 次没有响应，数据正确率为 75%。只有当 TestPort 软件工作在 Slave 模式时，并在图 2.13 中勾选 Error 复选框，此功能才有效。

Error Records

ID	TickCount	Time	Data
1	9986684	11:11:52	04EF52B90D0D
2	9989368	11:11:55	04EF571FA30D0D

Total	Right	Wrong	NoResponse	Ratio
28	21	2	5	75%

Delete All　Clear Report　OK

图 2.17　受控机测试报告

2.3　开关量 I/O 软件仿真模块

开关量输入模块经常用来检测开关是否闭合、设备是否运转，在防盗与电梯运行中应用比较广泛。输入开关量是由环境变化引起的，不能由程序控制。反之，输出开关量是由程序控制的，通过控制开关的闭合与打开来控制设备的运转或停机。

2.3.1　硬件模型

假设图 2.1 中的“D/I/O”，即开关量 I/O 模块的硬件模型（如图 2.18 所示），该模块使用 RS-232 接口，各接线端子的说明如表 2.2 所示。指示灯 In 点亮表示至少有一个输入开关闭合，指示灯 Out 点亮表示至少有一个输出开关闭合，指示灯 R_x 点亮表示模块处于数据接收状态，指示灯 T_x 点亮表示模块处于数据发送状态，Power 是电源指示灯，该指示灯点亮表示 RS-232 串口打开，模块处于工作状态。

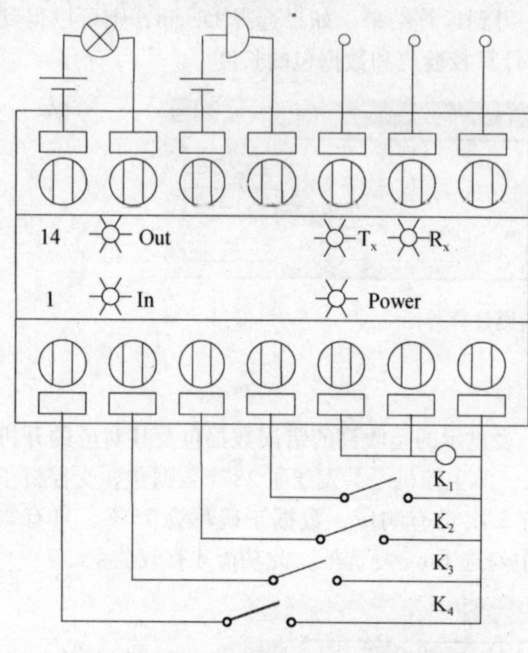

图 2.18 仿真开关量 I/O 模块的硬件模型

表 2.2 接线端子的说明

序号	名称	说 明
1	IN4	输入端子
2	IN3	输入端子
3	IN2	输入端子
4	IN1	输入端子
5	INCOM	公共输入端子
6	Vs +	电源正极
7	Vs −	电源负极
8	GND	RS-232 地极
9	R_x	RS-232 数据接收
10	T_x	RS-232 数据发送
11	COM2	输出端子
12	OUT2	输出端子
13	COM1	输出端子
14	OUT1	输出端子

输入开关来自 4 个开关量输入传感器，两个输出开关通过 RS-232 进行控制。可以在模块的外围接上电路，当 OUT1 闭合时，电铃获得电源，开始响铃；当 OUT1 打开时，停止响铃。当 OUT2 闭合时，灯亮；当 OUT2 打开时，灯灭。模块的电源正极与输入开关的公共输入端连接，当输入开关闭合时，内部电路获得电源。通过 RS-232 接口将模块与计算机相连（只使用 2 根信号线和 1 根地线）。外围电路连接完毕，给仿真模块接上电源，打开开关。这时，就可以通过 RS-232 接口获取 I/O 开关的状态，也可以控制输出开关。

2.3.2 通信协议

如图 2.18 所示连接仿真开关量 I/O 模块的外部线路后，如何通过计算机操作该模块？这需要通过基于 RS-232 接口的串行通信协议来完成。1.8 节介绍了通信协议的基本格式，2.2.6 节也简单介绍了 Modem 的通信协议格式。操作该仿真模块也需要特定的协议。

相同类型的模块一般采用相同的前导字符，EOT 是一个特殊的 ASCII 字符（0x04），常被用做控制字符，这里的仿真模块采用 EOT 作为前导字符。

如果主控机连接的 I/O 模块比较多，CPU 为了与连接的设备相互沟通，必须给设备设置一个编号，从而使 CPU 可以通过每个设备独一无二的编号与不同的设备进行沟通，这个编号就是地址，用 ADD 表示，地址同样占用一个字节。

功能码主要包括读功能码（用 RD 表示）和写功能码（用 WT 表示）。RD 用字符“R”

(0x52）表示，WT用字符“W”（0x57）表示。由于该仿真模块的状态较少，所以不需要设置仿真模块读写的内部数据地址。

BCC为数据块校验码，一般有Xor、Add、CRC、CheckSum几种形式。Xor与Add分别是异或与累加和，占一个字节的长度；CRC与CheckSum分别是循环冗余校验码与TCP/IP协议簇中所使用的累加求补校验码，分别占两个字节。本仿真模块只提供常用的Xor与Add这两种数据块校验方式，当然，校验码是可选的。

不少模块以回车CR（0x0d）作为结尾标志（End Message，EM)，而TCP/IP协议簇（如HTTP、POP3等）较多地采用CRLF（0x0d0a）作为结尾标志，本仿真模块提供这两种结尾标志，同样，结尾标志也是可选的。

用1表示开关闭合，0表示开关打开。本仿真模块有4个开关量输入与2个开关量输出，因而，可以用一个字节表示其状态，如图2.19所示，其中，“×”表示该位未使用。

根据以上设计与分析可知，读取仿真模块状态的命令协议如图2.20所示。其中，ADD的范围为1~255，可由程序进行设置，因此，一台主控设备在理论上可以连接多达255个仿真模块。BCC和EM的种类也可以根据需要由程序进行设置（下同)。

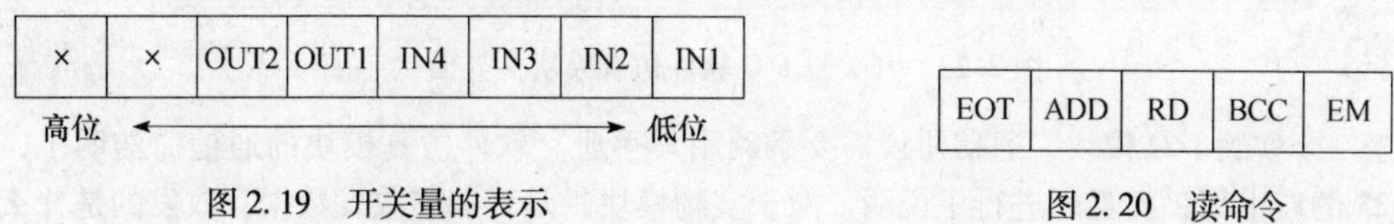

图2.19　开关量的表示　　　　图2.20　读命令

仿真模块的读响应协议如图2.21所示。其中，“STX”（Start of message，0x02）表示开始对主控机进行响应，“DT”（Data）表示一个字节的状态数据（具体含义如图2.19所示)，包括所有的I/O开关量，BCC根据前面的字节进行计算。对于错误的数据包，均给予忽略，不作应答。

写命令协议如图2.22所示，对于写入的一个字节的数据，只有如图2.19所示对应的OUT1与OUT2位有效，因为输入开关不受写命令的控制，只受环境条件的影响，如声控开关只受声音控制。这里，写命令不设置响应协议。

图2.21　读命令的响应　　　　图2.22　写命令

2.3.3　主窗体界面

图2.18毕竟只是一个硬件模型，无法进行操作。将该模型放入图2.23的左侧，大部分外部线路完成“连接”，该软件仿真模块（VirtualDIDOM，简称DI/DO模块）运行于一台计算机上，通过RS-232电缆与另一台计算机连接（参见图1.4)。输出开关通过主控程序控制，闭合时就显示一根短红线，从而形成一个封闭回路，导致灯亮或铃响。4个输入开关随机切换，闭合时也显示一根短红线。三个指示灯分别表示模块的电源、发送与接收状态，红灯停止，绿灯工作。

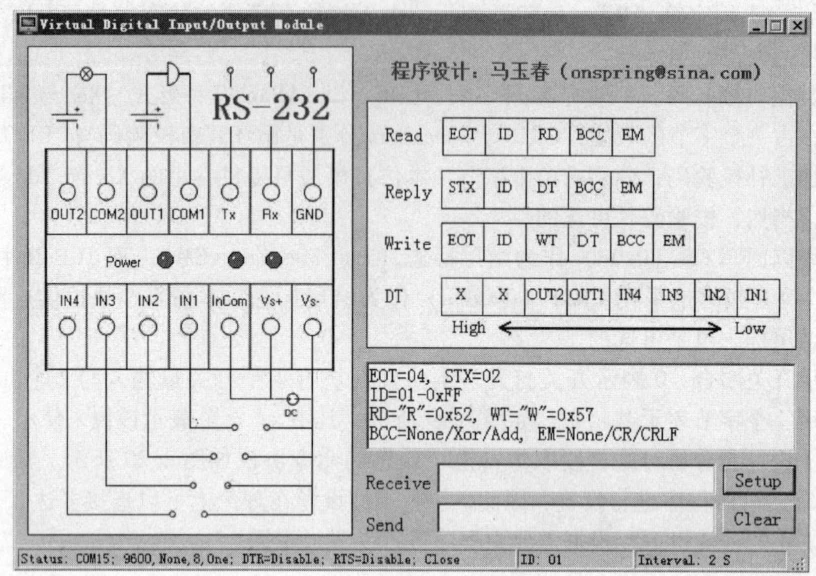

图 2.23 开关量 I/O 软件仿真模块主界面

对于一个实物 I/O 模块，通信协议需要翻阅用户手册。软件仿真模块的通信简洁明了，置于图 2.23 的右上部，而且还进行了说明。对于实物模块，是否能够收发数据，收发的是什么数据我们无法看到。图 2.23 的右下部清晰地显示模块的收发数据。“Setup”按钮用来设置模块的参数，“Clear”按钮清除收发文本框中的内容。状态栏包括三部分的内容，第一部分显示串口的状态，即串口号、波特率、校验位、数据位长度、停止位长度、引脚信号变化情况以及串口是否打开或关闭。第二部分显示模块的地址。第三部分显示 4 个输入开关随机切换的时间间隔，这里为 2s。

2.3.4 参数设置界面

单击图 2.23 中的“Setup”按钮，就进入参数设置界面，如图 2.24 所示，即为串口参数设置标签页，除串口号（Port）外，其他参数都是默认设置。有的实物模块可通过软件修改波特率，并用 EPROM 保存波特率；或者通过开关直接设置波特率。

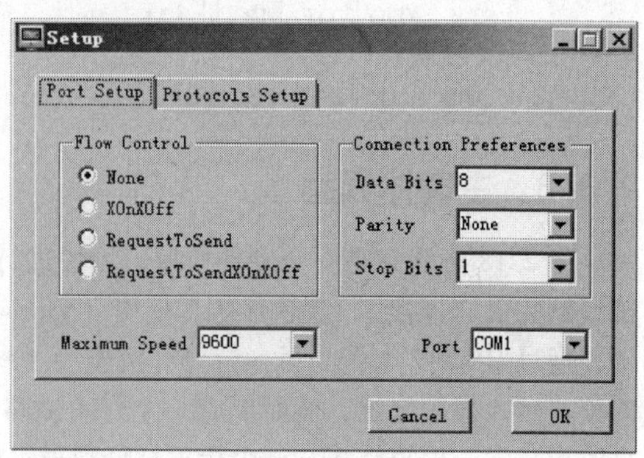

图 2.24 串口参数设置

协议设置参数如图 2.25 所示。ID 是模块的地址，用十六进制表示，在主界面的状态栏中也有显示。如果模块收到主控机发来的读协议，其中的 ID 与此 ID 不一致，则不予响应。Interval 是输入开关随机切换的时间间隔，在主界面的状态栏中也有显示。数据包校验码 Group Parity 与结尾码 End Mark 的说明参见

2.2.8 节。

开关量 I/O 软件仿真模块还需要一个声音文件“ringin.wav”，当 OUT1 闭合时用来播放铃声。

2.3.5　用 TestPort 测试软件仿真模块

将开关量 I/O 软件仿真模块运行于 A 计算机上，TestPort 软件运行于 B 计算机上，两者之间通过 RS-232 电缆连接（参见图 1.4）。仿真模块的串口和协议参数以及 ID 号、时间间隔等分别如图 2.24 与图 2.25 所示，单击 Power 指示灯打开电源，此时可以发现，输入开关每过 2s 自动切换一次。

TestPort 的串口和协议参数应该与仿真模块的一致，双方串口号根据实际情况设定。另外，TestPort 的显示方式 Display Mode 设置为 Hex（十六进制），工作模式 Work Mode 设置为 Normal（正常），通信协议的长度 Length 设置为 50 即可。如图 2.26 所示，打开串口，在 Hex 文本框中输入“04015730”，单击“发送”，此时，从多行文本框中可以看到实际多发送了两个字节，一个是异或校验码 62，另一个是结尾码 0D，这些都是 TestPort 自动添加进去的。这是一条写命令，用来控制两个输出开关闭合，这时可以发现，仿真软件模块灯亮铃响。发送读协议“040152”，返回“0201383B0D”，“38”就是开关量字节，表示两个输出开关闭合，第 4 个输入开关也闭合。

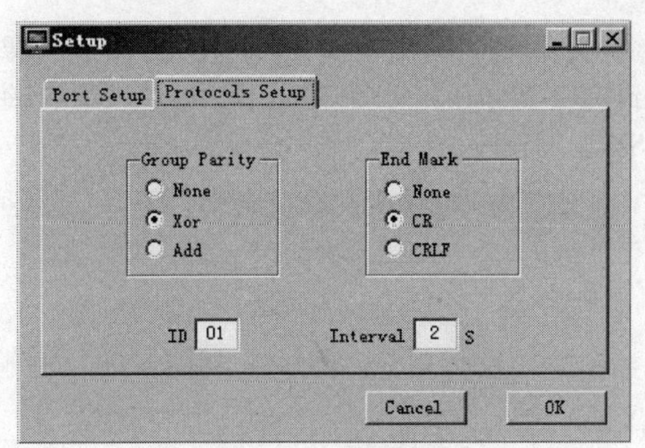

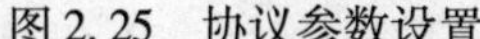
图 2.25　协议参数设置

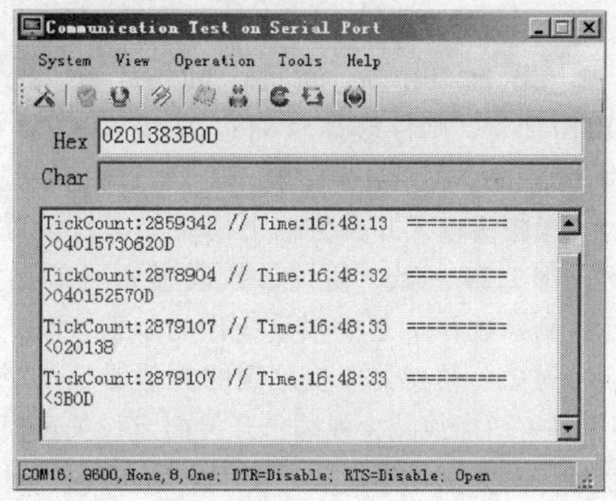

图 2.26　开关量 I/O 模块的测试效果

有了图 2.26 中的测试数据，就说明开关量 I/O 软件仿真模块一切正常，可以根据这些测试数据开发主控程序。针对开关量 I/O 软件仿真模块的主控程序，将在第 25 章介绍。

2.4　模拟量输入开关量输出软件仿真模块

模拟量输入开关量输出软件仿真模块（VirtualAIDOM，简称 AI/DO 模块）的主界面如图 2.27所示，输出开关与开关量 I/O 模块的一样，但是没有输入开关，取而代之的是两路模拟量输入。读写通信协议也一致，但是，响应协议的第 3 个字节表示第 1 路模拟量，第 4 个字节表示第2路模拟量，第5个字节表示两个输出开关。模拟量传感器的下方用文本框显示当前的模拟量数值（以十六进制表示），文本框左侧红色箭头表示数据上升，蓝色箭头表示数据下降。

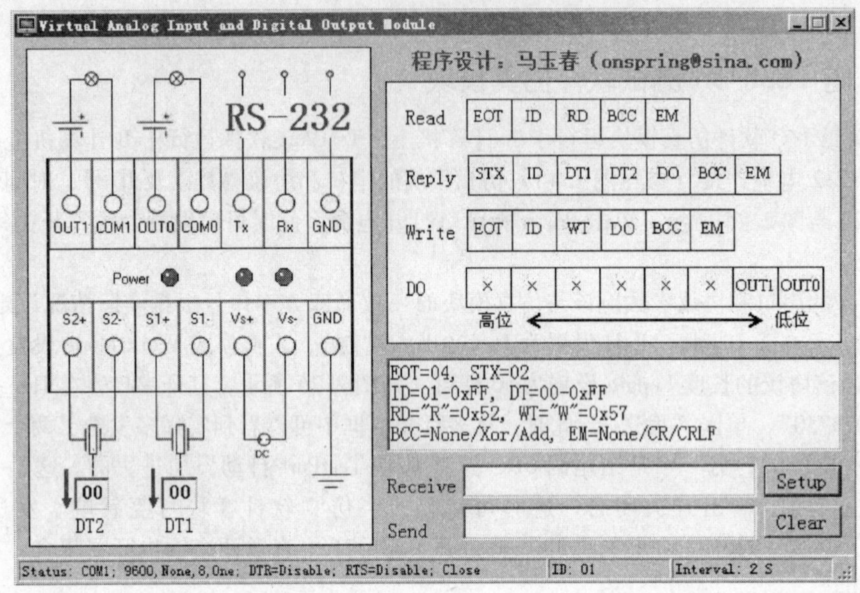

图2.27 模拟量输入开关量输出软件仿真模块主界面

在图2.27中，时间间隔Interval指模拟量变化的时间，即每隔多长时间变化一次。如果OUT0闭合，则传感器S1每过2s增加一次，直到0xFF封顶；如果OUT0打开，则传感器S1每过2s减少一次。对于输出开关OUT1和传感器S2也一样。

模拟量输入开关量输出模块的串口设置参数与图2.24一致，协议参数设置如图2.28所示，新参数Step是模拟量变化的步长，图中表示每过2s，传感器所检测到的数值增加或减少5，是否增加或减少视输出开关而定。关于模拟量输入开关量输出模块的使用方法与开关量I/O模块的类似，对其进行监控，也需要首先通过TestPort的测试，获取类似图2.26的测试结果后，才能进行主控程序的开发。模拟量输入开关量输出模块的主控程序设计，将在第25章介绍。

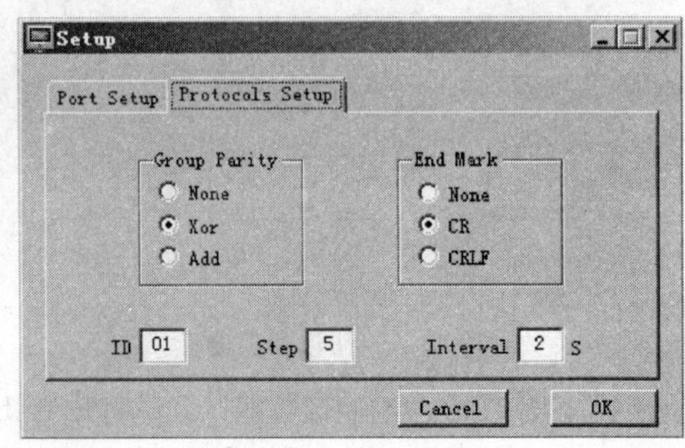

图2.28 协议参数设置

2.5 RS-232/RS-232接口转换软件

两台基于RS-232的设备可以直接连接，为何还需要在中间加一个RS-232/RS-232接口转换软件？当两台设备的串口参数和协议参数不可更改，使用该接口转换软件可以将它们连接起来，同时也可以截取两者之间的通信协议，为协议破译和设备仿制提供原始数据。接口转换软件透明运行，不影响主控机与受控机之间的正常通信。

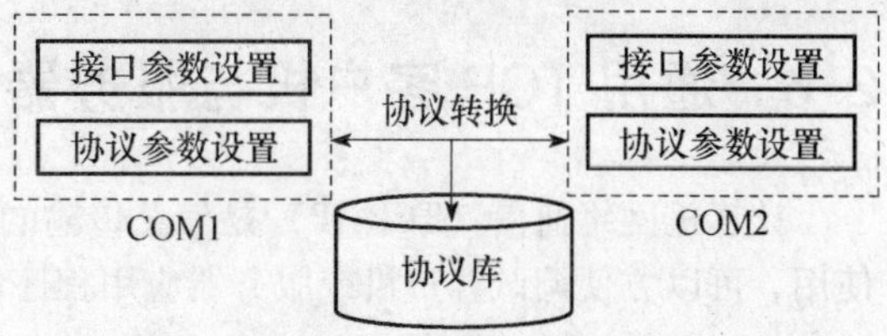

图 2.29　RS-232/RS-232 软件协议转换器原理

RS-232/RS-232 接口转换软件（ComTo-Com）的原理如图 2.29 所示，主控设备可与 COM1 相连，受控设备与 COM2 相连，转换器管理 COM1 与 COM2 两个接口，将一个接口收到的数据进行协议变换后发送到另一个接口。通过此转换器，主控设备和受控设备之间的接口参数，如波特率等可以不一样，协议格式也可不一致。当两个设备之中的一个需要替换，而替换进系统中的设备协议不一致时，此转换器尤其重要，而且，在协议转换过程中，可以直接截取主控设备和受控设备之间的通信协议，并记录接口电信号的变化情况，加上时间戳，为协议破译和设备仿制提供最直接的原始数据。

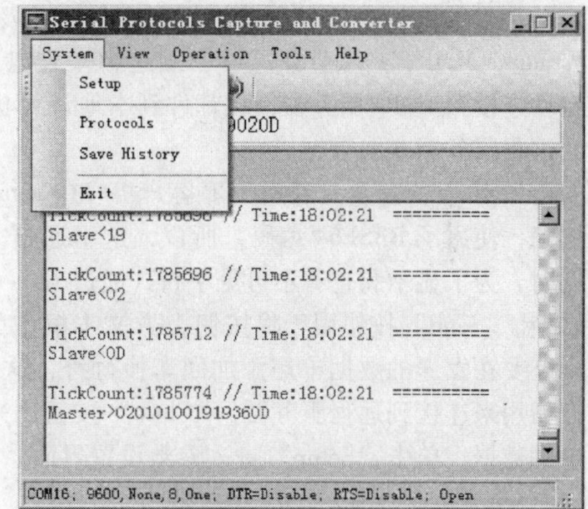

图 2.30　RS-232/RS-232 软件协议转换器主界面

RS-232/RS-232 接口转换软件的主界面如图 2.30 所示，与“通用多功能计算机监控系统测试软件”的主界面相似，主要差别在“System”菜单组。其中，“Setup”子菜单用于系统参数设置，“Protocols”子菜单显示截取到的主控机与受控机之间的通信协议，“Save History”子菜单用于保存多行文本框中的历史数据。对于数据的收发，在多行文本框中都会用“Master >”标志主控机发送查询或控制命令，用“Slave <”标志受控机发送响应数据。

选择“Protocols”子菜单，显示如图 2.31 所示的通信协议，该协议的格式与“通用多功能计算机监控系统测试软件”中的一致，因而，可以在 TestPort 中直接使用。

Protocols Management

ID	Master	Slave	Remark
1	040152	0201******	1
2	04015701		
3	04015702		

Enlarge　Normal　Delete All　OK

图 2.31　截取的通信协议

系统参数设置界面如图 2. 32 所示，分为两个标签页，分别表示主控机（Master）和受控机（Slave）的接口和协议参数。复选按钮 Capture 表示是否将捕获的协议数据存入数据库。

2.6 通用 TCP 客户机与服务器

计算机网络通信（TCP/IP）是信息传输的最流行的方式，熟练掌握 TCP 客户机与服务器的使用，可以方便调试客户机或服务器应用程序。

2.6.1 通用 TCP 客户机

基于 TCP 协议的客户端应用程序具有广泛的用途。例如，Windows Vista 操作系统自带的 Windows Mail 客户端程序，可以发送和接收电子邮件，即自动连接到 SMTP 服务器发送邮件，自动连接到 POP3 服务器下载邮件到本地计算机。股票行情软件和股票交易客户端都可以连接到远程服务器获取数据信息。

如图 2. 33 所示是通用 TCP 客户机（GeneralClient）的主界面，由于 SMTP 是常用的应用层协议，使用了 BASE64 编码，所以，这里通过 Base64 菜单组提供了 BASE64 编码与解码功能；同时，为了显示和查看不可见字符，通过 Hex-Char 菜单组实现字符及其对应的 ASCII 码之间的转换。“Send”按钮用于将按钮上方文本框中的数据发送出去，如果在左侧的复选框中打钩，则还要在发送的数据末尾添加回车换行符，这主要是为了方便应用层协议的操作。“Connect”按钮用来连接到远程服务器，“Close”按钮用来关闭连接，“Clear”按钮用于清除当前文本框中的数据；单击“Setup”进入参数设置界面。

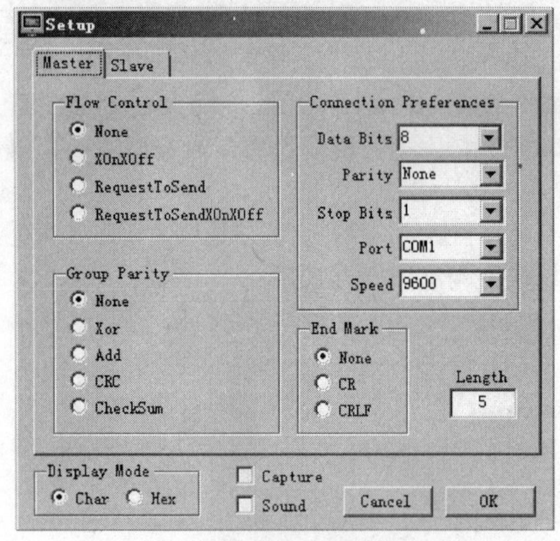

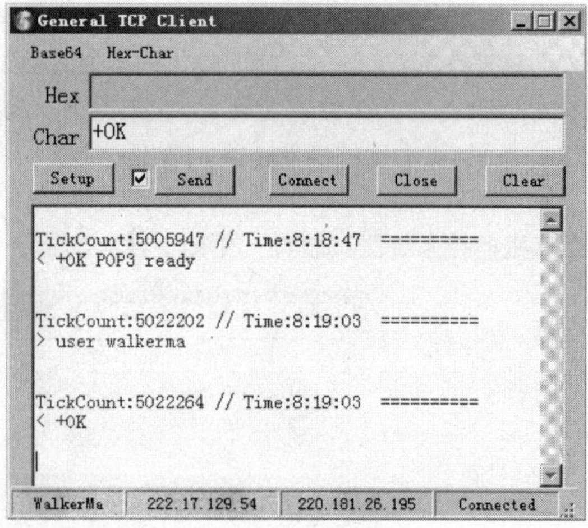

图 2. 32 RS-232/RS-232 系统设置界面

图 2. 33 通用 TCP 客户机的主界面

图 2. 33 中的单行文本框以十六进制或者字符形式显示当前接收或发送的数据，多行文本框显示所有数据。状态栏中的第一栏是本地主机名，第二栏是本地 IP 地址，第三栏是远程主机的 IP 地址，第四栏是连接状态。

通用 TCP 客户机的参数设置界面如图 2.34 所示，这里可以输入远程主机（Remote Host）的名字或者 IP 地址，以及远程主机的端口号（Remote Port），这里连接到搜狐 POP3 服务器。与 TestPort 软件一样，GeneralClient 软件也有显示方式（Display Mode）。

使用本程序时，首先单击“Setup”按钮设置参数，然后，单击“Connect”按钮连接到设定的服务器，在 Hex 文本框中输入十六进制数据或者在 Char 文本框中输入字符串，单击“Send”即可发送数据，发送和接收到的当前数据在 Hex 或 Char 文本框中显示，所有数据在多行文本框中显示。如果需要在发送的数据末尾添加回车换行符，在主界面的复选框中打钩即可。图 2.33 所示是 GeneralClient 与搜狐的 POP3 服务器的对话情况。

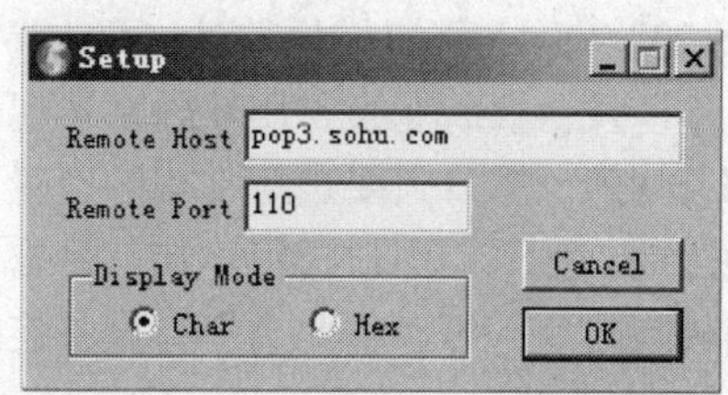

图 2.34　通用 TCP 客户机的参数设置

2.6.2　通用 TCP 服务器

大型应用程序经常需要开发和部署服务器应用程序，例如，POP3 服务器可以供远程客户端下载邮件，股票交易服务器可以供远程客户端登录并执行交易操作等。

图 2.35 所示是通用 TCP 服务器（GeneralServer）的主界面，与图 2.33 不同的是，这里没有“Connect”按钮，取而代之的是“Listen”按钮。状态栏中分别表示本地主机的 IP 地址与端口地址、远程主机的 IP 地址和端口地址以及连接状态。

图 2.36 所示是通用 TCP 服务器的参数设置界面，这里只需要设置侦听端口。远程客户机知道服务器的 IP 地址和侦听端口地址即可建立连接。设置好参数后，单击“Listen”按钮即开始侦听指定的端口。

GeneralClient 是可靠的，可以与搜狐的 POP3 服务器连接，现在用此客户机来测试服务器。使得 GeneralClient 和 GeneralServer 运行于同一台计算机上，GeneralServer 的参数设置如图 2.36 所示；GeneralClient 的远程主机设置为 127.0.0.1，即本机，端口地址设置为 1024 即可。然后，单击 GeneralServer 的“Listen”按钮开始侦听，再单击 GeneralClient 的“Connect”按钮，双方即可建立连接，对话结果如图 2.35 所示。

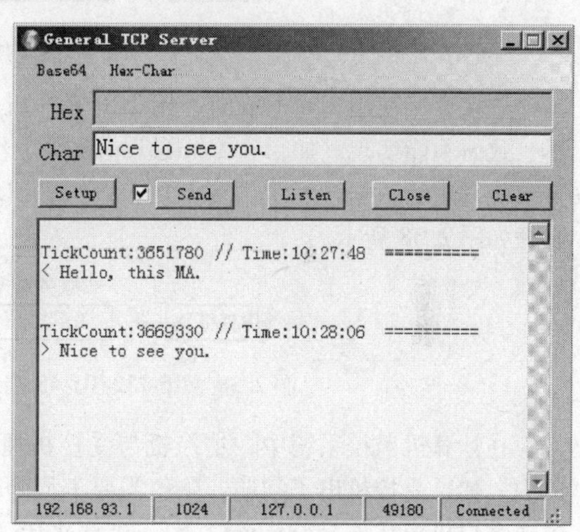

图 2.35　通用 TCP 服务器的主界面

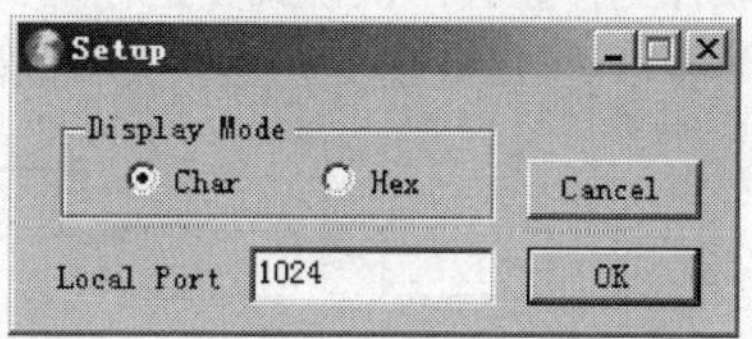

图 2.36　通用 TCP 服务器的参数设置

2.7 RS-232/RJ-45 接口转换软件

RS-232/RJ-45 接口转换软件（ComToTcp）的主要功能是实现串口数据与网口数据的直接转发，不涉及协议的变换，用软件来实现硬件接口转换器的功能，替代如图 1.2 所示的硬件设备的部分功能。串口只要进行常规的设置，与所连接设备的串口参数一致。由于主控机与嵌入式模块之间一般采用串口进行连接，另外，数据采集模块也大部分采用串口，因而，通过该软件接口转换模块，可以将此类串口设备连接到 Internet，进行远程处理。

2.7.1 应用模型

ComToTcp 可以工作在客户机模式下与服务器连接，也可以工作在服务器模式下与客户机连接，这样才能真正地实现 RS-232 与 RJ-45 接口的透明转换。TestPort 只是一个基于 RS-232 接口的串口测试软件，但是，借助 ComToTcp 即可与搜狐的 POP3 服务器连接，从而下载邮件。其工作原理如图 2.37 所示。

图 2.37 RS-232/RJ-45 接口转换软件的客户机模式应用

如果直接使用 2.6.1 节的通用 TCP 客户机来控制 2.3 或 2.4 节的软件仿真模块，由于接口不一致而不能实现。如果让 ComToTcp 软件工作在服务器模式下，侦听客户机的连接，从而将客户机发送的数据转发给仿真模块，将仿真模块响应的数据转发给客户机，即可实现。其工作原理如图 2.38 所示。

图 2.38 RS-232/RJ-45 接口转换软件的服务器模式应用

在计算机监控系统中，主控机与受控机通常采用串行接口（RS-232），传输距离只有 15m 以内。如果受控机出了问题，一般需要工程师现场解决。可以让接口转换软件一端工作在服务器或客户机模式连接 Internet，另一端通过 RS-232 连接主控机或受控机。在图 2.39 的应用模型中，一般与受控机连接的接口转换软件工作在服务器模式，与主控机（或测试程序）连接的接口转换软件工作在客户机模式，这样，工程师就可以通过 Internet 用基于 RS-232 的远程主控机操作现场基于 RS-232 的受控机，查找故障原因。

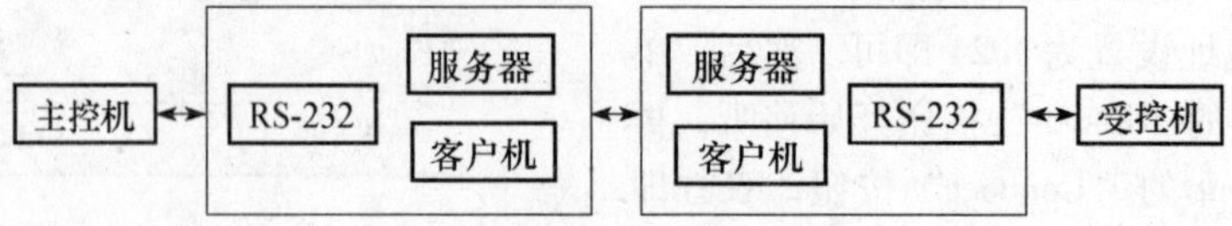

图 2.39 RS-232/RJ-45 接口转换软件用于计算机监控系统的远程测试

2.7.2 界面介绍

图2.40所示是ComToTcp软件的主界面，多行文本框中显示数据收发记录，“Setup”按钮用来设置软件的参数，“Open”按钮及其右侧相邻的“Close”按钮用于打开和关闭串口，“Connect”按钮及其右侧相邻的“Close”按钮用于连接远程服务器或关闭连接。状态栏中，第一栏显示串口号和打开或关闭的状态，第二栏显示本地IP地址，第三栏显示远程主机的IP地址。

在主界面中单击“Setup”按钮，进入软件参数设置界面，如图2.41所示。“COM”标签页用于设置串口参数，不涉及校验码和结尾码等参数的设置。“TCP”标签页有工作模式（Work Mode）的设置，这里工作于客户机（Client）模式，因而，需要提供远程主机的名称或IP地址以及连接的端口号；如果工作于服务器（Server）模式，则只要提供本地侦听的端口即可。当工作于Client模式时，主界面中为“Connect”按钮；当工作于Server模式时，主界面中为“Listen”模式。

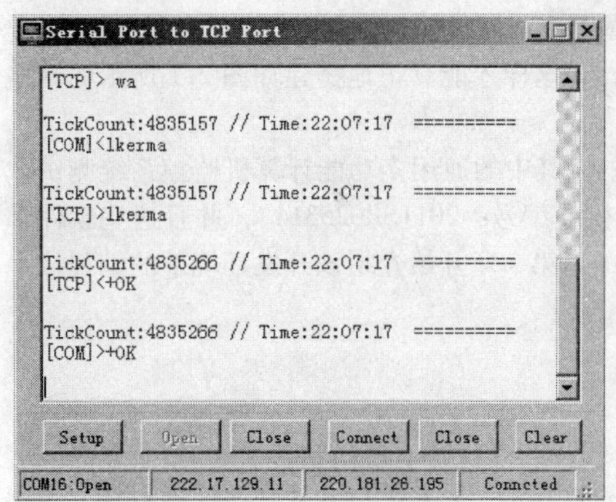

图2.40 RS-232/RJ-45接口转换软件的主界面

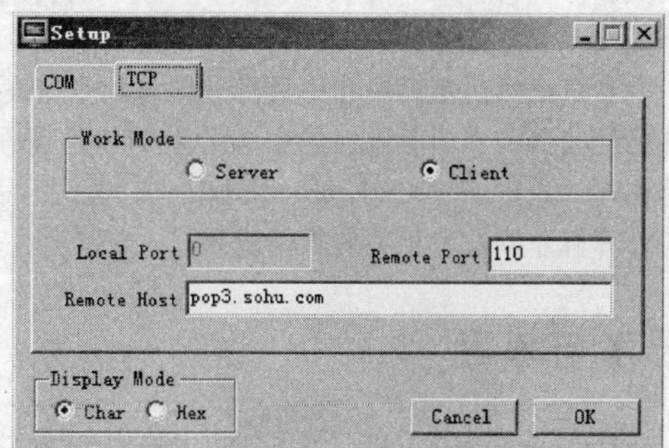

图2.41 RS-232/RJ-45接口转换软件的参数设置界面

ComToTcp软件运行时，首先设置本软件的串口参数，然后设置与本软件相连的软件的串口参数，最后设置本软件的工作模式、显示模式和其他参数。参数设置完毕，首先打开本软件的串口、与本软件连接的软件的串口，最后再单击“Connect”或“Listen”按钮进行网络连接。图2.40主界面的内容为图2.37模型的应用效果，TestPort借助ComToTcp软件与搜狐POP3服务器连接。“[TCP]>”为ComToTcp软件发送到POP3服务器的数据，“[TCP]<”为POP3服务器返回的数据；“[COM]>”为ComToTcp软件发送到TestPort的数据，“[COM]<”为TestPort发送到ComToTcp软件的数据。

2.8 本章小结

一般情况下，学习计算机监控系统的研发，没有硬件设备是不行的。本章首先介绍了一个计算机监控系统的硬件实例，让读者产生一个感性认识，然后，对此硬件实例进行抽象，得到

“只要有输入输出模块，即可进行计算机监控系统的研发”的结论。无论是实物模块还是仿真模块，要实现对其进行监控，首先必须对其进行测试。TestPort 是一个通用多功能计算机监控系统测试软件，与目前比较流行的“串口调试助手”相比，前者能够自动处理通信协议的校验码和结尾码，在此基础之上还衍生了多项功能。只有通过 TestPort 测试的模块，才能用于系统开发。为了让读者易于理解“开关量 I/O 软件仿真模块”，先从硬件模型和通信协议开始循序渐进，最后展示该仿真模块的应用。该模块与模拟量输入开关量输出软件仿真模块一起，构成了计算机监控系统仿真开发的重要基础。

RS-232/RS-232 接口转换软件可以将两台串口参数和通信协议不一致的两台串口设备连接起来，并可以截取两者之间的通信协议。通用 TCP 客户机可以连接到服务器，通用 TCP 服务器可以用来侦听客户机的连接请求，这两个程序经常用来调试 TCP 程序。RS-232/RJ-45 接口转换软件可以客户机或服务器两种模式工作，该软件的引入使得计算机监控系统的仿真开发环境更加丰富。

学习计算机监控系统的研发非常简单，只要尝试将以上模块和工具连接起来，有了感性认识后再在兴趣的引导下深入学习。但是，这需要最基本的硬件投入，即网线、USB 转 RS-232 连接线、USB 转多个 RS-232 或 RS-485 接口的转换器，这样才能真正地搭建如图 2.1 所示的网络环境。

本章中的仿真模块和工具都是作者独立研发的，其中的通用多功能计算机监控系统测试软件已经获得了中国版权保护中心颁发的软件著作权（编号：2011SR025314），并且这些软件都是在 Visual Basic 2008 Express Edition 环境下开发的。第 3 章开始介绍该开发环境下的编程技术与计算机监控技术相关的软件成果。

思考与练习

1. 两个通用多功能计算机监控系统测试软件建立连接，配置串口参数和协议参数等，尝试发送和接收操作。
2. 利用通用多功能计算机监控系统测试软件测试开关量 I/O 软件仿真模块。
3. 利用通用多功能计算机监控系统测试软件测试模拟量输入开关量输出软件仿真模块。
4. 利用通用 TCP 客户机连接搜狐、网易等网站的 POP3 服务器，进行手动会话操作。
5. 将两台计算机用网线连接，利用 TCP 客户机和 TCP 服务器进行网络聊天。
6. 以 RS-232/RJ-45 接口转换软件为中介，使得通用多功能计算机监控系统测试软件和通用 TCP 客户机之间能够进行网聊。

第二部分
编程基础与技巧

第 3 章　Visual Basic 2008 入门

第 4 章　界面设计

第 5 章　图形程序设计

第 6 章　My 命名空间

第 7 章　常用编程技巧

第 8 章　自定义字符串处理类

第 3 章　Visual Basic 2008 入门

进入.NET 时代，只要 Visual C ++ 和 Visual C#能完成的事情，Visual Basic 几乎都可以完成，因为它们都是面向对象的，而且都是建立在 .NET Framework 之上的，共享公共语言运行库（Common Language Runtime，CLR）和 .NET Framework 类库，只是语法上有所差异。对于不需要 Visual Basic 完全版的程序员而言，Visual Basic 速成版也是一种功能齐全的开发工具。它还是用来学习使用 Visual Basic 编程的工具。它不仅是 Visual Basic 的一个子集，还包括许多功能，可使 Visual Basic 编程比以前更加容易。

3.1　Visual Basic 2008 的开发环境

Visual Basic 2008 Express Edition 可以从 http://www.microsoft.com/express/download/站点免费下载安装（请选择“Chinese（Simplified）”，即简体中文）。Visual Basic 2008 是基于 .NET Framework 的，对系统要求较高，建议使用 Vista 操作系统、双核、2GB 以上内存的计算机。新一代操作系统 Vista 不再兼容 6.0 版的 Visual Basic 及 Visual C ++，所以，学习基于 .NET Framework 的编程语言具有迫切性。对于 Visual Basic 6.0 的用户，可以使用 Windows XP 操作系统，同时安装 Visual Basic 6.0 及 Visual Basic 2008，以便对旧程序进行升级。

3.1.1　启动 Visual Basic 2008

安装完成后，单击“开始”→“所有程序”→“Microsoft Visual Basic 2008 Express Edition”即可启动 Visual Basic 2008。在第一次启动时，系统需要花费几分钟的时间来设置 IDE 环境（如图 3.1 所示），随后进入 Visual Basic 2008 的 IDE 界面（如图 3.2 所示）。

图 3.1　Visual Basic 2008 第一次启动

起始页主要包括“最近的项目”，即最近打开的项目列表；“开始”窗口是 Visual Basic 2008 的帮助中心，如果需要获得 Visual Basic 教程、HowTo 文章或者想连接到开发社区，都可以从这个窗口找到链接；“Visual Basic 速成版标题新闻”列出了一些与 Visual Basic 2008 相关的重要新闻，如发布的课程、讲座以及重要更新等；“Visual Basic 开发人员新闻”包含了 MSDN RSS 源中获得的文章列表，这个窗口可以设置为从任何 RSS 源获得文章列表。

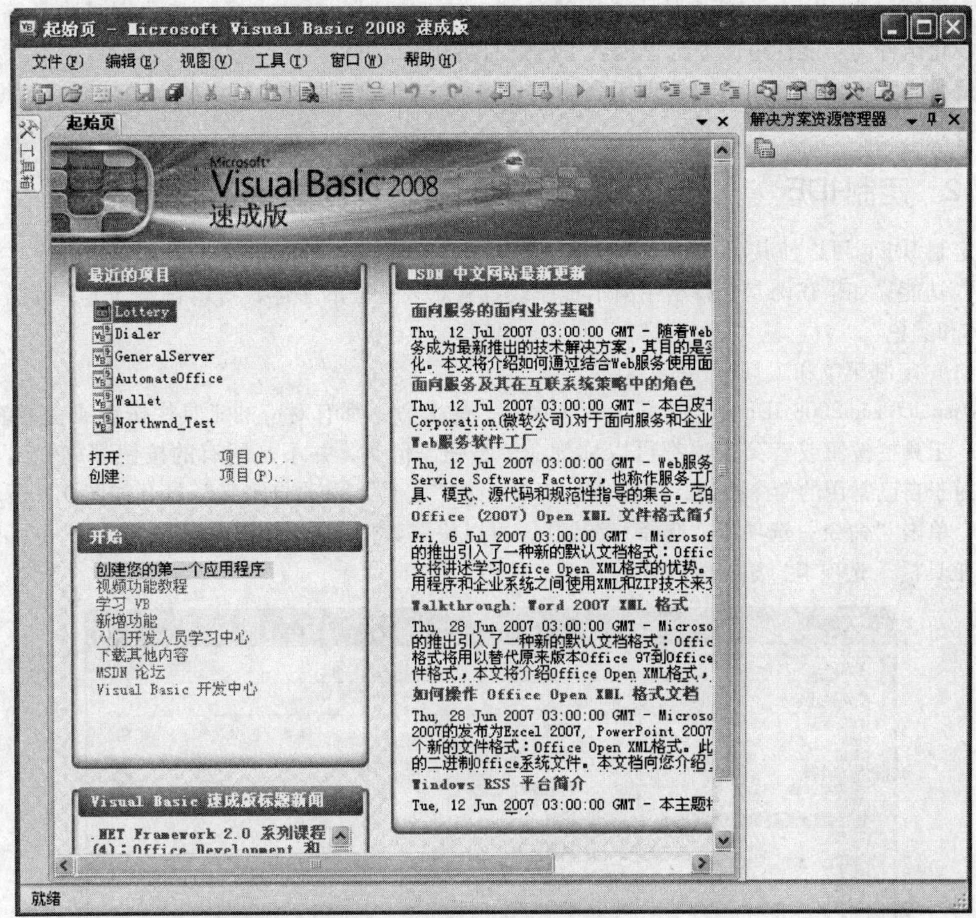

图 3.2　Visual Basic 2008 IDE 界面

Visual Basic 2008 的 IDE 包括“菜单栏”，即所有操控 Visual Basic 2008 IDE 以及工程的功能项。“文件”菜单主要包括新建项目、打开项目与关闭项目等子菜单；“编辑”菜单包括类似 Office 中的常规子菜单，其中的“快速查找”与“快速替换”可以提高工作效率；“视图”菜单主要包括一些窗口的显示，如“解决方案资源管理器”、“数据库资源管理器”、“错误列表”、“属性窗口”、“工具栏的自定义”以及“全屏显示”等；“工具”菜单中的“代码段管理器”子菜单列出了在编辑程序代码的时候可以插入的代码段，“选项”子菜单中的“环境”→“字体和颜色”可以很方便地设置字体大小，这对于教师授课比较有帮助，“项目和解决方案”→“常规”可以设置一些目录，“项目和解决方案”→“VB 默认值”一般不做修改，如 Option Explicit On 表示所有的变量在使用前必须声明等。

工具栏包含了菜单栏中常用菜单项的快捷按钮，除前面介绍的菜单项外，还包括“注释选中行”与“取消对选中行的注释”以及调试菜单项“启动调试”、“全部中断”、“停止调试”、“逐语句”、“逐过程”、“跳出”等。

工具箱（ToolBox）包括窗体中常用的组件，如“按钮”、“文本框”与“定时器”等，这些可视化组件与功能性组件为编程提供了极大的便利。

解决方案资源管理器用于管理工程中的资源和文件，包括设计的窗体、源代码、数据库、图片等。

3.1.2 定制 IDE

定制 IDE，可以使其满足自己的习惯。如果专注于编程，可以使用 3.1.1 节介绍的“全屏显示”功能；如果在课堂上给学生演示程序或者喜欢大一些的字体，可以调整 3.1.1 节提及的“字体和颜色”。

（1）定制菜单和工具栏

Visual Basic 2008 IDE 中包含了上百个命令，每个命令都有对应的工具栏按钮或者菜单项，因此，工具栏按钮或者菜单项都可以称为命令按钮。但是，并不是所有的按钮都放置到界面中。对于自己常用的命令按钮，可以通过菜单命令“工具”→“自定义”打开如图 3.3 所示的界面，单击“命令”选项卡，选择“调试”，可以将“禁用所有断点”拖入工具栏。也可以单击“工具栏”选项卡，添加所需要的其他工具栏。

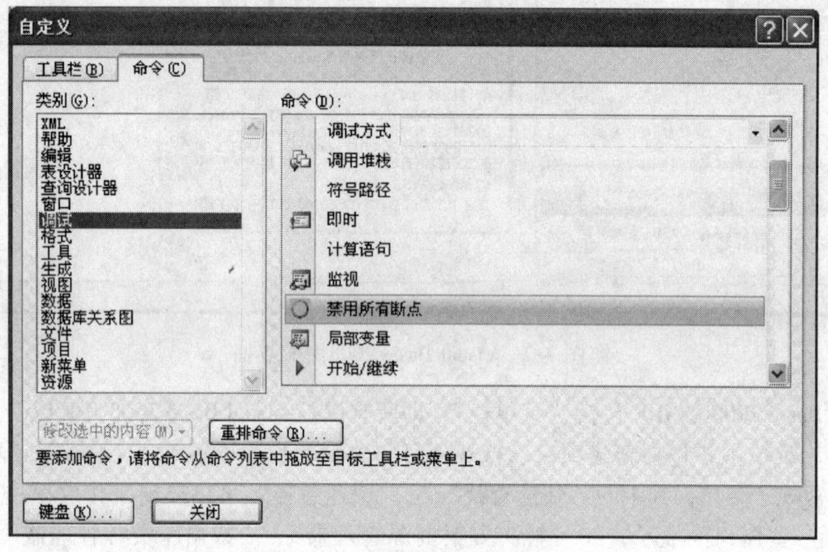

图 3.3 拖放命令按钮到菜单

（2）定制 IDE 选项

通过“工具”→“选项”菜单命令可以对 IDE 的选项进行定制。3.1.1 节已经介绍了部分选项的含义及调整方法，关于其他选项，可以尝试更改并观察其效果。

（3）设置 IDE 窗体布局

在 Visual Basic 2008 中，可以设置窗口为浮动、可停靠和选项卡式文档三种方式。浮动窗口当然是指窗口中的子窗口可以自由移动，而停靠窗口是指一个窗口“吸附”在另外一个窗口的任意一边。

在 Visual Basic 2008 IDE 中，默认的工具窗口（包括解决方案资源管理器、属性窗口、工具箱窗口、即时窗口等）都是停靠窗口，这些窗口“吸附”在工作区域周围。采用停靠窗口的好处是布局很清晰，但是会占用工作区域，并且因为停靠在其他窗口上，所以本身的大小不好设置。可以通过右击窗口的标题栏更改窗口的显示方式。

窗口的停靠位置是可以改变的。例如，将解决方案资源管理器拖离原来的位置，如图 3.4 所示，图中出现了上下左右四个箭头，分别表示停靠在四条边上，如果放到中间位置，则两个窗口合二为一，通过页标签来选择显示哪个窗口。窗口停靠是一种必须掌握的基本技能，如果不小心关闭了常用的窗口，可以通过以上技术将窗口停靠到合适的位置。

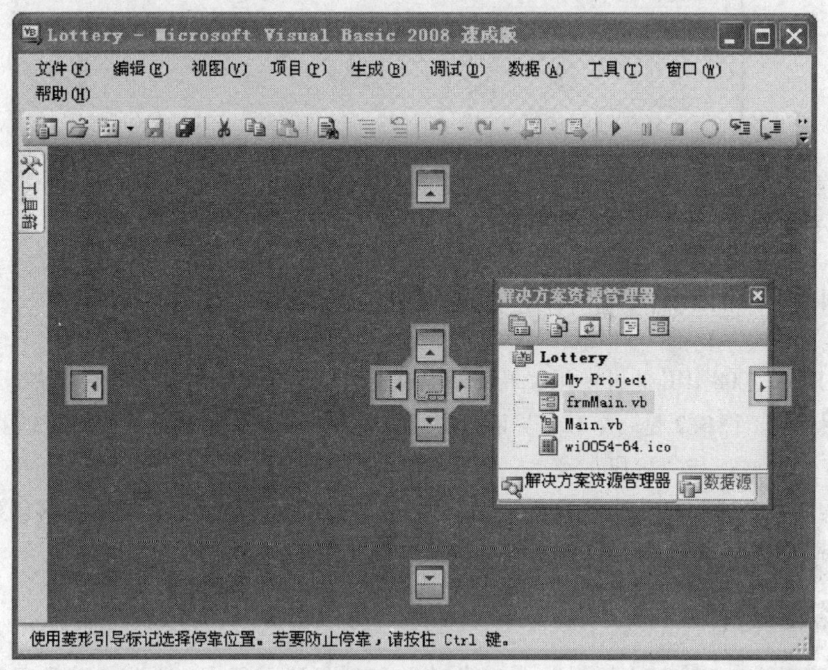

图 3.4　窗口的停靠

在 Visual Basic 2008 IDE 中，所有工具窗口上都有一个或图标，指示窗体是否自动隐藏。表示自动隐藏，只在 IDE 界面中显示一个页标签（如图 3.2 所示的工具箱页标签）；单击该图标，就转换为图标，窗口不再自动隐藏。

在 30 天内注册 Visual Studio 速成版副本可以得到很多注册权益，包括完整语言支持（编译器、库）和集成开发环境。选择菜单“帮助”→“注册产品”，弹出如图 3.5 所示的对话框，单击链接“立即注册”打开注册网页，根据要求输入个人信息，得到注册密钥，将此密钥复制后粘贴到文本框中，单击“完成注册”即可。以后再选择菜单“注册产品”，将显示“此产品已注册”的对话框。

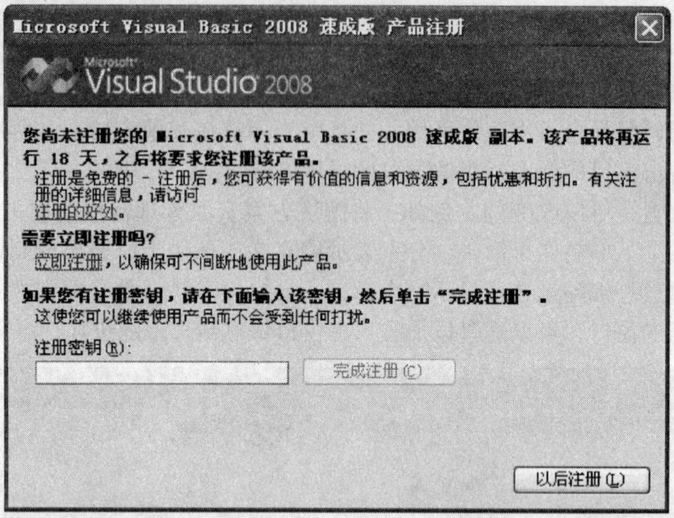

图 3.5 产品注册

3.2 创建 Windows 窗体应用程序

Visual Basic 2008 IDE 的可视化效果及编程环境都非常好，使用它可以非常快捷地编写功能强大的应用程序。图 3.2 是一个 IDE 界面，其中没有项目，所以解决方案资源管理器是空白的，而且也没有“调试”与“生成”菜单。图 3.4 中添加了项目，所以菜单要丰富一些。下面以一个福利彩票“双色球”自动选号程序为例，详细介绍 Windows 窗体应用程序的创建、界面设计、代码编写、调试与发布的整个过程。

3.2.1 需求分析

根据“福彩双色球玩法规则”，“双色球”每注投注号码由 6 个红色球号码和 1 个蓝色球号码组成。红色球号码从 1 ~ 33 中选择，蓝色球号码从 1 ~ 16 中选择。显然，红色球的 6 个号码应该互不相同，但是，蓝色球号码允许与红色球号码相同。程序由两个文本框和一个按钮组成，其中，一个文本框用红色显示 6 个红色球号码，另一个文本框用蓝色显示蓝色球号码，命令按钮用于启动计算。号码应该随机产生，满足一组号码不重复且在规定的范围内。

3.2.2 环境与界面的处理

打开 Visual Basic 2008 IDE，选择菜单“文件”→“新建项目”，出现如图 3.6 所示的界面。在 Visual Studio 已安装的模板中，选择“Windows 窗体应用程序”，在“名称”文本框中输入 Lottery（彩票），单击“确定”按钮。

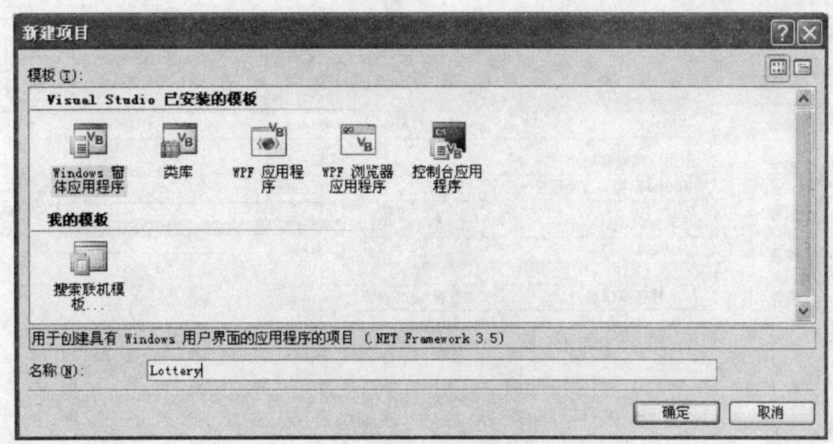

图 3.6　新建项目

从工具箱中找到 TextBox（文本框）控件，拖动两个文本框到窗体上。通过属性窗口将前者的 Name 属性设置为 txtRed，即红色球，后者的 Name 属性设置为 txtBlue，如图 3.7 所示，其中，单击用圆圈标注的黑三角（▶）（称为智能标记标志符号，简称智能标签），可以打开文本框的快捷属性 Multiline（是否允许多行）——**无论是界面设计还是源代码编写，看到此智能标签，都可以单击以便得到更多的相关信息**。可以先在文本框的 Text 属性中输入数据，然后调整好两个文本框的宽度，再删除数据。两个文本框的 TextAlign（对齐方式）属性都选择为 Center（居中），txtRed 文本框的 ForeColor（前景色）属性设置为 Red，txtBlue 文本框的 ForeColor 属性设置为 Blue。再从工具箱中找到按钮 Button，添加一个按钮，将其 Text 属性设置为 Test，Name 属性设置为 btTest。

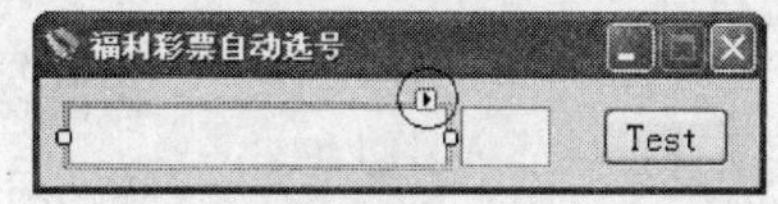

图 3.7　福利彩票自动选号程序界面

表 3.1　窗体属性的修改

属性	值	说明
Name	frmMain	名字
FormBorderStyle	FixedSingle	单边固定
Icon	wi0054-64.ico	图标文件
MaximizeBox	False	取消最大化
Size	327，79	表单大小
StartPosition	CenterScreen	居中显示
Text	福利彩票自动选号	程序标题
TopMost	True	顶层显示

对于窗体，其属性也需要做修改，如表 3.1 所示。FormBorderStyle 为窗体边框属性，FixedSingle 为固定单边，这种边框在程序运行期间不能调整界面大小（Sizable 属性反之）。福利彩票自动选号程序界面设计完毕，不需要调整界面大小，否则，就会显得比较凌乱，所以，这里选择 FixedSingle 属性。图标文件修改后，程序运行时窗体的图标将改变，如图 3.7 所示，但是，在 Windows 资源管理器中图标依然是默认图标。可以在解决方案资源管理器中双击 My Project，打开项目属性，选择“应用程序”选项，通过“浏览”修改图标，如图 3.8 所示。如果 FormBorderStyle 选择为 FixedSingle 属性，一般使 MaximizeBox 取值为 False，即取消最大化。StartPosition 为 CenterScreen 属性，表示程序启动后即在屏幕的中间显示。TopMost 为 True 表示程序在顶层显示，即使程序失去焦点，也不会被非顶层程序覆盖。

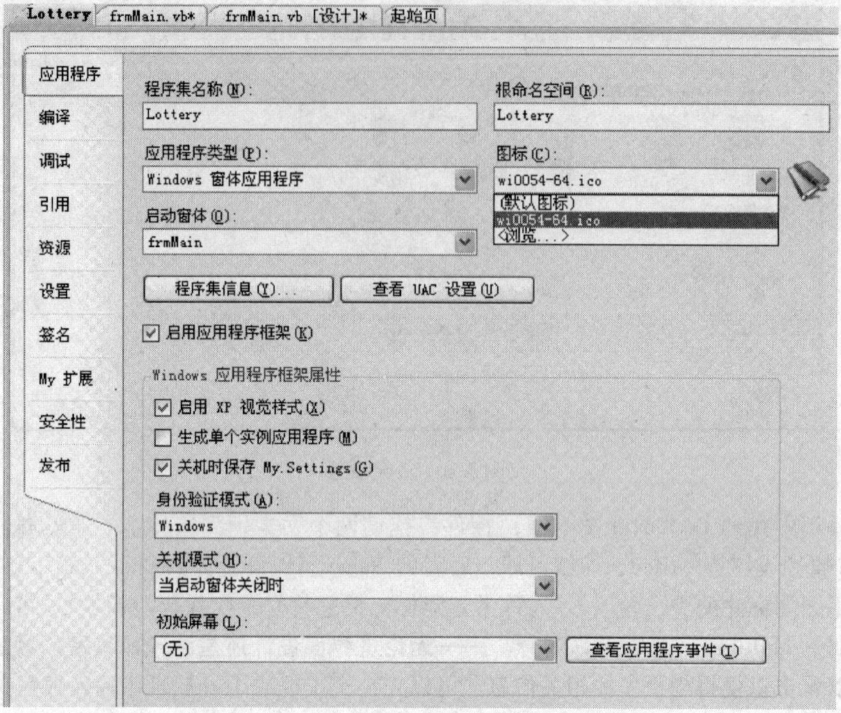

图 3.8 项目属性的修改

本项目只有一个窗体，所以，在图 3.8 中，启动窗体默认为 frmMain。如果一个程序的窗体和软件模块较多，就需要选择合适的启动窗体，即程序运行时首先启动该窗体。

一般非容器控件（如本例中的 TextBox 与 Button）都有 Anchor 属性，默认为“Top，Left”（左上），如图 3.9 所示，表示容器控件的大小变化时，控件与容器的左边界及上边界的距离不变。Dock 属性为控件停靠的地方，如图 3.10 所示，默认为 None，表示控件不停靠任何地方。可以修改这两个属性，同时，改变窗体大小以观察效果。主菜单“格式”中的子菜单用来调整控件的格式，如图 3.11 所示，包括对齐方式、大小、水平和垂直间距、居中与顺序，这些工具可以高效地对控件布局进行调整。一旦界面设计完毕，可以选择“锁定控件”，这样，窗体中的控件将被锁定，不能更改大小也不能移动。

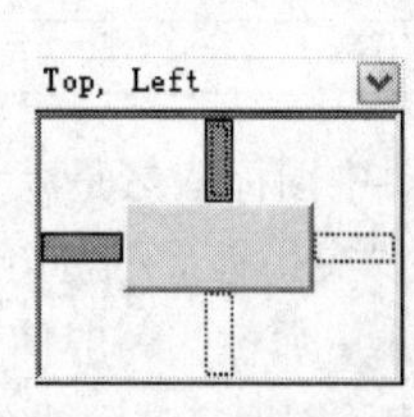

图 3.9 Anchor 属性

图 3.10 Dock 属性

图 3.11 格式调整

3.2.3 代码编写

根据 3.2.1 节中的需求分析，本程序需要一个函数，用来产生指定范围内的随机数。右击解决方案资源管理器中的项目 Lottery，单击“添加”→“新建项”，选择“模块”，并将模块的名字改为 Main.vb，然后，单击“确定”按钮。在 Module Main 和 End Module 之间输入如下代码：

```
Public Function GetRandomByte(Optional ByVal nFrom As Integer = 0, _
                              Optional ByVal nTo As Integer = 255) As Byte
    If nFrom > nTo Or nFrom < 0 Or nTo >255 Then
        'Error:  nFrom > nTo!
        Return 0
    End If

    Dim rnd As Random = New Random()            '生成随机对象
    Dim bData As Byte                           '存放结果

    '如果产生的随机数除以 256,余数在规定的范围内,则退出,否则循环
    Do While True
        bData = (rnd.Next) Mod 256
        If bData >= nFrom And bData <= nTo Then Return bData
    Loop
End Function
```

在 Visual Basic 中，定义方法采用如下形式：

```
Private/Public Function 函数名([[Optional]Byval/ByRef 参数_
                                 As 类型[=默认值]])As 类型
```

Private 定义的函数或方法只能在本类中使用，Public 定义的方法可以被其他类使用。可选参数用 Optional 修饰，而且需要指定默认值。Byval 表示传值方式，这样，在函数中修改参数不会影响调用程序中的参数值；相反，ByRef 表示传址，调用函数的程序使用的参数与函数本身所使用的参数共享地址，所以，在函数中修改参数会影响调用程序中的参数值。可以只有一个或多个参数，也可以没有参数，多个参数之间用逗号分隔。最后是函数的返回类型，GetRandomByte 函数返回字节类型。

GetRandomByte 函数产生一个随机字节，该函数有两个可选参数，表示范围的下限与上限，默认值的下限为 0，上限为 255。如果上限与下限错误，则返回 0；否则，生成一个基于 Random 类的随机对象 rnd，利用其 Next 方法产生一个非负伪随机数。

伪随机数是以相同的概率从一组有限的数字中选取的。所选数字并不具有完全的随机性，因为它们是用一种确定的数学算法选择的，但是，从实用的角度而言，其随机程度已足够了。Random 类的当前实现基于 Donald E.Knuth 的减随机数生成器算法。

随机数的生成是从种子值开始的。如果反复使用同一个种子，就会生成相同的数字系列。产生不同序列的一种方法是使种子值与时间相关，从而对于 Random 的每个新实例，都会产生不同的系列。

如图 3.12 所示，用来初始化 rnd 对象时，出现了参数提示，图中是第一个 New 函数；单击

其中的任何一个智能标签，出现第二个不带参数的 New 函数，使用与时间相关的默认种子值更适合本例，因为时间是变化的，这样不会生成相同的数字系列。函数的参数提示功能，使得编程更加方便高效，不像使用 Visual C ++ 6.0 或 TC 2.0，需要经常翻阅手册。

```
Dim rnd As Random = New Random
▲1 (总数 2)▼ New (Seed As Integer)
使用指定的种子值初始化 System.Random 类的新实例。
```

图 3.12 函数的参数提示

在 Visual Basic 中，声明变量一般采用如下形式：

```
Dim / Private / Public 变量名 As 类型[ =初始化值]
```

Dim 可用于在子程序或函数的内部声明变量，也可以用于声明类的私有变量，这时相当于 Private；Private 与 Public 用于声明类的私有变量与公有变量，私有变量只能限于本类使用，公有变量可以被其他类使用。可以在声明变量的同时，对变量进行初始化。

Visual Basic 2008 以“_”作为续行标志，注释用“'”开头，在函数中返回数值可以跟 C 语言一样使用 Return，也可采用 Visual Basic 6.0 给函数名赋值的形式。

双击解决方案资源管理器中的 frmMain.vb，打开主窗体，然后双击按钮 Test，在其 Click 事件处理程序中输入如下代码：

```
Private Sub btTest_Click(ByVal sender As System.Object, _
                        ByVal e As System.EventArgs) Handles btTest.Click
    'btTest_Click 是事件处理的程序名
    'sender 是事件的发送者,e 是事件参数
    'Handles btTest.Click 表示处理 btTest 按钮的 Click 事件

    Dim I As Integer                            '用来计数
    Dim strRed As String = ""                   '存放 6 个红色球号码
    Dim strTmp As String = ""                   '临时变量
    Dim nTmp As Integer                         '临时变量

    For I = 0 To 5                              '产生 6 个红色球号码
        While strRed.Contains(strTmp)           '如果红色球号码中包含新随机数,循环
            nTmp = GetRandomByte(1, 33)         '产生 1~33 之间的随机数
            strTmp = nTmp.ToString("D2")        '将随机数转换为两个字符
        End While

        strRed &= strTmp                        '相当于 strRed = strRed + strTmp
        If I < 5 Then strRed &= " "             '确保两个红色球号码之间有一个空格
    Next I

    Dim strArray(5) As String                   '定义一个字符串数组,下标从 0 开始
    strArray = Split(strRed)                    '将 6 个红色球号码分拆到数组中
    Array.Sort(strArray)                        '对数组进行排序
    '将排好顺序的数组转换为空格分隔的字符串,并放入 txtRed 文本框中显示
    txtRed.Text = String.Join(" ", strArray)
```

```
        Sleep(7)                                   '休眠 7ms
        nTmp = GetRandomByte(1, 16)                '产生一个 1 ~16 的随机数
        txtBlue.Text = nTmp.ToString("D2")         '转换为两个字符进行显示
    End Sub
```

如果更改按钮的名字，Handles 后面的按钮名字将会自动更改，但是 Sub 后面的子程序名不会更改。这个子程序到底处理什么事件由 Handles 后面的参数决定，如果另外一个按钮 btOK 也采用此处理程序，只要用逗号分隔 btOK.Click 即可。可以使用 DirectCast（sender，Button）方法，将 sender 类型转换为 Button 类型。

每次 For 循环都产生一个红色球号码，在 For 循环中有一个 While 循环，strRed 是字符串类型，也是 String 类，常规类型基本上属于类，如 Integer 类型的变量 nTmp 也有 ToString 方法。strRed.Contains(strTmp) 语句判断 strRed 中是否包含 strTmp 子字符串，如果包含，说明已经产生了该红色球号码，继续循环，否则跳出 While 循环。nTmp.ToString（"D2"）将 nTmp 转换为两个十进制字符，如将 32 转换为“32”、将 3 转换为“03”。Split 是内部函数，默认将以空格为分隔符将字符串切分到字符串数组中，Join 是 String 类的 Share 方法，通过 String 类名或其对象名直接调用都可以，这就是 Share 方法的特征。Join 将字符串数组连接成字符串，这里指明用空格分隔。调用 Sleep 休眠 7ms 是为了更好地产生随机数作为蓝色球号码，输入 Sleep 的时候，会提示错误，如图 3.13 所示。这时，可以将 Sleep 改为 System.Threading.Thread.Sleep，错误即消失。这里仍然使用单独的 Sleep，但是，在 Public Class frmMain 行之上输入如下一行代码：

```
Imports System.Threading.Thread
```

这表示引入命名空间，如此也可消除错误。关于命名空间的详细介绍，参见 3.5 节。

双击窗体，在窗体的 Load 事件处理程序中，输入代码 btTest.Select()，这表示程序运行后，按钮将首先获得焦点，此时，按 Enter 键与单击按钮的效果将是一样的。

现在，可以通过单击菜单“调试”→“启动调试”、工具栏上的启动调试图标或者直接按 F5 键运行程序，观察一下效果，看是否与图 3.14 所示的效果一样（当然，随机数一般不一样）。

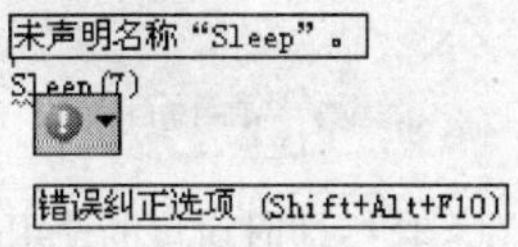

图 3.13 错误提示

图 3.14 福利彩票自动选号程序运行效果

Visual Basic 的界面、代码、类、模块等文件的后缀名都是 vb，工程文件的后缀名为 vbproj，解决方案的后缀名为 sln。解决方案调用工程文件，因而，关闭项目后直接单击工程文件或解决方案，都能重新打开项目。

3.2.4 插入代码段的使用

双击窗体，在代码 btTest.Select() 的上边空白行，右击，选择“插入代码段”→“Windows 窗体应用程序”→“窗体”→“创建透明的 Windows 窗体”，将产生如图 3.15 所示的代码。蓝色的对象名仅仅是个示范，需要更改，绿色的数值 0.83 表示 Opacity（不透明性）的数值，范

围从 0 到 1（0 表示完全透明，1 表示完全不透明），也可根据需要更改。

将窗体的名字改为 Me，运行程序，其效果如图 3.16 所示，窗体变得透明，看得见 Windows 资源管理器后面的图标。福利彩票自动选号程序使用透明窗体没有什么意义，只是为了演示“插入代码段”的使用。

```
frmTransparentForm.Opacity = 0.83
```

图 3.15 “插入代码段”的使用

图 3.16 窗体透明效果

Me 关键字提供了一种引用当前正在其中执行代码的类或结构的特定实例的方法。Me 的行为类似于引用当前实例的对象变量或结构变量。在向另一个类、结构或模块中的过程传递关于某个类或结构的当前执行实例的信息时，使用 Me 尤其有用。

3.3 调试

福利彩票自动选号程序比较简单，一共才 30 多行代码，但是也经过了多次修改。每次修改代码，都要用到调试技术，观察修改后的效果以及是否按照自己的意愿运行。程序中的错误一般包括语法错误、逻辑错误以及运行时错误等。语法错误可以从错误列表窗口中看出，如图 3.17所示，修改也很简单，只要找到指示的行与列，将 Intege 改为 Integer 即可。

即时窗口（如果被关闭，可以使用菜单“调试”→“窗口”→“即时”，或者通过工具栏打开）用于在程序运行时输出调试信息，或者在设计期间完成简单的计算任务。即时窗口是项目中的一部分，如果程序存在语法错误，即时窗口就不能使用。在 Main.vb 模块中，有且只有一个计算随机数字节的函数 GetRandomByte，测试其效果可以使用如图 3.18 所示的方法。也可以通过 Debug.Print（变量）从即时窗口中输出结果。

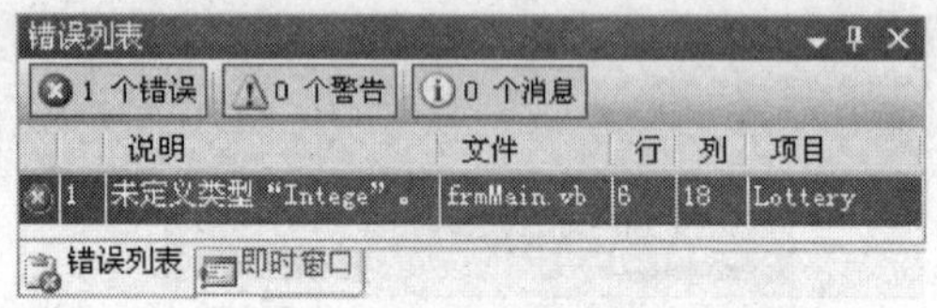

图 3.17 错误列表窗口

图 3.18 即时窗口的使用

断点是调试程序最常用的手段，用鼠标单击源代码中的灰色条，即可设置一个断点。程序运行到断点处将挂起，这时将鼠标移到感兴趣的变量，观察数值，如图 3.19 所示，nTmp 的值为 19，正好在 1 ~ 33 之间。

可以右击变量 nTmp，选择“添加监视”，此时，nTmp 的值就出现在监视窗口中，如图 3.20所示。对于多个监视，则可以一目了然。

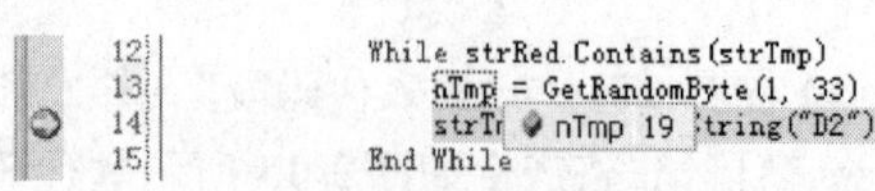

图 3.19 断点的使用

图 3.20 添加监视

在调试菜单中，可以逐语句、逐过程调试，也可以禁用所有断点或删除所有断点，用起来非常方便。

Try...Catch...Finally 语句用于捕捉程序中出现的异常。在窗体中加入一个按钮，双击按钮，输入如下代码：

```
Dim x As Date
Try
    '可能抛出异常的语句放在 Try 块中
    x = CDate("Hello")
Catch ex As Exception
    '抛出的异常在 Catch 块中处理
    MessageBox.Show(ex.Message)
Finally
    '不管 Try 块中的语句是否产生异常,这里的语句都要执行
End Try
```

CDate 函数可以将字符串转换为 Date，即日期型变量，如 CDate（“08/27/2008”）可以转换为日期，但是，如果参数为“Hello”，就会失败从而引发异常。Catch 语句捕获异常，通过消息框显示异常信息，如图 3. 21 所示。如果此问题比较困难，可以将此信息通过搜索引擎寻找解决办法。

图 3. 21　捕获异常

3. 4　部署应用程序

在完成了程序的编写、测试和调试后，可能想与其他人共享作品。复制并分发程序的过程称为“部署”。用户可能会认为可以简单地将程序文件复制到其他计算机上便可运行程序。但是，在许多情况下将发现程序并不运行。这是由于大多数程序依赖于软件中称为“组件”的其他部分，称为“系统必备”，这些组件也必须安装在其他计算机上。如果在试图运行程序时缺少了某个组件，程序将不会运行。Lottery 程序是建立在 .NET Framework 3. 5 之上的，本节将发布 Lottery 程序，并在没有安装 .NET Framework 3. 5 的 Windows XP 系统的计算机上运行 Lottery 程序。

3. 4. 1　理解 ClickOnce 技术

在 .NET 之前，开发人员不得不使用第三方的应用程序来创建安装应用程序。在微软引进了 Windows Installer 技术之后，开发人员使用它来创建能够安装程序的 MSI 文件。在 Visual Basic 2008 中，可以使用 ClickOnce 部署应用程序或组件。ClickOnce 的缺点主要是缺乏灵活性，但 ClickOnce 与之前的技术相比确实有显著的改进。许多改进得到了为安装技术而争论的开发人员的肯定。ClickOnce 的主要特点如下：

- ClickOnce 将 Web 应用程序部署的便利性运用到桌面应用程序的部署上。传统上，发布桌面程序时必须接触每台客户计算机——运行安装程序并安装适当的文件。而 Web 应用程序只需在一个地方更新：Web 服务器上。ClickOnce 为桌面应用程序提供了类似于 Web 应用程序的更新功能。

- 使用 ClickOnce 部署的应用程序可以自动更新。它们可以自动通过 Web 查找新版本的软件并安装它们。
- ClickOnce 程序能够只更新必要的文件，而使用以前的安装技术时，必须重新安装整个应用程序及其组件。
- ClickOnce 使应用程序在安装时不影响其他已安装的应用程序，也就是说，它们是自包含的应用程序。而使用 Windows Installer 进行部署时，应用程序共享一些组件，如自定义控件。如果一个应用程序错误地安装了旧版本的组件、删除了组件或安装了与版本不兼容的组件，将破坏已安装的使用该共享组件的其他应用程序。
- ClickOnce 不要求用户有管理员权限。使用 Windows Installer 进行部署时，用户必须拥有管理员权限才能安装程序。
- ClickOnce 有三种安装应用程序的方法：从网页安装、通过网络文件共享安装或从 CD-ROM 等介质安装。
- ClickOnce 应用程序可安装在用户计算机上，因此，用户脱机时也能运行；也可只在联机模式下运行，在这种模式下运行，不会在用户计算机上安装任何永久性文件。

3.4.2 使用发布向导

下面利用 ClickOnce 来生成 Lottery 安装程序，使其可以在没有安装 Visual Basic 2008 以及 .NET Framework 3.5 的 Windows XP 系统下运行。首先，双击 Lottery.sln 打开项目（或在 Visual Basic 2008 的起始页中打开最近的项目 Lottery），选择菜单“生成”→“生成 Lottery”，可在 Lottery 的 Debug 和 Release 目录下发现生成的 Lottery.Exe 可执行文件。选择菜单“发布 Lottery”，出现如图 3.22 所示页面，可以通过“浏览”或直接输入来指定发布此应用程序的位置，这里输入磁盘路径 E:\VB2008\Lottery\Publish\（读者可根据自己的计算机环境选择合适的路径），在此位置创建安装程序。如果输入的磁盘路径不存在，系统将自动创建。当然，还可以选择文件共享、FTP 服务器与网站。

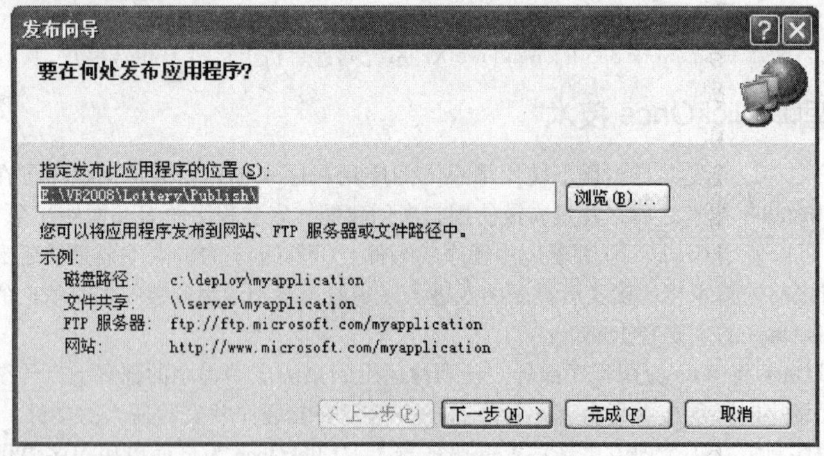

图 3.22 指定发布应用程序的位置

单击“下一步”，出现如图3.23所示的页面，用户可以选择三种方法安装应用程序，这里选择“从CD-ROM或DVD-ROM（C）”安装应用程序，这样可以很方便地对安装程序进行测试。

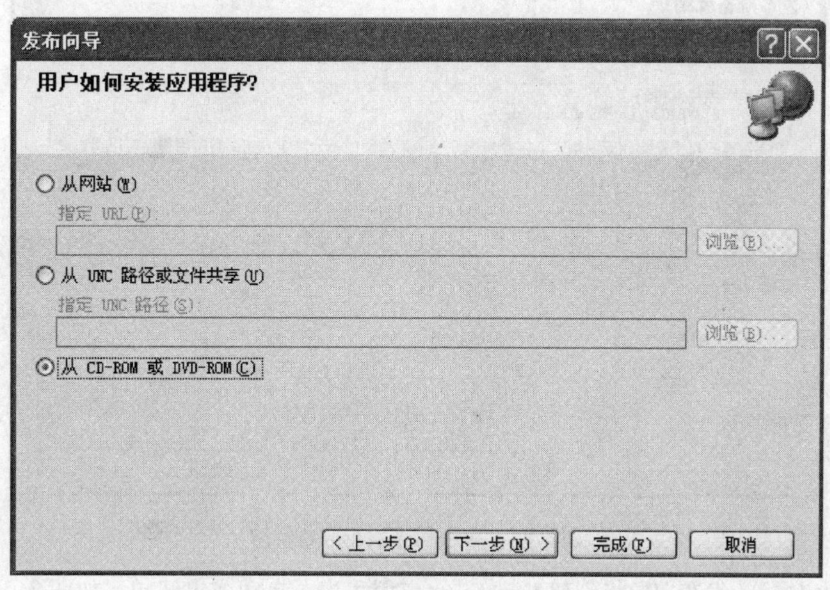

图3.23 安装应用程序的选择

单击“下一步”，出现如图3.24所示页面，由于从CD-ROM或DVD-ROM进行安装，所以，选择“该应用程序将不检查更新”。

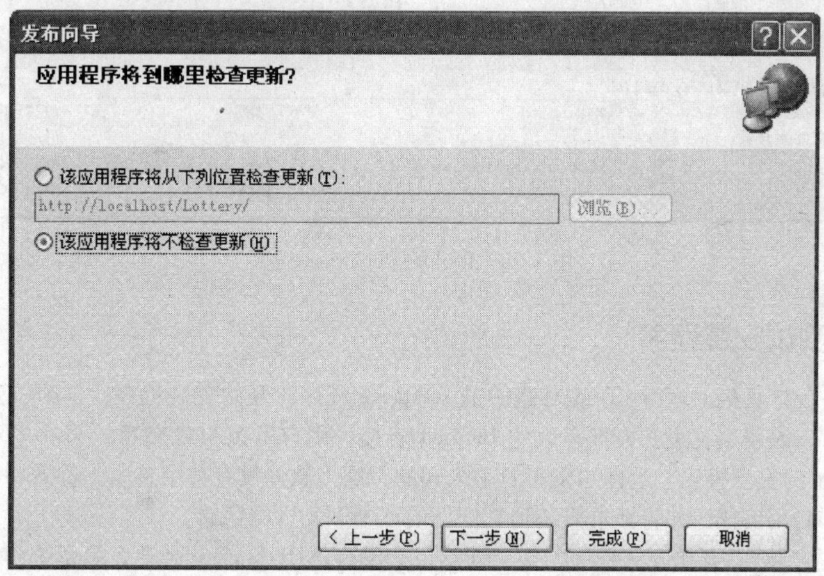

图3.24 应用程序检查更新的选择

单击“下一步”，将显示最后的确认页面，如图 3.25 所示。

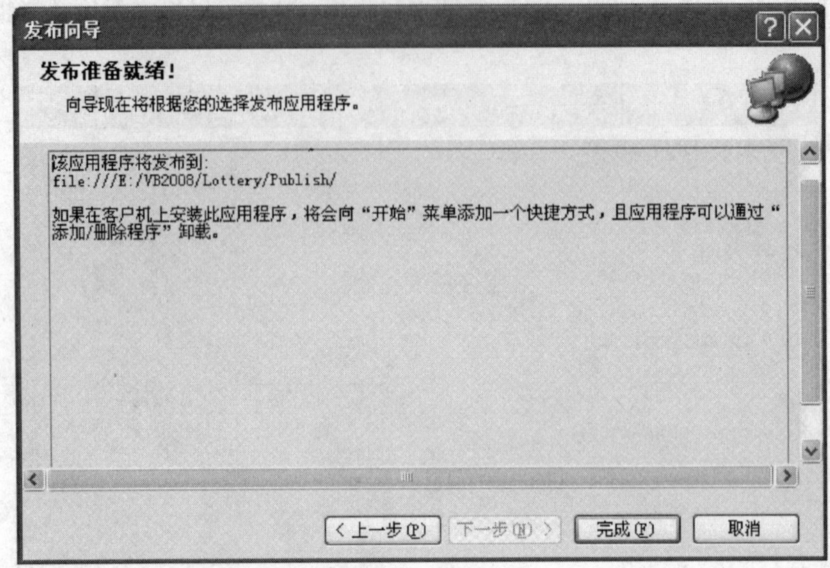

图 3.25 应用程序发布准备就绪

单击“完成”，发布向导将创建 ClickOnce 应用程序，自动弹出清单，如图 3.26 所示。可以将这些程序刻录到 CD-ROM 或 DVD-ROM，当然也可以复制到 U 盘上。

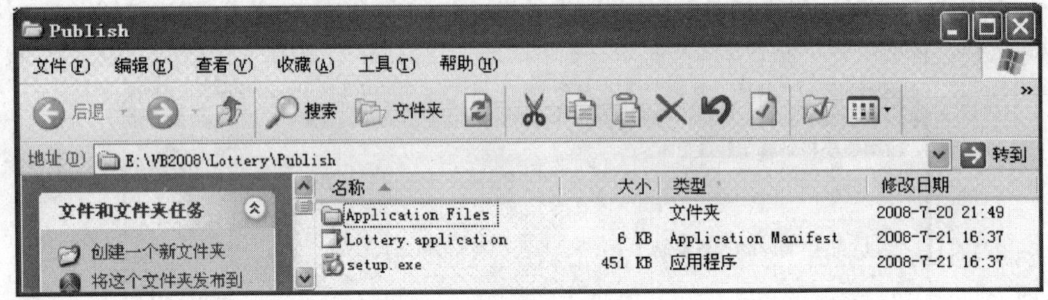

图 3.26 创建的 ClickOnce 程序

3.4.3 测试安装程序

在另一台计算机上运行 CD 或 U 盘中的 setup.exe 程序，开始安装程序。这时，弹出一个快速动画窗口，表明系统正在检查有效的 Internet 连接。用户可以与之交互的第一个对话框是如图 3.27 所示的安全警告。组件的发布者是未知的，因为软件没有数字签名。若需要签名，必须创建证书、启用信任，并将证书安装到受信任的证书颁发机构存储。

单击“安装”，开始安装程序，如果计算机中没有 .NET Framework 3.5 等系统必备项，将自动从组件供应商的网站下载，这需要几分钟的时间。安装完成后，可以通过“开始”菜单上的快捷方式运行此程序。

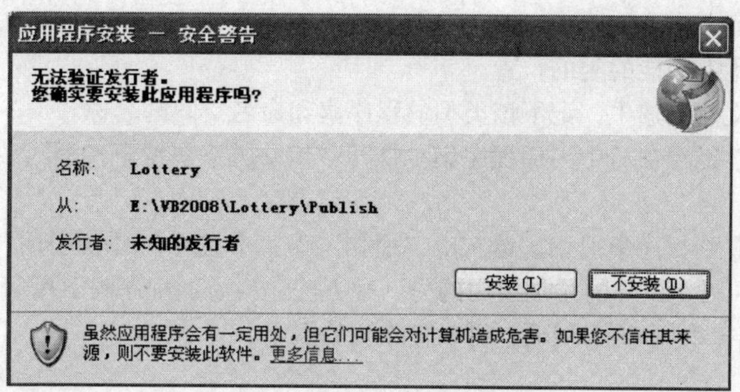

图 3.27　Lottery 的安装

3.5　命名空间

.NET Framework 类库是一个由 Microsoft.NET Framework 中包含的类、接口和值类型组成的库。该库提供对系统功能的访问，是建立 .NET Framework 应用程序、组件和控件的基础。

.NET Framework 类库由命名空间组成。每个命名空间都包含可在程序中使用的类型：类、结构、枚举、委托和接口。

命名空间提供范围：两个同名的类只要位于不同的命名空间并且其名称符合命名空间的要求，就可以在程序中使用。命名空间名称是类型的完全限定名（namespace.typename）的一部分。所有 Microsoft 提供的命名空间都是以名称 System 或 Microsoft 开头的。

.NET Framework 类库的功能并不包含在单个 DLL 中。通过将基类的功能放入多个 DLL 中，托管程序在启动时无需加载一个较大的 DLL，而只需加载一个或多个较小的 DLL，这就减少了程序的启动时间。可以使用在项目中定义的命名空间。但是，通常会使用驻留在托管 DLL 中的命名空间中的类型。托管 DLL 也称为“程序集”。

在创建 Visual Basic 项目时，已经引用了最常用的基类 DLL（程序集），如图 3.28 所示就是 Lottery 项目默认引用的命名空间（DLL）。但是，如果需要使用尚未引用的 DLL 中的类型，则需向此 DLL 添加引用。在 3.2.3 节中，为了调用 Thread 类的 Sleep 方法，添加了引用“Imports System.Threading.Thread”。Threading 是 Thread 的父类，System 是 Threading 的父类，“System.Threading.Thread”则是一个命名空间。有了这个引用，就可以在程序中直接调用 Sleep 方法，而不需要在方法前添加长长的命名空间。由此可见，从某种意义上来说，命名空间只是一个类的层次结构。

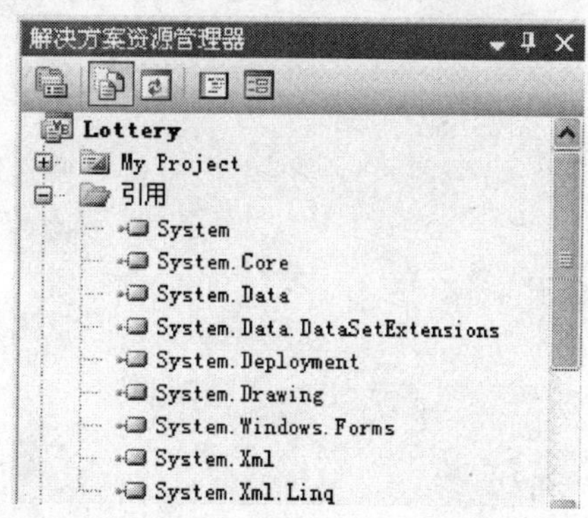

图 3.28　Lottery 默认引用的命名空间

通常会如何使用托管 DLL（程序集）、命名空间和命名空间中的类型呢？我们可以遵循如下步骤：

1）确定提供所需功能的类的位置。

2）在类型的文档概述中，记下该类型的程序集和命名空间的名称。

3）查看是否已经在项目中引用程序集。打开“解决方案资源管理器”，在“引用”节点下查看。

4）如果没有看到程序集引用，请右击“引用”节点并选择“添加引用”。

这是除 Imports 语句以外的添加引用的另一种方法。当添加程序集引用后，即可访问程序集中的类型。右击图 3.28 中的引用项，可以移除相关引用。

3.6 本章小结

本章首先介绍了 Visual Basic 2008 的开发环境与环境的定制。在此基础之上，以彩票程序 Lottery 为例，详细分析了程序设计、调试与部署的整个过程，最后介绍了命名空间的概念。本章内容是本书的重点和基础，Lottery 程序虽然简单，但是涉及许多重要概念，循环中嵌套循环和条件语句，需要以此为主线，将本章内容串联起来，并达到熟练掌握的程度，以便为后续的学习打下良好的基础。

思考与练习

1. 下载安装 Visual Basic 2008 Express Edition，并完成注册与配置。
2. 举例说明什么是命名空间，以及如何使用命名空间。
3. 有几种形式的循环语句，如何使用？通过 MSDN 查找资料，并用各种循环语句计算 1 ~ 100 的和。
4. 设计一个简单的窗体程序，完成程序的编写、调试与部署。
5. 在编程过程中遇到困难时，应该如何寻求帮助，如何成为编程高手？谈谈自己的想法。

第 4 章　界 面 设 计

Windows 窗体应用程序是由窗体和控件组成的，一个良好的 Windows 应用程序应该是形式和内容的完美结合，即不但功能齐全，而且界面简洁美观、操作方便。本章根据工具箱对控件的分类，通过实例详细介绍常用控件的使用方法。开发人员通过控件的属性、方法与事件来使用控件。学习使用控件也应该遵循由易到难的步骤，即从属性、方法再到事件。控件有许多公共属性，因而，对于上文说明过的属性，下文将不再进行说明（本章例程以“WinApp_控件名”命名）。

4.1　公共控件

公共控件位于工具箱中的“公共控件”选项卡中，是窗体应用程序中的常用控件。3.2.2 节已经介绍了公共控件的常用属性 Anchor 与 Dock，以及控件 Button（按钮）的基本使用方法。本节继续介绍其他常用控件。

4.1.1　Label

Windows 窗体的 Label（标签）控件用于显示用户不能编辑的文本或图像。它们用于标识窗体上的对象，如描述单击某控件时该控件所进行的操作或显示相应信息以响应应用程序中运行时的事件或进程。例如，可以使用标签向文本框、列表框和组合框等添加描述性标题。也可以编写代码，使标签显示的文本为了响应运行时事件而做出更改。例如，如果应用程序需要几分钟时间处理更改，则可以在标签中显示处理状态的消息。

Label 控件的常用属性如表 4.1 所示。AutoSize 为 True 时，Label 主要根据 Font 与 Text 属性自动调整大小，此时 Size 属性无效，即如果手工修改 Size 的值，将自动恢复原来的值。AutoSize 为 False 时，可以在窗体上调整 Label 的大小，也可以在属性窗口中直接修改 Size 的值。TextAlign 表示标签文本内容的对齐方式（与图 3.9 Anchor 属性类似），在 AutoSize 为 False 时有效。Visible 表示该标签是否可见，为 True 时可见，为 False 时隐藏。

表 4.1　Label 的常用属性

属　性	说　明
AutoSize	是否自动调整大小，布尔型
Font	包括字体、字形与大小
Location	Label 在容器中的位置
Size	Label 的大小
Text	Label 的文本内容
TextAlign	文本内容的对齐方式
Visible	是否可见，布尔型

Label 的其他属性 BackColor（背景色）、ForeColor（前景色）、BorderStyle（边框风格）、Enabled（是否使能）等，一般使用默认值即可。

4.1.2 LinkLabel

Windows 窗体的 LinkLabel 控件使用户可以向 Windows 窗体应用程序添加 Web 样式的链接。一切可以使用 Label 控件的地方，都可以使用 LinkLabel 控件；还可以将文本的一部分设置为指向某个文件、文件夹或网页的链接。

除了具有 Label 控件的所有属性、方法和事件以外，LinkLabel 控件还具有针对超链接和链接颜色的属性，如表 4.2 所示。LinkArea 属性设置激活链接的文本区域。LinkColor、VisitedLinkColor 和 ActiveLinkColor 属性设置链接的颜色。LinkClicked 事件确定选择链接文本后将发生的操作（不一定打开浏览器）。

表 4.2 LinkLabel 的常用属性

属 性	说 明
ActiveLinkColor	活动时的链接颜色
LinkArea	链接区域，包括开始与长度值
LinkColor	链接颜色
LinkVisited	是否标注访问过的站点
VisitedLinkColor	标注访问过的站点的颜色

LinkLabel 控件的最简单用法是使用 LinkArea 属性显示一个链接，但用户也可以使用 Links 属性显示多个超链接。Links 属性使用户可以访问一个链接集合。也可以在每单个 Link 对象的 LinkData 属性中指定数据。LinkData 属性的值可以用来存储要显示文件的位置或网站的地址。

初始状态，链接文本的颜色由 LinkColor 规定，当单击链接的文本时，文本的颜色转换为 ActiveLinkColor。如果 LinkVisited 为 True，则访问过的站点对应的链接文本的颜色转换为 VisitedLinkColor；如果设置为 False，不管是否访问过站点，链接文本的颜色都是 LinkColor 指定的颜色。

新建一个窗体应用程序 WinApp_LinkLabel，在窗体上添加 LinkLabel 控件，如图 4.1 所示，并将 Text 属性设置为“Visual Basic 2008 Express Edition 下载”，将 LinkVisited 属性设置为 True，将 LinkArea 属性设置为“34，2”，即文本内容的第 34 个字符开始（Start），长度（Length）为 2，其他属性使用默认值。

图 4.1 LinkLabel 控件测试

双击窗体，在窗体的 Load 事件处理程序中输入代码：

```
LinkLabel1.Links(0).LinkData = "http://www.microsoft.com/express/download/"
```

此语句将设置 LinkLabel 中的第一个超级链接的网址。双击 LinkLabel，输入如下代码：

```
Private Sub LinkLabel1_LinkClicked(ByVal sender As System.Object, _
        ByVal e As System.Windows.Forms.LinkLabelLinkClickedEventArgs) _
        Handles LinkLabel1.LinkClicked

    Dim strTarget As String = CType(e.Link.LinkData, String)

    '假如结果像 URL,就打开浏览器导航到该网址,
    '否则,用消息框显示相关信息
    If (Nothing <> strTarget) And (strTarget.StartsWith("http")) Then
        System.Diagnostics.Process.Start(strTarget)
    Else
        MessageBox.Show("Item clicked: " + strTarget)
```

```
    End If
End Sub
```

代码中的 e 是一个事件参数，LinkData 是一个 Object 对象，CType 函数将 Object 对象转换为 String 对象，第一个参数是变量名，第二个参数是需要转换的类型名，这里将 Object 变量 LinkData 转换为 String 类型的变量，结果赋给 strTarget 变量。CType 与 3.3 节中的 CDate 函数相似，但 CDate 只有一个参数，没有 CType 灵活。如果 strTarget 非空（不等于 Nothing），并且，以 "http" 开头，则打开浏览器，导航到该网址。

4.1.3 TextBox

Windows 窗体的文本框（TextBox）用于获取用户输入或显示文本。TextBox 控件通常用于可编辑文本，不过也可使其成为只读控件。文本框可以显示多个行，对文本换行使其符合控件的大小以及添加基本的格式设置。TextBox 控件为在该控件中显示或输入的文本提供一种格式化样式。

控件显示的文本包含在 Text 属性中。默认情况下，最多可在一个文本框中输入 2 048 个字符。如果将 Multiline 属性设置为 True，则最多可输入 32KB 的文本。Text 属性可以在设计时使用 "属性" 窗口设置，在运行时用代码或者通过用户输入来设置。可以在运行时通过读取 Text 属性来检索文本框的当前内容。

在 Visual Basic 6.0 中，TextBox 控件的 MaxLength 属性对可以在文本框中输入或显示的字符串长度具有绝对控制权。虽然可以以编程方式输入更长的字符串，但它将被自动截断为 MaxLength 属性中设置的长度。在 Visual Basic 2008 中，以编程方式输入的字符串的长度将重写 MaxLength 属性的设置。

Locked 属性为布尔型，如果为 True，该控件在设计界面中将不可移动。如果 PasswordChar 为 " * "，则在用户输入文本时，这些文本将以若干 " * " 替代；如果为空，则显示用户实际输入的文本。ScrollBars 属性为枚举型，为 None 时不显示滚动条，为 Vertical 时显示垂直滚动条（此时，Mulitiline 属性为 True 才有效）。

TabStop 属性用来获取或设置一个布尔值，该值指示用户能否使用 Tab 键将焦点放到该控件上。TabIndex 属性用来获取或设置控件在容器中的 Tab 键顺序。

CharacterCasing 属性为枚举型，如果为 Upper，则用户输入的文本自动转换为大写，如果为 Lower，则自动转换为小写；如果为 Normal，则不做任何转换。

TextBox 控件有许多事件，最常用的是 TextChanged 事件，如图 4.2 所示，单击右侧的下拉框，还可以编写其他事件处理程序，如 MouseDown、MouseLeave 等（左侧下拉框用于选择类）。

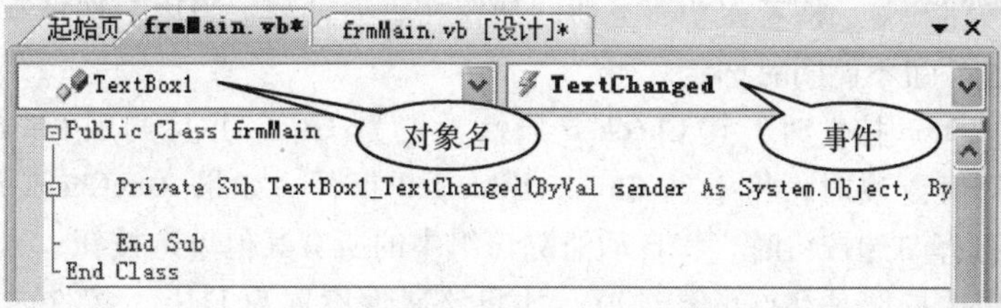

图 4.2 TextBox 控件的事件处理

4.1.4 CheckBox

Windows 窗体的 CheckBox（复选框）控件指示某个特定条件是处于打开状态还是处于关闭状态。它常用于为用户提供“是/否”或“真/假”选项。可以成组使用复选框控件以显示多重选项，用户可以从中选择一项或多项。

复选框控件和单选按钮（RadioButton）控件的相似之处在于，它们都是用于指示用户所选的选项。它们的不同之处在于，在单选按钮组中一次只能选择一个单选按钮。但是，对于复选框控件，则可以选择任意数量的复选框。

复选框可以使用简单数据绑定连接到数据库中的元素。多个复选框可以使用 GroupBox 控件（4.2.1 节将介绍）进行分组。这对于可视外观以及用户界面设计很有用，因为成组控件可以在窗体设计器上一起移动。

CheckAlign 用来设置复选框与标识文本的相对位置，默认值为 MiddleLeft，即复选框在表示文本的左侧居中。

CheckBox 控件有两个重要属性：Checked 和 CheckState。Checked 属性返回 True 或 False。CheckState 属性返回 Checked 或 Unchecked；如果 ThreeState 属性被设置为 True，则 CheckState 还可能返回 Indeterminate，即处于不确定状态，该框会显示为灰显外观，指示该选项不可用。

从工具箱的公共控件选项卡中，将 CheckBox 控件拖到窗体上，双击该控件，输入如下代码。

```
Private Sub CheckBox1_CheckedChanged(ByVal sender As System.Object, _
        ByVal e As System.EventArgs) Handles CheckBox1.CheckedChanged
    If CheckBox1.Checked = True Then
        Me.BackColor = Color.Blue
    Else
        Me.BackColor = Color.Red
    End If
End Sub
```

当复选框被选中（打勾）时，窗体的背景色被设置为蓝色；否则，被设置为红色。这就是复选框的典型应用。

4.1.5 RadioButton

Windows 窗体的 RadioButton（单选按钮）控件为用户提供由两个或多个互斥选项组成的选项集。虽然单选按钮和复选框看似功能类似，却存在重要差异：当用户选择某单选按钮时，同一组中的其他单选按钮不能同时选定。

当单击 RadioButton 控件时，其 Checked 属性设置为 True，并且调用 Click 事件处理程序。当 Checked 属性的值更改时，将引发 CheckedChanged 事件。如果 AutoCheck 属性设置为 True（默认值），则当选择单选按钮时，将自动清除该组中的所有其他单选按钮；通常仅当使用验证代码确保选定的单选按钮是允许的选项时，才将该属性设置为 False。控件内显示的文本使用 Text 属性进行设置，该属性可以包含访问键快捷方式。访问键允许用户通过按 Alt 键和访问键来“单击”控件。

如果 Appearance 属性设置为 Button，则 RadioButton 控件的显示与命令按钮相似，选中时会显示为按下状态。通过使用 Image 和 ImageList 属性，单选按钮还可以显示图像。

设计 Windows 窗体的 RadioButton 控件是为了使用户可以从两种或多种设置中进行选择（只能将其中一种设置分配给某个过程或对象）。例如，一组 RadioButton 控件可以显示一组可供选择的货物运输工具，但只能使用其中的一种工具。因此，每次只能选择一个 RadioButton，即使它是功能组的一部分也不例外。

在一个容器（如 Panel 控件、GroupBox 控件或窗体）内绘制单选按钮即可将它们分组。直接添加到一个窗体中的所有单选按钮将形成一个组。若要添加不同的组，必须将它们放到面板或分组框中。

关于在 Visual Basic 2008 中如何使用 RadioButton 控件，将在 4.2.1 节详细介绍。

4.1.6 ComboBox

Windows 窗体的 ComboBox 控件用于在下拉组合框中显示数据。默认情况下，ComboBox 控件分两个部分显示：顶部是一个允许用户键入列表项的文本框；第二部分是一个列表框，它显示一个项列表，用户可从中选择一项。

DropDownStyle 属性控制显示给用户的界面，包括下拉框（DropDown，默认值，文本可编辑，必须单击下拉箭头才能查看列表）、简单的下拉列表框（Simple，文本可编辑，始终显示列表）、下拉列表框（DropDownList，文本不可编辑，必须单击下拉箭头才能查看列表）。如果不需要用户编辑文本，则一般将 DropDownStyle 属性的值由默认值 DropDown 修改为 DropDownList 更合适一些。

SelectedIndex 属性返回一个整数值，该值与选择的列表项相对应。通过在代码中更改 SelectedIndex 值，可以编程方式更改选择项；列表中的相应项将出现在组合框的文本框部分。如果未选择任何项，则 SelectedIndex 值为 -1；如果选择列表中的第一项，则 SelectedIndex 值为 0。SelectedItem 属性与 SelectedIndex 类似，但它返回项本身，通常是一个字符串值。Count 属性反映列表的项数，由于 SelectedIndex 是从 0 开始的，所以 Count 属性的值通常是 SelectedIndex 的最大可能值加 1。

若要在 ComboBox 控件中添加或删除项，请使用 Add、Insert、Clear 或 Remove 方法。或者，可以在设计器中使用 Items 属性向列表添加项。

从工具箱的公共控件选项卡中，将 ComboBox 控件拖到 frmMain 窗体上，在窗体的 Load 事件中给下拉框添加三条数据，并让窗体启动后显示第一条字符串，源代码如下：

```
Private Sub frmMain_Load(ByVal sender As System.Object, _
        ByVal e As System.EventArgs) Handles MyBase.Load
    '添加条款
    ComboBox1.Items.Add("A1")
    ComboBox1.Items.Add("A2")
    ComboBox1.Items.Add("A3")
    '显示第一条
```

```
    ComboBox1.SelectedIndex = 0
End Sub
```

用户选择下拉框中的数据时，用消息框提醒用户，如果用户选择了第三条字符串，则调用 RemoveAt 方法清除该条款，其源代码如下：

```
Private Sub ComboBox1_SelectedIndexChanged(ByVal sender As System.Object, _
        ByVal e As System.EventArgs) Handles ComboBox1.SelectedIndexChanged
    '测试 Text 属性的使用
    MessageBox.Show(ComboBox1.Text)
    '如果是"A3",则清除该条款,以便测试 RemoveAt 的功能
    If ComboBox1.Text = "A3" Then
        ComboBox1.Items.RemoveAt(ComboBox1.SelectedIndex)
    End If
End Sub
```

程序运行效果如图 4.3 所示，首先弹出消息框，提示“A1”，然后才出现窗体，这是因为开始没有选中任何一条数据，所以，ComboBox 控件的 SelectedIndex 初始值为 -1，当赋值 0 时，就引发 SelectedIndexChanged 事件，从而先弹出对话框。

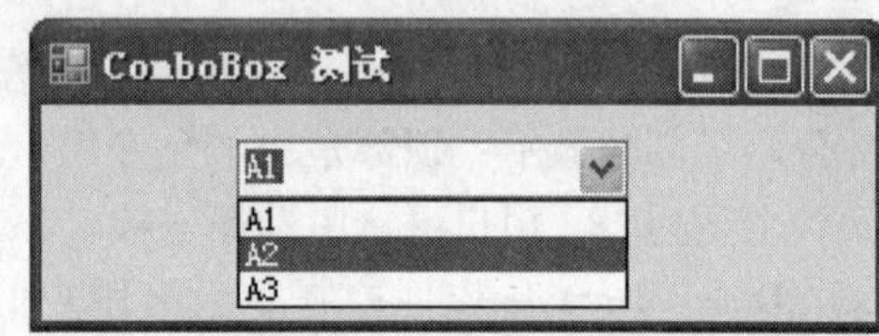

图 4.3　ComboBox 控件测试

以上就是 ComboBox 控件的典型用法。注意，如果任何一项都没有选中，则 SelectedIndex 的属性为 -1。另外，在窗体的 Load 事件中，时常用来对程序进行初始化。

4.1.7　ToolTip

Windows 窗体的 ToolTip（工具提示）组件在用户指向控件时显示相应的文本。工具提示可与任何控件相关联。举一个使用此组件的示例：为节省窗体上的空间，可以在按钮上显示一个小图标并用工具提示解释该按钮的功能。

ToolTip 组件为 Windows 窗体或其他容器上的多个控件提供 ToolTip 属性。例如，如果将一个 ToolTip 组件置于窗体上，则可以为一个 TextBox 控件显示“在此键入您的姓名”，并为一个 Button 控件显示“单击此处保存更改”。

ToolTip 组件的主要方法包括 SetToolTip 和 GetToolTip。可以使用 SetToolTip 方法设置为控件显示的工具提示。主要属性有 Active 和 AutomaticDelay，前者必须设置为 True 才能显示工具提示。可以为 Windows 窗体 ToolTip 组件设置多个延迟值。所有这些属性的度量单位都是毫秒。InitialDelay 属性确定用户必须指向关联控件多长时间工具提示字符串才会出现。当鼠标从与工具提示关联的一个控件移到另一个控件时，ReshowDelay 属性用于设置出现后面的工具提示字符串所需的毫秒数。AutoPopDelay 属性确定工具提示字符串显示多长时间。可以逐个设置这些值，或者通过设置 AutomaticDelay 属性的值进行设置；其他延迟属性是根据分配给 AutomaticDelay 属性的值设置的。例如，当 AutomaticDelay 的值为 N 时，InitialDelay 被设置为 N，ReshowDelay 被设置为 AutomaticDelay 除以 5（即 $N/5$）的值，而 AutoPopDelay 值被设置为 AutomaticDelay 属性

值的5倍（即5N）。

创建窗体应用程序 WinApp_ToolTip，将 TextBox、Button 控件以及 ToolTip 控件拖入窗体，参见图4.4。ToolTip 控件没有出现在窗体上，而是在窗体的下方。与 Visual Basic 6.0 不同，Visual Basic 2008 不再将功能性组件，如比较典型的定时器（Timer）放入窗体。

有两种方式给控件添加提示。在 Button1 的“属性”窗口中将“ToolTip1 上的 ToolTip”属性设置为“单击此处保存更改”；在窗体的 Load 事件处理程序中输入代码：

```
ToolTip1.SetToolTip(TextBox1,"在此键入您的姓名")
```

程序运行后，将鼠标放在文本框上，将出现设置好的提示，对于命令按钮也一样，其效果如图4.4所示。可以修改一下延迟属性，进一步观察效果。

4.1.8 NotifyIcon

Windows 窗体的 NotifyIcon 组件通常用于显示在后台运行的进程的图标，这些进程大部分时间不显示用户界面。可通过单击任务栏的状态通知区域图标来访问的病毒防护程序就是一个示例。每个 NotifyIcon 组件都在状态区域显示一个图标。如果有三个后台进程，并希望为每个后台进程各显示一个图标，则必须向窗体添加三个 NotifyIcon 组件。NotifyIcon 组件的关键属性是 Icon 和 Visible。Icon 属性设置出现在状态区域的图标，而为使图标出现，Visible 属性必须设置为 True。

可以将气球状提示、快捷菜单和工具提示与 NotifyIcon 关联以便为用户提供帮助。通过调用 ShowBalloonTip 方法并指定气球状提示的显示时间跨度，可以为 NotifyIcon 显示气球状提示。还可以分别使用 BalloonTipText、BalloonTipIcon 和 BalloonTipTitle 来指定气球状提示的文本、图标和标题。NotifyIcon 组件还可以具有关联的工具提示（见4.1.7节）和快捷菜单（4.3.1节介绍）。

Windows 窗体 NotifyIcon 组件在任务栏的状态通知区域中显示单个图标。若要在状态区域中显示多个图标，则必须在窗体上添加多个 NotifyIcon 组件。若要为控件设置所显示的图标，请使用 Icon 属性。也可以在 DoubleClick 事件处理程序中编写代码，以便当用户双击图标时执行相应操作。例如，可以为用户显示一个对话框，以便配置由图标表示的后台处理。

新建一个窗体应用程序 WinApp_NotifyIcon，在工具箱的公共控件选项卡中，将 NotifyIcon 控件拖到窗体上，该控件将出现在窗体的下面。通过单击“属性”窗口中 Icon 属性旁边的省略号按钮，然后在显示的“打开”对话框中选择文件来指定图标文件，将 Visible 属性设置为 True，将 Text 属性设置为相应的工具提示字符串，比如“我的 NotifyIcon 测试”，运行效果如图4.5（左）所示。

将 BalloonTipIcon 属性设置为 Info，BalloonTipText 属性设置为“NotifyIcon 投入使用啦!”，将 BalloonTipTitle 属性设置为“关于 NotifyIcon”，在窗体的 Load 事件中添加语句 NotifyIcon1.ShowBalloonTip（100），即 100ms 后显示气泡状提示。重新运行程序，效果将如图4.5（右）所示。

图4.4 ToolTip 控件测试

图4.5 NotifyIcon 控件测试

4.1.9 PictureBox

Windows 窗体的 PictureBox 控件用于显示位图、GIF、JPEG、图元文件或图标格式的图形。所显示的图片由 Image 属性确定，该属性可在运行或设计时设置。另外，也可以通过设置 ImageLocation 属性，然后使用 Load 方法同步加载图像，或使用 LoadAsync 方法进行异步加载，来指定图像。SizeMode 属性控制使图像和控件彼此适合的方式，其选项如表 4.3 所示。

表 4.3 PictureBox 的 SizeMode 属性

选 项	说 明
Normal	图像在控件的左上角；如果图像比控件大，则对其右下角进行剪裁
AutoSize	控件的大小将调整为图像的大小
CenterImage	在控件中居中；如果图像比控件大，则对各外边缘进行剪裁
StretchImage	图像的大小将调整为控件的大小
Zoom	拉伸图片（尤其是位图格式的图片）可能导致图像质量受损

新建一个窗体应用程序 WinApp_PictureBox（参见 Ch04\WinApp_PictureBox），在工具箱的公共控件选项卡中，将 PictureBox 控件拖到窗体中，Name 属性自动变为 PictureBox1，再在 PictureBox1 的右边添加一个 PictureBox 控件，即 PictureBox2。

PictureBox1 用于在设计时显示图片。在“属性”窗口中，选择 Image 属性，然后单击省略号按钮以显示“选择资源”对话框，如图 4.6 所示，选择“本地资源”，单击“导入”，选择 DoctorH.jpg，然后，单击“确定”按钮。单击控件右上角的智能标签，将缩放模式设置为 AutoSize，设计效果如图 4.7 所示，此时，PictureBox2 控件为空白。

图 4.6 PictureBox 控件测试（导入图片）

如果想在设计时清除图片，在“属性”窗口中，选择 Image 属性，并右击出现在图像对象名称左边的小缩略图像，选择“重置”即可。当然，也可以在图 4.6 中单击“清除”来清除已经选择的图片。

也可以使用 Image 类的 FromFile 方法设置 Image 属性，以编程方式设置图片。在窗体的

Load 事件处理程序中输入如下语句：

```
'请修改为你自己的路径
PictureBox2.Image = Image.FromFile("E:\FreeIcons\DoctorH.jpg")
PictureBox2.SizeMode = PictureBoxSizeMode.AutoSize
```

运行程序，其效果如图 4.8 所示，左侧的图片在设计时添加，右侧的图片在运行时添加。

图 4.7 PictureBox 控件测试（设计时）

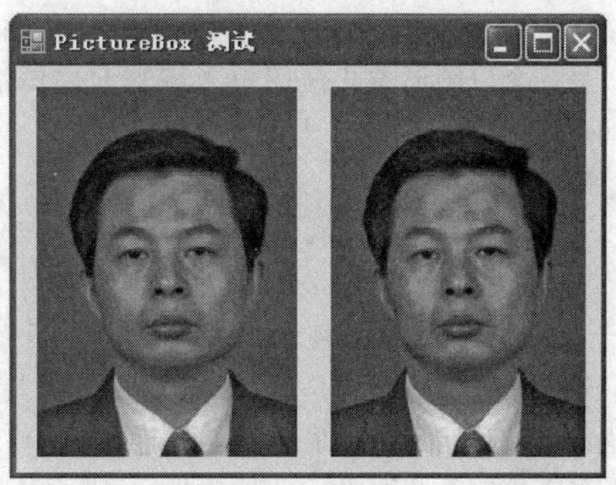

图 4.8 PictureBox 控件测试（运行时）

4.1.10 ProgressBar

Windows 窗体的 ProgressBar 控件通过在水平条中显示适当数目的矩形来指示进程的进度。进程完成时，进度栏被填满。进度栏通常用于帮助用户了解等待一项进程（如加载大文件）完成所需的时间。ProgressBar 控件在窗体上只能水平放置。

ProgressBar 控件的主要属性有 Value、Minimum 和 Maximum。Minimum 和 Maximum 属性设置进度栏可以显示的最小值和最大值。Value 属性表示操作过程中已完成的进度。因为控件中显示的进度栏由块构成，所以 ProgressBar 控件显示的值只是约等于 Value 属性的当前值。根据 ProgressBar 控件的大小，Value 属性确定何时显示下一个块。

更新当前进度值的最常用方法是编写代码来设置 Value 属性。在加载大文件的例子中，可将最大值设置为以 KB 为单位的文件大小。例如，如果 Maximum 属性设置为 100、Minimum 属性设置为 10 并且 Value 属性设置为 50，则将显示 5 个矩形。这是可以显示的数目的一半。

但是，除直接设置 Value 属性外，还有其他方法可以修改 ProgressBar 控件显示的值。Step 属性可以用于指定 Value 属性递增的值。然后，调用 PerformStep 方法来递增该值。若要更改增量值，可以使用 Increment 方法并指定 Value 属性递增的值。

新建一个窗体应用程序 WinApp_ProgressBar，将 ProgressBar 控件拖入窗体。另外，再拖入两个命令按钮，其中一个 Name 属性为 btStep，Text 属性为 Step；另一个 Name 属性为 btAdd，Text 属性为 Add。进度栏的属性使用默认值，即 Value 为 0、Minimum 为 0、Maximum 为 100、Step 属性为 10。

在“Step”按钮的 Click 事件处理程序中输入如下代码：

```
ProgressBar1.PerformStep()
```

这样，程序运行过程中，每按一次“Step”按钮，Value值就增加一个Step值（10）。

在“Add”按钮的Click事件处理程序中输入如下代码：

```
ProgressBar1.Value += 1
```

即，在程序运行过程中，每按一次“Add”按钮，Value值增加1。由于这个步幅远低于10，所以，需要单击几次“Add”按钮，才能看到进度栏的变化。运行效果如图4.9所示。

图4.9 ProgressBar控件测试

另一个以图形方式使用户了解当前操作情况的控件是StatusStrip控件，将在4.3.5节介绍。

4.1.11 TrackBar

Windows窗体的TrackBar（跟踪条）控件（有时也称为“slider”控件）用于在大量信息中进行浏览，或用于以可视的形式调整数字设置。TrackBar控件有两部分：滚动块（又称为滑块）和刻度线。滚动块是可以调整的部分，其位置与Value属性相对应。刻度线是按规则间隔分隔的可视化指示符。跟踪条按指定的增量移动并且可以水平或者垂直排列。例如，可以使用跟踪条来控制系统的鼠标速度或光标闪烁频率。

TrackBar控件的主要属性为：Value、TickFrequency、Minimum以及Maximum。TickFrequency为刻度间隔，Minimum和Maximum为跟踪条上能表示的最大和最小值。

其他两个重要的属性是SmallChange和LargeChange。SmallChange属性值是滚动块响应按下向左键或向右键时移动的位置数。LargeChange属性值是滚动块响应按下Page Up或Page Down键，或者响应鼠标在跟踪条上的滚动块任一边单击时所移动的位置数。

新建一个窗体应用程序WinApp_TrackBar，将TrackBar控件（在工具箱的“所有Windows窗体”选项卡中）和一个TextBox控件拖到窗体上。将TrackBar控件的Maximum属性修改为255，其他不变。在窗体的Load事件处理程序中输入如下代码：

```
'设置初始值
Me.BackColor = Color.FromArgb(255, 0, 0, 0)
```

将窗体启动后的背景色设置为黑色。Color类的FromArgb方法用4个参数来生成一种颜色，每个参数的大小限制在一个字节范围内。第1个参数表示透明度，0表示完全透明，255表示不透明；其他3个参数分别是Red、Green与Blue的分量，（0，0，0）表示黑色，（255，255，255）表示白色。

双击TrackBar，在Scroll事件处理程序中输入如下代码：

```
Dim nVal As Integer = TrackBar1.Value
'用文本框显示当前Value值：
TextBox1.Text = nVal
Me.BackColor = Color.FromArgb(255, nVal, nVal, nVal)
```

首先定义一个整型变量nVal，用来获取TrackBar的Value值，放到文本框中显示，同时生成新的窗体背景色，其运行效果如图4.10所示。当TrackBar控件获得焦点时，还可以使用光标键或 Page Up 键与 Page Down 键来调整窗体的背景色。

4.1.12 DateTimePicker

进行程序设计少不了使用日期时间。Windows 窗体的 DateTimePicker 控件使用户可以从日期或时间列表中选择单个项。在用来表示日期时，它显示为两部分：一个下拉列表（带有以文本形式表示的日期）和一个网格（在单击列表旁边的向下箭头时显示）。该网格看起来很像可用于选择多个日期的 MonthCalendar 控件。

如果希望 DateTimePicker 作为选取或编辑时间（而不是日期）的控件出现，请将 ShowUpDown 属性设置为 True，并将 Format 属性设置为 Time。当 ShowCheckBox 属性设置为 True 时，该控件中的选定日期旁边将显示一个复选框。当选中该复选框时，选定的日期时间值可以更新。当复选框为空时，值显示为不可用。

该控件的 MaxDate 和 MinDate 属性确定日期和时间的范围。Value 属性包含该控件设置为当前的日期和时间。值可以按以下 4 种格式显示（这些格式通过 Format 属性设置）：Long、Short、Time 或 Custom。如果选择自定义格式，则必须将 CustomFormat 属性设置为适当的字符串。

新建一个窗体应用程序 WinApp_DateTimePicker，将 DateTimePicker 控件（在工具箱的“公共控件”选项卡中）、一个 TextBox 控件和 Button 控件拖到窗体上。在窗体的 Load 事件处理程序中输入如下代码：

```
'初始化日期时间为 2011 年 3 月 21 日 11 时 4 分 41 秒
DateTimePicker1.Value = New DateTime(2011, 3, 21, 11, 4, 41)
DateTimePicker1.Format = DateTimePickerFormat.Custom
DateTimePicker1.CustomFormat = "HH:mm:ss dddd MMMM dd, yyyy"
```

CustomFormat 对应的格式串表示 24 进制的时间、完整的星期与月份（没有缩写的文本），然后是数字表示的日与年份。关于时间日期格式串的详细介绍与应用，请参见 7.7 节。

DateTimePicker 控件的 Value 属性是 Date 类型的。单击箭头设置好日期后，可以通过 Value 取得。在 Button 的 Click 事件处理程序中输入语句：

```
TextBox1.Text = DateTimePicker1.Value.ToString("yyyy-M-d")
```

通过 ToString 方法，将此日期转换为简单的日期字符串，显示在文本框中。运行效果如图 4.11所示。

图 4.10 TrackBar 控件测试

图 4.11 DateTimePicker 控件测试

4.2 容器

容器控件中可以放置其他控件，用于对其他控件分组。对控件分组的原因有三个：对相关窗体元素进行可视化分组以构造一个清晰的用户界面；创建编程分组（例如，单选按钮分组）；设计时可将多个控件作为一个单元移动。最常用的容器控件是 GroupBox 控件和 Panel 控件。

4.2.1 GroupBox

Windows 窗体的 GroupBox（分组框）控件用于为其他控件提供可识别的分组。通常，使用分组框按功能细分窗体。例如，可能有一个订单窗体，它指定邮寄选项（如使用哪一类通宵承运商）。在分组框中对所有选项进行分组为用户提供了逻辑可视化线索。

新建一个窗体应用程序 WinApp_GroupBox，在窗体上绘制两个 GroupBox 控件（在工具箱的“容器”选项卡中），在第一个 GroupBox 控件中添加三个 CheckBox 控件，在第二个 GroupBox 控件中添加三个 RadioButton 控件。如果要将现有控件放到分组框中，可以选定所有这些控件，将它们剪切到剪贴板，选择 GroupBox 控件，再将它们粘贴到分组框中，也可以将它们拖到分组框中。

所有控件都采用默认属性，运行效果如图 4.12 所示。CheckBox 控件可以选择分组中的多项，而 RadioButton 控件只能选择分组中的一项。

CheckBox 控件和 RadioButton 控件都有 CheckedChanged 事件，如果被选中，则对应的 Checked 属性为 True，否则为 False，程序根据此值做相应的处理（参见 4.1.4 节的代码）。

图 4.12 GroupBox 控件测试

4.2.2 Panel

Panel（面板）控件类似于 GroupBox 控件，但只有 Panel 控件可以有滚动条，而且只有 GroupBox 控件显示标题通过 Text 属性。因而，GroupBox 更适合对 CheckBox 与 RadioButton 创建编程分组，并用标题进行标识；Panel 比较适合对相关窗体元素进行可视化分组以构造一个清晰的用户界面。当然，两者都可以在设计时将控件分组作为一个单元移动。

若要显示滚动条，请将 Panel 控件的 AutoScroll 属性设置为 True。也可以通过设置 BackColor、BackgroundImage 和 BorderStyle 属性自定义面板的外观。BorderStyle 属性确定面板轮廓为无可视边框（None）、简单线条（FixedSingle）还是阴影线条（Fixed3D）。

新建一个窗体应用程序 WinApp_Panel，在窗体上绘制一个 Panel 控件（在工具箱的“容器”选项卡中），BackColor 属性设置为 White，BorderStyle 属性设置为 FixedSingle。再绘制一些 PictureBox 控件，并添加图片，以及一些 Label 控件和 TextBox 控件，如图 4.13 所示。

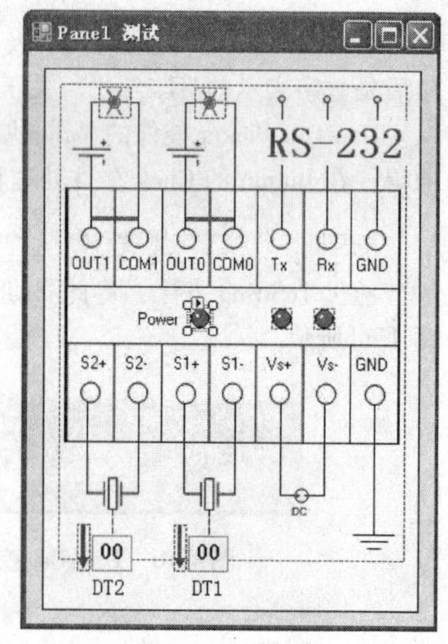

图 4.13 Panel 控件测试

一些看起来比较乱的控件，放置在一个 Panel 容器中，就形成了一个“模拟量输入/开关量输出”的仿真模块的界面。读者可以将容器中的控件逐个移去，观察一下效果。两个控件叠加在一起，如果需要改变显示顺序，只要右击该控件，选择“置于顶层”或“置于底层”即可。

4.2.3 TabControl

Windows 窗体的 TabControl 控件显示多个选项卡，这些选项卡类似于笔记本中的分隔卡和档案柜文件夹中的标签。选项卡中可包含图片和其他控件。可以使用该选项卡控件来生成多页对话框，这种对话框在 Windows 操作系统中的许多地方（如控制面板的“显示”属性中）都可以找到。此外，TabControl 还可以用来创建用于设置一组相关属性的属性页。

TabControl 的最重要的属性是 TabPages，该属性包含单独的选项卡。每一个单独的选项卡都是一个 TabPage 对象。单击选项卡时，将为该 TabPage 对象引发 Click 事件。

新建一个窗体应用程序 WinApp_TabControl，在窗体上绘制一个 TabControl 控件（在工具箱的“容器”选项卡中），单击 TabPages 属性中的按钮，显示如图 4.14 所示的 TabPage 集合编辑器，单击“添加”按钮增加 TabPage，单击“移除”按钮则删除当前的 TabPage。

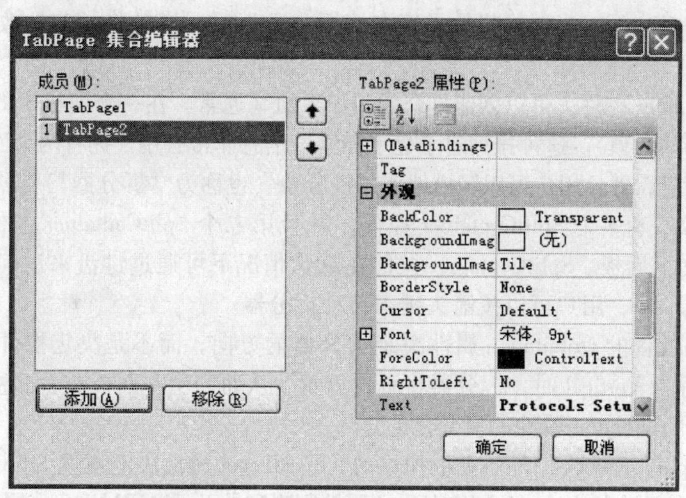

图 4.14 TabPage 集合编辑器

每个 TabPage 都是一个容器，其中可以放置相关控件。一般在设计时，需要通过如图 4.14 修改 TabPage 的 Text 属性，用来对当前 TabPage 中的控件集合进行标识。

通过使用 TabControl 控件和组成控件上各选项卡的 TabPage 对象的属性，可以更改 Windows 窗体中选项卡的外观。通过设置这些属性，可使用编程方式在选项卡上显示图像、以垂直方式而非水平方式显示选项卡、显示多行选项卡以及启用或禁用选项卡。

在选项卡的标签部位显示图标时，需要向窗体添加 ImageList 控件，并将图像添加到图像列表中。然后，将 TabControl 控件的 ImageList 属性设置为 ImageList 控件。将 TabPage 的 ImageIndex 属性设置为列表中的相应图像的索引。

需要创建多行选项卡时，首先添加所需的选项卡页的数量，然后将 TabControl 的 Multiline 属性设置为 True。如果选项卡尚未以多行方式显示，则设置 TabControl 的 Width 属性，使其比所有的选项卡都窄。在控件一侧排列选项卡，将 TabControl 的 Alignment 属性设置为 Left 或 Right。

以编程方式启用或禁用选项卡，只需要将 TabPage 的 Enabled 属性设置为 True 或 False 即可。

图 4.15 所示的选项卡有两个 TabPage，第一个是 Port Setup，即串口的参数设置，第二个是 Protocols Setup，即协议设置。使用选项卡的要点是通过如图 4.14 编辑选项卡，设置选项卡的 Text 属性，然后，就和上文介绍的其他容器一样，在其中添加控件即可。

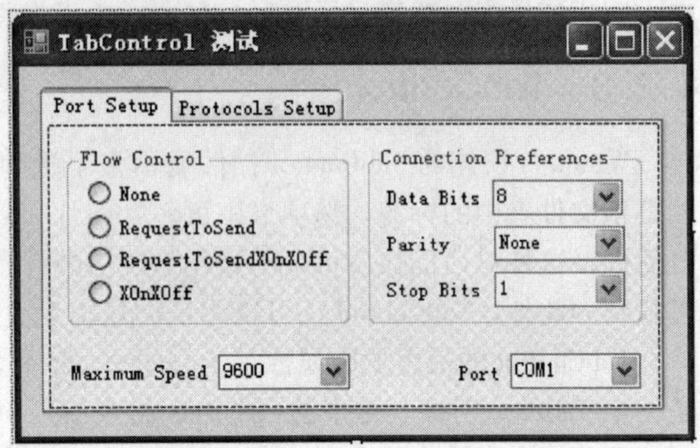

图 4.15 TabControl 控件测试

4.2.4 SplitContainer

可以将 Windows 窗体的 SplitContainer 控件看做是一个复合体，它是由一个可移动的拆分条分隔的两个面板（Panel）。当鼠标指针悬停在该拆分条上时，指针将相应地改变形状以显示该拆分条是可移动的。

使用 SplitContainer 控件，可以创建复合的用户界面（通常，在一个面板中的选择决定了在另一个面板中显示哪些对象）。这种排列对于显示和浏览信息非常有用。拥有两个面板使用户可以聚合不同区域中的信息，并且用户可以轻松地使用拆分条（也称为“拆分器”）调整面板的大小。

另外，还可以嵌套多个 SplitContainer 控件，并且第二个 SplitContainer 控件可以水平放置，从而产生上面板和下面板。SplitContainer 控件在默认情况下可通过键盘来访问。如果 IsSplitterFixed 属性设置为 False，用户可以按箭头键来移动拆分器。

SplitContainer 控件的 Orientation 属性决定拆分器的方向，而不是决定控件本身的方向。因此，当该属性设置为 Vertical 时，拆分器将垂直放置，从而产生左面板和右面板。SplitterRectangle 属性的值是随 Orientation 属性的值变化的。

还可以限制 SplitContainer 控件的大小和移动。FixedPanel 属性决定调整 SplitContainer 控件大小后，哪个面板将保持原来的大小，IsSplitterFixed 属性则决定是否可以通过键盘或鼠标来移动拆分器。

SplitContainer 控件的每个面板都具有用于确定其各自大小的属性。SplitContainer 控件的主要属性和事件如表 4.4 所示。

表 4.4 SplitContainer 的主要属性和事件

属性/事件	说 明
FixedPanel	调整 SplitContainer 控件大小后，哪个面板将保持原来的大小
IsSplitterFixed	是否可以使用键盘或鼠标来移动拆分器
Orientation	拆分器是垂直放置还是水平放置
SplitterDistance	从左边缘或上边缘到可移动拆分条的距离（以像素为单位）
SplitterIncrement	用户可以移动拆分器的最短距离（以像素为单位）
SplitterWidth	拆分器的宽度（以像素为单位）
SplitterMoving	拆分器移动时发生（事件）
SplitterMoved	拆分器移动后发生（事件）

新建一个窗体应用程序 WinApp_SplitContainer（参见 Ch02\WinApp_SplitContainer），在窗体上绘制一个 SplitContainer 控件（在工具箱的“容器”选项卡中），将 BorderStyle 属性修改为 Fixed3D。在 Panel1 中绘制 PictureBox1，Panel2 中绘制 PictureBox2，Image 属性用“项目资源文件”的形式导入，并将 SizeMode 属性都修改为 StretchImage，这样，导入的图片就会自动调整大小来适应图片框的大小（如图 4.16 所示）。

图 4.16 SpliterContainer 控件测试

双击 SplitContainer 控件，在 SplitterMoved 事件处理程序中输入如下代码：

```
Dim nWidth As Integer = SplitContainer1.Width
PictureBox1.Width = SplitContainer1.SplitterDistance
PictureBox2.Width = nWidth - SplitContainer1.SplitterDistance
```

即，每当拆分器移动后，将 SplitContainer 控件的宽度 Width 保存到变量 nWidth 中；PictureBox1 的宽度 Width 就是 SplitterDistance（含义参见表 4.4）；PictureBox2 的宽度 Width 就是 SplitContainer 控件宽度剩下的部分。运行效果如图 4.16 所示。

另外，如果 SplitContainer 控件的 Panel1Collapsed 或 Panel2Collapsed 属性设置为 True，将会隐藏相应的 Panel，而另一个 Panel 将会占用整个 SplitContainer 控件的空间。

4.2.5 TableLayoutPanel

TableLayoutPanel 控件以网格方式排列其内容。因为在设计和运行时都执行布局，所以，当应用程序环境更改时布局可以动态更改。这使得面板中的控件能够按比例调整大小，以便响应如父控件调整大小或由于本地化引起的文本长度变化等更改。

任何 Windows 窗体控件都可以是 TableLayoutPanel 控件的子控件，包括 TableLayoutPanel 的其他实例。这允许用户构造复杂布局以适应运行时的更改。

TableLayoutPanel 控件可以扩展，以便在添加新控件时能容纳这些控件，具体取决于 RowCount（行数）、ColumnCount（列数）和 GrowStyle（扩展方式）属性的值。当 GrowStyle 的值为 FixedSize 时，TableLayoutPanel 控件的行数与列数由 RowCount 和 ColumnCount 决定；为 AddRows 时，TableLayoutPanel 控件可以扩展行；为 AddColumns 时，TableLayoutPanel 控件可以扩展列。

TableLayoutPanel 控件将以下属性添加到其子控件：Cell、Column、Row、ColumnSpan 和 RowSpan。可以通过设置子控件的 ColumnSpan 或 RowSpan 属性合并 TableLayoutPanel 控件中的单元格。

新建一个窗体应用程序 WinApp_TableLayoutPanel，在窗体上绘制一个 TableLayoutPanel 控件（在工具箱的“容器”选项卡中），初始状态下，控件只是一个 2 行 2 列的表格，与 Excel 表格一样，可以用鼠标拖拽分隔线，控制行高和列宽。单击右上角的智能标签，出现如图 4.17（右）所示的界面，选择“编辑行和列”，出现如图 4.18 所示的界面。

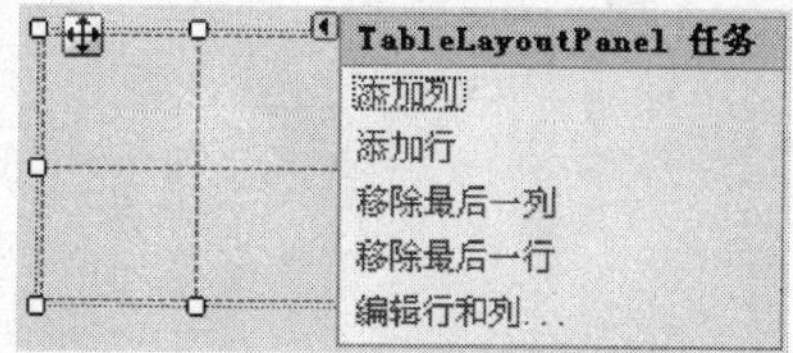

图 4.17 TableLayoutPanel 任务

正如 Excel 表格一样，一个单元格中可以放置一个数据，但是，如果数据长度超过一个单元格时，也可以占用多个单元格。TableLayoutPanel 控件的单元格中放置的子控件，都有 RowSpan 和 ColumnSpan 属性（如图 4.18 所示）。如果 RowSpan 属性为 2，那么，拉伸子控件，将可使它跨越 2 行，对于子控件的 ColumnSpan 属性也有相似的特性。

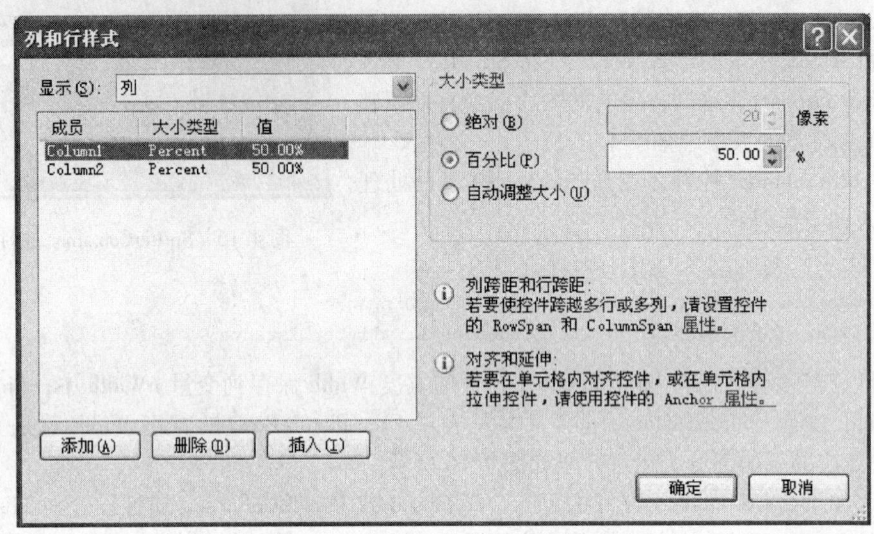

图 4.18 TableLayoutPanel 行和列的编辑

调整单元格内子控件的 Anchor 属性，可以修改子控件的对齐方式，如图 4.19 所示，在单元格中放入 4 个按钮，Button1 的 Anchor 属性为“Top，Left”，Button2 为“Bottom，Right”，Button3 为“Bottom”，Button4 为“None”。可见，子控件的 Anchor 属性为 None 时，该子控件将在单元格中居中显示。

将 TableLayoutPanel 控件的 Rows 属性设置为 5，Columns 属性设置为 3，为便于观察，将 CellBorderStyle 属性设置为 Single，这样在程序运行的时候就会显示表格线。在 TableLayoutPanel 控件的第一行第一列所在的单元格绘制一个 PictureBox 控件，将其 RowSpan 属性设置为 5，并调整控件大小，使其占 5 行；将 SizeMode 属性设置为 StretchImage，即调整图片大小以适应控件大小，并添加图片。其他两列分别添加 Label 控件和 TextBox 控件，Anchor 属性统一设置为 None。运行程序，其效果如图 4.20 所示。

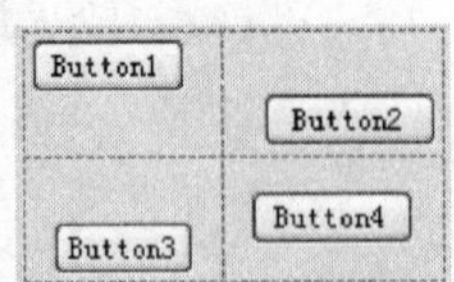

图 4.19 TableLayoutPanel 子控件

图 4.20 TableLayoutPanel 控件测试

4.2.6 FlowLayoutPanel

FlowLayoutPanel 控件也是一个面板（Panel），与 Panel 的外观类似，用于在水平或垂直流方向排列其内容。可以将该控件的内容从一行换至下一行，或者从一列换至下一列。还可以选择剪裁内容而不是换行。

可以通过设置 FlowDirection 属性的值来指定流方向，主要包括 LeftToRight（从左到右）、TopBottom（从上到下）等方向。还可以通过设置 WrapContents 属性的值来指定是换行还是剪裁 FlowLayoutPanel 控件的内容。如果 FlowDirection 属性的值为 LeftToRight，则放入 FlowLayoutPanel 控件中的子控件将以从左到右的顺序排列；如果此时 WrapContents 的属性为 True，一行排列的子控件的总宽度达到 FlowLayoutPanel 控件的宽度时将自动换行。当 AutoScroll 属性设置为 True 时，将自动添加水平与垂直滚动条。

当 AutoSize 属性设置为 True 时，FlowLayoutPanel 控件将自动调整大小以容纳其内容。它还向其子控件提供了 FlowBreak 属性。将 FlowBreak 属性的值设置为 True 会使 FlowLayoutPanel 控件停止在当前流方向布局控件，并换到下一行或下一列。

任何 Windows 窗体控件都可以是 FlowLayoutPanel 控件的子控件，包括 FlowLayoutPanel 的其他实例。利用此功能，可以在运行时构造适应窗体尺寸的复杂布局。

新建一个窗体应用程序 WinApp_FlowLayoutPanel，在窗体上绘制两个 FlowLayoutPanel 控件（在工具箱的“容器”选项卡中），BorderStyle 属性统一修改为 FixedSingle。在第一个面板控件中添加 Label、TextBox、ComboBox 与 DateTimePicker 控件，在第二个面板中添加 Label 和 TextBox 控件。将面板中的所有 Label 控件的 Anchor 属性修改为 None，AutoSize 属性修改为 False。程序的运行效果如图 4.21 所示。

图 4.21 FlowLayoutPanel 控件测试

4.3 菜单和工具栏

一般地，菜单（MenuStrip）、上下文菜单（ContextMenuStrip）、工具栏（ToolStrip）与状态栏（StatusStrip）这四个控件扮演着容器的角色，可以内含各种工具栏类型的控件，包括标签（ToolStripLabel）、文本框（ToolStripTextBox）、按钮（ToolStripButton）、下拉列表框（ToolStrip-ComboBox）以及进度条（ToolStripProgressBar）等。本节主要介绍菜单、状态栏与工具栏相关的内容，并完善 NotifyIcon 控件的应用。在应用程序中添加这些元素，会使应用程序显得简洁美观，而且看起来比较专业。

4.3.1 MenuStrip

菜单通过存放按照一般主题分组的命令将功能公开给用户。MenuStrip 控件是此版本的 Visual Studio 和 .NET Framework 中的新功能。使用该控件，可以轻松创建如 Microsoft Office 中的菜单。MenuStrip 控件支持多文档界面（MDI）和菜单合并、工具提示和溢出。可以通过添加访问键、快捷键、选中标记、图像和分隔条，来增强菜单的可用性和可读性。

使用 MenuStrip 控件可以创建支持高级用户界面和布局功能的易自定义的常用菜单，如文本和图像排序与对齐、拖放操作、MDI、溢出和访问菜单命令的其他模式；支持操作系统的典型外观和行为；对所有容器和包含的项进行事件的一致性处理，处理方式与其他控件的事件相同。

新建一个窗体应用程序 WinApp_MenuStrip，在窗体上绘制一个 MenuStrip 控件（在工具箱的“菜单和工具栏”选项卡中），如图 4.22 所示。菜单条所在的位置是主菜单（顶级菜单），主菜单下是菜单项（子菜单），单击菜单项，还可输入子菜单。所有的主菜单或子菜单，均只需要在“请在此处键入”的位置输入即可。相关功能的菜单项归属于一个主菜单，相似功能的菜单项可以用分隔条进行分组（在“请在此处键入”处输入“-”即可显示分隔条）。每个菜单项均是一个 ToolStripMenuItem 对象，它们像按钮一样，都有 Click 事件。

鼠标右击菜单项，可以删除、插入、剪切、复制菜单项，也可设置该菜单的属性、查看其代码以及在该菜单项前打勾（Checked）或者设置图像。如果菜单项的 CheckOnClick 属性为 True，则单击菜单项后，自动在菜单项之前打勾或取消打勾，这比给 Checked 属性赋值要方便，省却了编程的麻烦。DisplayStyle 属性的默认值是 ImageAndText，即菜单项同时显示图像和文本。当然，菜单项还有 Enabled 和 Visible 属性，前者表示菜单是否有效，后者表示菜单是否可见。

按照以上介绍的方法，键入如图 4.22 所示的菜单，将“打开文件”菜单项的 CheckOnClick 属性设置为 True，将“退出”菜单项的 Name 属性修改为 itemQuit，并修改其 Image 属性，并以“项目资源文件”的形式导入图片。在“退出”菜单项的 Click 事件处理程序中输入“Me.Close”，从而关闭程序。程序的运行效果如图 4.23 所示。

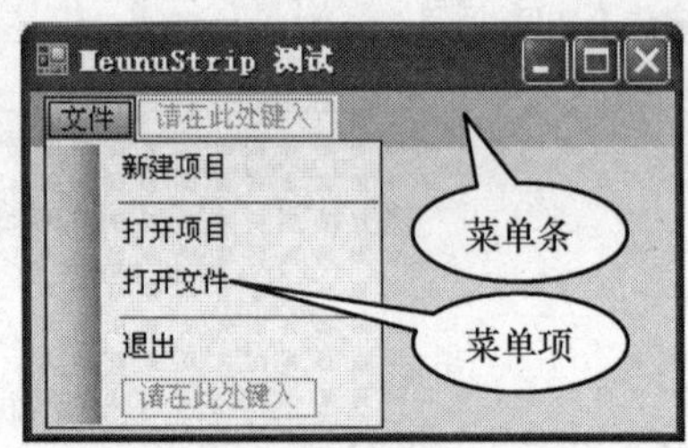

图 4.22 菜单的设计

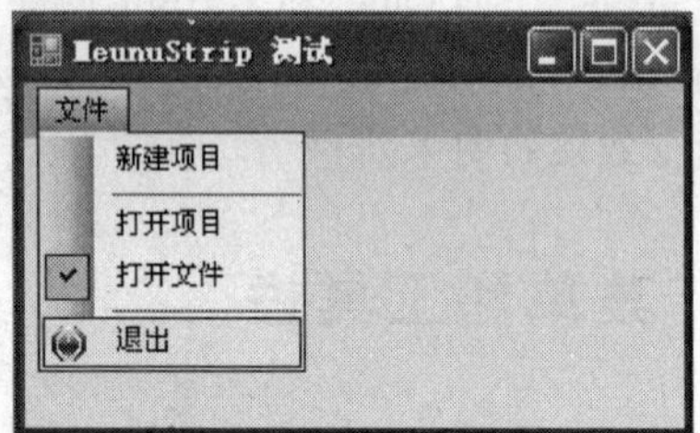

图 4.23 MenuStrip 控件测试

4.3.2 ContextMenuStrip

快捷菜单（也称为上下文菜单、弹出菜单）在用户单击鼠标右键时会出现在鼠标位置。快捷菜单在鼠标指针位置提供了工作区或控件的选项。快捷菜单的名称主要源于它们显示的选项是上下文相关的——与右击的对象直接相关。快捷菜单没有菜单条，只有一个相关菜单集合。

快捷菜单使用 ContextMenuStrip 控件，旨在无缝地与新的 ToolStrip 和相关控件结合使用，但是也可以很容易地将 ContextMenuStrip 与其他控件关联。ToolStripMenuItem 是 ContextMenuStrip 重要的伴随类，表示显示在 MenuStrip 或 ContextMenuStrip 中的一个可选选项。

新建一个窗体应用程序 WinApp_ContextMenuStrip，在窗体上绘制一个 ContextMenuStrip 控件（在工具箱的“菜单和工具栏”选项卡中）和一个 NotifyIcon 控件，如图 4.24 所示。单击 ContextMenuStrip 控件，在“请在此处键入”的地方输入 Setup 和 Exit，为了美观，可以右击菜单项，选择弹出菜单中的设置图像，导入图像。

图 4.24 ContextMenuStrip 与 NotifyIcon 的配合使用

将 NotifyIcon 的 Text 属性设置为“ContextMenuStrip 测试”，并修改其 Icon 属性，设置一个图标。做完这些工作后，运行程序，两个控件之间没有任何关系，快捷菜单也无法显示。因为快捷菜单与对象相关联才有意义，所以，修改 NotifyIcon 的 ContextMenuStrip 属性，让它指向快捷菜单对象，并在 Exit 菜单项的 Click 事件中输入代码“Me.Close”。重新运行程序后，右击任务栏状态通知区域的图标，将出现如图 4.25 所示的界面，此时选择 Exit，程序将关闭（Setup 选项没有任何效果，因为没有编写事件处理程序）。

图 4.25 快捷菜单效果

4.3.3 ToolStrip

当程序有菜单的时候，一般都有工具栏。工具栏中的按钮实际上是菜单项的快捷方式，工具栏上的每一个按钮都有对应的菜单项。通过 ToolStrip 控件实现工具栏，工具栏中的每一项都是 ToolStripItem 的一个实例，不但可以出现按钮，还可以出现 Label、TextBox、ComboBox 等控件。

当 ToolStrip 控件上的所有项超出已分配的空间时，可以对 ToolStrip 启用溢出功能，并确定特定 ToolStripItem 的溢出行为。当用户将 ToolStripItem（比已分配的空间需要更多的空间）添加到已给定窗体当前大小的 ToolStrip 时，ToolStripOverflowButton 会自动显示在 ToolStrip 上。ToolStripOverflowButton 将显示，并且启用溢出的项将会移到下拉溢出菜单中。如果在设计或运行时扩大窗体，则在主 ToolStrip 上可以显示更多的 ToolStripItem，ToolStripOverflowButton 甚至可能不会出现，直到缩小窗体。

对 ToolStrip 控件启用溢出时，请确保 ToolStrip 的 CanOverflow 属性没有设置为 False。当 CanOverflow 为 True（默认情况下）时，如果 ToolStripItem 的内容超出 ToolStrip 的水平宽度或 ToolStrip 的垂直高度，ToolStripItem 将被送入下拉溢出菜单。可以指定特定 ToolStripItem 的溢出行为，只需将 ToolStripItem 的 Overflow 属性设置为所需的值，可能值有：Always、Never 和 AsNeeded（默认值）。

可以允许用户重新排列 ToolStrip 中的 ToolStripItem 控件。此时，应该将 AllowItemReorder 属性设置为 True（默认情况下，AllowItemReorder 为 False）。运行时，用户按住 Alt 键和鼠标左键可以将 ToolStripItem 拖动到 ToolStrip 中的其他位置。

可以控制是否在 ToolStripItem 上显示文本和图像，以及它们如何互相对齐和与 ToolStrip 对齐。定义在 ToolStripItem 上显示的内容，可将 DisplayStyle 属性设置为所需的值，可能的值有：Image（默认值）、ImageAndText、None 和 Text，这个属性和菜单项中的 DisplayStyle 属性一样。

ToolStripItem 上文本的对齐方式由 TextAlign 属性设置，可能是上、中、下和左、中、右的组合（默认值为 MiddleCenter）。ToolStripItem 上图像的对齐方式由 ImageAlign 属性设置，可能是上、中、下和左、中、右的组合（默认值为 MiddleLeft）。

在一个工具栏按钮上同时显示图像和文本，需要定义 ToolStripItem 中两者的相对位置，可将 TextImageRelation 属性设置为所需的值来实现，可能的值为 ImageAboveText、ImageBeforeText、Overlay、TextAboveImage 和 TextBeforeImage。默认值为 ImageBeforeText，即图像在文本之前，一般选择 ImageAboveText（图像在文本之上）会更美观一些。

通过将 ToolStripItem 的 AutoToolTips 属性设置为 True，在程序运行时可以自动显示在 ToolTipText 属性中设置的文本。

新建一个窗体应用程序 WinApp_ToolStrip，在窗体上绘制一个 MenuStrip 和一个 ToolStrip 控件（在工具箱的“菜单和工具栏”选项卡中），工具栏自动居于菜单栏的下方。在 MenuStrip 中设置两个菜单项：Setup 与 Exit，分别命名为 menu_Setup 与 menu_Exit。采用如图 4.26 所示的方法，添加所需要的 ToolStripItem 类型。

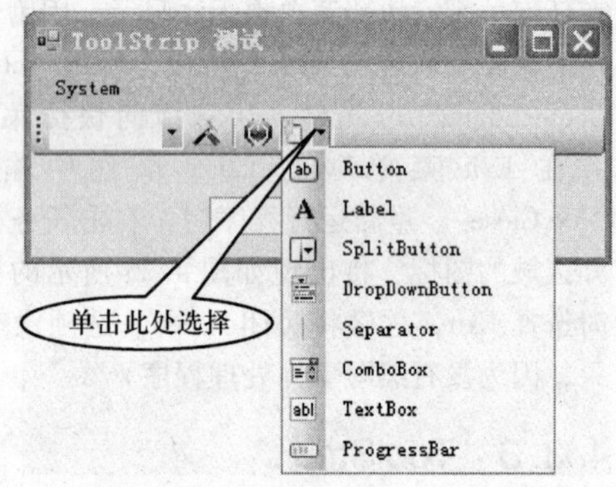

图 4.26 添加 ToolStripItem

也可单击 ToolStrip 的 Items 属性中的按钮，采用图 4.27 所示的方法，从下拉框中选择合适的项，通过“添加”按钮进行添加。图 4.27 中的“成员”列表与图 4.26 中的工具栏上的对象一致。

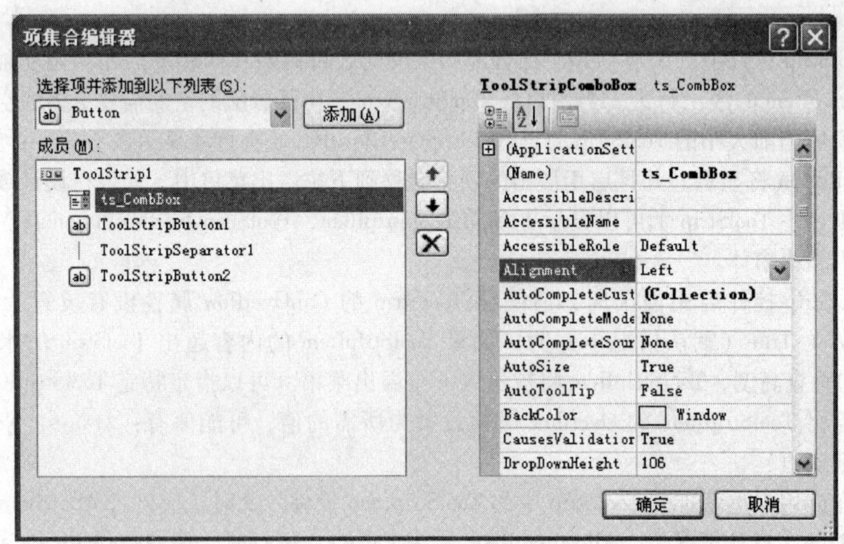

图 4.27 使用项集合编辑器管理 ToolStripItem

将工具栏中的第一个按钮的Image属性设置为Setup图像，第二个设置为Exit图像。工具栏中的按钮只是菜单项的快捷方式，因而，在编程时主要将代码放置在菜单项的Click事件处理程序中，在工具栏按钮的Click事件处理程序中直接调用菜单项中的代码即可。双击工具栏中的Exit按钮，输入代码：

```
menu_Exit.PerformClick()
```

此代码将激活Exit菜单项，相当于将单击的效果转给了该菜单项。本程序中的其他代码前面已经涉及，这里不再赘述。至于ToolStrip的其他属性的操作，可通过更改它们的属性以及调整窗体大小来观察。

4.3.4 ToolStripContainer

在ToolStripContainer的左侧、右侧、顶部和底部都有用来放置和漂浮ToolStrip、MenuStrip和StatusStrip控件的面板。如果将多个ToolStrip控件放在ToolStripContainer的左侧或右侧，它们将垂直堆放；如果将它们放在ToolStripContainer的顶部或底部，它们将水平堆放。使用ToolStripContainer的中心ToolStripContentPanel可以在窗体上放置传统控件。

BottomToolStripPanel是ToolStripContainer的底部面板，将BottomToolStripPanelVisible属性设置为False时，将隐藏该面板（默认值为True）。对于顶部（Top）、左侧（Left）、右侧（Right）面板也一样。

任何或所有ToolStripContainer控件在设计时都可以直接选择，并且可以删除。ToolStripContainer的每个面板都是可扩展和可折叠的，并且可以用它包含的控件来调整大小。

可以将ToolStrip从ToolStripContainer移到窗体上。首先选择ToolStrip，通过按Ctrl+X或右击ToolStrip再从上下文菜单中选择“剪切”来剪切ToolStrip。然后，选择窗体，通过按Ctrl+V或从“编辑”菜单选择“粘贴”来粘贴ToolStrip，并将ToolStrip的Dock属性设置为“Top”。

新建一个窗体应用程序WinApp_ToolStripContainer，在窗体上绘制一个ToolStripContainer控件（在工具箱的“菜单和工具栏”选项卡中），初始状态如图4.28所示，上面板已经展开。有一个奇怪的问题，右击该控件，其“删除”选项却是灰色的（禁用），那么，应该如何删除该控件呢？只要单击选择该控件，然后，用Delete键直接删除，这样该控件以及其上的子控件将全部被删除。

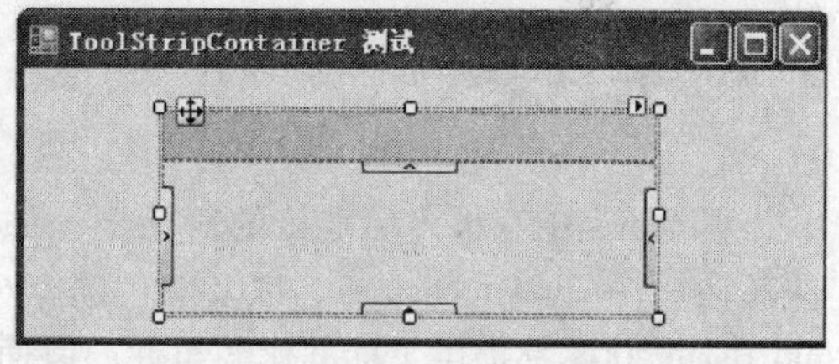

图4.28 ToolStripContainer控件的初始状态

在ToolStripContainer控件的上方绘制一个MenuStrip控件，单击MenuStrip右上方的智能标签，选择“插入标准项”，生成一个标准文档菜单。将ToolStripContainer控件的Dock属性修改为Bottom，并在其上绘制一个ToolStrip控件，单击ToolStrip右上方的智能标签，选择“插入标准项”，生成一个标准文档的工具栏。将ToolStrip放在ToolStripContainer的下面板上，其运行效果如图4.29所示。可

图4.29 ToolStripContainer控件测试

以移动工具栏，将其停靠到顶部、左侧或右侧的面板上。至于菜单与工具栏的编程，与普通的菜单与工具栏编程没有差别。

4.3.5 StatusStrip

StatusStrip 控件可以显示正在 Form 上查看的对象的相关信息、对象的组件或与该对象在应用程序中的操作相关的上下文信息，无论是编程工具还是 Office 工具，都提供了状态栏。通常，StatusStrip 控件由 ToolStripStatusLabel 对象组成，每个这样的对象都可以显示文本、图标或同时显示二者。StatusStrip 还可以包含 ToolStripDropDownButton、ToolStripSplitButton 和 ToolStripProgressBar 控件。

新建一个窗体应用程序 WinApp_StatusStrip，在窗体上绘制一个 MenuStrip、ToolStrip 及 StatusStrip 控件（在工具箱的“菜单和工具栏”选项卡中），MenuStrip 和 ToolStrip 控件均通过智能标签插入标准项。StatusStrip 控件只需通过 Items 属性打开“项集合编辑器”，添加两个 StatusLabel 即可，并将其 Name 属性修改为 StatusLabel1 与 StatusLabel2。StatusStrip 控件的 Dock 属性的默认值为底部（Bottom）。

状态栏中的标签常用的属性为：AutoSize 设置为 False，这样可以通过 Size 属性调整标签的大小；如果要对标签添加边框，可以将 BorderSides 设置为 All，即添加四条边框，将 BorderStyle 设置为 SunkenOuter，即中间下沉边框突出。在窗体的 Load 事件处理程序中添加如下代码：

```
StatusLabel1.Text = Now.ToString("yyyy年M月d日")
StatusLabel2.Text = Now.ToString("H:mm:ss")
```

Now 表示系统当前日期和时间。第一条代码将标签设置为当前日期，第二条代码将标签设置为当前时间，运行效果如图 4.30 所示。

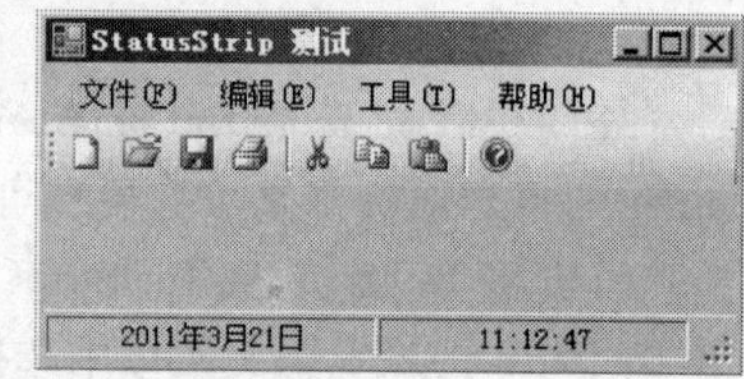

图 4.30 StatusStrip 控件测试

4.4 对话框

Windows 中有很多标准化的对话框，如常见的打开文件对话框（OpenFileDialog）、保存文件对话框（SaveFileDialog），以及颜色选择对话框、字体选择对话框等。对于这些对话框，Visual Basic 2008 都提供了标准化的组件，以便在程序中方便地使用。

4.4.1 OpenFileDialog

OpenFileDialog 控件是一个预先设置的对话框，与 Windows 操作系统的“打开文件”对话框相同。通过 OpenFileDialog 控件，代码中就可以利用预先配置好的对话框，而不必自己编写代码完成此类工作。OpenFileDialog 控件只是返回一个编程人员所需要的文件名，至于如何打开文件，即如何对文件进行处理，OpenFileDialog 控件并不关心。

OpenFileDialog 控件的 ShowDialog 方法显示“打开”对话框，“打开”对话框的界面如图 4.31所示。用户可以在该对话框的文件列表窗口中选择要打开的文件，也可以在“文件名”

文本框中直接输入文件名。用户还可以通过“我的电脑”、“向上一级”等方法改变文件目录，从而选择合适的文件名。

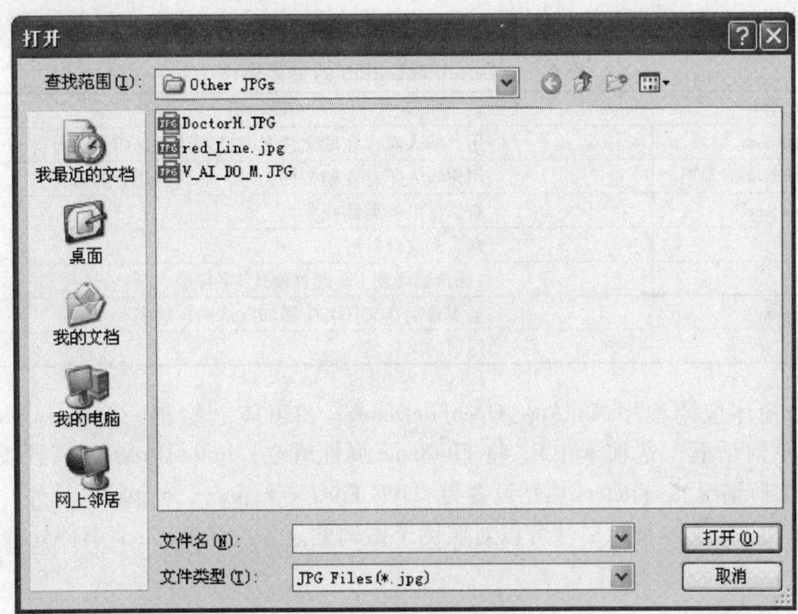

图4.31 “打开”对话框

ShowDialog 方法返回一个 DialogResult 的枚举型常量，属于 System.Windows.Forms 命名空间，其定义如下：

```
Public Enum DialogResult
    None = 0
    OK = 1
    Cancel = 2
    Abort = 3
    Retry = 4
    Ignore = 5
    Yes = 6
    No = 7
End Enum
```

在 OpenFileDialog 中选择“打开”或者在下一节中的 SaveFileDialog 中选择“保存”，都返回 1，即 DialogResult.OK。当取值在一定的范围内且个数确定时，尽量使用枚举类型，这样可以增加程序的可读性，显然 1 与 DialogResult.OK 的取值虽然一样，但是可读性却不一样。

OpenFileDialog 的主要属性如表 4.5 所示。当 CheckFileExists 属性为 True 时，用户输入不存在的文件名，将显示一个“文件……不存在”的提示，直到文件存在时单击“打开”按钮或者单击“取消”按钮放弃对文件的选择。Filter 是一个筛选器，用于选择一定范围内指定的文件。例如，只需要“s”开头的文本文件，筛选器就可以是 Text Files（s*.txt）|s*.txt，前者是筛选

器的说明，显示在图 4.31 所示的“文件类型”处。当 AddExtension 属性为 True 时，如果图 4.31 中的文件名处没有扩展名，对话框将自动将 Filter 中指定的扩展名添加到 FileName 中。FileName 是返回的文件名，但是，如果在图 4.31 中单击“取消”按钮，将返回空字符串。

表 4.5 OpenFileDialog 的主要属性

属 性	说 明
CheckFileExists	用户输入不存在的文件名时，对话框是否显示警告
CheckPathExists	用户输入不存在的文件夹时，对话框是否显示警告
InitialDirectory	对话框的初始路径
DefaultExt	默认的文件扩展名
Filter	“筛选器说明 | 筛选器模式”字符串
AddExtension	是否自动在文件名中添加默认的扩展名
FileName	返回的文件名

新建一个窗体应用程序 WinApp_OpenFileDialog，在窗体上绘制一个 OpenFileDialog 控件（在工具箱的“对话框”选项卡中），将 FileName 属性清空，InitialDirectory 属性设置为“E:”（根据硬盘的实际情况），Fileters 属性设置为“JPG Files（*.jpg）| *.jpg”。另外，再在窗体上绘制一个按钮和一个文本框，属性可以对照例子做调整。在按钮的 Click 事件处理程序中输入如下代码：

```
Dim nRet As Integer = OpenFileDialog1.ShowDialog()

If nRet = DialogResult.OK Then
    TextBox1.Text = OpenFileDialog1.FileName
End If
```

将对话框的返回值赋给变量 nRet，如果该值为 DialogResult.OK，则将文件名放到文本框中，运行效果如图 4.32 所示。

图 4.32 OpenFileDialog 控件测试

4.4.2 SaveFileDialog

SaveFileDialog 控件与 OpenFileDialog 控件的属性与功能基本相似，也只是返回一个编程人员所需要的文件名，至于如何保存文件，即如何对文件进行处理，SaveFileDialog 控件并不关心（6.5 节将会详细讲解文本文件的读取和保存）。

新建一个窗体应用程序 WinApp_SaveFileDialog，在窗体上绘制一个 SaveFileDialog 控件（在工具箱的“对话框”选项卡中），将 FileName 属性清空，InitialDirectory 属性设置为“C:”，Filter

属性设置为“Text Files (*.txt)|*.txt”。其他控件以及代码都跟上一节中的相似。运行程序，在文件名文本框中输入“xd”，单击“Save”，运行效果如图4.33所示。

图4.33 SaveFileDialog控件测试

4.5 组件

在工具箱的“组件”选项卡中提供了很多后台组件，这些组件不能用于搭建程序界面，但是可以帮助程序员更方便地开发应用程序。本节主要介绍几个常用组件。

4.5.1 ErrorProvider

ErrorProvider显示一个简单的界面，向最终用户指出窗体上的控件具有与它关联的错误。如果为控件指定错误描述字符串，控件旁将会出现一个图标Icon。此图标按BlinkStyle指定的方式、以BlinkRate指定的速率闪烁。当鼠标悬停在此图标上时，会出现显示错误描述字符串的工具提示。ErrorProvider控件的SetError方法用来显示错误提示和消除错误提示。

新建一个窗体应用程序WinApp_ErrorProvider，在窗体上绘制三个ErrorProvider控件（在工具箱的“组件”选项卡中），将Name属性依次修改为：nameErrorProvider、ageErrorProvider及favoriteColorErrorProvider，分别对应表4.6所示的3个控件。第一个错误提示控件的BlinkStyle属性设置为AlwaysBlink，即只要错误存在则图标一直闪烁；第二个错误提示控件的BlinkStyle属性设置为BlinkIfDifferentError，即只有不同的错误发生时图标才闪烁；第三个错误提示控件的BlinkStyle属性设置为NeverBlink，即错误发生时，只显示图标不闪烁。

表4.6 控件内容有效性说明

属　性	Name	说　明
TextBox	txtName	字符串长度大于0视为有效
NumericUpDown	ageUpDownPicker	年龄3~4视为有效
ComboBox	favoriteColorComboBox	选定一种颜色视为有效

ComboBox中的数据通过Items属性添加“None/Red/Yellow/Green/Blue/Purple”（用回车换行符分隔），在窗体的Load事件处理程序中，使该控件的SelectedIndex为0，以便显示第一项。

需要编写专门的函数，用来判断用户输入的数据是否正确。在窗体的代码编辑窗口输入如下验证Name的代码：

```
Private Function IsNameValid() As Boolean
    '字符串长度大于0即认为有效
```

```
    Return txtName.Text.Length > 0
End Function
```

该函数返回一个布尔值，只要字符串长度大于0，就返回 True，否则，返回 False。

参考图 4.2，在窗口的代码编辑窗口中选择 txtName 类和 Validated（验证）事件，输入 Validated 事件处理代码：

```
If IsNameValid() Then
    '姓名有效则清除错误提示
    nameErrorProvider.SetError(txtName, "")
Else
    '姓名无效则设置错误提示
    nameErrorProvider.SetError(txtName, "Name is required.")
End If
```

类似地，还需要编写 Age 与 Favorite color 的验证代码及其对应的 ageUpDownPicker 和 favoriteColorComboBox 对象的 Validated 事件处理程序。这些代码都比较简单，这里不再赘述。程序运行后，Name 文本框中不输入任何数据，则错误图标一直闪烁；Favorite color 下拉框中的数据如果为 None，则出现一个不闪烁的错误图标。

Age 的情况比较特殊，有两种类型的错误，如果数值小于 3，则认为 “too young”，如果大于 4，则认为 “too old”，只有 3 和 4 才符合要求。NumericUpDown 控件中的数据可以通过按钮调整，也可手工输入。当输入 1 时，错误图标闪烁，输入 2 时则不再闪烁，因为都是一类错误 “too young”。当输入 9 时，则错误图标又开始闪烁，因为不同的错误（Different Error）“too old” 发生了。如果调整到 3，则错误图标消失。图 4.34 就是运行效果，包括错误图标及其提示。

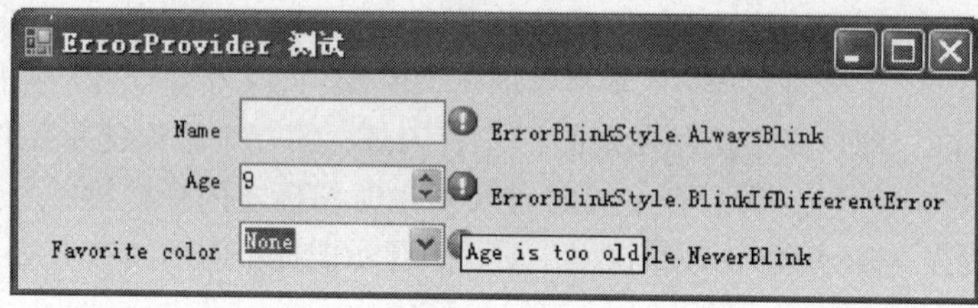

图 4.34　ErrorProvider 控件测试

4.5.2 HelpProvider

作为应用程序的开发人员，能够为用户提供的最重要的帮助之一便是功能完善的帮助系统，这是他们在迷惑不解时所求助的对象。使用 HelpProvider 组件可以在基于 Windows 的应用程序中轻松地提供帮助系统。

Windows 窗体的 HelpProvider 组件用于将 HTML Help 1.x 帮助文件（.htm 文件或由 HTML Help Workshop 产生的 .chm 文件）与基于 Windows 的应用程序关联。HelpProvider 组件可用于为 Windows 窗体上的控件或特定控件提供区分上下文的帮助。另外，HelpProvider 组件还可以在特定区域（例如，目录、索引或搜索功能的主页）打开帮助文件。

新建一个窗体应用程序 WinApp_HelpProvider，在窗体上绘制三个 HelpProvider 控件（在工具箱的“组件”选项卡中），将 Name 属性依次修改为：helpFile、helpURL 及 helpPopUp；再绘制三个按钮，分别将 Name 属性修改为：btHelpFile、btHelpURL 与 btHelpPopUp。为了在窗口的标题栏显示帮助按钮，要求在标题栏中不显示“最小化”按钮或“最大化”按钮（这是一种约定），并将窗口的 HelpButton 属性设置为 True，这将在窗体标题栏的右侧显示一个带问号的按钮。

三个按钮对应三个帮助组件，分别演示三种帮助效果。HelpProvider 的 HelpNamespace 属性用来将帮助文件与 HelpProvider 组件相关联，但是，必须提供完整的路径或 URL。helpFile 的 HelpNamespace 属性设置为一个带绝对路径的 chm 文件，helpURL 的对应属性修改为一个 URL 链接，helpPopUp 的对应属性为空。

btHelpFile 属性窗口中有关 helpFile 相关属性的设置如图 4.35 所示，HelpNavigator 是帮助导航属性，TableOfContents 表示目录列表；ShowHelp 属性设置为 True，表示显示帮助；HelpString 属性用于显示弹出式帮助的字符串，这里为空。btHelpURL 中的有关 helpURL 的属性也参照 btHelpFile 的属性进行设置。btHelpPopUp 中的 helpPopUp 的 HelpString 属性设置为“显示帮助 PopUp”，ShowHelp 属性为 True，其他使用默认值。

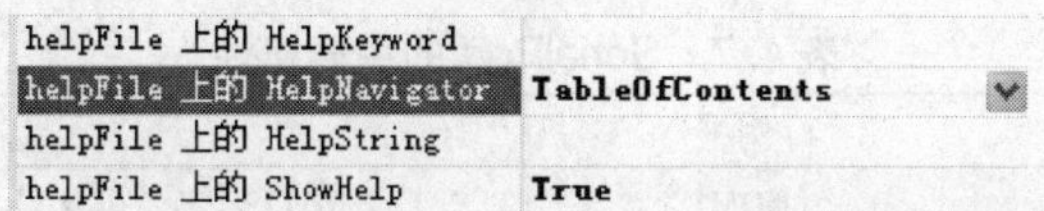

helpFile 上的 HelpKeyword	
helpFile 上的 HelpNavigator	TableOfContents
helpFile 上的 HelpString	
helpFile 上的 ShowHelp	True

图 4.35 btHelpFile 属性窗口中 helpFile 相关属性的设置

本程序不需要编写任何代码，只是显示帮助效果，因而，直接单击三个命令按钮没有任何效果（没有编写对应的事件处理程序）。可以用两种方法演示帮助效果，其一是用 Tab 键移动焦点，在拥有焦点的命令按钮上使用 F1 键，则依次显示帮助文档、打开 Web 页面和弹出帮助提示（在鼠标所在的位置）。也可单击标题栏上的帮助按钮，然后，“带着问号”单击命令按钮，这样也有相同的效果。运行效果如图 4.36 所示，此时单击 F1 键将显示帮助文档。

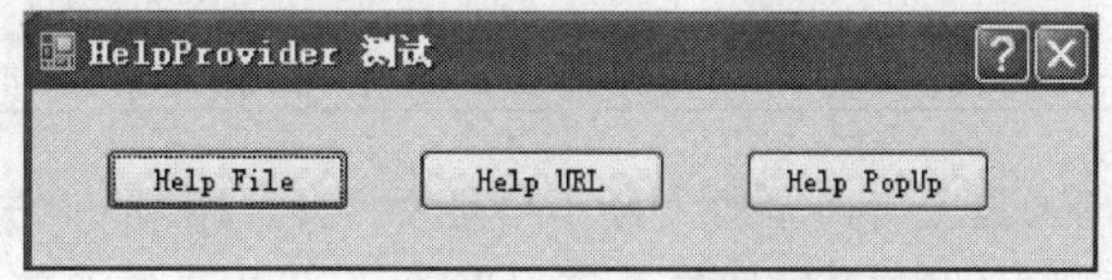

图 4.36 HelpProvider 控件测试

如果 HelpNamespace 属性的帮助文档路径有错误、URL 地址有误或不能上网，均不能得到所期望的结果（在本项目的 Debug 目录下有一个帮助文档 TestPort.chm）。

4.5.3 Timer

Timer 控件非常简单，只有两个常用属性，Interval 表示间隔的毫秒数，Enabled 表示 Timer 是否工作，如果为 True，则每过间隔的毫秒数，都将产生一次 Tick 事件。可以用 Timer 与 Label 配合，每过 1s 更新一次 Label 的 Text 属性，这样，就成为一个时钟了。

新建一个窗体应用程序 WinApp_Timer，在窗体上绘制一个 Timer 控件（在工具箱的“组件”选项卡中）和一个 Label 控件。Timer 的 Interval 属性设置为 1 000，Enabled 属性设置为 True。Label 的 Font 属性中的字体大小设置为“小三”。

图 4.37 Timer 控件测试

双击 Timer 控件，输入代码“Label1.Text = Now.ToString("H:mm:ss")”，运行效果如图 4.37 所示。

Timer 控件虽然简单，但是用途很广，而且也非常实用。

4.5.4 SerialPort

串行接口（RS-232）技术简单成熟、性能可靠、价格低廉，所要求的软硬件环境或条件都很低，所以，在 Visual Basic 6.0 及之前有 MSComm32 串行通信控件，即使发展到现在的 Visual Basic 2008，依然很好地支持串行通信，编写了功能更加强大的 SerialPort 类（属于 System.IO.Ports 命名空间）。表 4.7 所示是 SerialPort 类的主要属性，RtsEnable 属性经常用做硬件握手信号，如果一方设置该属性为 True，另一方设置该属性为 False，即使程序正确，数据交互也不能完成。ReceiveBytesThreshold 属性一般设置为 1，表示接收到一个字节的数据，即产生 DataReceived（数据已经接收）事件，这样可以使数据接收灵敏可靠。

表 4.7 SerialPort 的主要属性

属 性	例子	说 明
PortName	COM1	串口名字，可从设备管理器中查看
BaudRate	9600	波特率，常用 9600
Parity	None	位校验，默认值 None
DataBits	8	数据位，默认值 8
StopBits	One	停止位，默认值 One
ReceiveBytesThreshold	1	接收字节的阈值，默认为 1
DtrEnable	False	是否启用数据终端准备好信号
RtsEnable	False	是否使用请求发送握手信号
HandShake	None	通信双方的交握协议，默认为 None
IsOpen	False	串口是否打开，运行时属性

SerialPort 类在运行时通过 IsOpen 属性判断串口是否打开，用 Open 方法打开串口，用 Close 方法关闭串口——只有串口打开后才能收发数据。Write 方法用来发送数据，有三个重载方法，本例使用 Write(text as String) 方法；也可使用 WriteLine 方法，自动在发送的文本后面添加回车换行符。Read 方法用来读取对方发送的数据，有两个重载方法；ReadExisting 方法主要用来读取收到的所有字符串。

DataReceived 事件发生，表示接收到对方的数据；ErrorReceived 事件发生，表示发生了错误；PinChanged 事件则表示引脚信号发生了变化。在 ErrorReceived 和 PinChanged 事件处理程序中，可以使用 e.EventType.ToString() 语句来提取相关文本信息。

新建一个窗体应用程序 WinApp_SerialPort，用于两台计算机之间的聊天。在窗体上绘制一个 SerialPort 控件（在工具箱的“组件”选项卡中），其属性不变；绘制两个标签（Label），将 Text 属性设置为 Receive 和 Send；绘制两个文本框（TextBox），将 Name 属性设置为 txtReceive

和 txtSend；绘制三个按钮（Button），将 Name 属性设置为 btOpen、btClose 和 btSend，Text 属性设置为 Open、Close 和 Send，并将后两者的 Enable 属性设置为 False。

在 btOpen 的 Click 事件处理程序中输入如下代码：

```
If SerialPort1.IsOpen = False Then
    SerialPort1.Open()

    btOpen.Enabled = False
    btClose.Enabled = True
    btSend.Enabled = True
End If
```

如果串口为关闭状态，那么，当打开串口时，关闭串口按钮 btClose 和发送数据按钮 btSend 才有意义，所以，将其 Enable 属性设置为 True。

在 btClose 的 Click 事件处理程序中输入如下代码：

```
If SerialPort1.IsOpen Then
    SerialPort1.Close()

    btClose.Enabled = False
    btSend.Enabled = False
    btOpen.Enabled = True
End If
```

btSend 按钮用于发送数据，如果 txtSend 文本框中的字符串长度大于 0，则使用 SerialPort 的 Write 方法发送数据，其源代码如下：

```
If txtSend.Text.Length > 0 Then
    SerialPort1.Write(txtSend.Text)
End If
```

此时，运行程序，在 txtSend 文本框中键入字符串，单击“Open”打开串口，单击“Send”发送，对方将能接收到数据（可以使用 TestPort 软件配合测试）。

在 SerialPort 的 DataReceived 事件处理程序中输入代码：

```
txtReceive.txt = SerialPort1.ReadExisting
```

即，读取对方发送的数据，放入 txtReceive 文本框中。用交叉串行电缆连接两台计算机。运行程序，从另一台计算机上发送字符串，这时，出现如图 4.38 所示的错误提示信息。如何在 SerialPort 的 DataReceived 事件处理程序中跨线程调用 Windows 窗体控件呢？

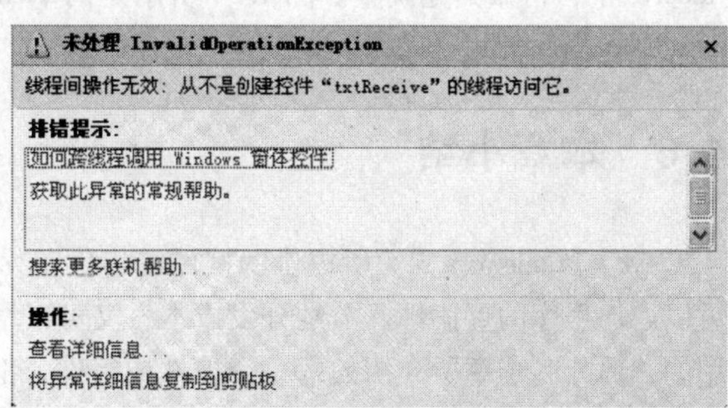

图 4.38 跨线程调用 Windows 窗体错误

跨线程调用 Windows 窗体控件可以通过代理（Delegate）来实现。甲方跟乙方借钱，但是，双方没有信用认识，怎么办？可以找丙方作为代理（担保人），通过代理，甲方与乙方建立联系。先在窗体类中做如下声明：

```
Public Delegate Sub DelegateCom()
Dim dCom As DelegateCom = New DelegateCom(AddressOf GeneralCom)
```

声明一个代理 DelegateCom，它的实例 dCom 指向函数 GeneralCom，这样，在 SerialPort 的 DataReceived 事件处理程序中就可以通过 Invoke(dCom) 方法调用代理，从而调用 GeneralCom 函数，而操作 Windows 窗体的语句可以放置在 GeneralCom 函数中。

这里又有一个问题，如果将 ReceiveBytesThreshold 设置为大于 1，那么接收到一个字节就不会有反应；如果设置为 1，那么接收到一批数据将会产生多个 DataReceived 事件，从而，使 txtReceive 文本框中只能出现一个字符串的尾巴——这就要求将一批接收到的数据进行汇总。可以在窗体类中声明两个变量：

```
Dim bStart As Boolean          'True 表示正在接收数据
Dim strReceive As String       '接收到的字符串汇总
```

再向窗体添加一个 Timer 控件，Interval 设置为 500（毫秒）。由于 SerialPort 类的默认波特率为 9 600，因而 500ms 足够汇总所有接收到的字符串。SerialPort 中的 DataReceived 事件处理程序真正调用的是 GeneralCom 函数，其源代码如下：

```
If bStart = False Then
    strReceive = ""
    bStart = True
    Timer1.Enabled = True
End If
strReceive &= SerialPort1.ReadExisting
```

假如没有开始数据接收，那么，准备数据接收，将用来汇总字符串的变量 strReceive 清空，设置数据接收开始标志，启动定时器。这些工作完成后，将每次接收到的数据汇总到 strReceive 变量中。500ms 以后，在定时器的事件处理程序中，将接收到的数据 strReceive 放到 txtReceive 中，再做其他调整。图 4.39 所示是两个 WinApp_SerialPort 程序的运行效果。

图 4.39 SerialPort 控件测试

4.6 本章小结

.NET Framework 3.5 所提供的控件或组件很多，功能非常齐全，使用这些控件或组件，既可以增加程序的可读性、节约开发成本，又可以增强程序的可靠性。本章只是介绍了其中最常用的一部分。本章所介绍的每一个控件或组件，都要求熟练掌握，因而，需要反复操练，这样才能将简单的控件或组件组合成一个使用户满意、性能可靠和界面美观的程序。

学习本章或对本章进行教学，可以先打开本章的例程，观察运行效果，然后对照书本逐一学习其属性、方法和事件，在了解了基本原理后再进行模仿。总之，坚持从感性认识到理性认识，从而达到熟练使用的效果。

思考与练习

1. CheckBox 与 RadioButton 控件有何区别，如何利用 GroupBox 对它们进行分组？
2. 使用 TabControl 创建三个标签页，并且，在每页绘制合适的控件，要求整齐美观、分类合理。
3. 创建一个窗体应用程序，要求添加菜单栏、工具栏与状态栏，在状态栏设置一个标签，显示当前时间（使用 Timer 控件）。
4. 代理（Delegate）有什么作用，如何创建和使用代理？由简单到复杂，掌握 SerialPort 的使用方法。

第 5 章　图形程序设计

.NET Framework 3.5 提供了很多可视化控件供开发人员使用，使之美化界面和完成程序的设计。但随着应用程序的规模和复杂度的提高以及可视化要求的不同，开发人员需要将自己的界面绘制到屏幕上。例如，在计算机监控系统中，温度经常是需要监控的参数，除了记录报警值和打印报表外，如果将温度趋势线显示在屏幕上，将非常直观，也有利于操作员的工作。本章主要介绍绘图的基础知识及主要图形的绘制方法，并给出一个模拟的实时数据线的绘制程序。

5.1　坐标系及其变换

可视化控件都放置在窗体中，窗体本身也是一个控件，位于屏幕中的某个位置。每个控件都有一个坐标系，用于为其上的对象提供定位参考。在默认情况下，控件的左上角为坐标原点，横向向右为 x 轴，纵向向下为 y 轴。如图 5.1 所示为窗体的坐标系。

"点"是绘图的要素，直线的起点和终点、圆心等都是"点"。可以使用 Point 对象来描述坐标系中的一个点，例如：

```
Dim p0 As Point = New Point (100, 200)
```

图 5.1　窗体坐标系

在学习绘图之前，需要理解矩形的概念。这里的矩形不一定用于绘制矩形，而是指绘制图形的范围。对于图 5.1 所示的窗体，从坐标原点到窗体的右下角所示的矩形，就是窗体的绘图范围。创建矩形比较简单。首先将一个变量定义为 Rectangle 对象，然后设置其表示左上角的坐标 X 与 Y 的属性，再设置宽度（Width）属性和高度（Height）属性的值即可。

```
Dim rect As New Rectangle
rect.X = 0
rect.Y = 0
rect.Width = 100
rect.Height = 200
```

人们习惯使用左下角作为坐标的原点，这时就需要对坐标进行变换。x 轴方向不需要变换，设原来 y 轴方向的值为 y_0，绘图区域的高度为 h，则新的 y 轴方向的值 y_1 为：

$$y_1 = h - y_0 \tag{5.1}$$

如果 y_0 的值达到边界最大值 h，则 y_1 为 0；如果 y_0 的值为 0，则 y_1 达到最大值，如此进行坐标的转换。

如果用一个字节的范围 0 ~ 255 来表示线性温度 0 ~ 100℃，这时也需要进行变换，只要将字节除以 255 后乘以 100 即可。这样，字节 0 还是 0，而 255 则被转换成最大值 100。

5.2　系统颜色

绘图离不开颜色，而系统颜色是开发人员最常使用的颜色，也是用户比较熟悉和习惯的颜色。对于 Windows XP 系统，若要修改系统颜色，右击桌面，从弹出菜单中选择“属性”打开“显示属性”对话框，然后，单击“外观”选项卡，此时就可以修改窗口和按钮的颜色。

在 Visual Basic 2008 中，要指定界面颜色使其与用户系统颜色一致，可以将对象的颜色属性设置为同一种系统颜色。如图 5.2 所示，如果要保证按钮的颜色与用户的系统颜色相匹配，应将 Button 控件的 BackColor 属性设置为系统颜色 Control（通过“系统”标签页）。表 5.1 所示为最常用的系统颜色，完整列表可参考 MSDN。

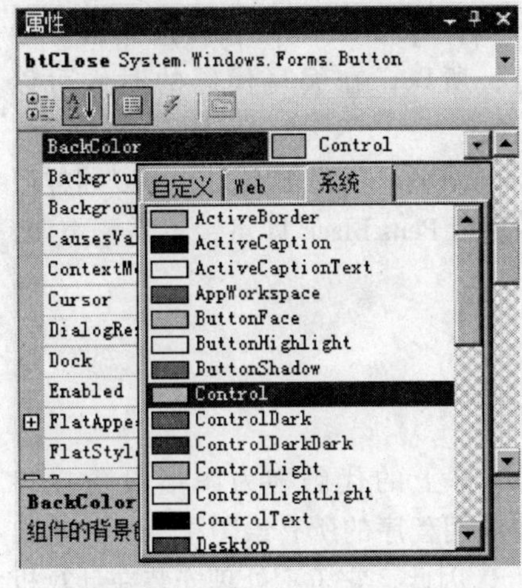

图 5.2　系统颜色的设置

表 5.1　系统颜色（部分）的定义

枚举值	说　明
ActiveCaption	活动标题栏的背景色
ActiveCaptionText	活动标题栏的文本颜色
Control	按钮和其他 3D 元素的背景色
ControlDark	3D 元素的阴影颜色
ControlLight	3D 元素的高光颜色
ControlText	按钮和其他 3D 元素的文本颜色
Desktop	Windows 桌面的颜色
GrayText	用户界面元素不可用时的文本颜色
Highlight	加亮文本的前景色（包括选中的菜单项和文本）
HighlightText	加亮文本的背景色（包括选中的菜单项和文本）
InactiveBorder	不活动窗体的边框颜色
InactiveCaption	不活动标题栏的背景色
InactiveCaptionText	不活动标题栏的文本颜色
Menu	菜单的背景色
MenuText	菜单的文本颜色
Window	窗体客户区域的背景色

系统颜色不仅可以分配给逻辑相关的属性，而且也可以分配给任何颜色属性（如 BackColor），画图时也可以通过 Drawing.SystemColors 命名空间方便地使用系统颜色。如果使用自定义颜色，可以参考 4.1.11 节中的 FromArgb 方法。

5.3　Pen 类

Pen（画笔）类用于定义线条特征，包括线条的颜色、宽度和样式（实线或虚线等），绘制各种图形都需要使用画笔作为参数。Pen 的构造函数有 4 个重载方法，常用以下方法指定画笔的颜色和宽度：

```
Dim myPen As Pen = New Pen (Color, Width)
```

如果需要指定画笔的样式，可使用画笔的 DashStyle 属性。DashStyle 是一系列枚举值，位于 Drawing2D 命名空间，其成员如表 5.2 所示。

表 5.2 DashStyle 的枚举值

枚举值	说明	枚举值	说明
Dash	虚线	Dot	点线
DashDot	点横线	Solid	实线
DashDotDot	横线和两点组成的线条	Custom	自定义虚线

画笔是绘图函数中的一个参数，如果要定义宽度为 2 的红色画笔，所画出的线条为虚线，则源代码如下所示：

```
Dim myPen As Pen
myPen = New Pen(Color.Red, 2)
myPen.DashStyle = Drawing2D.DashStyle.Dash
```

这样，如果采用此画笔画椭圆，那么，这将是一个红色、宽度为 2 的虚线椭圆。Color 和 DashStyle 的枚举值都属于 System.Drawing 命名空间，而该命名空间在每一个窗体应用程序中都默认引用（可以从“解决方案资源管理器”中查看），所以，在编写代码的时候可以省略。

Visual Basic 2008 还提供了很多标准的画笔，也属于 System.Drawing 命名空间，所以同样可以直接引用。如果需要使用黑色画笔，在绘图函数中直接使用 Pens.Black 即可，不需要声明，也不需要初始化。

5.4 Graphics 类

Windows 操作系统中将文本、线条和图形等绘制到屏幕上的代码称为图形设备接口（Graphics Device Interface，GDI）。GDI 处理来自 Windows 和应用程序的所有绘图指令，并输出到当前的显示设备。由于 GDI 要将输出的内容显示到屏幕上，因此，它负责处理安装在计算机上的显示驱动程序及对驱动程序进行设置，如分辨率和颜色深度。这意味着开发人员不必关心驱动程序相关的细节，只需要编写相关代码操作 GDI 即可。Visual Basic 2008 主要通过 Graphics 类与 GDI 通信，首先创建一个 Graphics 对象，然后，利用此对象绘图。Graphics 类提供的常用方法如表 5.3 所示。

创建一个窗体应用程序 WinApp_FormGraphics，在窗体的 Paint 事件中输入如下代码：

```
Dim g As Graphics = Me.CreateGraphics
g.DrawLine(Pens.Red, 0, 0, Me.Width, Me.Height)
g.DrawEllipse(Pens.Red, 0, 0, Me.Width - 10, Me.Height - 30)
```

首先，创建一个窗体的 Graphics 对象，然后，利用该对象的 DrawLine 方法绘制一条直线，采用标准的红色画笔，其后的四个参数表示起点和终点的坐标；利用 DrawEllipse 方法描画一个椭圆，起点和终点坐标表示椭圆所在的区域，这里也可以使用 5.1 节介绍的 Rectangle 对象，运行效果如图 5.3 所示。窗体在每次重画时都会发生 Paint 事件，因而，当改变窗体大小后、最小化窗体后又正常化、窗体的覆盖被移去时，都将重新描画图形。

表 5.3　Graphics 类的常用方法

枚举值	说明	枚举值	说明
DrawLine	画直线	DrawString	输出文字
DrawRectangle	画矩形	FillRectangle	填充矩形
DrawEllipse	画椭圆	FillEllipse	填充椭圆
DrawPolygon	画多边形	Clear	清除图形

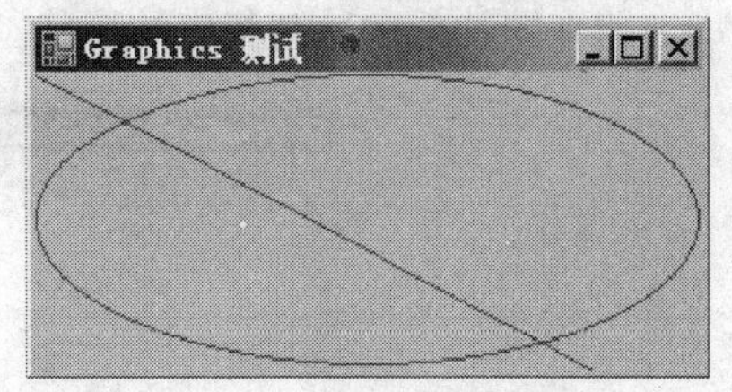

图 5.3　在窗体上绘图

当然，在绘图时不必采用标准画笔，可以利用 5.3 节介绍的自定义画笔，以便指定线条的宽度和样式。

不一定要将 Graphics 对象设置为窗体或控件的客户区域，也可设置为内存位图区域。有时，出于性能方面的考虑，先使用内存位图来存储临时图像或存储临时创建的复杂图形，然后再发送到窗体。以下语句首先创建一个 30×30 像素的内存位图，然后创建此位图的 Graphics 对象 g，利用 g 的 Clear 方法，将位图的背景色设置为窗体的背景色，最后，在内存位图上画蓝色的椭圆，并设置为窗体的背景图片。由于窗体的 BackgroundImageLayout 属性默认为 Tile，即背景图片将层叠布置，所以，出现如图 5.4 所示的运行效果。

```
Dim bmp As Bitmap = New Bitmap(30, 30, Imaging.PixelFormat.Format24bppRgb)
Dim g As Graphics = Graphics.FromImage(bmp)
g.Clear(Drawing.SystemColors.Control)
g.DrawEllipse(Pens.Blue, 0, 0, 25, 25)
Me.BackgroundImage = bmp
```

在初始化位图对象的构造函数中，PixelFormat 用于指定位图的颜色深度，也可能指定位图是否有 alpha 层。PixelFormat 的常用值如表 5.4 所示。

表 5.4　PixelFormat 的常用值

枚举值	说　明
Format16bppGrayScale	每像素 16 位，指定 65 536 种颜色
Format16bppRgb555	每像素 16 位，指定 32 768 种颜色
Format24bppRgb	每像素 16 位，指定 16 777 216 种颜色

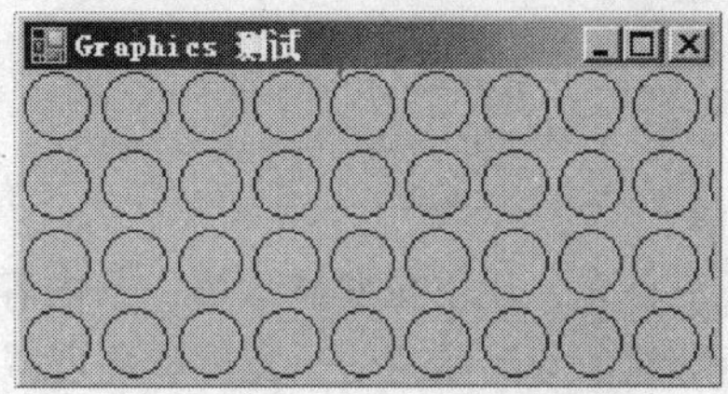

图 5.4　内存位图作为窗体的背景图片

5.5　绘制形状

上一节已经初步介绍了一些形状的绘制方法，本节将详细介绍各种形状的绘制方法。首先，新建一个窗体应用程序 WinApp_Graphics，如图 5.5 所示，绘制一个 PictureBox 控件，背景色 BackColor 设置为系统色 ActiveCaptionText（白色），在 cmbPen 下拉框的 Items 属性中分别输入形状 Line（线条）、Rectangle（矩形）、Ellipse（椭圆）、Polygon（多边形）；在 cmbBrush 下拉框中输入 SolidBrush（单色实心画笔）、TextureBrush（图像填充画笔）。选择形状后，单击

Pen，将在图片框中绘制相应的形状。

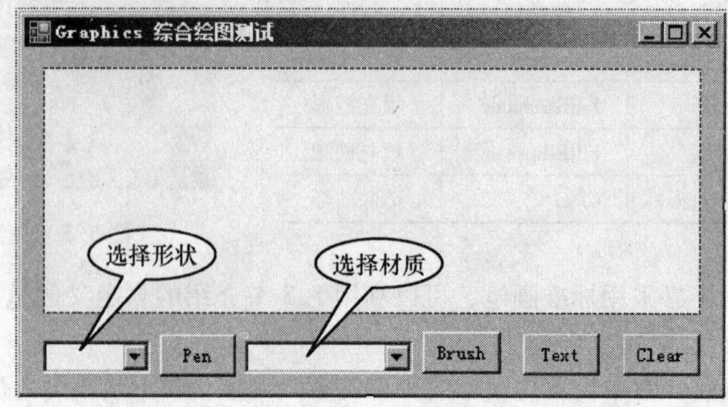

图 5.5 Graphics 综合绘图测试的设计

在窗体类中定义如下变量：

```
Dim g As Graphics           '绘图对象
Dim p0 As Point             '起点
Dim p1 As Point             '终点
Dim rect As Rectangle       '矩形对象
Dim w As Integer            '图片框的宽度
Dim h As Integer            '图片框的高度
```

在窗体的 Load 事件处理程序中输入如下初始化代码：

```
cmbPen.SelectedIndex = 0
cmbBrush.SelectedIndex = 0

w = PictureBox1.Width
h = PictureBox1.Height
g = PictureBox1.CreateGraphics
rect = New Rectangle(0, 0, w - 3, h - 3)
```

首先，让下拉框显示第一条内容，然后，获取图片框的宽度和高度，创建绘图对象 g，给矩形对象 rect 赋值——宽度和高度减去 3 是为了调整视觉效果。

5.5.1 绘制直线

绘制直线使用 Graphics 的 DrawLine 方法，可以自定义画笔，也可使用标准画笔。常用方法如下所示：

```
Graphics.DrawLine(pen, p0, p1)               'p0 和 p1 是起点和终点
Graphics.DrawLine(pen, x0, y0, x1, y1)       '也可采用这种起点和终点表示方法
Graphics.DrawLines(pen, pArray)              'pArray 是 Point 数组
```

DrawLines 方法将 Point 数组中的点连起来，如果只有两个点，就相当于绘制一条直线。

在以下代码中，p0 为图片框的左上角，p1 为图片框的右下角。bPen 是自定义宽度为 3 的蓝色画笔（见源代码），第一条直线是左上角到右下角的实线，第二条直线是左下角到右上角

的虚线（点横线），第三条直线位于图片框的左侧，用黑色标准画笔绘制。

```
p0 = New Point(0, 0)
p1 = New Point(w, h)
g.DrawLine(bPen, p0, p1)
bPen.DashStyle = Drawing2D.DashStyle.DashDot
g.DrawLine(bPen, 0, h, w, 0)
g.DrawLine(Pens.Black, 10, 10, 10, h - 10)
```

5.5.2　绘制矩形

绘制矩形使用 Graphics 的 DrawRectangle 方法，可以自定义画笔，也可使用标准画笔。常用方法如下所示：

```
Graphics.DrawRectangle(pen, rect)                  'rect 是 Rectangle 对象
Graphics.DrawRectangle(pen, x0, y0, x1, y1)        '也可采用左上角和右下角的表示方法
```

本例中使用如下代码绘制一个宽度为 3 的蓝色边框的矩形，rect 为图片框的边界。

```
g.DrawRectangle(bPen, rect)
```

5.5.3　绘制椭圆

绘制椭圆使用 Graphics 的 DrawEllipse 方法，可以自定义画笔，也可使用标准画笔。常用方法如下所示：

```
Graphics.DrawEllipse(pen, rect)                    'rect 是 Rectangle 对象
Graphics.DrawEllipse(pen, x0, y0, x1, y1)          '也可采用左上角和右下角的表示方法
```

本例中使用如下代码绘制一个宽度为 3 的蓝色边的椭圆，rect 为图片框的边界。

```
g.DrawEllipse(bPen, rect)
```

5.5.4　绘制多边形

绘制多边形使用 Graphics 的 DrawPolygon 方法，可以自定义画笔，也可使用标准画笔。常用方法如下所示：

```
Graphics.DrawPolygon(pen, pArray)      'pArray 是 Point 数组
```

本例中使用如下代码绘制一个宽度为 3 的蓝色边框的三角形，首先定义 Point 数组 pArray，它具有三个元素，对其分别赋值，最后调用 DrawPolygon 方法完成绘制。DrawPolygon 方法和 DrawLines 方法的参数形式一致，但是功能不一样，前者完成一个封闭图形，即多边形（假设 pArray 具有 3 个以上不在一条直线上的点）；而后者仅仅将数组中提供的点按照下标顺序连接起来。

```
Dim pArray(2) As Point
pArray(0) = New Point(w / 2, 10)
pArray(1) = New Point(10, h - 10)
```

```
pArray(2) = New Point(w - 10, h - 10)
g.DrawPolygon(bPen, pArray)
```

在图片框中绘制各种形状后，其效果如图 5.6 所示。清除图形使用 Graphics 提供的 Clear 方法。Clear 只有一个颜色参数，一般使用绘图控件的背景色。由于图片框的背景色为系统色 ActiveCaptionText，所以，Clear 方法也使用此颜色。

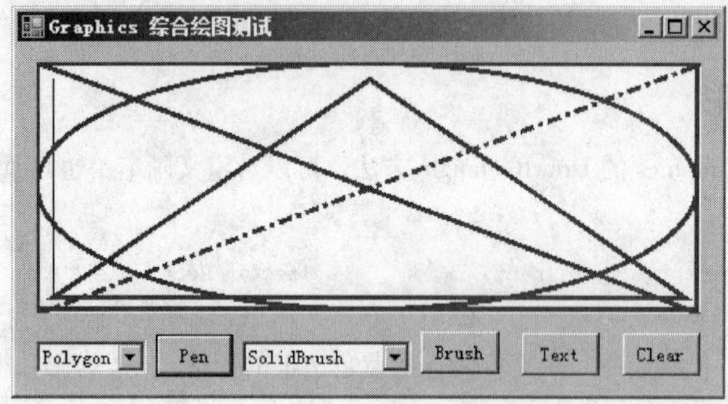

图 5.6 在图片框中绘制各种形状

5.6 Brush

对于封闭图形，如矩形、椭圆和多边形等，可以设置封闭区域的背景样式。Pen 对象定义图形的轮廓线的属性，而封闭图形的内部区域属性由 Brush 对象定义。Brush 类定义用于填充图形形状内部的对象。GDI 提供了几种填充封闭图形内部的画刷：SolidBrush、TextureBrush 和 LinearGradientBrush 等。SolidBrush 是单色实心画刷，TextureBrush 是图像填充画刷，LinearGradientBrush 是线性渐变画刷。

以下代码定义了一个红色实心画刷，然后填充一个封闭的矩形，或者说绘制一个实心红色矩形。

```
Dim sBrush As SolidBrush = New SolidBrush(Color.Red)
g.FillRectangle(sBrush, rect)
```

以下代码用图像来填充椭圆。首先，将图标文件 wi0122-64.ico 复制到本项目的 Debug 目录下，在调试状态下运行程序，则 My.Application.Info.DirectoryPath 获取应用程序所在的目录，这样，strFileName 中就是图标文件的绝对路径。bmp 是一个内存位图，来自图标文件。TextureBrush 对象 tBrush 用此位图生成。Graphics 的 FillEllipse 方法与 Ellipse 方法类似，只是这里使用的是画刷。运行效果如图 5.7 所示。

```
Dim strFileName As String = My.Application.Info.DirectoryPath & "\wi0122-64.ico"
Dim bmp As Bitmap = Bitmap.FromFile(strFileName)
Dim tBrush As TextureBrush = New TextureBrush(bmp)
g.FillEllipse(tBrush, rect)
```

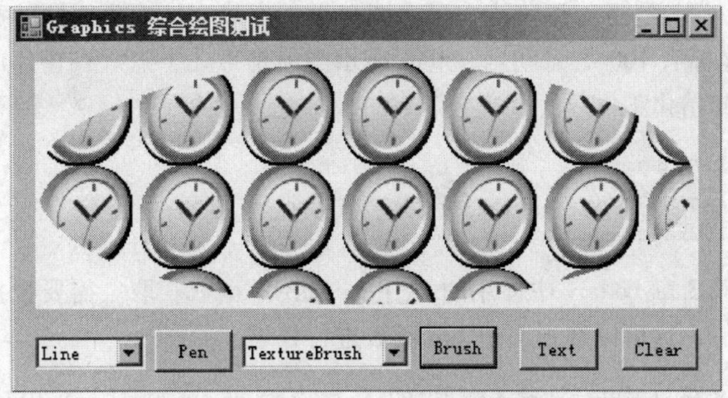

图 5.7 在图片框中用图像填充椭圆

画刷不但可以用来填充封闭图形，而且可以用来绘制文字。绘制文字的常用方法是：

```
Graphics.DrawString (string, font, brush, x, y)
```

其中，string 是所要绘制的字符串，font 是字型，brush 是画刷，x 与 y 是绘制文字的左上角的横坐标与纵坐标。下面的代码生成 16 号宋体粗体字型，采用蓝色实心画刷，在点（25，60）处绘制字符串“Visual Basic.NET 案例教程”。

```
Dim fFont As Font = New Font("宋体", 16, FontStyle.Bold)
Dim sBrush As SolidBrush = New SolidBrush(Color.Blue)
g.DrawString("Visual Basic .NET 案例教程", fFont, sBrush, 25, 60)
```

5.7 绘制实时数据线

在计算机监控系统中，经常需要绘制实时曲线，以便给工作人员提供决策参考。新建一个窗体应用程序 WinApp_RealTime，绘制一个图片框，并将其背景色 BackColor 设置为系统色 ActiveCaptionText。绘制一个定时器 Timer，Enabled 属性设置为 True，Interval 属性设置为 1 000。本项目每 1 000ms 产生一个随机字节，0 对应 0℃，255 对应 100℃（假设为线性关系）。纵坐标表示温度，横坐标表示 100 个时间点。左下角为坐标原点，因而，需要利用公式（5.1）对坐标进行变换。采用标准画笔绘制图形，如果当前温度超过上一个温度数值，则采用红笔绘制，否则采用蓝笔绘制。

在窗体类中声明如下变量：

```
Dim g As Graphics
Dim p0 As Point = New Point(0, 0)
Dim p1 As Point = New Point(0, 0)
Dim w As Integer
Dim h As Integer
Dim nMaxPoint As Integer = 100
Dim nPos As Integer
```

p0 是上一个温度点，p1 是当前温度点，w 是图片框的宽度，h 是图片框的高度，nMaxPoint 是常数 100，表示横坐标有 100 个时间点，nPos 表示当前是第几个点。在窗体的 Load 事件处理程序中，需要做如下初始化工作：

```
w = PictureBox1.Width
h = PictureBox1.Height
g = PictureBox1.CreateGraphics
```

随机字节采用第 3 章 Lottery 中使用的 GetRandomByte 函数获取。需要根据 nPos 和随机字节计算出当前点的坐标，这可以通过 GetPoint 函数进行处理：

```
Private Function GetPoint(ByVal X As Integer, ByVal Y As Integer) As Point
    Dim p As Point = New Point
    Dim t As Integer

    t = Y / 256 * 100                      '计算当前温度
    p.X = w / nMaxPoint * X                '计算 X 坐标
    p.Y = h - h / 100 * t                  '坐标变换,计算 Y 坐标
    Label1.Text = t                        '显示当前温度
    Return p                               '返回结果
End Function
```

其中，形式参数 X 表示 nPos，Y 表示随机字节。

在时钟的 Tick 事件处理程序中，输入如下代码：

```
Dim bData As Byte = GetRandomByte()

If nPos = 0 Then
    g.Clear(Drawing.SystemColors.ActiveCaptionText)
Else
    p0 = p1
End If

p1 = GetPoint(nPos, bData)                     '计算当前坐标

If nPos = 0 Then
    nPos += 1                                  '刚开始绘制,准备下一个点
    Return                                     '目前只有一个点,直接返回
End If

If p1.Y < p0.Y Then
    g.DrawLine(Pens.Red, p0, p1)               '温度升高,用红笔
Else
    g.DrawLine(Pens.Blue, p0, p1)              '温度降低,用蓝笔
End If

nPos + = 1                                     '准备计算下一个点
If nPos = nMaxPoint Then nPos = 0              '达到 100 个点,从头开始
```

首先通过 GetRandomByte 函数获取随机字节 bData，如果刚开始绘图（nPos = 0），则清除图形，准备绘图；否则，将当前点 p1 的值送到 p0 中保存。如果温度升高，就用红笔绘制，如果温度降低，就用蓝笔绘制。图片框的右上角显示当前温度。程序的运行效果如图 5.8 所示。

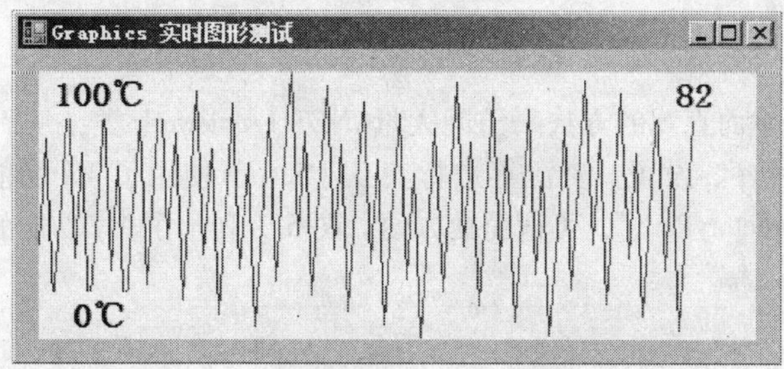

图 5.8　在图片框中绘制实时图形

5.8　本章小结

绘图需要理解坐标系及其变换，并熟练使用画笔、画刷。本章详细介绍了绘图的基本要素，设计了一个综合绘图程序 WinApp_Graphics，实现了绘制直线、矩形、椭圆和多边形，以及用实心画刷和图像填充绘图对象实现了图像的填充和文字的绘制。

在计算机监控系统中，经常需要绘制实时趋势线来帮助工作人员进行监控决策。WinApp_RealTime 模拟了一个实时数据的显示场景，可以应用于实际的工程项目中。

在本章的三个例程中，只有 5.4 节的 WinApp_FormGraphics 程序具有持久化功能，即被覆盖以及覆盖移去后将自动重画，这是因为该程序将绘制代码放在窗体的 Paint 事件处理程序中。

思考与练习

1. 如何自定义画笔，如何使用自定义画笔和标准画笔？
2. DrawLines 方法和 DrawPolygon 方法有何相似和不同之处？
3. 如何清除绘制的图形？
4. 有几种方法可以用来绘制矩形和椭圆？
5. 如何使用 TextureBrush 对封闭图形进行填充？
6. 模仿实时数据线绘制程序 WinApp_RealTime，深刻理解其坐标计算与坐标变换技术。

第6章　My命名空间

My 功能提供了简单而直观的方法来访问大量.NET Framework 类，从而使 Visual Basic 用户能够与计算机、应用程序、设置、资源等进行交互。5.6 节使用了 My 功能获取应用程序路径“My.Application.Info.DirectoryPath”，可谓简捷方便。图6.1 列出了 My 功能的层次结构。

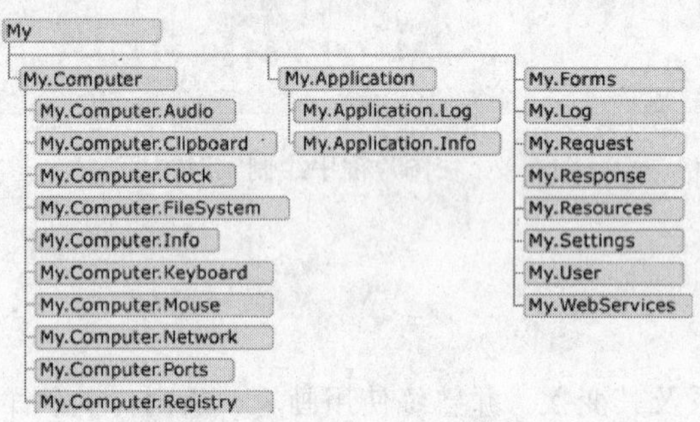

图6.1　My 命名空间的层次结构

My 的顶级成员被公开成对象，每一个对象在运行上就如同一个命名空间或拥有共享成员的类，并且会公开一组相关联的成员，即 My 提供了一种快捷方式，让编程人员非常直观地访问默认对象实体的常用方法、属性和事件，从而提高了编程的速度和简易性。表6.1 列出了 My 中包含的对象，以及每个对象可执行的操作。本章介绍编程中常用的 My 对象及其操作方法。

表6.1　My 对象及其操作

对　象	操　作	对　象	操　作
My.Application	访问应用程序信息和服务	My.Resources	访问资源元素
My.Computer	访问主机及其资源、服务和数据	My.Response	访问当前 Web 响应
My.Forms	访问当前项目中的窗体	My.Settings	访问用户和应用程序级设置
My.Log	访问 Application 日志	My.User	访问当前用户的安全性上下文
My.Request	访问当前 Web 请求	My.WebServices	访问由当前项目引用的 XML Web 服务

6.1　访问主机

My.Computer 对象提供用于处理计算机组件（如音频、时钟、键盘、文件系统等）的属性，如表6.2 所示。My.Computer 对象公开的属性返回有关在其上部署应用程序的计算机的信息（在运行时确定）。通常，此数据与部署计算机上可用的数据不同。某些成员（如 My.Computer.Audio 对象）只可用于非服务器应用程序。表6.2 中的 FileSystem 和 Registry 用途较广，将分别在6.5 节和6.6 节介绍。

表6.2 My.Computer对象的属性

属 性	说 明	属 性	说 明
Audio	提供对计算机音频系统的访问	Keyboard	提供对键盘属性和方法的访问操作
Clipboard	提供用于操作剪贴板的方法	Mouse	提供对鼠标属性和方法的访问操作
Clock	提供用于对系统时钟的访问	Name	获取计算机的名称
FileSystem	提供用于处理驱动器、文件及目录的属性和方法	Network	提供对网络的访问
Info	获取有关计算机的内存、加载的程序集等方面的信息	Ports	提供用于访问计算机的串行端口的属性和方法
		Registry	提供注册表的访问操作

6.1.1 播放音频

在Visual Basic 2008应用程序中，播放声音最简单和最常用的方法便是使用My.Computer.Audio对象。该对象的Play方法用来播放WAV格式的声音文件，其代码如下所示：

```
My.Computer.Audio.Play ( wavFile, AudioPlayMode )
```

其中，wavFile是音频文件的绝对路径。AudioPlayMode是播放模式，这是一个枚举值：Background表示后台播放，这也是常用模式；BackgroundLoop表示后台循环播放；WaitToComplete表示播放声音文件和应用程序资源中的声音，并等待其结束。

My.Computer.Audio对象的PlaySystemSound方法用来播放系统声音，其参数是一个枚举值，如Asterisk、Beep、Exclamation、Hand和Question。以下语句播放Question音频：

```
My.Computer.Audio.PlaySystemSound ( Media.SystemSounds.Question)
```

6.1.2 剪贴板操作

My.Computer.Clipboard对象提供了可用于与剪贴板交互的方法和属性，使用户可以将数据写入剪贴板或从剪贴板获取数据，并可以检查剪贴板上是否存在指定格式的数据。剪贴板是使应用程序能够传送数据的一组函数和消息。因为所有应用程序都可以访问剪贴板，所以可以轻松地在它们之间传送数据。

My.Computer.Clipboard对象的Clear方法用于清除剪贴板。由于剪贴板由其他进程共享，因此清除剪贴板可能会影响这些进程。

剪贴板可用于存储数据，如文本和图像。My.Computer.Clipboard对象使编程人员可以方便地访问剪贴板以及读写剪贴板。可以使用SetAudio、SetData、SetFileDropDownList、SetImage和SetText方法将数据放置在剪贴板上，而GetText、GetImage、GetData、GetAudioStream和GetFileDropDownList方法可以指定要从剪贴板读取什么类型的数据。

大部分My功能比较简单，因而可以在即时窗口中进行测试。例如，新建一个窗体应用程序，通过主菜单“调试”→“窗口”，打开即时窗口，在其中输入SetText和GetText语句，前者没有“?”，因为不返回参数。结果将显示设置的文本串“Hello World!”。此时，如果打开记事本或Office Word软件，进行粘贴，也将得到“Hello World!”。运行效果如图6.2所示。

图6.2 用即时窗口测试剪贴板操作

新建一个窗体应用程序 WinApp_Clipboard，分别绘制两个 PictureBox 控件和 Button 控件。PictureBox1 的缩放模式属性设置为 AutoSize，并导入图片；PictureBox2 的缩放模式设置为 Normal，大小与前者的一致。在“Copy”按钮的 Click 事件处理程序中输入如下代码：

```
My.Computer.Clipboard.SetImage(PictureBox1.Image)
```

在“Paste”按钮的 Click 事件处理程序中输入如下代码：

```
PictureBox2.Image = My.Computer.Clipboard.GetImage()
```

运行程序后，单击“Copy”按钮将 PictureBox1 中的图像复制到剪贴板中，单击“Paste”按钮，剪贴板中的图像将粘贴到 PictureBox2 中，运行效果如图 6.3 所示。同理，在 Office Word 中使用粘贴功能，也可将图像复制到文档中。

使用剪贴板也可使用 My.Computer.Clipboard 对象的 SetData 和 GetData 方法，但是需要通过 DataFormats 类来获得数据格式的名称。

6.1.3 访问系统时钟

My.Computer.Clock 对象提供了用于查找计算机的当前本地时间和 UTC 时间的属性。它还公开从计算机的系统计时器中获取的毫秒计数。如图 6.4 所示，依次列出了当前本地时间、系统开机以来的毫秒数和 UTC 时间。

图 6.3 利用剪贴板复制图像

图 6.4 用即时窗口测试 Clock

6.1.4 获取主机系统信息

由 My.Computer.Info 对象公开的属性会返回有关从中部署应用程序的计算机（在运行时确定是哪台计算机）的信息。一般情况下，此数据与开发计算机上的可用数据不同。如图 6.5 所示，AvailablePhysicalMemory 属性列出了可用物理内存，AvailableVirtualMemory 属性列出了可用虚拟内存，OSFullName 属性列出了操作系统的全称，OSPlatform 属性列出了操作系统平台，OSVersion 属性列出了操作系统的版本号，TotalPhysicalMemory 属性列出了主机的总物理内存，TotalVirtualMemory 属性列出了主机的总虚拟内存。InstalledUICulture 属性获取操作系统安装的当前用户界面区域性，返回一个 CultureInfo 对象，6.2 节将进一步讨论该主题。

6.1.5　访问键盘

My.Computer.Keyboard 对象提供连接计算机键盘的接口。My.Computer.Keyboard 的属性提供有关若干特殊键的状态信息。My.Computer.Keyboard.SendKeys 方法允许编程人员将按键发送到活动窗口，就好像它们是在键盘上键入的一样。图 6.6 所示列出了键盘的几个组合键和大写锁定键等的按键状态。

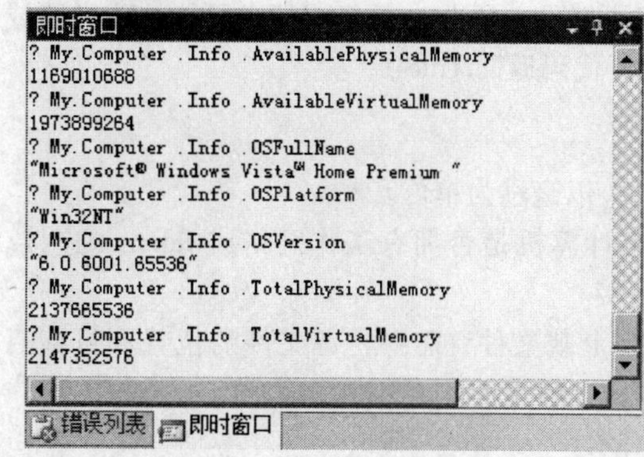

图 6.5　用即时窗口测试 Info

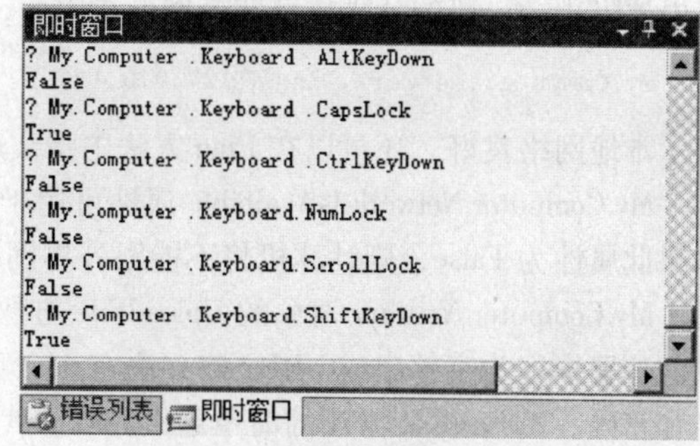

图 6.6　用即时窗口测试 Keyboard

以下代码用 Shell 方法调用计算器并返回进程 pID。进程被激活后，利用 My.Computer.Keyboard 对象的 SendKeys 方法发送的按键，好像用鼠标单击的一样。

```
Dim pID As Integer = Shell("calc.exe", AppWinStyle.NormalFocus)
AppActivate(pID)
My.Computer.Keyboard.SendKeys("123")
```

6.1.6　访问鼠标

My.Computer.Mouse 对象提供了一种方式，用于查找有关计算机鼠标的信息：鼠标按钮是否已交换、鼠标滚轮是否存在以及旋转一个单位时的滚动量。图 6.7 给出了计算机鼠标的一个测试结果，即左右按钮没有交换、存在滚轮且旋转一个单位的滚动量为 3。

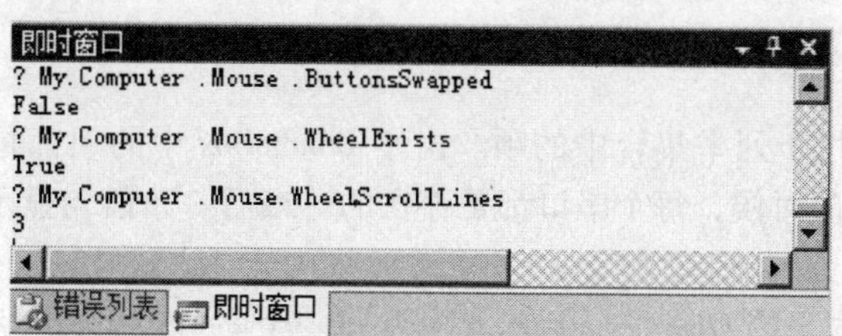

图 6.7　用即时窗口测试 Mouse 属性

6.1.7　获取计算机的名称

在控制面板的“系统”选项中可以查看和更改计算机的名称，此名称可以简单地通过

My.Computer.Name 获取。

6.1.8 访问网络

My.Computer.Network 对象提供用于与计算机连接的网络进行交互的属性、事件和方法。可以使用 My.Computer.Network.Ping 方法来确定远程计算机或主机是否可用。服务器可以通过 URL（不要包含“http://”）、计算机名称或 IP 地址来指定。Ping 方法不是一个用于确定远程计算机可用性故障的可靠方法：目标计算机上的 ping 端口可能已关闭，或者 ping 请求可能被防火墙或路由器阻止。一般的计算机都装有网卡，因而，以下代码返回 True：

```
My.Computer.Network.Ping ("127.0.0.1")
```

表示本地网络良好。还可以在 Ping 方法中指定超时，以毫秒为单位。

My.Computer.Network.IsAvailable 属性可用于确定计算机是否拥有工作网络或 Internet 连接。如果此属性为 False，则计算机将不能跟外界网络连接。

My.Computer.Network 对象的 UploadFile 方法用于上载文件，需要将源文件的位置和目标目录的位置指定为字符串或 URI。该方法有 8 个重载，一般情况下还需要指定 String 类型的用户名和密码。UploadFile 方法的简单定义如以下代码所示：

```
My.Computer.Network.UploadFile(sourceFileName As String, address As String)
```

My.Computer.Network 对象的 DownloadFile 方法用于下载文件，其使用方法与 UploadFile 方法类似。

6.1.9 访问串口

4.5.4 节用串行通信控件 SerialPort 实现了一个串行通信聊天程序。My.Computer.Ports 对象也提供了用于访问 .NET Framework 串行端口类 SerialPort 的直接入口点。My.Computer.Ports 对象的 SerialPortNames 属性返回计算机上的串口名称的集合，可以使用以下代码将串口名称添加到 ComboBox 下拉框中：

```
For Each sp As String In My.Computer.Ports.SerialPortNames
    ComboBox1.Items.Add(sp)
Next
ComboBox1.SelectedIndex = 0
```

For Each 循环可以用于列举集合中的项。由于 ComboBox 中的项都是从计算机系统中取出的，因此，在选择串口的时候，每个串口都是存在的。最后一条语句显示集合中的第一个串口（不一定是“COM1”）。

My.Computer.Ports 对象的 OpenSerialPort 方法返回一个串口对象，利用此串口对象的 WriteLine 方法可以从串口发送字符串，下面的子程序用于从 COM1 发送字符串：

```
Sub SendSerialData(ByVal data As String)
    Using com1 As IO.Ports.SerialPort =
        My.Computer.Ports.OpenSerialPort("COM1")
        com1.WriteLine(data)
```

```
    End Using
End Sub
```

在 Using 和 End Using 之间的程序代码针对 COM1 对象执行各种操作后自动释放 COM1 对象，避免使用完毕还占用系统资源。

从串口接收数据可以使用串口对象的 ReadLine 方法。

6.2 访问应用程序

My.Application 对象公开的属性返回只与当前应用程序或 DLL 关联的数据。无法利用 My.Application 更改任何系统级别的信息。一些成员仅对 Windows 窗体或控制台应用程序可用。My.Application 对象的 Culture 属性用于获取当前线程用于字符串操作和字符串格式设置的区域性；Info 属性返回 My.Application.Info 对象，提供了用于获取应用程序的程序集相关信息（如版本号、说明等）的属性，这些属性可在程序设计时通过“项目属性”→“应用程序”→“程序集信息”进行修改，其具体内容如图 6.8 所示；UICulture 属性用于获取当前线程用于检索特定区域性的资源的区域性。

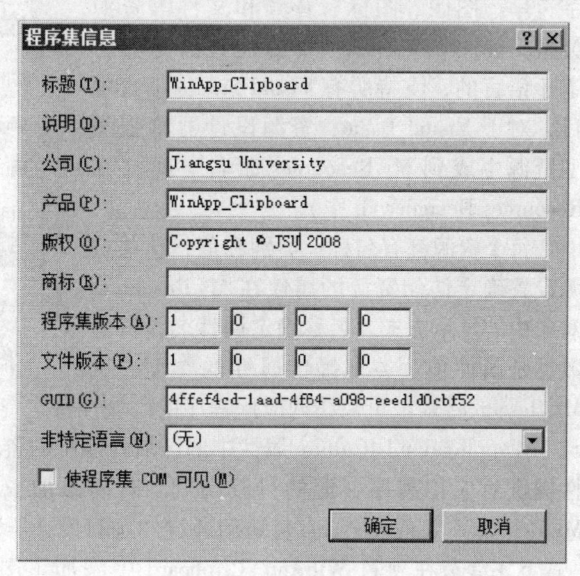

图 6.8 程序集信息示例

My.Application 对象的 ChangeCulture 方法用于更改当前线程用于字符串操作和字符串格式设置的区域性，常用区域性名称和标识符如表 6.3 所示，完整数据请参考 MSDN 中的 CultureInfo 类。ChangeUICulture 方法用于更改当前线程用于检索特定区域性的资源的区域性。DoEvents 方法处理当前消息队列中的所有 Windows 消息，此方法仅对 Windows 窗体应用程序可用。

表 6.3 常用区域性名称和标识符

区域性/语言名称	说明区域性标识符	区域
zh-CN	0x0804	中文（中国）
en	0x0009	英语
en-CA	0x1009	英语（加拿大）
en-GB	0x0809	英语（英国）
en-US	0x0409	英语（美国）

以下代码首先声明一个十进制数，并完成初始化。然后，调用 My.Application 对象的 ChangeCulture 方法，将 Culture 设置为“英语（美国）”，此时，在即时窗口中输出的货币格式为美元“＄”符号；将 Culture 设置为“中文（中国）”时，输出的货币格式为人民币“￥”符号。"C"格式表示在输出的数据前面添加货币符号。

```
Dim dMoney As Decimal = 100.36
```

```
My.Application.ChangeCulture("en-US")
Debug.Print(dMoney.ToString("C"))              '输出:$100.36
My.Application.ChangeCulture("zh-CN")
Debug.Print(dMoney.ToString("C"))              '输出:¥100.36
```

6.3 访问资源元素

My.Resources 对象提供对应用程序资源的访问，并使编程人员能够动态地检索应用程序的资源。My.Resources 对象只公开全局资源，它不提供对与窗体关联的资源文件的访问，必须从窗体访问窗体资源。可以使用资源设计器创建和管理项目的资源。资源设计器支持诸如字符串、图像、图标、音频和文件等资源类型，如图 6.9 所示。资源设计器是非特定于语言的，支持所有 Visual Studio 语言项目，对于 Visual Basic，资源设计器将强类型资源生成到 My.Resources 命名空间（在 Resources.Designer.vb 中）。

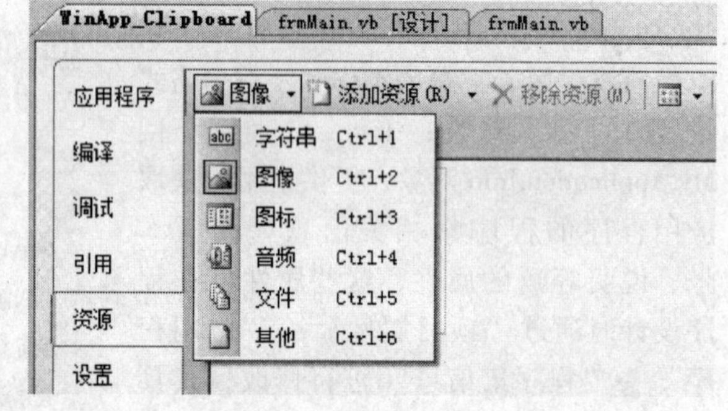

图 6.9 项目资源管理（通过项目属性打开）

每个资源都有名称、类别和值，这些资源设置确定访问资源的属性在 My.Resources 对象中的显示方式。名称确定属性名，资源数据是属性值，类别确定属性的类型。从 My.Resources 对象可以访问应用程序的区域性特定资源文件。默认情况下，My.Resources 对象从与 My.Application.UICulture 属性中的区域性匹配的资源文件中查找资源。My.Resources 对象的属性提供对应用程序资源的只读访问。若要添加或移除资源，可使用“项目设计器”。使用 My.Resources.resourceName 可访问通过“项目设计器”添加的资源。

6.1.2 节在项目 WinApp_Clipboard 中添加了图像资源 DoctorH，可以将“Paste”按钮的 Click 事件处理代码更改为 My 对象的形式，也能在 PictureBox2 显示同样的图像。

```
PictureBox2.Image = My.Resources.DoctorH
```

在“项目设计器”中添加字符串资源，可在图 6.9 中单击“资源”选项卡。在“资源设计器”工具栏上，指向资源视图的下拉列表，单击箭头，并确保其设置为“字符串”（此为默认值）。这时将出现设置网格，其中显示该资源设计器实例维护的字符串。单击网格中最后一行的“名称”列（该行标记星号“*”），在“名称”列中输入字符串的名称，在“值”列中输入要用做资源的字符串即可。引用字符串资源与引用图像资源的形式一致。

引用音频资源时，假如 ringout 是加入的音频资源，则如下代码将播放 ringout 音频：

```
My.Computer.Audio.Play(My.Resources.ringout, AudioPlayMode.Background)
```

6.4 访问用户与应用程序级设置

不少应用程序都提供了用户喜好设置，如界面的颜色、程序的位置等，下次程序启动的时候依然保持用户喜好的设置。可以使用My.Settings对象完成用户喜好设置，因为My.Settings对象提供了对应用程序设置的访问，并允许编程人员动态地存储和检索应用程序的属性设置和其他信息。在图6.9中单击“设置”选项卡，即可打开图6.10所示的用户设置设计器（图中已经设置了串口常用的参数）。

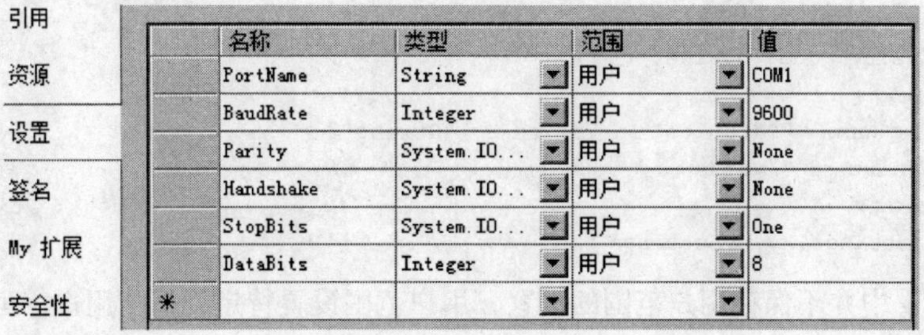

引用
资源
设置
签名
My扩展
安全性

	名称	类型	范围	值
	PortName	String	用户	COM1
	BaudRate	Integer	用户	9600
	Parity	System.IO...	用户	None
	Handshake	System.IO...	用户	None
	StopBits	System.IO...	用户	One
	DataBits	Integer	用户	8
*				

图6.10 用户设置设计器

每个设置都有“名称”、“类型”、“范围”和“值”，其确定属性如何访问My.Settings对象中出现的每个设置。“名称”确定属性的名称。“类型”确定属性的类型。“范围”指明属性是否为只读，如果为“应用程序/Application”，则属性为只读；如果为“用户/User”，则属性为可读写（默认值）。“值”是属性的默认值，如图6.10所示，如果没有为串口名称（PortName）指定值，则其值默认为“COM1”。

若要添加或删除设置，只要使用“设置设计器”，就像在Excel中编写表格数据一样简单。添加设置时，在图6.10的带“*”的行中输入名称，然后选择类型。有的类型没有直接列出，可以通过类型下拉框底部的“浏览”进行选择。“范围”一般选择用户，即可读写，“值”一栏写入默认值即可。如果需要移除设置，只需右击该行所在的行标签，在弹出式菜单中选择“移除设置”即可。

My.Settings对象的主要方法有Reload和Save，如表6.4所示。前者将上次用户保存的喜好设置加载到内存，后者保存用户当前的喜好设置，以便下次程序启动时被Reload方法加载。

表6.4 My.Settings对象的方法

方 法	说 明
Reload	从上次保存的值中重新加载用户设置
Save	保存当前用户设置

读取应用程序设置使用My.Settings.itemName方法；保存应用程序设置时，先给itemName赋值（如果有变化），然后，调用表6.4中所示的Save方法即可。这些设置保存在app.config中，在项目文件的Debug子目录中以应用程序的名称命名，即WinApp_Settings.exe.config，可以通过记事本打开查看其中的内容。

```
<WinApp_Settings.My.MySettings>
    <setting name = "PortName" serializeAs = "String">
```

```
            <value>COM1</value>
        </setting>
        <setting name="BaudRate" serializeAs="String">
            <value>9600</value>
        </setting>
        <setting name="Parity" serializeAs="String">
            <value>None</value>
        </setting>
        <setting name="Handshake" serializeAs="String">
            <value>None</value>
        </setting>
        <setting name="StopBits" serializeAs="String">
            <value>One</value>
        </setting>
        <setting name="DataBits" serializeAs="String">
            <value>8</value>
        </setting>
    </WinApp_Settings.My.MySettings>
```

在 app.config 中并不保存用户范围的设置，用户范围设置特定于每个用户，可以由应用程序代码在运行时安全地对其进行读取和设置，这些设置都存储于一个相同的文件 user.config 中，但是所在的目录名不一样。对于 Vista 系统，在“用户名→AppData→Local→公司名（通过图 6.8设置）→应用程序名（后有 hash 值）→版本号”目录下。

新建一个窗体应用程序 WinApp_Settings，对 4.5.4 节中的 WinApp_SerialPort 程序进行改进，使其可以在程序运行时改变串口设置，而且，可以保存设置以便下次程序启动时使用该设置。在主窗体 frmMain 中添加一个“Setup”按钮，如图 6.11 所示，并在其 Click 事件处理程序中输入如下代码：

```
frmSetup.Show()
```

frmSetup 是串口参数设置窗体，如图 6.12 所示，Show 方法显示该窗体，这时，可以对串口参数进行设置，设置完毕单击“OK”按钮，串口参数将被重新设置，并被保留到 user.config 文件中。

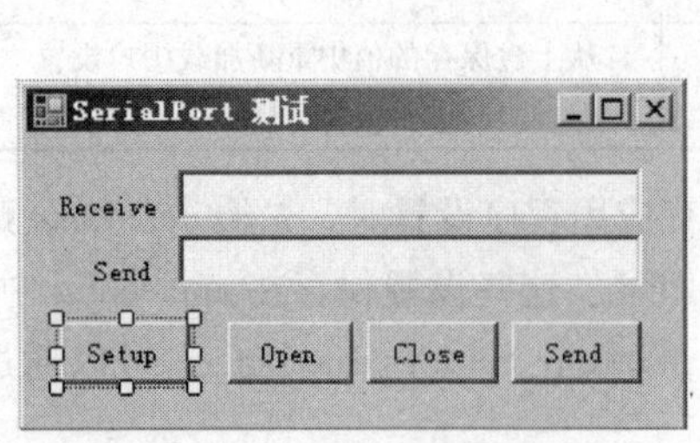

图 6.11 主窗体添加“Setup”按钮

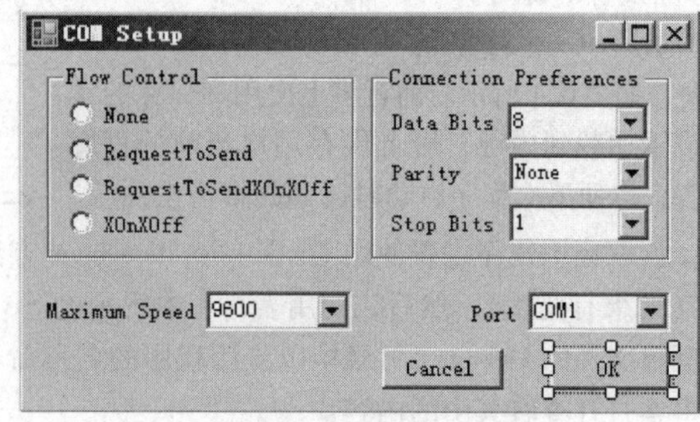

图 6.12 串口参数设置窗体

在主窗体 frmMain 类中输入自定义子程序 LoadSettings 装载用户设置，其源代码如下所示：

```
Private Sub LoadSettings()
    With SerialPort1
        Dim bStatus As Boolean = .IsOpen
        If bStatus Then .Close()

        .PortName = My.Settings.PortName
        .BaudRate = My.Settings.BaudRate
        .Parity = My.Settings.Parity
        .DataBits = My.Settings.DataBits
        .StopBits = My.Settings.StopBits
        .Handshake = My.Settings.Handshake

        If bStatus Then .Open()
    End With
End Sub
```

其中，用“With 对象名”和“End With”括起来的语句，可以忽略对象名（这里是 SerialPort1），这样，代码显得层次分明。有的串口参数的设置必须在串口关闭的情况下才能进行，所以，代码开始时，将串口打开/关闭状态放到 Boolean 变量 bStatus 中保存起来，如果串口处于打开状态则关闭串口，然后将用户设置的参数复制到串口参数中去。最后，恢复串口状态，如果原来串口是打开的状态，则重新打开串口。

在主窗体 frmMain 的 Load 事件中调用 LoadSettings 方法，这样，可以确保在应用程序启动时即可启用用户的喜好设置。如何在程序运行时改变串口参数呢？

主窗体运行后，已经获取了用户设置的串口参数。在 frmSetup 窗体的 Load 事件中，需要将串口参数复制到程序界面中去。串口名称下拉框 cmbPort 在程序运行时自动获取，其他下拉框中的内容在设计时手工输入。frmSetup 窗体的 Load 事件处理代码如下所示：

```
cmbPort.Items.Clear()            '添加串口名称
For Each strPort As String In My.Computer.Ports.SerialPortNames
    cmbPort.Items.Add(strPort)
Next

With frmMain.SerialPort1         '根据串口参数设置界面

    Select Case .Handshake
        Case IO.Ports.Handshake.None
            rb_FlowNone.Checked = True
        Case IO.Ports.Handshake.RequestToSend
            rb_FlowRequestToSend.Checked = True
        Case IO.Ports.Handshake.RequestToSendXOnXOff
            rb_FlowAll.Checked = True
        Case IO.Ports.Handshake.XOnXOff
            rb_FlowXOnXOff.Checked = True
    End Select

    cmbPort.Text = .PortName
    cmbBaudRate.Text = .BaudRate
```

```
        cmbDataBits.Text = .DataBits
        cmbParity.Text = .Parity.ToString
        cmbStopBits.Text = .StopBits
    End With
```

“Cancel”按钮直接调用 Me.Close 方法关闭 frmSetup 窗体。“OK”按钮将根据用户的界面操作，将用户设置的参数复制到串口参数中，随后调用 SaveSettings 方法保存用户设置。“OK”按钮的 Click 事件处理程序的源代码如下所示：

```
    Dim bStatus As Boolean

    With frmMain.SerialPort1
        '将用户设置的参数复制到串口参数中
        bStatus = .IsOpen
        If bStatus Then .Close()
        .PortName = cmbPort.Text
        .BaudRate = cmbBaudRate.Text

        Select Case cmbParity.Text
            Case "Odd"
                .Parity = IO.Ports.Parity.Odd
            Case "Even"
                .Parity = IO.Ports.Parity.Even
            Case "Mark"
                .Parity = IO.Ports.Parity.Mark
            Case "Space"
                .Parity = IO.Ports.Parity.Space
            Case Else
                .Parity = IO.Ports.Parity.None
        End Select

        If rb_FlowNone.Checked Then .Handshake = IO.Ports.Handshake.None
        If rb_FlowRequestToSend.Checked Then .Handshake = _
                            IO.Ports.Handshake.RequestToSend
        If rb_FlowAll.Checked Then .Handshake = _
                            IO.Ports.Handshake.RequestToSendXOnXOff
        If rb_FlowXOnXOff.Checked Then .Handshake = _
                            IO.Ports.Handshake.XOnXOff

        .DataBits = Val(cmbDataBits.Text)
        .StopBits = Val(cmbStopBits.Text)

        If bStatus = True Then .Open()
    End With

    '保存用户设置
    SaveSettings()
    Me.Close()
```

SaveSettings 方法是 frmSetup 类中自定义的方法，将串口参数复制到 My.Settings 对象的名称变量中，然后调用 Save 方法保存用户设置，其源代码如下所示：

```
Private Sub SaveSettings()
    With frmMain.SerialPort1
        My.Settings.PortName = .PortName
        My.Settings.BaudRate = .BaudRate
        My.Settings.Parity = .Parity
        My.Settings.DataBits = .DataBits
        My.Settings.StopBits = .StopBits
        My.Settings.Handshake = .Handshake
    End With

    My.Settings.Save()
End Sub
```

如果在调用 Save 方法前，发现给 My.Settings 对象的名称变量赋值有错，需要恢复原来的用户设置，则调用 Reload 方法即可。

在 WinApp_SerialPort 程序的基础之上添加了 My.Settings 操作，改进成了 WinApp_Settings 程序，使其有了“记忆”功能，看起来更像是高手的作品了。

6.5 文本文件操作

My.Computer.FileSystem 对象提供用于处理驱动器、文件和目录的属性及方法，可以非常方便地操作文件，如创建文件、打开并读写文件（文本文件及二进制文件均可）、复制与删除文件及查找文件与获取文件信息等；操作目录，包括对目录的创建、删除、移动、复制，以及获取目录下的文件；获取驱动器信息，如 My.Computer.FileSystem 对象的 Drives 属性返回系统中所有可用驱动器名称的只读集合，GetDriveInfo 获取指定驱动器的 DriveInfo 对象。

文本文件操作是 My.Computer.FileSystem 对象的最常用的功能，其主要方法如表 6.5 所示。此外，DirectoryExists 判断目录是否存在，如果不存在，则可以通过调用 CreateDirectory 方法创建目录。

表 6.5 My.Computer.FileSystem 对象的常用方法

方 法	说 明
WriteAllText	将所有字符串数据写入文本文件
ReadAllText	读取文本文件中的数据到字符串变量
FileExists	判断文件是否存在，返回 Boolean 值
DirectoryExists	判断目录是否存在，返回 Boolean 值
CreateDirectory	创建目录

新建一个窗体应用程序 WinApp_File，添加一个文本框（多行），用于输入文本数据，添加三个命令按钮，分别用于保存文本、读取文本以及清除文本框的内容。在对命令按钮编程之前，右击项目，添加“新建项”，选择“模块”，并将模块取名为 FileProcess.vb，在模块中定义两个常量，用于返回操作是否成功：

```
Public Const FILE_SUCCESS As Integer = 0
Public Const FILE_ERROR As Integer = -1
```

然后，依次输入以下代码，用来读写文本和创建目录：

```
Public Function CheckFile(ByVal strPath As String) As Boolean
    '检查文件是否存在
    If strPath = "" Then Return False
    Return My.Computer.FileSystem.FileExists(strPath)
End Function

Public Function ReadTxtFile(ByVal strPath As String) As String
    '读取文本文件至字符串,如果文件不存在或路径为空,返回空字符串
    If (CheckFile(strPath) = False) Or (strPath = "") Then
        Return ""
    End If

    Return My.Computer.FileSystem.ReadAllText(strPath)
End Function

Public Function WriteStringToTxt(ByVal strSource As String, _
                                 ByVal strPath As String) As Integer
    '将字符串写入文本文件
    If strSource = "" Or strPath = "" Then Return FILE_ERROR

    My.Computer.FileSystem.WriteAllText(strPath, strSource, False)
    Return FILE_SUCCESS
End Function

Public Function CheckFolder(ByVal strPath As String) As Boolean
    '检查目录是否存在
    Return My.Computer.FileSystem.DirectoryExists(strPath)
End Function

Public Sub CheckCreateFolder(ByVal strPath As String)
    '如果目录不存在,则创建它
    If CheckFolder(strPath) = False Then
        My.Computer.FileSystem.CreateDirectory(strPath)
    End If
End Sub
```

将常用子程序分类，并放到一个模块中，以便下次使用，这是一个良好的习惯，非常有利于提高软件开发的效率。

在窗体类中定义 String 类型的变量 strFilePath，用来保存文件的名称（包括绝对路径）。在窗体的 Load 事件处理程序中输入如下代码，将 Test.txt 文件放在当前运行程序的目录下：

```
strFilePath = My.Application.Info.DirectoryPath & "\Test.txt"
```

在 btWrite 按钮的 Click 事件处理程序中输入如下代码，如果文本框中的内容非空，则写入 strFilePath 所指定的文本文件 Test.txt 中：

```
If TextBox1.Text = "" Then Return
WriteStringToTxt(TextBox1.Text, strFilePath)
MessageBox.Show("Write OK!")
```

在 btRead 按钮的 Click 事件处理程序中输入如下代码，如果存在指定的文本文件，则读取后放入 TextBox1 文本框中，否则，显示消息框提示“File does not exist!”：

```
If CheckFile(strFilePath) Then
    TextBox1.Text = ReadTxtFile(strFilePath)
Else
    MessageBox.Show("File does not exist!")
End If
```

btClear 按钮用来清除文本框中的内容。程序运行时，首先在文本框中输入文本，然后，单击“Write”按钮保存数据。此时，如果关闭程序或者单击“Clear”按钮清除数据后，单击“Read”按钮，文本文件中的内容将被读取，然后放到文本框中进行显示。程序的运行效果如图 6.13 所示。

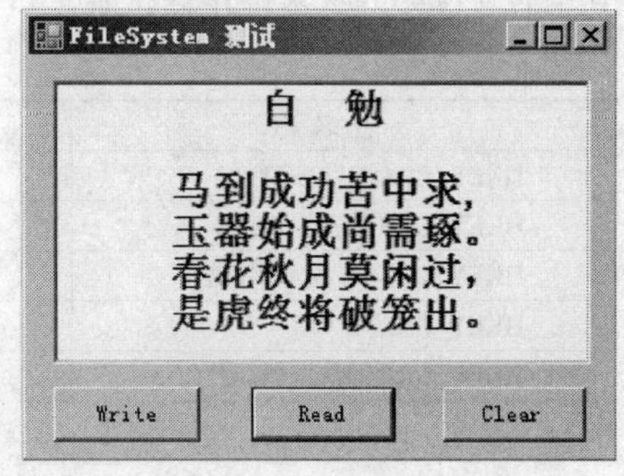

图 6.13　文本文件的读写测试

6.6　注册表操作

文本文件主要用于保存文本数据。对于简单数据的存储，使用文本文件比使用数据库显得方便。而另一个保存数据的方法（特别是用于保存用户设置和程序配置）便是采用 Windows 注册表。注册表可以通过 regedit 命令打开，如图 6.14 所示。在注册表的每个节点下都可以包含子节点，每个节点称为“键”（key），每个键都可以包含多个值，例如，图 6.14 中的 Environment 键有 4 个值。

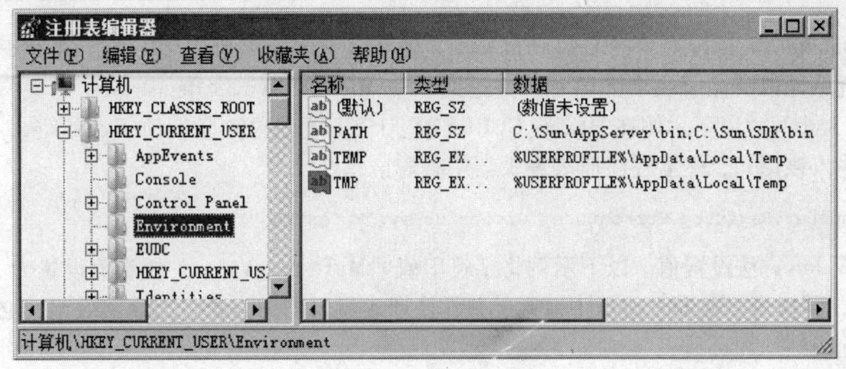

图 6.14　注册表编辑器

键用于提供存储数据的框架，值是真正存储数据的地方。如图 6.14 所示，类型 REG_SZ 用于存储固定长度的字符串或其他短的文本值，这也是字符串数据的主要类型。类型 REG_EXPAND_SZ 用于存放可扩展的字符串值，可以保存值在运行时才解析的系统变量。类型 REG_MULTI_SZ 以数组的格式保存多个文本字符串，而类型 REG_BINARY 用于存储二进制数据。

注册表中的信息以树形存储，树形的根节点是“计算机”（操作系统不同可能有所区别），其下有5个顶级节点，这些节点都是操作系统定义好的，不能添加、修改或删除，具体含义如表6.6所示。5个顶级节点对应的属性类型为RegistryKey，RegistryKey对象代表注册表中的键，其中有对应的方法来操作键和值，如创建和删除子键、设置子键的值等。

表6.6 Windows注册表的顶级节点

节点名称	说明
HKEY_CLASS_ROOT	包含将文件类型关联到程序的信息及COM组件信息
HKEY_CURRENT_USER	包含当前登录到Windows的用户的配置信息
HKEY_LOCAL_MACHINE	包含与计算机相关的配置信息
HKEY_USERS	包含计算机上所有用户的配置信息
HKEY_CURRENT_CONFIG	包含本地计算机启动时使用的硬件配置信息

6.6.1 使用My.Computer.Registry访问注册表

访问Windows注册表的方法有两种，第一种比较容易的方法是使用Visual Basic内置的函数GetSetting和SaveSetting，但是这些函数有一定的局限性，例如，只能操纵特定的Visual Basic键中的值。而My.Computer.Registry对象有许多属性，可以让用户直接访问注册表。表6.7所示的属性用于直接操作相关的顶级节点及以下的子节点。

表6.7 Registry对象中顶级节点的属性

属性	用于访问	属性	用于访问
ClassesRoot	HKEY_CLASS_ROOT	Users	HKEY_USERS
CurrentUser	HKEY_CURRENT_USER	CurrentConfig	HKEY_CURRENT_CONFIG
LocalMachine	HKEY_LOCAL_MACHINE		

My.Computer.Registry对象的CreateSubKey方法可用于创建注册表项，指定在其下放置注册表项的配置单元以及注册表项的名称，并返回一个Microsoft.Win32.RegistryKey对象。参数Subkey不区分大小写。以下示例在HKEY_CURRENT_USER下创建注册表项MyTestKey，可以在即时窗口中输入该语句，然后在注册表编辑器中查看：

```
My.Computer.Registry.CurrentUser.CreateSubKey("MyTestKey")
```

用SetValue方法设置值。以下示例将字符串值“MyTestKeyValue”的键值设置为“This is a test value”，同样可以在即时窗口中输入，并在注册表编辑器中查看，以观察效果（必须以上一条语句为前提）：

```
My.Computer.Registry.SetValue("HKEY_CURRENT_USER\MyTestKey", _
"MyTestKeyValue", "This is a test value.")
```

在创建注册表值时，需要确定如果该值已存在则应执行的操作。因为另一进程（可能是恶意进程）可能已创建了该值，并拥有对该值的访问权。如果将数据放入注册表值，其他进程就可以使用这些数据了。若要防止出现这种情况，可以使用GetValue方法。它在注册表项已经不存在时返回Nothing。GetValue方法有三个参数，keyName是String类型的键名，valueName是读取的键值，第三个参数是Object类型的默认值，一般用空字符串：

```
My.Computer.Registry.GetValue(keyName, valueName, "")
```

在注册表中以纯文本形式存储机密信息（例如密码）是不安全的，即使注册表项受 ACL（访问控制列表）保护。以下情况可能会导致异常：

- 注册表项的名称为 Nothing（ArgumentNullException）
- 用户没有创建注册表项的权限（SecurityException）
- 注册表项名称超过 255 个字符的限制（ArgumentException）
- 注册表项已关闭（IOException）
- 注册表项是只读的（UnauthorizedAccessException）

可以使用 DeleteSubKey 方法来删除注册表项：

```
My.Computer.Registry.CurrentUser.DeleteSubKey(text)
```

也可以使用 DeleteSubKeyTree 来删除键及其子键。如果“项/值”对不存在，则 DeleteSubKey 方法返回空字符串。如果未授予足够的运行时权限（RegistryPermission）或者用户没有创建或写入设置的正确访问权限（由 ACL 决定），注册表调用将失败。例如，具有代码访问安全性权限的本地应用程序可能不具有操作系统权限。

6.6.2　注册表的访问测试

新建一个窗体应用程序 WinApp_Registry，用于在顶级节点 HKEY_CURRENT_USER 下进行注册表相关的操作。绘制文本框和按钮，SubKey 文本框中用于输入顶级节点 HKEY_CURRENT_USER 的子节点，Item 文本框中用于输入子节点值的名称，Value 文本框中用于输入或显示子节点值的数据，如图 6.15 所示。

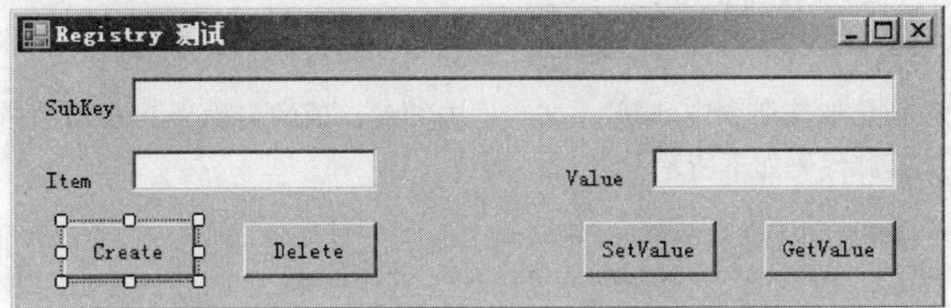

图 6.15　My.Computer.Registry 对象的测试界面设计

在窗体类中定义变量，strRoot 表示顶级节点 HKEY_CURRENT_USER，strSubKey 中存放完整的子键路径及名称，subkey 则是 Microsoft.Win32.RegistryKey 命名空间变量。具体定义如下所示：

```
Dim strRoot As String = "HKEY_CURRENT_USER"
Dim strSubKey As String
Dim subkey As Microsoft.Win32.RegistryKey
```

在 btCreate 按钮的 Click 事件处理程序中，调用 CreateSubKey 方法创建注册表项，参数来自用户输入的 SubKey 文本框中的内容。如果返回的对象为空，则不执行动作；如果非空，则用消息框提示“OK!”：

```
subkey = My.Computer.Registry.CurrentUser.CreateSubKey(txtSubKey.Text)

If subkey IsNot Nothing Then
    MessageBox.Show("OK!")
End If
```

btDelete 按钮既可以删除键，也可以删除键及其子键。首先，通过 OpenSubKey 方法打开 SubKey 文本框中的键，第一个参数是键的名称，第二个参数为 True 表示可读写、False 表示只读。如果 Item（值的名称）文本框中的内容非空，则通过 DeleteValue 方法删除该值；否则，如果子键数大于 0，则调用 DeleteSubKeyTree 方法删除该键及其子键，否则，直接调用 DeleteSubKey 方法删除该键。源代码如下所示：

```
subkey = My.Computer.Registry.CurrentUser.OpenSubKey(txtSubKey.Text, True)

If txtItem.Text < > "" Then
    subkey.DeleteValue(txtItem.Text)
Else
    If subkey.SubKeyCount > 0 Then
        My.Computer.Registry.CurrentUser.DeleteSubKeyTree(txtSubKey.Text)
    Else
        My.Computer.Registry.CurrentUser.DeleteSubKey(txtSubKey.Text)
    End If
End If
```

btSetValue 按钮在注册表的键下设置值，调用 SetValue 方法（第一个参数是完整的键名），将 Item 文本框中的键值的名称和 Value 文本框中的值写入。源代码如下所示：

```
strSubKey = strRoot & "\" & txtSubKey.Text
My.Computer.Registry.SetValue(strSubKey, txtItem.Text, txtValue.Text)
```

btGetValue 按钮读取注册表中 SubKey 文本框中的键，值的名称为 Item 项的值，将结果放入 Value 文本框中。其源代码如下所示：

```
strSubKey = strRoot & "\" & txtSubKey.Text
txtValue.Text = My.Computer.Registry.GetValue(strSubKey, txtItem.Text, "")
```

运行程序，在 SubKey 文本框中输入 Software\JSU，单击“Create”按钮创建子键，单击“Delete”按钮则删除该子键。在 Item 文本框中输入字符串“Test”，在 Value 文本框中输入字符串“OK”，则在 JSU 子键下创建值的名称 Test，其值为“OK”。运行效果如图 6.16 所示。

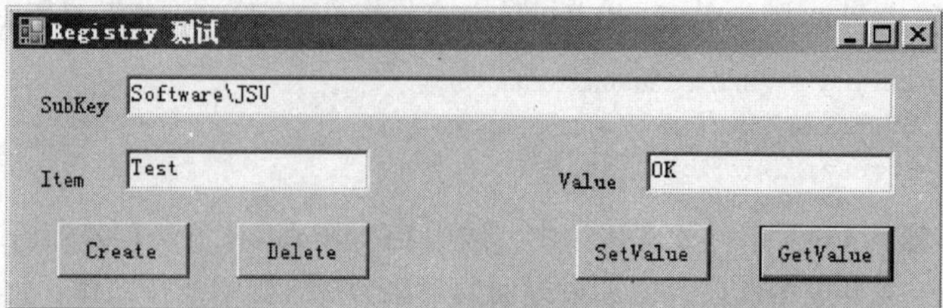

图 6.16 My.Computer.Registry 对象的运行效果

通过 regedit 命令打开注册表，可以发现刚才设置的注册表项，如图 6.17 所示，状态栏显示了完整的注册表路径。

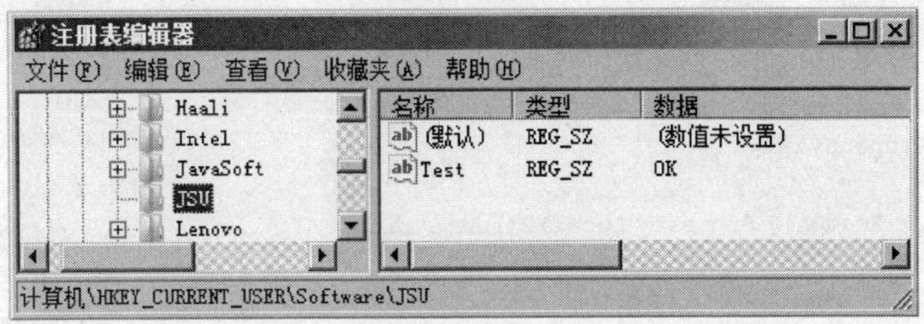

图 6.17 操作完成后的注册表

6.7 My 命名空间扩展

Visual Basic 中的 My 命名空间公开了一些属性和方法，可以利用这些属性和方法来轻松使用.NET Framework 的强大功能。My 命名空间可以简化常见编程问题，它通常可将一个困难的任务简化为一行代码。此外，My 命名空间可完全扩展，使程序员可以自定义 My 的行为，并可向其层次结构添加新服务，从而满足特定应用程序的需求。

Visual Basic 中的 My 命名空间公开了有关应用程序、计算机等的常用信息，可以根据需要自定义 My 命名空间的现有成员。My 命名空间中的对象的任何属性，只要不是只读，则就可设置为自定义值。

例如，如果经常使用 My.User 对象来访问运行应用程序的用户的当前安全上下文，但是，公司使用自定义用户对象来公开公司内部用户的其他信息和功能。在这种情况下，可以将 My.User.CurrentPrincipal 属性的默认值替换为自定义主体对象的实例，如下面的示例中所示：

```
My.User.CurrentPrincipal = CustomPrincipal
```

设置 My.User 对象的 CurrentPrincipal 属性，更改应用程序运行时所用的标识。然后，My.User 对象就会返回新指定用户的相关信息。

虽然 My 命名空间提供了许多常见编程任务的解决方案，但是还可能会遇到 My 命名空间未提供其解决方案的任务。例如，应用程序可能需要访问自定义目录服务以获取用户数据，或者需要使用默认情况下不与 Visual Basic 一起安装的程序集。如果出现这种情况，就可扩展 My 命名空间，以将自定义解决方案包含到特定于当前环境的常见任务中。My 命名空间扩展方便，可轻松添加新成员，从而满足不断增长的应用程序需求。此外，还可以将 My 命名空间扩展作为 Visual Basic 模板，部署到其他开发人员的开发环境中。

由于 My 是一个命名空间，与其他所有命名空间类似；因此，只需添加模块并指定 My 的 Namespace，就可向其中添加顶级属性。下面的代码实现了 My.OSVersion 获取操作系统版本和 My.LocalIP 获取本机的 IP 地址（关于 IP 地址的相关信息可以参考第 21 章）：

```
Namespace My
    Module MyCustomExtentions
        Public ReadOnly Property OSVersion() As String
            Get
                Return Environment.OSVersion.ToString
            End Get
        End Property

        Public ReadOnly Property LocalIP() As String
            Get
                Dim myHost As String
                Dim hostInfo As Net.IPHostEntry
                '获取主机名字
                myHost = My.Computer.Name
                hostInfo = Net.Dns.GetHostEntry(myHost)
                '获取字符串格式的 IP 地址

                Dim index As Integer
                Dim thisIP As IPAddress

                For index = 0 To hostInfo.AddressList.Length - 1
                    thisIP = hostInfo.AddressList(index)

                    If thisIP.AddressFamily = AddressFamily.InterNetwork Then
                        Return thisIP.ToString
                    End If
                Next index

                Return ""
            End Get
        End Property

    End Module
End Namespace
```

新建一个窗体应用程序 WinApp_My，在窗体类的上方添加以上 My 命名空间。添加两个文本框和两个命令按钮，分别获取操作系统版本和本机 IP 地址，放入对应的文本框中。运行效果如图 6.18 所示。

图 6.18 My 命名空间扩展测试

6.8 本章小结

Visual Basic 中的 My 命名空间公开了一些属性和方法，这些功能提供了简单而直观的方法来访问大量.NET Framework 类，从而使 Visual Basic 用户能够与计算机、应用程序、设置、资源等进行交互。本章以 My 命名空间的层次结构图作为参照，结合应用实例详细介绍了常用的 My 功能。掌握 My 功能，可以简化编程，提高应用程序的可靠性和可读性。文本文件操作和注册表操作由于比较常用，且涉及的内容较多，故从“访问主机”中分离出来另做介绍。在 My 功能中，访问资源元素和访问用户与应用程序级设置是设计大型应用程序必须掌握的基本技术。

思考与练习

1. 如何利用 My 功能播放音频，播放模式有哪几种？
2. 如何获取主机信息？
3. 如何在应用程序设计期间设置应用程序信息（如版权等），如何获取这些信息？
4. 如何使用 My 功能配置应用程序资源？
5. 如何访问用户与应用程序级设置，如何使用该功能满足用户偏好？
6. 如何使用 My 功能读写文本文件？
7. 如何利用注册表保存应用程序信息？

第7章　常用编程技巧

设计一个使用方便的实用小程序也并非一件简单的事情，往往需要掌握一些基本的程序设计技巧及高级技巧。本章所介绍的技巧是一些使用频率较高的常用技巧，主要包括消息框与对话框的使用、环境变量的利用、日期与时间的处理、字符串的处理以及多线程的实现等内容。提高编程技巧需要多阅读他人的程序，并经过尝试和积累，方可转换为自己的技能。

7.1　消息框

消息框（MessageBox）是一个预定义对话框，用于向用户显示与应用程序相关的信息。消息框也可用于请求来自用户的信息。3.3 节已经通过 MessageBox.Show 方法显示了一个消息框（如图 3.21 所示）。

MessageBox 的 Show 方法有 21 个重载。一般来说，一个完整的消息框包括消息内容、标题、合适的按钮和图标即可，因而，依次设置这四个参数就可以完成一个专业的消息框。可以使用 MessageBoxButtons 枚举设置在 MessageBox 消息框上显示的按钮，其成员和说明如表 7.1 所示。

表 7.1　MessageBoxButtons 枚举类型的成员

成　员	说　明	成　员	说　明
AbortRetryIgnore	包含"终止"、"重试"和"忽略"按钮	RetryCancel	包含"重试"与"取消"按钮
OK	包含"确定"按钮	YesNo	包含"是"和"否"按钮
OKCancel	包含"确定"和"取消"按钮	YesNoCancel	包含"是"、"否"和"取消"按钮

消息框上的图标用来提示消息内容的种类，通过图标可知道该消息框的内容为成功、失败或出错。可以使用 MessageBoxIcon 枚举设置在 MessageBox 消息框上显示的图标，其成员和说明如表 7.2 所示。

表 7.2　MessageBoxIcon 枚举类型的成员

成　员	说　明
Asterisk	图标由一个蓝底圆圈和其中的白色小写字母"i"组成
Error	图标由一个红底圆圈和其中的白色"×"组成
Exclamation	图标由一个黄底三角形和其中的黑色"!"组成
Hand	同 Error
Information	同 Asterisk
None	未包含符号
Question	图标由一个蓝底圆圈和其中的白色"?"组成
Stop	同 Error
Warning	同 Exclamation

在读写文件或数据库的时候，用户操作是否成功，一般用消息框来提示一下。Information 图标一般提示操作成功，Error 图标表示出错，Warning 图标一般也用于提示操作成功，但是可

能有一些副作用，Question 图标提示用户做出选择（如是否覆盖文件）。图标仅仅提供一个辅助性的视觉效果，具体内容还是在消息框的内容文本中给出。

MessageBox 的 Show 方法具有返回值，即 DialogResult 枚举，其成员和说明如表 7.3 所示（具体数值定义已经在 4.4.1 节做了说明）。由于 DialogResult 枚举属于 System.Windows.Forms 命名空间，而该命名空间在窗体应用程序中默认引用，因而，DialogResult 枚举可以在程序中直接使用。程序将根据用户的选择所产生的返回值做出相应的安排。

表 7.3　DialogResult 枚举类型的成员

成　员	说　明	成　员	说　明
OK	返回值是 OK（一般由“确定”按钮发送）	Ignore	返回值是 Ignore（一般由“忽略”按钮发送）
Cancel	返回值是 Cancel（一般由“取消”按钮发送）	Abort	返回值是 Abort（一般由“终止”按钮发送）
Yes	返回值是 Yes（一般由“是”按钮发送）	Retry	返回值是 Retry（一般由“重试”按钮发送）
No	返回值是 No（一般由“否”按钮发送）	None	返回值是 Nothing，表明有模式对话框继续运行

消息框的测试非常简单，只需要新建一个窗体应用程序，在即时窗口中输入命令即可。如果需要显示返回值，就在命令语句前添加一个“?”。下面的语句显示一个消息框，其效果如图 7.1 所示。注意参数位置和消息框上显示内容的对应关系。

图 7.1　综合消息框示例

```
? MessageBox.Show ("确信吗?","删除所有记录", _
                  MessageBoxButtons.YesNo,MessageBoxIcon.Question)
```

如果用户单击“是”，则返回“Yes{6}”；单击“否”，则返回“No{7}”。典型的消息框编程框架如下所示。利用 DialogResult 枚举成员名称比直接使用枚举值要易于记忆，且程序的可读性好。至于消息框的标题，可以利用 Me.Text 来直接引用所在窗体的标题。如果仅仅只有一个“OK”按钮用来向用户显示提示信息，则不需要使用返回值。

```
'进行一系列操作
Dim nRet As Integer = MessageBox.Show("内容", Me.Text, _
                    MessageBoxButtons.YesNo, MessageBoxIcon.Question)
If nRet = DialogResult.Yes Then
    'Yes 对应的语句
Else
    'No 对应的语句
End If
```

7.2　输入对话框

在程序运行过程中，有时需要用户输入简单的数据，这可以通过输入对话框函数 InputBox 来实现。InputBox 在对话框中显示提示，等待用户输入文字或单击按钮，然后返回包含文本框内容的字符串，其定义如下所示：

```
Public Function InputBox( _
```

```
    ByVal Prompt As String, _
    Optional ByVal Title As String = "",
    Optional ByVal DefaultResponse As String = "", _
    Optional ByVal Xpos As Integer = -1, _
    Optional ByVal YPos As Integer = -1 _
) As String
```

Prompt（必选）以消息形式显示在对话框中的 String 表达式。Prompt 的最大长度大约为1 024 个字符，具体取决于所用字符的宽度。如果 Prompt 包含多行，则可以在每行之间使用回车字符（Chr(13)）、换行符（Chr(10)）或者回车/换行符的组合（Chr(13)& Chr(10)）来分隔各行。

Title（可选）显示在对话框标题栏中的 String 表达式。如果省略 Title，则将应用程序名放在标题栏中。

DefaultResponse（可选）显示在文本框中的 String 表达式，在没有提供其他输入时作为默认响应。如果省略 DefaultResponse，则显示的文本框为空。

XPos 和 YPos 都是可选参数，指定屏幕左边缘与对话框左边缘之间的距离（以像素为单位）。如果省略了 XPos 和 YPos，则对话框在屏幕上居中。

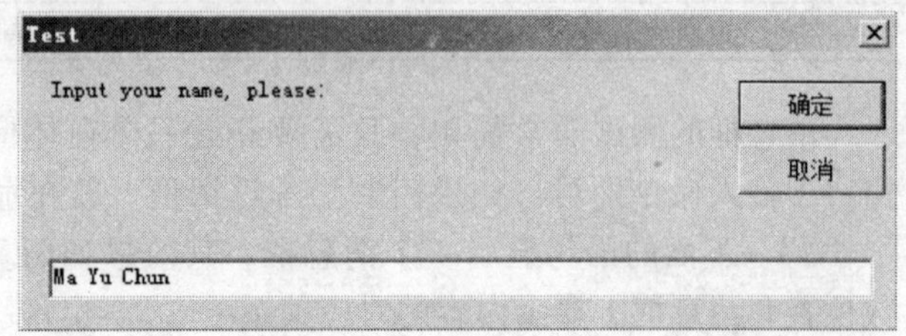

图 7.2 输入对话框示例

下面的语句显示一个输入对话框，其效果如图 7.2 所示。单击“确定”，strUserData 变量中将得到用户输入的字符串；如果单击“取消”，则得到空字符串。

```
Dim strUserData = InputBox("Input your name, please: ", "Test")
```

7.3 模式对话框

窗体与对话框可以是模式（Model）或非模式（Modeless）的，必须先关闭模式窗体或对话框，才能继续运行应用程序的其他部分。6.4 节中的 WinApp_Settings 项目中，单击主窗体中的“Setup”按钮，即可打开串口参数设置窗体。打开参数设置窗体后，主窗体依然可以获取焦点，这是因为在“Setup”按钮的 Click 事件处理程序中使用了 frmSetup.Show 方法，从而以非模式方式打开了串口参数设置窗体。

将 WinApp_Settings 项目复制到 Ch07 目录，对其进行修改。首先，将 Show 方法修改为 ShowDialog 方法，同时，将 frmSetup 的 AcceptButton 属性修改为 btOK，将 CancelButton 属性修改为 btCancel，重新运行程序。这时就会发现，如果不关闭串口参数设置窗体，将无法进入主窗体。另外，在串口参数设置窗体中，按 Enter 键，相当于单击“OK”按钮；按 Esc 键，相当于单击“Cancel”按钮——这就是窗体的 AcceptButton 属性和 CancelButton 属性的作用，可以在一定程度上方便用户操作程序。

既然将串口参数设置窗体当做对话框，自然也可以像 7.1 节中的消息框一样返回结果。将

btOK 对象的 DialogResult 属性设置为 OK，将 btCancel 对象的 DialogResult 属性设置为 Cancel，则可以使用下面的语句获取对话框返回的结果。

```
Dim nRet As Integer = frmSetup.ShowDialog()
```

单击“OK”按钮返回1，单击“Cancel”按钮返回2，与4.4.1节中对 DialogResult 的枚举定义一致。

7.4　获取环境变量的值

Environment 类属于 System 命名空间，提供了有关当前环境和平台的信息以及操作它们的方法。使用 Environment 类可检索信息，如命令行参数、退出代码、环境变量设置、调用堆栈的内容、自上次系统启动以来的时间，以及公共语言运行库的版本。Environment 类的常用属性如表7.4所示。

表7.4　Environment 类的常用属性

属　性	说　明	属　性	说　明
CommandLine	获取该进程的命令行	ProcessorCount	获取当前计算机上的处理器数
CurrentDirectory	获取或设置当前工作目录的完全限定路径	StackTrace	获取当前的堆栈跟踪信息
ExitCode	获取或设置进程的退出代码	SystemDirectory	获取系统目录的完全限定路径
MachineName	获取此本地计算机的 NetBIOS 名称	TickCount	获取系统启动后经过的毫秒数
NewLine	获取为此环境定义的换行字符串	UserDomainName	获取与当前用户关联的网络域名
OSVersion	获取包含当前平台标识符和版本号的对象	Version	获取一个关于公共语言运行库的 Version 对象

Environment.TickCount 与6.1.3节介绍的 My.Computer.Clock.TickCount 具有相同的效果。可以在即时窗口中对表7.4中的属性进行简单的测试，CurrentDirectory、NewLine、SystemDirectory 和 TickCount 是其中最常用的几个属性。

Environment 类的 SetEnvironmentVariable 方法用于创建、修改或删除环境变量。GetEnvironmentVariable 方法用于检索环境变量的值。GetEnvironmentVariables 方法则用于检索所有环境变量名及其值，即时窗口中的测试效果如图7.3所示，共有38个环境变量。

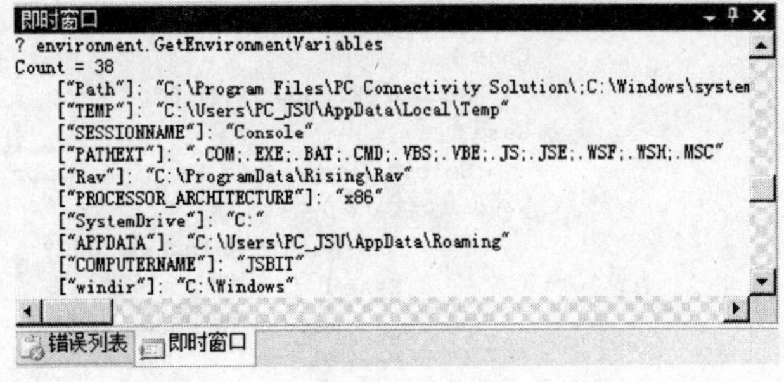

图7.3　获取所有环境变量名及其值

根据图7.3的环境变量名及其值，可以使用 GetEnvironmentVariable 方法提取感兴趣的单个环境变量名的值。例如，下面的语句将显示"C:\Windows"：

```
? environment.GetEnvironmentVariable("windir")
```

通过 Environment 类的属性或其 GetEnvironmentVariable 方法都可以非常方便地获取相关环境变量的值。

7.5 识别操作系统

在应用程序中，有时需要根据操作系统的类别执行相应的操作。表7.4中的OSVersion属性返回获取包含当前平台标识符和版本号的OperatingSystem对象，据此可以识别操作系统。OperatingSystem对象的Platform是一个System.PlatformID类型的枚举值（如表7.5所示），与OperatingSystem对象的Version对象的Major（主版本号）和Minor（次版本号）配合，即可惟一确定操作系统。

表7.5 Windows操作系统的PlatformID值

OS	PlatformID	Major	Minor	OS	PlatformID	Major	Minor
Windows 95	1	4	0	Windows 2000	2	5	0
Windows 98	1	4	10	Windows XP	2	5	1
Windows Me	1	4	90	Windows Server 2003	2	5	2
Windows NT 4.0	2	4	0	Windows Vista	2	6	0

新建一个窗体应用程序WinApp_OS，绘制一个标签和一个文本框。在窗体类中定义方法getWindowsVersion，用来返回操作系统的文本串。首先，定义一个OperatingSystem对象osInfo，并通过Environment类的OSVersion属性获取值。这里仅考虑Win32NT系列（即PlatformID的值为2）的操作系统的识别。根据Major和Minor的值，返回相应的字符串即可。

```
Public Function getWindowsVersion() As String
    Dim osInfo As OperatingSystem
    osInfo = Environment.OSVersion

    If osInfo.Platform <> PlatformID.Win32NT Then Return "非 Win32NT 系列"

    Select Case osInfo.Version.Major
        Case 3
            Return "Windows NT 3.51"
        Case 4
            Return "Windows NT 4.0"
        Case 5
            Select Case osInfo.Version.Minor
                Case 0
                    Return "Windows 2000"
                Case 1
                    Return "Windows XP"
                Case 2
                    Return "Windows Server 2003"
            End Select

        Case 6
            Return "Windows Vista"
    End Select
```

```
        Return "Unrecognized System"
    End Function
```

在窗体的 Load 事件处理程序中调用 getWindowsVersion 函数，将获取的字符串放入文本框即可。程序的运行效果如图 7.4 所示。

图 7.4 识别操作系统的测试

7.6 String 类及数据的格式化处理

字符串是 Unicode 字符的有序集合，用于表示文本。String 对象是 System.Char 对象的有序集合，用于表示字符串。String 对象的值是该有序集合的内容，并且该值是不可变的。String 对象称为不可变的（只读），因为一旦创建了该对象，就不能修改该对象的值。看起来似乎修改了 String 对象的方法实际上是返回一个包含修改内容的新 String 对象。在 Visual Basic 2008 的应用程序中，会大量使用 .NET Framework 3.5 的 String 类来进行字符串的处理操作，而数据对象的 ToString 方法用来将数据转换为格式化的字符串。

7.6.1 String 类的使用

String 类提供的成员执行以下操作：比较 String 对象；返回 String 对象内字符或字符串的索引；复制 String 对象的值；分隔字符串或组合字符串；修改字符串的值；将数字、日期和时间或枚举值的格式设置为字符串；对字符串进行规范化。String 类的方法可以分为共享方法（Shared Method）和实例化方法。共享方法来自 String 类本身，使用共享方法时并不需要创建对象，可以直接通过类的名称来调用这些方法。

1. 字符串的比较

使用 Compare 比较两个指定的 String 对象，Compare 是一个共享方法，有 10 个重载，主要功能还是根据字符串的字母顺序排序，直接比较两个字符串。Compare 方法返回一个整型值，如果为正数，表示第一个字符串大于第二个字符串；如果为负数，表示第一个字符串小于第二个字符串；如果为 0，则表示两个字符串相等。如下语句返回的 nResult 的值为 -1，表示第二个字符串比第一个字符串大：

```
Dim string1 As String = "Hello, this is MA"  '本小节的示例都采用此对象
Dim string2 As String = "this"
Dim nResult As Integer = String.Compare(string1, string2)
```

有时，需要判断一个字符串的末尾是否与指定的字符串匹配，这可以通过 EndsWith 方法来实现。EndsWith 有 3 个重载，是一个实例化方法，必须通过 String 类的对象来调用，并返回布尔值。如下语句返回的 bResult 的值为 True：

```
Dim bResult As Boolean = string1.EndsWith("MA")
```

与之对应的是，StartsWith 方法用来判断字符串的开头是否与指定的字符串匹配，也返回布尔值。

2. 在字符串中查找字符或子字符串

字符串也可以当做字符数组，因而，可以通过 String 类的 Chars 属性来获取字符串中位于特定索引位置的字符（索引位置从 0 开始计算）。使用 Length 属性可获取字符串中 Char 对象的数量；使用 Chars 属性可访问字符串中实际的 Char 对象。

```
Dim chVar As Char = string1.Chars(4)          'chVar 的值是"o"
Dim nLen As Integer = string1.Length          'nLen 的值是 17
```

反之，也可以使用 IndexOf 报告指定的 String 在此实例中的第一个匹配项的索引。IndexOf 方法有 9 个重载，有的只有一个参数，有的具有多个参数，能够从指定的字符位置开始查找甚至检查指定数目的字符位置。而 LastIndexOf 报告指定的 String 在此实例内的最后一个匹配项的索引位置。

```
Dim nResult1 As Integer = string1.IndexOf("is")         'nResult1 的值是 9
Dim nResult2 As Integer = string1.IndexOf("is", 10)     'nResult2 的值是 12
Dim nResult3 As Integer = string1.LastIndexOf("is")     'nResult3 的值是 12
```

如果 IndexOf 或 LastIndexOf 方法返回 -1，则表示字符串中不包含指定的子字符串。判断字符串中是否包含子字符串的另一方法是 Contains 方法，如果包含，则返回 True；否则返回 False，示例如下代码所示：

```
Dim bResult1 As Boolean = string1.Contains("MA")        'bResult1 的值为 True
Dim bResult2 As Boolean = string1.Contains("who")       'bResult2 的值为 False
```

3. 由现有字符串创建新的字符串

String 类的 Copy 方法是一个共享方法，可以使用 Copy 创建一个与指定的 String 对象具有相同值的 String 的新实例。CopyTo 则可将字符串或子字符串复制到另一个字符串或 Char 类型的数组。

```
Dim myString As String = String.Copy(string1)
```

使用 Substring 从 String 实例检索子字符串，有 2 个重载，第一个参数表示起始位置（从 0 开始计数），第二个参数表示字符长度；如果只有一个参数，表示获取从起始位置到结束的所有字符集。

Split 方法将以指定的分隔符分割字符串（同时删除分隔符），并保存到字符串数组中。下面的例子以空格为分隔符，将 string1 分割为 4 个子字符串。

如果需要将多个字符串串联起来，可以使用串联操作符“&”或“+”，也可以使用 String 类的 Concat 方法，Concat 方法还可以将字符串数组串联起来。下面的例子将作者姓名串联到一起，还可以将被 Split 分割得到的字符串数组串联起来（中间没有空格）。

顾名思义，Join 方法与 Split 方法的作用相反，可通过一个或多个子字符串创建新字符串，将数组中的字符串串联起来，中间用分隔符连接。

```
Dim myString As String = string1.Substring(1, 4)          '结果为"ello"
Dim strArrary() As String = string1.Split(" ")

Dim stringA As String = "马玉春"
Dim stringB As String = "计算机"
Dim stringC As String = "博士"
Dim stringSum As String = String.Concat(stringA, stringB, stringC)
'结果为 "马玉春计算机博士", 等同于 stringA & stringB & stringC
stringSum = String.Concat(strArrary)                    '结果为 "Hello,thisisMA"
stringSum = String.Join("/", strArrary)                 '结果为 "Hello,/this/is/MA"
```

使用 Format，可将字符串中的一个或多个格式项占位符替换为一个或多个数字、日期和时间或枚举值的文本表示形式。下面的语句将第一个占位符 {0} 替换为字符串“10”，将第二个占位符 {1} 替换为“30”，strDate 中的最终结果为“今天是 10 月 30 日”。占位符还有一定的格式规范，将在 7.6.2 节进一步说明。

```
Dim strDate As String = String.Format("今天是{0}月{1}日", Now.Month, Now.Day)
```

4. 修改现有字符串

使用 String 类的 Insert 方法向现有字符串中指定的位置插入子字符串，Replace 方法将现有字符串中的子字符串用新的子字符串替代，Remove 方法移去现有字符串中的指定的子字符串，PadLeft 方法右对齐现有字符串中的字符，在左边用空格填充以达到指定的总长度，PadRight 方法左对齐此字符串中的字符，在右边用空格填充以达到指定的总长度。PadLeft 和 PadRight 都有两个重载方法，也可以指定填充字符。语句示例及结果如下所示：

```
Dim strInsert As String = string1.Insert(1, "…")
'strInsert 的值为:"H…ello, this is MA"

Dim strReplace As String = string1.Replace("Hello", " Good morning ")
'strReplace 的值为:"Good morning, this is MA"

Dim strRemove As String = string1.Remove(1, 4)
'strRemove 的值为:"H, this is MA"

Dim strPadLeft As String = string1.PadLeft(20)
'strPadLeft 的值为:"    Hello, this is MA"

Dim strPadRight As String = string1.PadRight(20, "#")
'strPadRight 的值为:"Hello, this is MA###"
```

String 类的 Trim、TrimEnd 和 TrimStart 方法除了可以清除字符串的前面与后面的空格，也可以清除特定的一个或多个字符。Trim 清除两头的字符，TrimEnd 仅清除尾部字符，TrimStart 仅清除首部字符，TrimStart 与 TrimEnd 相结合，完成 Trim 的功能。下面的语句都能得到“Hello”，第一条语句的 Trim 不带参数，默认清除前后的空格。第二条 Trim 语句将“xy”放入字符数组中，然后将现有字符串的开头字符与字符数组中的字符逐个比较，如果相等则清除该字符，否则结束；对于结尾字符的处理也一样，从最尾部的字符开始与字符数组中的元素进行比较，如果相等则清除该字符，否则结束。简而言之，对于第二条语句，就是将开头和结尾包含的“x”或“y”字符全部清除。TrimStart 与 TrimEnd 方法和 Trim 方法类似，不再说明。

```
Dim strTrim1 As String = " Hello ".Trim
Dim strTrim2 As String = "xHelloy".Trim("xy".ToCharArray)
```

使用 String 类的 ToLower 和 ToUpper 方法可更改字符串中字母的大小写。其示例如下所示：

```
Dim strUpper As String = string1.ToUpper
Dim strLower As String = string1.ToLower
```

7.6.2 数据的格式化处理

上一节中 String 类的 Format 方法使用了占位符，用来表示第几个参数。还可以指定对齐方式和格式化字符串，完整的占位符格式如下所示：

```
{index[,alignment][:formatString]}
```

必须使用成对的大括号（“{”和“}”）。因为左右大括号分别被解释为格式项的开始和结束，所以如果要在固定文本中显示一个左括号（“{”），必须指定两个左括号（“{{”）；要在固定文本中显示一个右括号（“}”），必须指定两个右括号（“}}”）。格式项由下面的组件构成。

强制“索引”组件 index（也叫参数说明符）是一个从 0 开始的数字，可标识值列表中对应的元素。也就是说，参数说明符为 0 的格式项格式化列表中的第一个值，参数说明符为 1 的格式项格式化列表中的第二个值，依次类推。

通过指定相同的参数说明符，多个格式项可以引用值列表中的同一个元素。例如，通过指定类似于“{0:X} {0:E} {0:N}”的源字符串，可以将同一个数值格式化为十六进制、科学表示法和数字格式。

每一个格式项都可以引用所有的参数。例如，如果有三个值，则可以通过指定类似于“{1} {0} {2}”的源字符串来格式化第二、第一和第三个值。格式项未引用的值会被忽略。如果参数说明符指定了超出值列表范围的项，将导致运行时异常。

可选的“对齐”组件 alignment 是一个带符号的整数，指示首选的格式化字段宽度。如果“对齐”值小于格式化字符串的长度，“对齐”会被忽略，并且使用格式化字符串的长度作为字段宽度。如果“对齐”为正数，字段的格式化数据为右对齐；如果“对齐”为负数，字段的格式化数据为左对齐。如果需要填充，则使用空白。如果指定“对齐”，就需要使用逗号。

可选的“格式字符串”组件 formatString 由标准或自定义格式说明符组成。如果不指定“格式字符串”，则使用常规（“G”）格式说明符，数值会被转换为定点或科学表示法中最精简的一种。如果指定“格式说明符”，需要使用冒号。格式说明符后可以跟一个数值表示数据的精度，这个数值称为精度说明符。

下面的语句显示十六进制字节，索引“0”对应需要显示的数据 13，索引“1”对应需要显示的数据 178；“4”表示右对齐，由于显示的数据都在一个字节范围之内，只占用两个字符的位置，所以分别在前面补两个空格；格式字符串“X2”用以说明产生的十六进制字符串所需的最少位数，如果有必要，会在字符串前补上“0”，所以这里表示用两个十六进制字符来显示一个字节。如果使用“x”作为格式说明符，则产生的十六进制字符串将变成小写。

```
Dim strHex As String = String.Format("十六进制数的显示:{0,4:X2}{1,4:X2}", 13, 178)
'strHex 的值为:"十六进制数的显示:  0D  B2"
```

不少对象都有 ToString 方法，这个方法一般有多个重载，如果不指定格式化字符串，则使用常规（“G”）格式说明符。使用 13.ToString("X2")同样能得到“0D”，而且，ToString 方法是更常用的方法。

在进行货币相关计算的时候，需要使用货币符号，并且，由于准确到“分”，因而需要保留两位小数。“C2”或“c2”经常用于将 Decimal 类型的数据转换为规范化的货币数据，保留两位小数。货币符号、星期和月份的表示都跟区域性相关，这些可以参考 6.2 节更改区域性。例如：

```
Dim dMoney As Decimal = 12345.6
Dim strMoney As String = dMoney.ToString("C2")
'strMoney = "¥12,345.60"
```

“D”或“d”格式符只适用于整数类型，数值会被转换为十进制数的字符串，如果数值为负数，会在字符串的前面添加负号。精度说明符设置在最终字符串中所需的最少位数，如果有需要，就会在字符串前补 0，以便符合精度说明符所指定的位数。例如，3.ToString("D2")将得到字符串“03”。

“E”或“e”格式符用于将数值转换为 d.ddd…E+ddd 或 d.ddd…e+ddd 科学计数形式的字符串，其中 d 表示十进制字符。如果数值为负，字符串前补一个负号。小数点之前固定一位数，小数点之后的位数由精度说明符指定，如果省略，则保留 6 位数的默认值。指数固定由一个正号或负号加至少三位数组合而成，如果有需要，指数前会补 0。例如，1234000.ToString("e2")将得到字符串“1.23e+006”。

“F”或“f”格式符用于将数值转换为 ddd.ddd…形式的字符串，其中 d 表示十进制字符。如果数值为负，字符串前补一个负号。精度说明符用以设置所需的小数位数，如果被省略，将使用 NumberFormatInfo 类所指定的默认数值精度。NumberFormatInfo 类的使用跟区域性设置有关（参考 6.2 节），典型的用法见如下代码，其中，该类的属性 NumberDecimalDigits 设置了小数点的位数。如果直接使用 dMoney.ToString("F2")将得到“12345.60”。

```
Dim nfi As NumberFormatInfo = New CultureInfo("zh-CN", False).NumberFormat
nfi.NumberDecimalDigits = 3
Dim dMoney As Decimal = 12345.6
Dim myString As String = dMoney.ToString("F", nfi) '结果为:"12345.600"
```

“G”或“g”格式符用于将数值转换为定点或科学计数法中最精简的一种，视数值的类型与精度说明符是否存在而定。如果省略了精度说明符或精度说明符为 0，数值的类型将取决于默认的精度。

“N”或“n”格式符用于将数值转换为 d,ddd.ddd…形式的字符串，其中 d 表示十进制字符。如果数值为负，字符串前补一个负号。从小数点的左侧开始，每三位数一组的各个群组之间会被插入一个千位分隔符。精度说明符用以设置所需的小数位数，如果被省略，将使用 NumberFormatInfo 类所指定的默认数值精度。12345.6.ToString("N2") 将得到“12,345.60”。

“P”或“p”将数值转换成一个带百分比的字符串，转换后的数值会被乘以 100 表示成一个百分比，精度说明符用来设置小数的位数。例如，0.253.ToString("P2")将得到“25.30%”。

Convert 类将一个基本数据类型转换为另一个基本数据类型，属于 System 命名空间，该类返回值与指定类型的值等效的类型，ToString 方法也可以将数值转换为字符串。另外，受支持的基类型还有 Boolean、Char、SByte、Byte、Int16、Int32、Int64、UInt16、UInt32、UInt64、Single、Double、Decimal、DateTime 和 String。下面的示例将数值转换为字符串，又将得到的字符串转换为 Decimal 类型的数值，数值后的“D”表示 Decimal 类型。7.2 节的输入对话框得到的是字符串，可以使用 Convert 类转换为应用程序中所需要的类型。

```
Dim myString As String = Convert.ToString(1234.5)              '得到 "1234.5"
Dim myDecimal As Decimal = Convert.ToDecimal(myString)         '得到 1234.5D
```

7.6.3 经典字符串函数的使用

经典字符串函数比较适合 Visual Basic 6.0 的用户使用，提供的功能与 String 类中的方法的功能基本相同，主要区别是，前者的字符位置从 1 开始计数，后者从 0 开始计数。常用经典字符串函数如表 7.6 所示，这些函数可以直接调用。Left/Right 函数提取字符串左边或右边的若干字符，Trim/LTrim/RTrim 删除字符串（左/右）中的空格。

表 7.6 经典字符串函数

函数名称	String 方法/属性	示 例	结 果
InStr	IndexOf	InStr("abc","b")	2
LCase	ToLower	LCase("aBc")	"abc"
Left	—	Left("abc",2)	"ab"
Len	Length(属性)	Len("aBc")	3
LTrim	TrimStart	LTrim("Bc")	"Bc"
Mid	Substring	Mid("aBcd",2,2)	"Bc"
Replace	Replace	Replace("abcd","ab","AB")	"ABcd"
Right	—	Right("abc",2)	"bc"
RTrim	TrimEnd	LTrim("Bc")	"Bc"
StrComp	Compare	StrComp("Bc","ab")	-1
Trim	Trim	Trim("Bc")	"Bc"
UCase	ToUpper	UCase("aBc")	"ABC"

7.7 日期与时间的处理

日期类型 Date（或 DateTime）表示时间上的一刻，通常以日期和当天的时间表示。4.3.5 节使用了系统的只读属性 Now，该属性返回一个 Date 值，包含系统的当前日期和时间。Date 类的构造函数有 11 个重载，常用的有“年，月，日”作为参数或“年，月，日，小时，分钟，秒”作为参数，也可用“#”将日期时间包围起来进行初始化。Date 类的初始化示例代码如下所示：

```
Dim dt0 As Date = New Date(2011, 3, 24)
Dim dt1 As Date = New Date(2011, 3, 24, 23, 59, 59)
Dim dt2 As Date = #3/24/2011 4:44:05 PM#
Dim dt3 As Date = #8/27/2004#
```

在应用程序中，有时需要对时期或时间进行计算，如加上某一时间间隔，TimeSpan 类可以很好地胜任这一工作。TimeSpan 属于 System 命名空间，表示时间的间隔，即已经经过的一段时间。TimeSpan 有 4 个构造函数，常用的有“天数，小时数，分钟数，秒数”作为初始化参数，或者以 100 纳秒（Tick）为单位的数值进行初始化（$1ms = 10^4 ticks$）。下面的代码计算计算机的工作时间，由于 Environment.TickCount 得到的是毫秒数，因而，需要转换为 tick 单位。

```
Dim workTimeSpan As TimeSpan = New TimeSpan(Environment.TickCount * 10000L)
Dim strWorkTime As String = workTimeSpan.ToString()
'strWorkTime = "3.14:01:58.9090000" ,3 天,14 小时,1 分钟,58 秒
```

时间与日期的计算以及格式化处理，主要围绕 Date 与 TimeSpan 类型进行。

7.7.1 日期与时间的计算

对 Date 和 TimeSpan 有了基本的了解后，就可以利用它们进行加减和比较运算。可以利用 Date 对象的 AddHours 方法来给日期时间加上特定单位的时间值，来计算增加这些时间值之后的日期时间，如果给定的是正值，则计算出未来的日期时间；如果给定的是负值，则计算出过去的日期时间，示例代码如下所示：

```
Dim dt0 As Date = Now                              '#2011/3/24 20:10:38#
Dim dt1 As Date = dt0.AddHours(5)                  '#2011/3/25 1:10:38#
```

同理，Date 对象还有 AddYears、AddMonths、AddDays 等方法。也可以调用 Date 对象的 Add 方法加上一个正的 TimeSpan 对象，从而计算出未来的时间，下面的示例代码在当前时间增加 8 小时 59 分 59 秒：

```
Dim dt0 As Date = Now                              '#2011/3/24 20:17:52#
Dim ts As TimeSpan = New TimeSpan(8, 59, 59)
Dim dt1 As Date = dt0.Add(ts)                      '#2011/3/25 5:17:51#
```

另外，也可以调用 DateAdd 方法来增加（正值）或减去（负值）指定的时间段。下面的代码设置日期时间 dt0，通过枚举值 DateInterval.Year 指定添加年限 3，从而计算出未来日期时间 dt1。

```
Dim dt0 As Date = New Date(2001, 9, 8)             '#9/8/2001#
Dim dt1 As Date = DateAdd(DateInterval.Year, 3, dt0)  '#9/8/2004#
```

调用某一个 Date 对象的 Subtract 方法，可以计算两个 Date 对象的差，这可以用于计算服务器的工作时间。在下面的示例中，如果调用 dtEnd 的 Subtract 方法，所得到的时间段为正值或者负值。如果调用 TimeSpan 对象的 Duration 属性，将得到绝对值。

```
Dim dtStart As Date = New Date(2001, 9, 8, 10, 15, 15)
Dim dtEnd As Date = New Date(2004, 8, 27, 10, 15, 15)
Dim ts As TimeSpan = dtEnd.Subtract(dtStart)          '1084 天
ts = dtStart.Subtract(dtEnd)                          '-1084 天
ts = dtStart.Subtract(dtEnd).Duration                 '1084 天
```

计算两个 Date 对象之间的差，可以通过该对象的 DateDiff 方法来完成，并通过枚举值说明最后返回的是天数、秒数或其他值。下面的示例设置了两个 Date 对象 dtFuture 和 dtCurrent，通过 DateInterval.Day 获得两个对象间隔的天数 1，这可以用来计算倒计时的天数；通过 DateInterval.Second 获得两个对象间隔的秒数为 86 409，基于其他枚举值，可以自行尝试。

```
Dim dtFuture As Date = New Date(2011, 3, 25, 20, 50, 59)
Dim dtCurrent As Date = New Date(2011, 3, 24, 20, 50, 50)
Dim nDiffDays As Integer = DateDiff(DateInterval.Day, dtCurrent, dtFuture)
Dim nDiffSeconds As Integer = DateDiff(DateInterval.Second, dtCurrent, dtFuture)
```

DateDiff 方法还可以用来比较两个 Date 对象的大小，而 Date 对象的共享方法 Compare 也有这一功能。下面的示例设置了两个 Date 对象，Compare 方法有两个参数，如果第一个 Date 对象大于第二个 Date 对象，则返回 1，如果相等则返回 0，否则返回 -1。

```
Dim dtCurrent As Date = New Date(2011, 3,24)
Dim dtFuture As Date = New Date(2011, 3, 25)
Dim nResult As Integer = Date.Compare(dtFuture, dtCurrent)    ' nResult = 1
```

有时，需要提取日期时间对象中的部分数据，这可以通过 DatePart 方法来实现。该方法的第一个参数是一个枚举值，表示提取数据的类别，第二个参数是一个 Date 对象。另一个更简单的提取日期时间对象中的部分数据的方法是使用其属性。下面的示例代码中，nYear 的结果都是“2011”：

```
Dim dt As Date = Now                                  '当前年份为 2011 年
Dim nYear As Integer = DatePart(DateInterval.Year, dt)
nYear = dt.Year
```

7.7.2 日期与时间的格式化处理

日期和时间一般需要以适合用户的方式进行显示。下面的代码使用对象的 ToString 方法或 Format 函数，在格式字符“d”的作用下，都能得到相同的短日期格式的字符串。

```
Dim strDate As String = Now.ToString ("d")            '得到:"2011/3/5"
strDate = Format(Now,"d")                             '得到:"2011/3/5"
```

表 7.7 列出了常用的格式字符、说明及其结果示例（利用 Now 对象），读者可以利用以上代码来测试各格式字符，观察效果。

表7.7　常用日期时间格式字符的作用及其结果示例

格式字符	说　明	结果示例
d	短日期模式	"2011/3/24"
D	长日期模式	"2011年3月24日"
f	完整日期和时间	"2011年3月24日15:38"
F	完全模式（长时间）	"2011年3月24日15:38:15"
g	常规（短日期和短时间）	"2011/3/24 15:38"
G	常规（短日期和长时间）	"2011/3/24 15:38:37"
m/M	月/天模式	"3月24日"
t	短时间模式	"15:39"
T	长时间模式	"15:39:34"
y/Y	年/月模式	"2011年3月"

E-mail 的时间戳有这样的形式："Thu，24 Mar 2011 16:45:19"，表7.7中的格式符并不能满足此需要。这时，可以借助特殊的格式符号，对各项进行格式化组合。例如，在即时窗口中，利用"yyyy-MM-dd"格式，可以得到另一种日期的表达方式，在此格式字符串中，"-"原样显示，其他为格式符所表达的数值。

```
? Today.ToString ("yyyy-MM-dd")
"2011-03-24"
```

下面就各种常用的格式符，包括"年、月、日、时、分、秒"等进行说明。

d表示月中的某一天，一位数的日期没有前导零；dd也表示月中的某一天，但是，一位数的日期有一个前导零；ddd表示周中某天的缩写名称，该名称在DateTimeFormat类中的AbbreviatedDayNames集合中定义；dddd则表示周中某天的完整名称，在DateTimeFormat类中的DayNames集合中定义。

M表示月份数字，一位数的月份没有前导零；MM也表示月份数字，但是，一位数的月份有一个前导零；MMM表示月份的缩写名称，在DateTimeFormat类中的AbbreviatedMonthNames集合中定义；MMMM则表示月份的完整名称，在DateTimeFormat类中的MonthNames中定义。

y表示不包含纪元的年份，如果不包含纪元的年份小于10，则显示不具有前导零的年份；yy也表示不包含纪元的年份，但是，如果不包含纪元的年份小于10，则显示具有前导零的年份；yyyy则表示包括纪元的四位数的年份。

h表示12小时制的小时，一位数的小时数没有前导零；hh表示12小时制的小时，一位数的小时数有前导零；H和HH则是对应的24小时制。

m表示分钟，一位数的分钟数没有前导零；mm也表示分钟，但是一位数的分钟数有一个前导零。

s表示秒，一位数的秒数没有前导零；ss也表示秒，但是一位数的秒数有一个前导零。

根据以上定义，在即时窗口中产生一个E-mail时间戳的代码和结果如下所示。在格式字符串中，"ddd"表示周中某天的缩写，"d"表示月中某天，没有前导0，"MMM"表示月名称的缩写，后面是24小时制的时间。除了格式符外，其他的原样显示。

```
? Now.ToString ("ddd,  d MMM yyyy HH:mm:ss")
"四,  24 三月 2011 16:44:00"
```

为什么周和月的名称都是中文呢？因为当前区域为中文，可以利用以下代码，将 AbbreviatedDayNames 集合中的数据在即时窗口中输出，结果将得到“日”、“一”、……、“六”。同样的道理，AbbreviatedMonthNames 集合中也是月的中文缩写。

```
For Each strDayName As String In My.Application.Culture._
                                DateTimeFormat.AbbreviatedDayNames
    Debug.Print(strDayName)
Next
```

6.2 节提供了区域性变换的代码，可以通过以下代码，将当前区域性设置为英文，即可在即时窗口中得到漂亮的 E-mail 时间戳：

```
My.Application.ChangeCulture("en-US")
Debug.Print(Now.ToString("ddd, d MMM yyyy HH:mm:ss"))
'结果为:Thu, 24 Mar 2011 16:45:19
```

7.8 可变数组与控件数组的使用

数组可以将相同类型的数据存放在一起，每个数据都有一个序号。下面的示例定义了两个一维 Byte 类型的数组。byteArray0 有 4 个元素，下标范围为 0～3。每个数组都是一个对象，Length 属性显示数组长度，即数组中元素的个数，因而，nLength0 的值为 4。定义数组的时侯，可以直接对数组进行初始化，但是不能设置数组元素的个数，byteArray1 就是在定义的时候对数组进行初始化，nLength1 的值同样是 4。

```
Dim byteArray0(3) As Byte
Dim nLength0 As Integer = byteArray0.Length
Dim byteArray1() As Byte = {1, 2, 3, 4}
Dim nLength1 As Integer = byteArray1.Length
```

7.8.1 可变数组

在进行数据传送，如串行通信或网络通信时，需要定义一个字节数组缓冲区，用来存放接收到的数据。但是，接收到的数据量却是不确定的，这时，定义可变数组来存放数据就比较合适。所谓的可变数组，就是在定义数组的时候不设置其元素的个数，在使用该数组的时候，再通过 ReDim 关键词指定元素个数。

下面的示例代码中，nLength 用来存放串行通信接收的字节长度，bytesBuffer 数组存放接收到的字节。假设 comPort 是一个 SerialPort 对象，通过其 BytesToRead 属性获取已经到达的字节数存入 nLength 中，再根据 nLength 的值确定 bytesBuffer 数组的长度。最后，调用 comPort 的 Read 方法，从串口缓冲区中的位置 0 开始，读取 nLength 个字节放入 bytesBuffer 数组中。关于此示例代码的应用测试，将在第 15 章进行。

```
Dim nLength As Integer
Dim bytesBuffer As Byte()

nLength = comPort .BytesToRead
ReDim bytesBuffer (nLength - 1)
comPort.Read(bytesBuffer, 0, nLength)
```

下面的 GetBytes 方法以字符串为参数，返回对应的 ASCII 码字节数组。可以将此字节数组直接给没有设置数组元素个数的 bData 数组，bData 的长度也被设置为3。在这里，bData 充当了一个隐藏的可变数组。

```
Dim bData() As Byte = System.Text.Encoding.ASCII.GetBytes("ABC")
'结果为:bData(0) = 65, bData(1) = 66, bData(2) = 67
Dim nLength As Integer = bData.Length  '结果为:3
```

可变数组使用灵活，能够满足应用程序中设置弹性内存的需要。

7.8.2 控件数组

Visual Basic 6.0 提供了控件数组来管理窗体上的控件，可以允许各个控件共享一个事件处理程序。控件数组在提供方便的同时，也有其不足。例如，只能将相同类型的控件放入一个控件数组中，如果其中一个输入框被屏蔽为一个编辑控件，它就无法被放入文本框的控件数组中。另外，控件数组也不具有程序语言的一致性，它们既不是真正的集合，也不是真正的数组。这也就是为什么 Visual Basic 从 2002 版开始不再提供控件数组，取而代之的是，开始提供优于控件数组的丰富功能而且没有控件数组的各项限制的数组对象。

在 Visual Basic 2008 中，GroupBox 中的 RadioButton 都是其子控件，可以使用两种方法来实现控件数组（数组对象）。首先，创建一个窗体应用程序 WinApp_RadioButtons，绘制两个 GroupBox 控件，并在其中绘制 3 个 RadioButton，将 Name 属性依次更改为 rb1、rb2 和 rb3。绘制两个 TextBox 及一个 Button 控件，并将 Button 的 Name 更改为 btClear，如图 7.5 所示。在窗体类中定义 RadioButton 类型的控件数组：

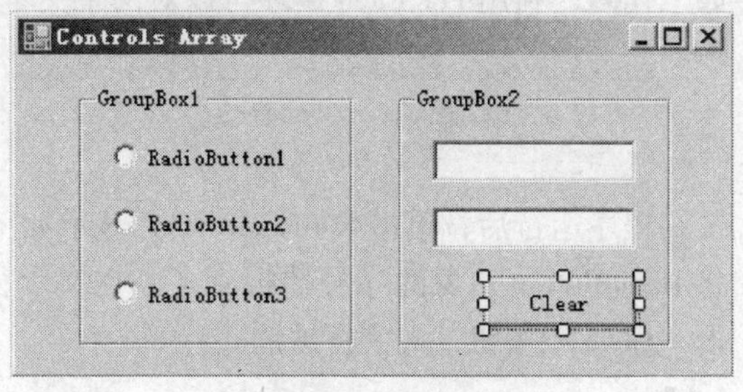

图 7.5 使用控件数组

```
Dim rb(2) As RadioButton
```

在窗体的 Load 事件处理程序中输入如下代码，将 RadioButton 的窗体实例赋给 rb 数组对象：

```
rb(0) = rb1
rb(1) = rb2
rb(2) = rb3
```

双击第一个 RadioButton 对象，在事件处理程序中添加 rb2 和 rb3 的对应事件，这样，即可像 Visual Basic 6.0 中的控件数组一样，使一个 GroupBox 中的 RadioButton 对象共享一个事件处理程序。但是，如何确定到底是哪一个 RadioButton 对象呢？首先，通过 DirectCast 函数将 sender 对象转换为 RadioButton 对象，并在 subRB 变量中保存起来，如果 subRB 对象的 Name 属性和 RadioButton 数组 rb 中元素的 Name 属性相同，则认为选择了对应序号的 RadioButton 对象，此时，可以用消息框显示相应结果。

```
Private Sub rb1_CheckedChanged(ByVal sender As System.Object, ByVal e As _
                                System.EventArgs) Handles _
                                rb1.CheckedChanged, _
                                rb2.CheckedChanged, _
                                rb3.CheckedChanged
    Dim subRB As RadioButton = DirectCast(sender, RadioButton)

    For I As Integer = 0 To 2
        If subRB.Name = rb(I).Name And subRB.Checked Then
            MessageBox.Show("你点击了第" & (I + 1).ToString & "个单选按钮!")
        End If
    Next I
End Sub
```

在 .NET 中，控件会被自动加入一个 Controls 集合中，此集合是层次式的。对于如图 7.5 所示的界面中，第一层的窗体只有两个子控件 GroupBox1 和 GroupBox2；第二层的 3 个 RadioButton 对象则是 GroupBox1 的子控件，而两个 TextBox 对象和一个 Button 对象则是 GroupBox2 的子控件。控件数组对于处理一组相同的控件变得方便，因为可以通过循环来达到目的。利用 Controls 集合来访问控件的子控件，是控件数组的另一个应用。在 btClear 的 Click 事件处理程序中输入如下代码，利用 For Each 循环可以对两个文本框中的内容清空。

```
For Each oControl As Control In GroupBox2.Controls
    If oControl.Name.Contains("Text") Then oControl.Text = ""
Next
```

程序运行后，单击 RadioButton3，显示如图 7.6 所示的效果，将 RadioButton 对象的序号捕捉到了。在文本框中输入文字，单击“Clear”按钮，文字将被清除。

图 7.6 RadioButton 数组的测试

7.9 BASE64 编码与解码

BASE64 编码常用于加密邮件，SMTP 会话也采用 BASE64 编码。定义 MIME 文档传输的 RFC2045 定义了 BASE64 编码。其实，BASE64 编码只是将 3 个 8 位字节转换为 4 个 6 位字节，这 4 个 6 位字节其实仍然是 8 位，只不过高两位被设置为 0。当一个字节只有 6 位有效时，它的取值空间为 0 到 $2^6 - 1$，即 63，也就是说被转换的 BASE64 编码的每一个编码的取值空间为 0 ~ 63。事实上，0 ~ 63 之间的 ASCII 码有许多不可见字符，所以应该再做一个映射，映射表为“A ~ Z”对应 0 ~ 25，“a ~ z”对应 26 ~ 51，“0 ~ 9”对应 52 ~ 61，“ + ”对应 62，“/”对应 63，这样就可以将 3 个 8 位字节，转换为 4 个可见字符。

7.6.2 节 Convert 类的 ToBase64String 方法可以用来获得 BASE64 编码，但是，只接受字节数组作为参数，因而，在调用该方法之前，必须将明文转换为对应的 ASCII 码字节数组，然后，调用 ToBase64String 方法转换为 BASE64 编码字符串。EncodeText 函数实现这一功能，以明文文本为输入参数，输出 BASE64 编码的字符串。例如：

```
Public Function EncodeText(ByVal strDecoded As String) As String
    Dim bData() As Byte = System.Text.Encoding.ASCII.GetBytes(strDecoded)
    Return System.Convert.ToBase64String(bData)
End Function
```

Convert 类的 FromBase64String 方法以 BASE64 编码字符串为参数，输出解码后的字节数组，这个字节数组需要使用 GetString 函数转换为明文字符串。DecodeText 函数实现这一功能。例如：

```
Public Function DecodeText(ByVal strEncoded As String) As String
    Dim bData() As Byte = System.Convert.FromBase64String(strEncoded)
    Return System.Text.Encoding.ASCII.GetString(bData)
End Function
```

BASE64 编码是一种常用的编码方法，可以对文本进行简单的加密和解密，具有一定的通用性——对于具有通用性的函数，应该用一个模块单独保存（如 Base64.vb），并保留到一个相关的文件夹中，以后可以通过“添加”→“现有项”选择此模块，从而直接使用其中的函数，达到软件复用的目的（3.2.3 节已经提供了创建软件模块的方法）。

新建一个窗体应用程序，添加 Base64 模块，分别绘制两个标签、两个文本框和两个按钮，并设置相应的 Name 属性值。在 btEncode 的 Click 事件处理程序中输入如下代码，如果 txtDecode 文本框中存在明文字符串，则在 txtEncode 文本框中输出对应的 BASE64 编码的字符串。

```
If txtDecode.Text.Length > 0 Then
    txtEncode.Text = EncodeText(txtDecode.Text)
End If
```

在 btDecode 的 Click 事件处理程序中输入如下代码，如果 txtEncode 文本框中存在 BASE64 编码的字符串，则在 txtDecode 文本框中输出对应的明文字符串。

```
If txtEncode.Text.Length > 0 Then
    txtDecode.Text = DecodeText(txtEncode.Text)
End If
```

程序运行后，在 Decode 文本框中输入字符串，单击“Encode”按钮，则对应的 Encode 文本框中出现 BASE64 编码的字符串；删除 Decode 文本框中的明文字符串，单击“Decode”按钮，则在 Decode 文本框中得到对应的明文。测试效果如图 7.7 所示。

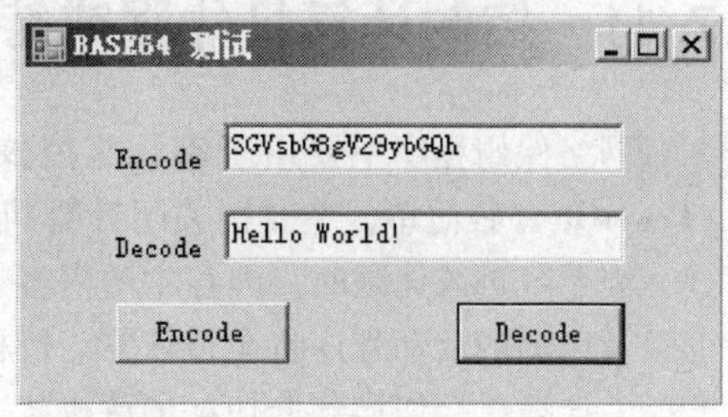

图 7.7 BASE64 编码与解码测试

7.10 Stopwatch 的使用

.NET Framework 3.5 在 System.Diagnostics 命名空间中提供的 Stopwatch 类提供了一组属

性与方法来让程序员精确测量所经过的时间。Stopwatch 通过在基础定时器机制中计算定时器刻度来计算经过的时间。如果所安装的硬件或操作系统支持高分辨率的性能计数器，Stopwatch 类将会使用该计数器来测量经过的时间，否则，将使用系统定时器来测量经过的时间。可以使用 Stopwatch 类的共享只读属性 Frequency 与 IsHighResolution 来确认其计时精度与分辨率。

Stopwatch 对象可能出于运行或停止状态，可以使用 IsRunning 属性来确认 Stopwatch 对象的当前状态。Stopwatch 对象通过 Start 方法来启动计时，使用 Stop 方法停止计时，使用 Reset 方法清除 Stopwatch 对象中累积的时间。一般通过 Stopwatch 对象的 Elapsed 属性（Timespan 类型）来读取所经过的时间。当 Stopwatch 对象处于运行状态时，读取的数据会稳定递增；当 Stopwatch 对象处于停止状态时，读取的将是固定值。

新建一个窗体应用程序 WinApp_Stopwatch，绘制一个文本框和三个按钮，分别表示 Start、Stop 和 Reset。在窗体类中声明 Stopwatch 对象 sw。

```
Dim sw As Stopwatch = New Stopwatch
```

在“Start”按钮的 Click 事件处理程序中调用 sw 对象的 Start 方法启动计时；在“Reset”按钮的 Click 事件处理程序中调用 sw 对象的 Reset 方法复位计时，同时，将文本框中的内容清空；在“Stop”按钮的 Click 事件处理程序中输入如下代码，读取经过的时间，并转换为可读性强的格式。

```
sw.Stop()
Dim ts As TimeSpan = sw.Elapsed
TextBox1.Text = ts.ToString
```

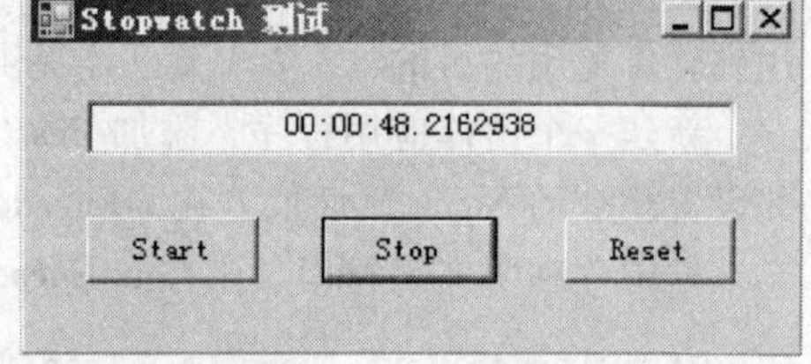

图 7.8 Stopwatch 的测试效果

程序运行后，其测试效果如图 7.8 所示。按下“Start”开始计时，按下“Stop”停止计时并显示时间，“Reset”将清除累计时间和文本框。Stopwatch 能够进行高精度计时，在研究算法的时候，可以通过直接显示时间来对比算法的速度，直观性较好，而且很有说服力。

7.11 控制计算机休眠或待机

网络保姆程序主要用于家长监控孩子玩游戏，可以强制计算机休眠、待机或关机。关机（PowerOff）很简单，主要指关闭计算机的电源。休眠（Hibernate）指示系统进入休眠电源模式。当系统进入休眠时，内存中的内容将会在计算机关闭前存入硬盘；在系统重新启动后，桌面以及以前的活动程序将会被恢复。待机（Suspend）指示系统进入挂起电源模式。当系统被挂起时，计算机会切换到低功耗的待机状态，当系统处于待机模式时，一些设备将被关闭，计算机可消耗更少的功率，系统恢复的速度比从休眠状态中恢复更快。因为待机时内存数据不存入硬盘，所以待机时的电源故障会导致信息丢失。

Application.SetSuspendState 方法可以非常方便地挂起系统或使系统休眠，此方法在 .NET Framework 2.0 版中是新增的，属于 System.Windows.Forms 命名空间，此命名空间在窗体应用程序中自动引用，因而，该方法可以直接使用。SetSuspendState 方法是一个共享方法，不需要建立实例对象即可调用，其定义如下所示：

```
Public Shared Function SetSuspendState ( _
    state As PowerState, _
    force As Boolean, _
    disableWakeEvent As Boolean _
) As Boolean
```

参数 state 指示要转换到的目标电源活动模式的 PowerState，这是一个枚举型变量，PowerState.Suspend 表示系统挂起（待机），PowerState.Hibernate 表示使系统休眠。参数 force 设置挂起模式，若要立即强制挂起，则为 True；若要使 Windows 向每个应用程序发送挂起请求，则为 False。参数 disableWakeEvent 值为 True 时可在发生唤醒事件时禁止将系统的电源状态恢复为活动状态；值为 False 时可在发生唤醒事件时允许将系统的电源状态恢复为活动状态。如果正在挂起该系统，则返回 True；否则返回 False。

SetSuspendState 方法的使用如下所示，两条语句都使 Windows 向每个应用程序发送挂起请求，第一条语句使系统休眠，第二条语句使系统待机：

```
Application. SetSuspendState ( PowerState. Hibernate, False, False)
Application. SetSuspendState ( PowerState. Suspend, False, False)
```

笔者的 Vista 系统没有设置休眠功能，关闭 Windows 菜单如图 7.9 所示。但是，仍然可以通过这里介绍的 SetSuspendState 方法使系统休眠。

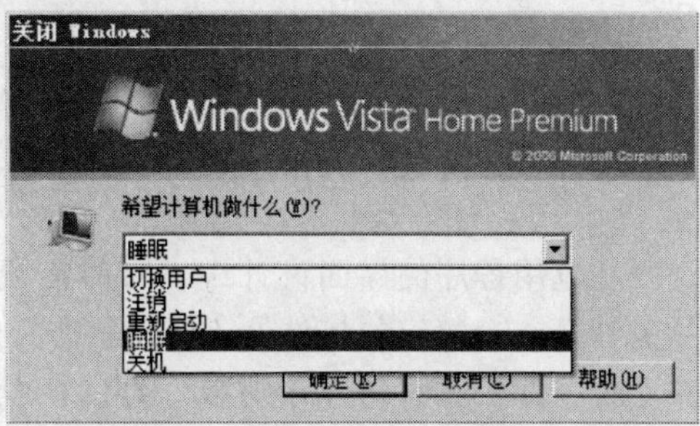

图 7.9　关闭 Windows 菜单

7.12　Using 语句的使用

在通信端口、数据库连接和图形等对象使用完毕之后，务必要释放这些对象，以避免应用程序发生内存泄漏的情况。一般可以调用这些对象提供的 Dispose 方法或者 Close 方法来释放它们占用的资源。Visual Basic 2008 提供的 Using 语句能够确保自动调用 Dispose 方法，从而防止内存泄漏。

Using 以语句块的方式出现，以 Using 开头，End Using 结尾。在 Using 的第一行代码中就必须创建确保将被释放的对象，而在 Using 与 End Using 语句之间的程序代码则是针对此对象进行的各种处理操作。第 5 章的图形操作可以使用下面的 Using 语句，在 Using 语句块之后，图形对象 g 自动释放，确保了内存的高效使用，同时该对象将不能再被使用。代码如下所示：

```
Using g As Graphics = Me.CreateGraphics()
    '利用 g 对象进行的一系列操作
End Using
```

```
'此时 g 对象已经被自动释放,不能再被使用
```

比较典型直观地观察 Using 语句使用效果的方法是通过 Modem 拨号。任意创建一个窗体应用程序，绘制一个命令按钮，在按钮的 Click 事件处理程序中使用“插入代码段”→“其他”→“连接和网络”→“使用 SerialPort 拨号”，自动插入如下代码，假设 Modem 在 COM3 口，并修改电话号码，其中，“ATDT”是 Modem 的 AT 命令，“D”表示拨号，“T”表示音频方式。将电话的外线插入 Modem 的 Line 接口，将电话机插入 Modem 的 Phone 接口。单击命令按钮，没有任何效果，因为 SerialPort 对象完成工作后自动释放。在 End Using 处添加一个断点，并将耳机插入计算机的音频输出接口，单击按钮，可以听到拨号音和接通的声音，此时可以拿起话机通话。

```
Using comPort As SerialPort = My.Computer.Ports.OpenSerialPort("COM3", 9600)
    comPort.DtrEnable = True
    comPort.Write("ATDT 025 - 12345678" & vbCrLf)

    ' All data transfer code goes here.

End Using
```

7.13 控件获取焦点

在应用程序的界面设计中，有时需要根据用户需求设置控件的焦点，即窗体程序启动后，让某一个特定的控件处于活动状态，从而满足用户的习惯或者方便用户输入信息。对于文本框，如果具有焦点，则可以直接在其中输入数据；如果按钮具有焦点，则可以按 Enter 键确认。

将本章的 WinApp_Settings 项目复制到 WinApp_Active 目录，为了使串行通信软件在加载时能够让“Setup”按钮获得焦点，从而通过 Enter 键即可打开参数设置对话框，可以分别使用以下代码实现（这些代码放置在主窗体的 Load 事件处理程序中）。第一条语句通过设置窗体的 ActiveControl 属性来设置活动控件，第二条语句调用控件本身的 Select 方法，从而使控件拥有焦点。此外，将控件的 TabStop 属性设置为 True，TabIndex 属性设置为 0，也能使控件获取焦点；调用控件的 Focus 方法同样可以为控件设置输入焦点。

```
Me.ActiveControl = btSetup
'btSetup.Select()
```

DataGridView 控件经常用来显示数据库中的记录，应该根据用户需要使某一条——特别是第一条或最后一条记录处于活动状态。关于此内容将在第 11 章介绍。

7.14 动画精灵的实现

瑞星助手（小狮子卡卡）具有较好的可视化效果。Microsoft Agent Control 控件可以操作 Office的动画精灵默林（Merlin）来显示信息、说话和表演动作，也实现了相同的效果。在使用

Microsoft Agent Control 控件时，必须有“merlin.acs”文件，而 Merlin 所显示的文本内容和表演的各种动作可以根据需要进行定制。

新建一个窗体应用程序 WinApp_Agent，通过菜单“项目”→“添加引用”，选择 COM 选项卡，添加对 Microsoft Agent Control 2.0 的引用，如图 7.10 所示。

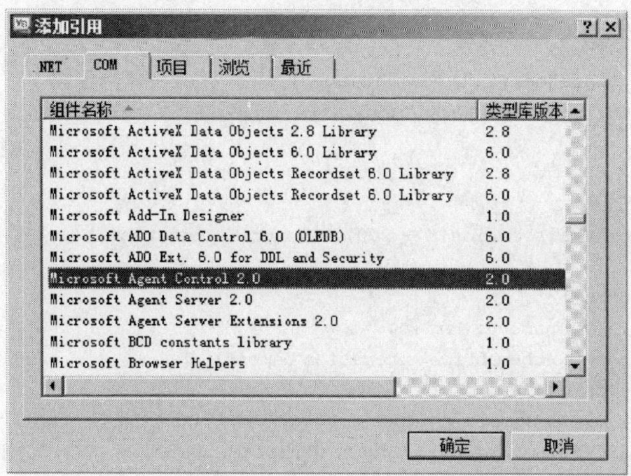

图 7.10 添加 Microsoft Agent Control 引用

在窗体上绘制一个 GroupBox 控件，并在其中绘制若干 RadioButton，用来演示 Merlin 的动作；再绘制其他控件，演示 Merlin 发声以及显示和隐藏 Merlin（参见图 7.11）。在窗体类中作如下定义，其中，Agent 对象用于打开与代理服务器的连接并加载字符，然后将字符与引用 IAgentCtlCharacter 接口的变量关联起来，以后便可以对 agentCharacter 进行编程。

```
Private agentController As AgentObjects.Agent
Private agentCharacter As AgentObjects.IAgentCtlCharacter
```

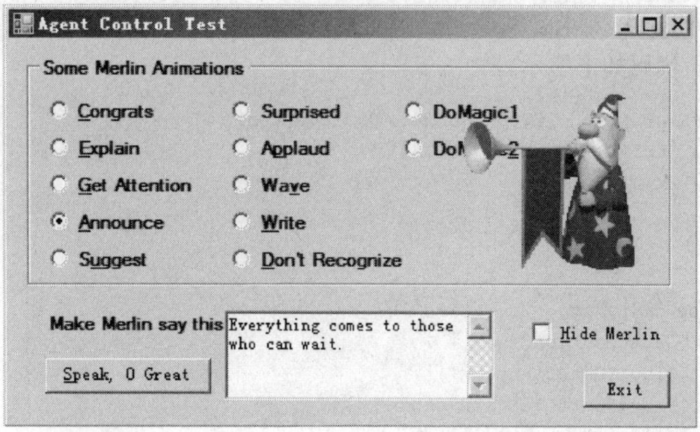

图 7.11 Microsoft Agent Control 的运行效果

在窗体的 Load 事件中输入如下代码：首先，创建 Agent 对象 agentController，加载 Merlin，完成 agentCharacter 的初始化；然后，调用 agentCharacter 的 MoveTo 方法，将 Merlin 移动到合适的位置，调用 Show 方法显示 Merlin，调用 Play 方法表演动作，调用 Speak 方法说话。

```
agentController = New AgentObjects.Agent()
With agentController
    .Connected = True
    .Characters.Load("merlin", "merlin.acs")
    agentCharacter = .Characters("merlin")
End With

With agentCharacter
    .MoveTo(CShort(Me.Location.X + 200), CShort(Me.Location.Y + 180))
    .Show()
    .Play("Announce")
    .Speak("Hello, my name is Merlin. " & _
        "Welcome to the Office Automation Demo!")
    .Play("GestureRight")
    .Speak("Make me say something,\pau=300\or\pau=500\…")
    .MoveTo(CShort(Me.Location.X + 300), CShort(Me.Location.Y + 50))
    .Play("GestureRight")
    .Speak("…try out some of my animations.")
End With
```

所有的 RadioButton 共享一个 Click 事件处理程序（其方法参见 7.8.2 节），通过 RadioButton 的 Tag 属性来区别是哪一个 RadioButton。首先，通过 CType 函数将 sender 对象转换为 RadioButton 对象，然后，将 RadioButton 对象的 Tag 属性通过 CStr 函数转换为 String 对象，最后通过 Select语句选择合适的动作。

当用户选择新的动画时应调用 agentCharacter 对象的 StopAll 方法立即停止 Merlin 正在执行的操作，否则动画将保存在堆栈队列中，并且在被选择时可能表现为无法正常工作。另外，某些动画（如 GetAttention）要求必须调用返回动画来使 Merlin 返回到正常状态（其他动画已经内置了此返回动画）。代码如下所示：

```
Dim radio As RadioButton = CType(sender, RadioButton)
Dim radioTag As String = CStr(radio.Tag)
With agentCharacter

    .StopAll()

    Select Case radioTag
        Case "GetAttention"
            .Play("GetAttention")
            .Play("GetAttentionReturn")
        Case "Explain"
            .Play("Explain")
        Case "Congratulate"
            .Play("Congratulate")
```

```
            Case "Announce"
                 .Play("Announce")
            Case "Applaud"
                 .Play("Congratulate_2")
            Case "DontRecognize"
                 .Play("DontRecognize")
            Case "Write"
                 .Play("Write")
            Case "Surprised"
                 .Play("Surprised")
            Case "Suggest"
                 .Play("Suggest")
            Case "Wave"
                 .Play("Wave")
            Case "DoMagic1"
                 .Play("DoMagic1")
            Case "DoMagic2"
                 .Play("DoMagic2")
        End Select
    End With
```

在 btnSpeak 按钮的 Click 事件处理程序中输入如下代码：假如 txtSpeak 文本框中的内容非空，就调用 agentCharacter 的 Speak 方法阅读文本框中的内容。

```
If Not txtSpeak.Text = "" Then
    agentCharacter.Speak(txtSpeak.Text)
End If
```

CheckBox 控件用于显示或隐藏 Merlin。将动画加载到队列中并将会在执行下一个命令之前进行播放。如果希望选中复选框时立即隐藏 Merlin，则必须调用 agentCharacter 对象的 StopAll 方法停止所有动作，然后再调用 Hide 方法隐藏 Merlin。代码如下所示：

```
With agentCharacter
    If chkMerlinHide.Checked Then
        .StopAll()
        .Hide()
    Else
        .Show()
    End If
End With
```

运行程序，单击单选按钮显示相应的动作；在文本框中输入英文句子，单击 Speak 按钮阅读，或单击 CheckBox 控件隐藏或显示 Merlin。运行效果如图 7.11 所示。

7.15 多线程的实现

在串行通信和网络通信中，发出数据请求后，如果一直等待数据的到达，主程序将不能做其他工作，主要表现在不能接受用户的请求。这时，可以通过使用多线程来避免。采用多线程来接收数据的具体例子将在第 19 章介绍，这里只介绍多线程的使用方法。

一般通过 Thread 类来创建并控制线程，设置其优先级并获取其状态。Thread 类属于 System.Threading 命名空间。Thread 类的 IsAlive 属性获取一个值，该值指示当前线程的执行状态，如果处于活动状态，则返回 True，否则返回 False。

Thread 类的 ThreadState 属性获取一个值，该值包含当前线程的状态。ThreadState 是一个枚举值，为线程定义了一组所有可能的执行状态。一旦线程被创建，它就至少处于其中一个状态中，直到终止。在公共语言运行库中创建的线程最初处于 Unstarted 状态，而进入运行库的外部线程则已经处于 Running 状态。通过调用 Start 可以将 Unstarted 线程转换为 Running 状态。ThreadState 的常用枚举值如表 7.8 所示。

表 7.8 ThreadState 的常用枚举值

名 称	说 明	名 称	说 明
Unstarted	尚未对线程调用 Thread.Start 方法	WaitSleepJoin	线程已被阻止
Running	线程已启动，且正在运行	AbortRequested	已对线程调用了 Thread.Abort 方法
StopRequested	正在请求线程停止（这仅用于内部）	Aborted	线程状态包括 AbortRequested 并且该线程现在已死
Stopped	线程已停止		

Thread 对象的初始化通过如下代码实现：ThreadSub 是 Thread 类的对象 td 需要在线程中完成的工作，这一般是一个子程序。

```
Dim td As Thread = New Thread(AddressOf ThreadSub)
```

Thread 类的常用方法如表 7.9 所示。Thread 对象创建后，处于 UnStarted 状态；通过调用 Start 方法，使其处于 Running 状态；调用 Sleep 和 Join 方法都会使其处于 WaitSleepJoin 状态。

表 7.9 Thread 类的常用方法

名 称	说 明	名 称	说 明
Abort	调用此方法通常会终止线程	Sleep	将当前线程阻塞指定的毫秒数
Join	阻塞调用线程，直到某个线程终止时为止	Start	使线程得以按计划执行

新建一个窗体应用程序 WinApp_Thread，绘制一个文本框，用来显示线程的状态，另外绘制 4 个命令按钮，“Start”用于启动线程，“Abort”用于终止线程，“Status”用于显示线程的状态，“Test”不使用线程直接执行子程序。在窗体类中定义线程 td 及需要在线程中执行的子程序 ThreadSub，该程序包含一个 While 死循环，在即时窗口中输出 TickCount 后 Sleep 500ms。

```
Dim td As Thread

Public Sub ThreadSub()
    While True
        Debug.Print(Environment.TickCount.ToString)
        Thread.Sleep(500)
```

```
    End While
End Sub
```

在窗体的Load事件处理程序中创建Thread对象，并定义其在线程中所需要完成的工作。

```
td = New Thread(AddressOf ThreadSub)
```

在“Start”按钮的Click事件处理程序中输入如下代码：调用Start方法启动线程td，如果出现异常，则重新生成Thead对象，然后再启动。

```
Try
    td.Start()
Catch ex As Exception
    td = New Thread(AddressOf ThreadSub)
    td.Start()
End Try
```

在“Abort”按钮的Click事件处理程序中输入如下代码：调用Abort方法终止线程。

```
Try
    td.Abort()
Catch ex As Exception
End Try
```

在“Status”按钮的Click事件处理程序中输入如下代码：读取线程td的状态，并转换为字符串后放入文本框中显示。

```
txtStatus.Text = td.ThreadState.ToString()
```

在“Test”按钮的Click事件处理程序中使用Call语句直接调用ThreadSub子程序，用于比较与多线程的使用效果。

程序运行后，单击“Test”按钮，即时窗口中将连续输出TickCount值，但是，单击其他控件或关闭窗口都没有响应，如图7.12所示。此时，只有单击工具栏上的“停止调试”快捷按钮才能关闭程序。同理，在通信程序中，如果采用同步等待接收数据的方式，显然用户不能接受。

重新运行程序，单击“Start”按钮启动线程td，即时窗口中开始连续输出TickCount值。此时，单击“Status”按钮，将显示线程状态，如图7.13所示。同理，在通信程序中，使用多线程来接收数据，数据接收完毕通过事件来通知用户，将不会影响用户对程序界面的控制。

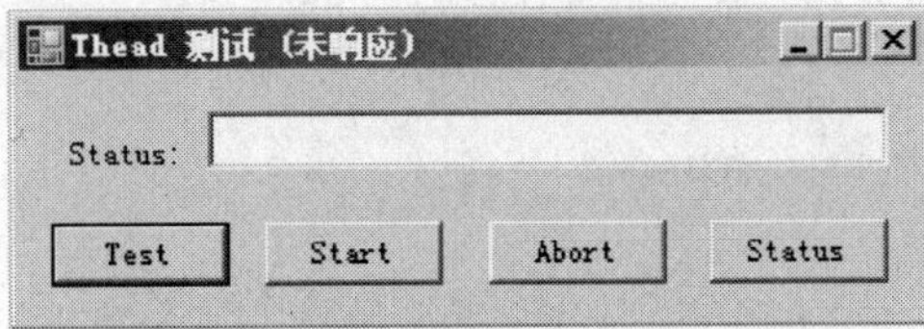

图7.12 单击“Test”按钮直接调用子程序的运行效果

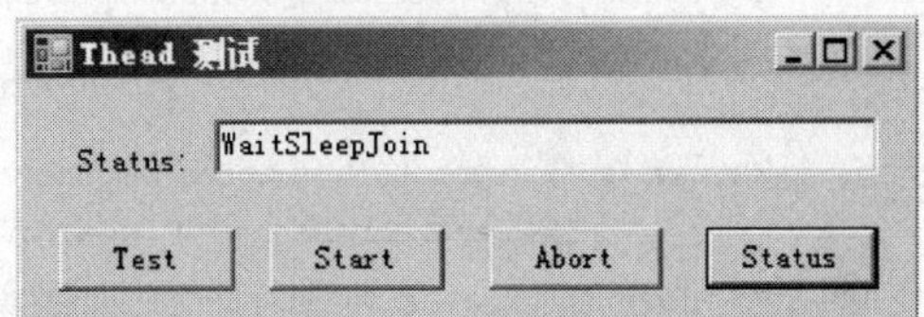

图7.13 使用多线程调用子程序的运行效果

7.16 杂项代码

程序写多了，会发现某些子程序（或函数）经常使用——应该对这些经常使用的子程序进行分类汇总，放入不同的模块，以便添加到应用程序中。这样可以达到软件复用的目的，提高软件开发的效率。3.2.3 节已经介绍了构建软件模块的语法，这里介绍一个杂项模块 General，其中包含的函数是笔者经常使用的，也是经过长期积累的结果，可以很好地解决一些实际问题。

首先创建一个窗体应用程序 WinApp_General，在窗体上绘制一个文本框和一个命令按钮，将文本框的 Multiline 属性设置为 True，并从光盘的 VB_NET\ Modules 目录中导入 General 模块。General 中的大部分函数可以通过即时窗口进行测试，至于打开和使用即时窗口的方法，参见 3.3 节。下面分别介绍该模块中的时间相关函数和其他函数。

7.16.1 时间相关函数

GetComputerTick 函数返回计算机开机以来所经历的毫秒数，可以使用其中的任何一个方法。

```
Public Function GetComputerTick() As Long
    Return My.Computer.Clock.TickCount  'Environment.TickCount
End Function
```

在应用程序中，有时需要知道某事件发生的时间以及开机以后所经历的毫秒数，GetTimeStamp 函数返回一个 String 类型的时间戳，其中 nLine 参数表示“=”的个数，用于分隔行。该函数主要将 TickCount 和当前时间转换为字符串，加上分隔线，并在字符串的首尾均加上新行符号。前后两个 TickCount 之差就是两件事件发生间隔的毫秒数。

```
Public Function GetTimeStamp(ByVal nLine As Integer) As String
    'GetTimeStamp(10)
    '返回 TickCount:168385965 // Time:10:11:59   ==========
    Dim strTick As String
    Dim strTime As String
    Dim strLine As String

    strLine = New String("=", nLine)
    strTick = "TickCount:" & GetComputerTick.ToString
    strTime = "Time:" & Now.ToString("H:mm:ss")

    Return Environment.NewLine & strTick & " // " & strTime & "  " & _
            strLine & Environment.NewLine
End Function
```

CheckTime 函数以时间字符串为参数，调用 DateTime 类的共享函数 Parese 进行解析，如果能转换为 DateTime 类型，则返回 True；如果发生异常，则返回 False。

```
Public Function CheckTime(ByVal strTime As String) As Boolean
    'format 12:13:51 true for right
    Dim tTest As DateTime

    Try
        tTest = DateTime.Parse(strTime)
        Return True
    Catch ex As Exception
        Return False
    End Try
End Function
```

CheckDate 函数与 CheckTime 函数类似，主要区别是前者以日期字符串为参数，检查该字符串是否表示日期，如果是返回 True，否则返回 False。

```
Public Function CheckDate(ByVal strDate As String) As Boolean
    'format 2003-11-21   true for right
    Dim dTest As Date

    Try
        dTest = Date.Parse(strDate)
        Return True
    Catch ex As Exception
        Return False
    End Try
End Function
```

ChkHoliday 函数检查给定的日期是否为假日，如果是，返回 True；如果不是，则返回 False。假日数据存放在字符串变量 strHoliday 中，如果给定的日期字符串包含在假日字符串中，则为假日。可以根据实际需要调整 strHoliday 的内容。

```
Public Function ChkHoliday(ByVal nDate As Date) As Boolean
    Dim strDate As String
    Dim strHoliday As String = "01-01/05-01/10-01/10-02/10-03"

    strDate = nDate.ToString("MM-dd")

    If strHoliday.Contains(strDate) Then
        Return True
    Else
        Return False
    End If
End Function
```

NextNumWorkDay 返回给定日期后的第 *n* 个工作日的日期，如果第一个参数表示的日期是 2011 年 3 月 24 日（星期四），第二个参数为 4，则返回的日期将是 2011 年 3 月 30 日。NextNumWorkDay 函数利用 7.7.1 节中的 DateAdd 函数将目标日期增加一天，然后，调用 WeekDay 函数计算这是一个星期中的第几天，如果不是法定休息日和假日则工作日加 1。该函数可以用于股市中计算新股申购和基金交易的资金解冻和到账日期。

```
Public Function NextNumWorkDay(ByVal nDate As Date, _
                               ByVal nInterval As Integer) As Date
    Dim dTarget As Date
    Dim I As Integer = 0
    Dim nWeekDay As Integer

    dTarget = nDate

    Do While I < nInterval
        dTarget = DateAdd(DateInterval.Day, 1, dTarget)
        nWeekDay = Weekday(dTarget, FirstDayOfWeek.Monday)
        If nWeekDay < 6 And ChkHoliday(dTarget) = False Then I + = 1
    Loop

    Return dTarget
End Function
```

CheckShortDate 函数判断给定的字符串是否为“yyMMdd”格式的字符串，如果是，则返回 True；如果不是，则返回 False。首先，用“-”对字符串进行分隔，然后，调用 Parse 函数进行解析，解析成功则为“yyMMdd”格式的字符串。

```
Public Function CheckShortDate(ByVal strDate As String) As Boolean
    '判断 "110324" 是否为有效的短日期
    Dim strTmp As String

    strTmp = strDate.Insert(4, "-")
    strTmp = strTmp.Insert(2, "-")

    Try
        Date.Parse(strTmp)
        Return True
    Catch ex As Exception
        Return False
    End Try
End Function
```

GetSeconds 函数根据“h:mm:ss”格式的时间字符串计算秒数，首先调用 TimeSpan 对象的 Parse 方法将时间字符串解析为 TimeSpan 对象，然后返回 TotalSeconds 属性完成转换。如果发生异常，则返回 0。

```
Public Function GetSeconds(ByVal strTime As String) As Long
    Dim ts As TimeSpan

    Try
        ts = TimeSpan.Parse(strTime)
        Return ts.TotalSeconds
    Catch ex As Exception
```

```
            Return 0
        End Try
    End Function
```

GetHMS 函数根据输入的秒数计算小时、分钟、秒，生成“HH:mm:ss”格式的时间字符串。初始化 TimeSpan 对象时，令小时与分钟为 0，将表示秒数的参数 sTotal 赋给第三个初始化参数，然后调用 TimeSpan 对象的 ToString 函数即可得到结果。

```
Public Function GetHMS (ByVal sTotal As Long)
        As String
    Dim ts As TimeSpan

    If sTotal < 0 Then Return "00:00:00"

    ts = New TimeSpan(0, 0, sTotal)
    Return ts.ToString
End Function
```

```
即时窗口
? CheckTime("11:59:32")
True
? CheckDate("2004-08-27")
True
? ChkHoliday(#10/01/99#)
True
? NextNumWorkDay(#12/01/08#,6)
#12/9/2008#
? GetSeconds("1:2:3")
3723
错误列表  即时窗口
```

图 7.14 杂项代码中部分函数的测试效果

通过即时窗口对以上部分函数的测试结果如图 7.14所示。

7.16.2 其他函数

DelayTime 子程序用来延迟若干毫秒，参数表示所要延迟的毫秒数。该子程序可以用于串行通信中配合串口打开操作，因为有的串口由于有硬件延迟，打开串口后，如果立即从串口发送数据，逻辑上是正确的，但是，在实践中却失败。如果打开串口后再延迟 50ms，则可以可靠地通过串口发送数据。

```
Public Sub DelayTime(ByVal nCount As Integer)
    Threading.Thread.Sleep(nCount)
End Sub
```

GetMyComputerName 函数调用 My 功能获取计算机的名称。

```
Public Function GetMyComputerName() As String
    Return My.Computer.Name
End Function
```

GetAppPath 函数获取当前正在运行的程序所在的绝对路径。该函数对于文件存取非常有用。

```
Public Function GetAppPath() As String
    Return My.Application.Info.DirectoryPath
End Function
```

GetRunningInstance 函数判断同一程序的备份是否正在运行。首先调用 Process 类的共享函数 GetCurrentProcess 获取当前进程 currentProcess，然后，调用 GetProcessByName 共享函数获取具有相同进程名称的进程集合。最后，利用 Each 循环进行比较，如果两个进程的 Id 属性不同（但 ProcessName 相同），则返回已经启动的进程对象，否则返回 Nothing。

有的应用程序只需要运行一个备份即可，如 Windows Mail 和 Windows Media Player，因而，如果调用 GetRunningInstance 函数返回非 Nothing，那么，可以关闭当前进程，以确保只有一个备份运行。

```
Public Function GetRunningInstance() As Process
    Dim currentProcess As Process = System.Diagnostics.Process.GetCurrentProcess()
    Dim processes As Process() = System.Diagnostics.Process._
                                 GetProcessesByName(currentProcess.ProcessName)

    For Each instance As Process In processes
        If (instance.Id <> currentProcess.Id) Then Return instance
    Next

    Return Nothing
End Function
```

DisplayString 子程序将字符串显示在多行文本框中，第一个参数是文本框，第二个参数是 String 变量，都是采用传址方式，即子程序中修改变量内容，将影响主程序中的值。DisplayString 一般用于显示通信数据，即将收发的通信数据及相关信号变化的情况显示在多行文本框中。因而，strData 一般处于变化之中，不断累加，有可能引起 strData 或多行文本框溢出。所以，定义常量 MAX_RESULT_CHARS，如果超过该数值，则调用 strData 对象的 Substring 方法删除其中的前 4KB 数据，保留后面最新的数据。DisplayString 子程序后面的 4 行代码将光标移至字符串的末尾，确保将最新数据呈现在用户面前。

```
Public Const MAX_RESULT_CHARS As Integer = 16384 'must below 32KB
Public Sub DisplayString(ByRef txtBox As System.Windows.Forms.TextBox,_
                         ByRef strData As String)
    '截取字符串 strData 中 4KB 以后的部分显示在文本框中,以避免溢出
    If Len(strData) > MAX_RESULT_CHARS Then
        strData = strData.Substring(4096)
    End If
    txtBox.Text = strData

    txtBox.SelectionLength = 0
    txtBox.SelectionStart = txtBox.Text.Length
    txtBox.ScrollToCaret()
    txtBox.Select()
End Sub
```

7.16.3 杂项代码综合测试

在窗体类中声明 String 对象 strData。在命令按钮的 Click 事件处理程序中输入如下代码，使 strData 的长度不断增加，并在其后添加时间戳，然后，通过传址方式调用 DisplayString 子程序进行显示。

```
strData &= "计算机监控系统开发与实战" & GetTimeStamp(3)
DisplayString(TextBox1, strData)
```

程序运行后，不断单击命令按钮，运行效果如图 7.15所示，最新的数据一直显示在最后

面，光标一直居于底端。如果直接将 strData 放入文本框中，最旧的数据显示在文本框的最前面，用户将不能观察最新数据。

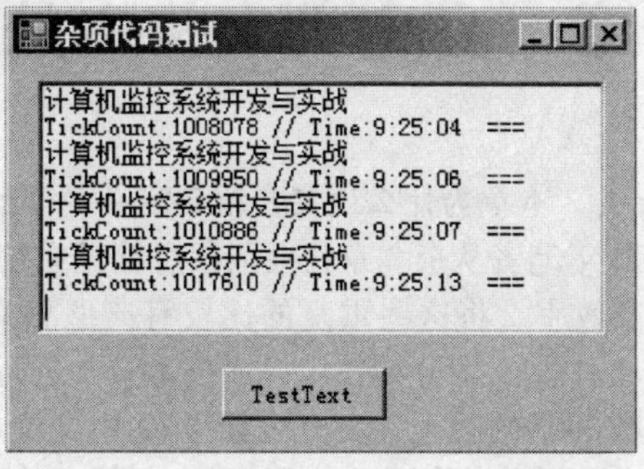

图 7.15 DisplayString 子程序的测试效果

7.17 本章小结

应用程序的编程技巧很多，本章参考了同行的成果并结合笔者的实战经验，介绍了一些常用的编程技巧。各种形式的对话框主要用于与用户的交互，使界面更加友好；String 类的使用及数据的格式化处理是最常用的编程技巧之一，用于数据的显示和字符串的各种处理；日期与时间的计算及格式化处理比较适合银行业务使用，如计算利息；可变数组可以根据需要定义数组的大小，在数据通信中有比较广泛的应用；BASE64 编码主要用于 SMTP 协议及邮件发送和接收相关的工作；使合适的控件获取焦点可以方便用户进行操作，也使得界面更加友好；动画精灵的实现可以增加应用程序的可视化效果；多线程的应用可以避免用户同步等待，可以增强程序的灵活性，在通信程序中使用非常广泛；杂项代码主要介绍一些独特的时间相关函数和其他常用函数，DisplayString 子程序可以用来非常方便地显示通信数据的收发。

有了前面各章节的知识基础并掌握本章的编程技巧，就基本具备了 .NET 应用程序设计的初步能力。后面各章节将以此为基础，介绍笔者在工程项目中积累的应用程序模块和实用程序。第 8 章在 7.6 节的基础之上，结合工程项目经验，开发了一个自定义字符串类。

思考与练习

1. 如何根据各种情况使用相应的消息框?
2. 如何对 String 类的对象初始化，如何灵活使用 ToString 函数?
3. 掌握日期与时间的计算及格式化处理，并编写一个计算利息的窗体应用程序。
4. 编写程序体会多线程应用程序。
5. 编写一个串行通信程序，将引脚信号的变化及接收和发送的数据叠加起来并用 DisplayString 子程序进行显示。

第 8 章　自定义字符串处理类

7.6 节已经介绍了 String 类，本章为什么还要介绍自定义字符串类（StringProcess），又为什么要编写该字符串类呢？2002 年笔者从事北京机要局信息管理系统的研发工作，涉及一些重复的字符串处理事务，为了提高效率，将这些重复的比较有典型意义的代码整理成了常用函数。笔者的博士研究课题涉及 Web 中文文本分词技术，该技术又要进行一些特殊的字符串处理，因而，在原来的字符串处理函数的基础之上，又开发了 Web 中文文本分词相关的字符串处理函数。邮政信函的编号是循环进行的，例如，可以从"000001"到"999999"，再从头开始，密码穷举也可以如此进行，因而又进一步开发了基于字符集的密码穷举和基于日期的密码穷举函数。为了便于管理字符集，将原来的代码模块用类来实现，便形成了 StringProcess 类。

StringProcess 类具有一定的通用性，而且，全部从原来的 Visual Basic 6.0 版本改写为 Visual Basic 2008 版本。与 7.16 节中的杂项代码 General 一样，StringProcess 类几乎包含在每个应用程序中。下面从类的创建开始，逐项介绍自定义字符串处理类的各个部分。

8.1　自定义类的创建

打开在线 MSDN 查找 SerialPort 类，可以发现，一个类主要包括构造函数、属性、方法与事件等内容。StringProcess 类主要进行字符串相关的处理，因而不需要定义事件，只需要定义构造函数、属性和方法，另外，还需要进行一些辅助定义。

在 Visual Basic 2008 环境中选择"新建项目"，出现如图 8.1 所示的界面，在其中选择"类库"，并输入名称 StringProcess，单击"确定"按钮，这样就生成了类库。在解决方案资源管理器中将类库的文件名"Class1.vb"改为"StringProcess.vb"。

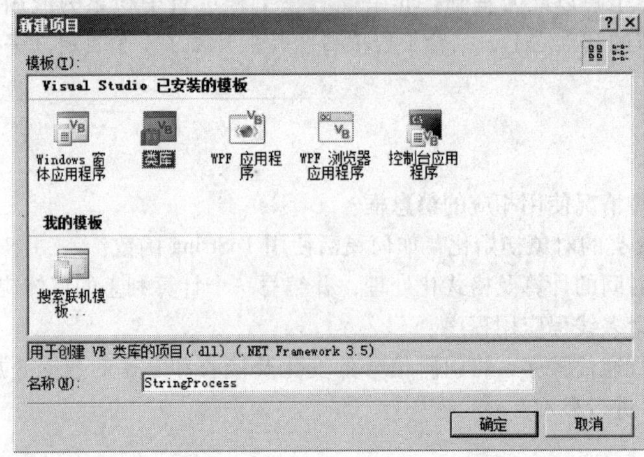

图 8.1　StringProcess 类的创建

最后完成的代码编写环境如图 8.2 所示，构造函数、属性、方法和其他辅助定义都在类中编写，下面逐项展开。

图 8.2　StringProcess 代码编写环境

8.2　数据与属性的定义

对密码进行穷举的时候，需要指定字符集，一般包括数字、字母或数字和字母字符集，也可以设置用户自定义字符集。StringProcess 类定义了 SortOfCharSet 枚举来标注字符集，0 表示数字集合，1 表示大写字母集合……其定义如下所示：

```
Public Enum SortOfCharSet
    DigitalSet = 0          '数字集合
    UCaseSet = 1            '大写字母集合
    LCaseSet = 2            '小写字母集合
    AllLetters = 3          '所有字母集合
    AllChars = 4            '所有数字和字母集合
    UserCharSet = 5         '用户字符集
End Enum
```

下面定义 3 个私有字符串常量，分别表示数字、大写字母和小写字母集合，用这些字符串常量可以组合成 SortOfCharSet 枚举类型中的 0 ~ 4 种标准集合。

```
Private Const _strDigits As String = "0123456789"
Private Const _strUCase As String = "ABCDEFGHIJKLMNOPQRSTUVWXYZ"
Private Const _strLCase As String = "abcdefghijklmnopqrstuvwxyz"
```

私有字符串变量_strCharSet 中存放字符集，只读字符串属性 CharSet 返回_strCharSet 字符集，其定义如下所示：

```
Private _strCharSet As String
Public ReadOnly Property CharSet() As String
    Get
        Return _strCharSet
    End Get
End Property
```

在进行字符串比较的时候，指定严格的二进制（Binary）方式，这样，“ABC”与“abc”对应的 ASCII 码不相等，因而两个字符串也自然不相等。CompareMethod 是一个系统定义的枚举类型，Binary 为 0，Text 为 1。_eCompare 是一个私有的 CompareMethod 变量，被设置为 Binary，其定义如下所示：

```
Private _eCompare As CompareMethod = CompareMethod.Binary '字符串比较方式
```

8.3 构造函数与销毁函数

私有方法 SetCharSet 是为构造函数服务的，第一个参数为 SortOfCharSet 枚举型变量，利用 Select 选择语句，根据此变量对字符集常量进行组合。第二个参数为可选参数，用来表示用户字符集，默认为空。如果第一个参数的枚举类型为用户自定义字符集 UserCharSet，而用户字符集 strUser 又为空，则默认选择数字集合_strDigits；否则，以用户字符集 strUser 为准。用户自定义字符集可以提高对密码进行穷举的效率。

为了方便用户使用自定义字符集，需要对该字符集执行自动排序。首先，调用 String 对象的 ToCharArray 方法，将自定义字符集转换为 Char 类型的数组，然后，调用 Array 类的共享方法 Sort 对该数组按照 ASCII 码从小到大进行排序，最后，利用循环进行叠加形成一个有序的自定义字符集。

```
Private Sub SetCharSet(ByVal nCharSet As SortOfCharSet, _
                Optional ByVal strUser As String = "")
    Select Case nCharSet
        Case SortOfCharSet.DigitalSet
            _strCharSet = _strDigits
        Case SortOfCharSet.UCaseSet
            _strCharSet = _strUCase
        Case SortOfCharSet.LCaseSet
            _strCharSet = _strLCase
        Case SortOfCharSet.AllLetters
            _strCharSet = _strUCase & _strLCase
        Case SortOfCharSet.AllChars
            _strCharSet = _strDigits & _strUCase & _strLCase
        Case SortOfCharSet.UserCharSet
            If strUser = "" Then
                _strCharSet = _strDigits
            Else
                '对用户自定义字符集执行自动排序
                Dim strTmp As String = ""

                Dim strArray() As Char = strUser.ToCharArray
                Array.Sort(strArray)

                For I As Integer = 0 To strArray.Length - 1
                    strTmp &= strArray(I)
                Next I

                _strCharSet = strTmp
            End If
    End Select
```

```
End Sub
```

构造函数 New 有两个重载。第一个构造函数没有参数，字符集采用 AllChars，即数字、大写字母和小写字母的组合，通过前面介绍的私有方法 SetCharSet 进行设置。字符集必须以 ASCII 码从小到大排列，以便密码函数使用。

```
Public Sub New()
    SetCharSet(SortOfCharSet.AllChars)
End Sub
```

第二个重载构造函数有两个参数，第一个参数用来指定字符集的种类，第二个参数为可选参数，用来设置用户自定义字符集。

```
Public Sub New(ByVal nCharSet As SortOfCharSet, _
                Optional ByVal UserCharSet As String = "")
    SetCharSet(nCharSet, UserCharSet)
End Sub
```

销毁函数 Dispose 方法用来释放 StringProcess 对象所占用的内存空间：

```
Public Sub Dispose()
    Me.Finalize()
End Sub
```

8.4 Web 中文文本分词相关函数

在中文 Web 信息处理中，如信息检索、信息抽取，以及图书情报关键词的建立，都需要对文本信息进行分词处理。对于英文文本，单词用空格分隔，只需要对后缀进行处理即可进行统计分析。然而，中文句子是以连续的字符串形式出现的，词与词之间没有间隔，这就涉及中文文本的分词处理。

实现 Web 中文文本分词，首先通过 HTTP 协议从网站下载 HTML 格式的网页，提取其中的中文短句，切分成字段后到词典中进行比对，如果词典中有此词条，则认为切分成功。例如，“大学校园”可以切分为“大学/校园”两个词条。当然，中文分词还有很多规则，远不止这么简单，有兴趣的读者可参考文献［13］。下面依次介绍各个函数。

NextString 方法的第一个参数是需要处理的源字符串 strSource，第二个参数是分隔字符串 strSeg。如果 strSeg 为空字符串（Length 为 0）或者 strSource 中不包含 strSeg，将返回空字符串。否则，返回 strSource 中被第一个 strSeg 分隔的下一段字符串，详细结果见注释所示。NextString 可用于截取 HTML 标签后的字符串。

```
Public Function NextString(ByVal strSource As String, ByVal strSeg As String) As String
    '获取 第一个 strSeg 以后的字符串
    '以 "abc//de//ff", "//" 为参数,将返回 "de//ff"
    Dim I As Integer
    Dim J As Integer

    J = strSeg.Length
```

```
        If J = 0 Then Return ""

        I = strSource.IndexOf(strSeg, _eCompare)
        If I = -1 Then
            Return ""
        Else
            Return strSource.Substring(I + J)
        End If
    End Function
```

GetLeftString 方法与 NextString 方法相似，只是截取 strSource 中被第一个 strSeg 分隔的左侧字符串。如果 strSource 中不包含 strSeg，则返回空字符串。GetLeftString 方法主要用于截取 HTML 标签左侧的字符串。

```
    Public Function GetLeftString(ByVal strSource As String, ByVal strSeg As String) _
                As String
        '获取 strSeg 左边的字符串
        '以 "abc//de//ff", "//" 为参数,将返回 "abc"
        Dim nLoc As Integer

        nLoc = strSource.IndexOf(strSeg, _eCompare)
        If nLoc = -1 Then
            Return strSource
        Else
            Return strSource.Substring(0, nLoc)
        End If
    End Function
```

GetInsideString 方法截取 strSource 中被第一个和第二个 strSeg 包围的字符串（不包括 strSeg 本身）。主要原理是调用 String 对象的 Split 方法对 strSource 字符串进行分隔，分隔后的结果存入 strResult 字符串数组中。Split 有 6 个重载方法，这里的第一个参数是分隔字符串数组，第二个参数表示删除结果中的空字符串。如果 strResult 的长度大于等于 3，则返回下标为 1 的字符串即可，否则，返回空字符串。GetInsideString 方法用于截取两个相同的 HTML 标签之间的字符串。

```
    Public Function GetInsideString(ByVal strSource As String, ByVal strSeg As String) _
            As String
        '获取被 strSeg 包围的第一个子字符串,不包括两端的 strSeg
        '以 "abc//de//ff", "//" 为参数,将返回 "de"
        Dim strVal(0) As String
        Dim strResult() As String

        strVal(0) = strSeg
        strResult = strSource.Split(strVal, StringSplitOptions.RemoveEmptyEntries)

        If strResult.Length < 3 Then
            Return ""
        Else
            Return strResult(1)
        End If
```

```
End Function
```

GetIncludeString 方法与 GetInsideString 方法类似，只是前者返回的字符串如果非空，首尾将包含 strSeg 字符串。

```
Public Function GetIncludeString(ByVal strSource As String, ByVal strSeg As String) _
                As String
    '获取被 strSeg 包围的子字符串,其中包括两端的 strSeg
    '以 "abc//de//ff", "//" 为参数,将返回 "//de//"
    Dim strTmp As String

    strTmp = GetInsideString(strSource, strSeg)
    If strTmp <> "" Then
        Return strSeg & strTmp & strSeg
    Else
        Return ""
    End If
End Function
```

NextString 方法返回 strSource 中被第一个 strSeg 分隔的下一段字符串。GetNumTail 方法调用 NextString 方法，返回第 nLocation 个被 strSeg 分隔的尾端字符串。

```
Public Function GetNumTail(ByVal strSource As String, ByVal strSeg As String, _
                    ByVal nLocation As Integer) As String
    '获取被 strSeg 分隔的第 n 个字符串尾巴,0 将直接返回整个字符串
    '以 "abc//de//ff","//",1 为参数,将返回 "de//ff"
    Dim I As Integer = 0
    Dim strTmp As String = strSource

    If nLocation = 0 Then Return strSource

    Do While I < nLocation AndAlso strTmp <> ""
       strTmp = NextString(strTmp, strSeg)
       I = I + 1
    Loop

    Return strTmp
End Function
```

GetNumString 方法返回 strSource 中被 strSeg 分隔的第 nLocation 个字符串。与前面介绍的 GetInsideString 方法类似，只是前者截取任意一段字符串，如果超过界限，则返回空字符串。这个方法非常实用，在字符串处理中具有广泛的用途。

```
Public Function GetNumString(ByVal strSource As String, _
                             ByVal strSeg As String, _
                             ByVal nLocation As Integer) As String
    '获取第 nLocation 个 strSeg 前面的一段字符串,从 0 开始
    '以 "abc//de//ff", "//", 1 为参数,将返回 "de"
    Dim strVal(0) As String
    Dim strResult() As String
```

```
    strVal(0) = strSeg
    strResult = strSource.Split(strVal, StringSplitOptions.RemoveEmptyEntries)

    If nLocation >= strResult.Length Then
        Return ""
    Else
        Return strResult(nLocation)
    End If
End Function
```

GetLastString 方法用于截取 strSource 中被 strSeg 分隔的最后一段字符串。

```
Public Function GetLastString(ByVal strSource As String, ByVal strSeg As String) _
                As String
    '获取 strSeg 分隔的最后一段子字符串
    '以 "abc//de//ff", "//" 为参数,将返回 "ff"
    Dim nLen As Integer
    Dim nLoc As Integer

    nLen = strSeg.Length
    nLoc = strSource.LastIndexOf(strSeg)

    If nLoc = -1 Then
        Return ""
    Else
        Return strSource.Substring(nLoc + nLen)
    End If
End Function
```

GetStringBetweenTwoChars 方法用于截取 strSource 中被 strStart 和 strEnd 围的子字符串，nLocation 表示 strSource 中的开始位置。要求 strStart 必须在 strEnd 之前。这个方法主要用于截取两个不同的 HTML 标签之间的字符串。

```
Public Function GetStringBetweenTwoChars(ByVal strSource As String, _
                        ByVal strStart As String, ByVal strEnd As String, _
                        ByVal nLocation As Integer) As String
    '获取两个不同的分隔符之间的字符串，开始位置 nLocation 从 1 开始计算
    '输入:"abc<<defg>>hi<<jk>>lmn","<<",">>",12  输出:"jk"
    Dim nStart As Integer
    Dim nEnd As Integer
    Dim nLenStart As Integer = strStart.Length
    Dim nLenEnd As Integer = strEnd.Length

    nStart = strSource.IndexOf(strStart, nLocation)
    nEnd = strSource.IndexOf(strEnd, nLocation)
    If (nStart = -1) OrElse (nEnd = -1) OrElse (nEnd <= nStart) Then Return ""

    Return strSource.Substring(nStart + nLenStart, nEnd - nStart - nLenStart)
End Function
```

ChangeTail 方法用于更换字符串的结尾部分。这里不能使用字符串自带的 Replace 方法，因

为该方法会将源字符串 strSource 中的所有 strSeg1 替换成 strSeg2。

```
Public Function ChangeTail(ByVal strSource As String, ByVal strSeg1 As String, _
                           ByVal strSeg2 As String) As String
    '将 strSeg1 尾巴换为 strSeg2
    '以 "abc//de//ff//", "//", "\\" 为参数,将返回 "abc//de//ff\\"
    '如果 strSource 的尾巴不是 strSeg1, 则直接返回 strSource
    Dim nLoc As Integer

    nLoc = strSource.LastIndexOf(strSeg1)
    If nLoc = -1 Then
        Return ""
    Else
        Return strSource.Substring(0, nLoc) & strSeg2
    End If
End Function
```

CNCharsCount 用于统计字符串中的中文字数。其基本原理是，首先截取宽度为 1 的子字符串，调用 AscW 函数计算其宽 ASCII 码，如果该值占用两个字节，则认为是一个汉字，从而让汉字计数器 nCount 加 1。

```
Public Function CNCharsCount(ByVal strSource As String) As Integer
    '返回字符串中的汉字的字数
    '以 "123 我们 34 的" 为参数,返回 3
    Dim nLen As Integer
    Dim I As Integer
    Dim nCode As Integer
    Dim nCount As Integer
    Dim strCh As String

    If strSource = "" Then Return 0

    nLen = strSource.Length
    For I = 0 To nLen - 1
        strCh = strSource.Substring(I, 1)
        nCode = AscW(strCh)
        If nCode > 255 OrElse nCode < 0 Then nCount = nCount + 1
    Next I

    Return nCount
End Function
```

一个字符串中的分隔符可能连续出现两次以上，给字符串中的有效信息的处理带来困难。OnlyOneSegChar 方法只保留一个分隔符，第三个可选参数默认为 True，表示需要删除字符串首部的所有分隔符。然后，查找匹配两个连续的分隔符，如果存在，则调用 String 对象的 Remove 方法删除一个，直到整个字符串中不包含两个连续的分隔符。这里同样不能使用 String 对象的 Replace 方法，直接将 “//” 替换为 “/”。因为如果分隔符 strSegment 的值为 “/”，而 strSource 中包含 “///”，最后输出结果中将包含 “//”，这是因为 Replace 方法只执行一遍扫描。

```
Public Function OnlyOneSegChar(ByVal strSource As String, _
```

```
                                    ByVal strSegment As String, _
                                    Optional ByVal bDelHead As Boolean = True) As String
        '输入:"//abc//de//ff//gg","/",True  输出:"abc/de/ff/gg"
        '输入:"//abc//de//ff//gg","/",False  输出:"/abc/de/ff/gg"
        Dim strSeg2 As String
        Dim strTmp As String
        Dim nLoc As Integer
        Dim nLen As Integer

        If strSource = "" OrElse strSegment = "" Then Return strSource

        strTmp = strSource
        nLen = strSegment.Length

        If bDelHead Then
            '如果首部字符串是分隔符,则取分隔符后的子字符串,即删除首部分隔符
            Do While strTmp.Substring(0, nLen) = strSegment
                strTmp = strTmp.Substring(nLen)
            Loop
        End If

        strSeg2 = strSegment & strSegment

        Do While True
            nLoc = strTmp.IndexOf(strSeg2, _eCompare)
            If nLoc = -1 Then
                Exit Do
            Else
                strTmp = strTmp.Remove(nLoc, nLen)
            End If
        Loop

        Return strTmp
    End Function
```

DelAllSubChars 方法删除源字符串 strSource 中的子字符串 strSubChars，以完成信息的清理，以便下一步的处理。DelAllSubChars 方法的核心代码是一个当型循环，只要 strSource 中包含 strSubChars，则调用 String 对象的 Replace 方法，将其替换为空字符串，从而完成删除工作。

```
    Public Function DelAllSubChars(ByVal strSource As String, _
                                   ByVal strSubChars As String) As String
        '删除字符串中的子字符串
        '输入:"abc//de//fg","//"  输出:"abcdefg"
        Dim nLen As Integer
        Dim strTmp As String

        strTmp = strSource
        nLen = strSubChars.Length

        If strTmp = "" OrElse nLen = 0 Then Return strSource
```

```
        Do While strTmp.Contains(strSubChars)
            strTmp = strTmp.Replace(strSubChars, "")
        Loop

        Return strTmp
    End Function
```

InsertSpecialChar 方法用于 Web 中文文本分词的前期处理，第一个参数 strSource 中包含 Web 文本，该方法将 strSource 中包含的任何一个位于 strSegments 中的字符替换为 strSeg 字符（分隔符），然后，调用前面介绍的 OnlyOneSegChar 方法删除多余的分隔符。InsertSpecialChar 方法主要调用了 String 对象的 Substring 方法和 Replace 方法。

```
    Public Function InsertSpecialChar(ByVal strSource As String, _
                                       ByVal strSegments As String, _
                                       ByVal strSeg As String) As String
        '将 strSource 中含有的 strSegments 字符集中的字符全部替换成
        '惟一的 strSeg 字符
        '用于中文分词
        '输入:"我们的12祖国345","12345","* "  输出:"我们的* 祖国* "
        Dim strTmp As String
        Dim nLoc As Integer
        Dim strChar As String

        strTmp = strSource

        For nLoc = 0 To strSegments.Length - 1
            strChar = strSegments.Substring(nLoc, 1)
            If strTmp.Contains(strChar) Then
                strTmp = strTmp.Replace(strChar, strSeg)
            End If
        Next nLoc

        Return OnlyOneSegChar(strTmp, strSeg)
    End Function
```

SegmentChars 方法将一个中文短句（存于 strSource 中）分隔成长度为 nLen 的字段，中间用分隔符 strSeg 进行分隔（参见注释示例）。以后，可以将这些字段跟词典中的词条进行比对，如果能找到，则认为这是一个中文词条（仅考虑最简单的情况）。主要原理是在 For 循环中将 strSource 位置一次推进一个，每次取长度为 nLen 的子字符串，然后用 strSeg 进行分隔，直到取完。

```
    Public Function SegmentChars(ByVal strSource As String, ByVal nLen As Integer, _
                                 ByVal strSeg As String) As String
        '用于中文分词,将字符串分割成固定长度的子字符串,并用 strSeg 分隔
        '输入:"我们的祖国是伟大的祖国",3,"/"
        '输出:"我们的/们的祖/的祖国/祖国是/国是伟/是伟大/伟大的/大的祖/的祖国/"
        Dim I As Integer
        Dim nSourceLen As Integer
        Dim strTmp As String = ""
```

```
        Dim strResult As String = ""

        If strSource = "" OrElse nLen < 1 Then Return ""

        nSourceLen = strSource.Length

        For I = 0 To nSourceLen - 1
            Try
                strTmp = strSource.Substring(I, nLen)
            Catch ex As Exception
                Exit For
            End Try

            strResult &= strTmp & strSeg
        Next I

        Return strResult
    End Function
```

FeatureCount 方法用来统计源字符串 strSource 中包含的 strFeature 子字符串的个数，即对字符串中包含的特征子字符串进行统计。FeatureCount 方法主要通过调用 String 对象的 IndexOf 方法来统计特征子字符串。FeatureCount 方法主要用于中文分词中对当前词条进行统计，一般来说，特征数越高的词条为最准确的词条。

```
    Public Function FeatureCount(ByVal strSource As String, _
                                 ByVal strFeature As String) As Integer
        '返回字符串中包含的 strFeature 子字符串的数量
        '以 "abc//de//ff//gg","//" 为参数,将得到 3
        Dim I As Integer
        Dim nLen As Integer
        Dim nCount As Integer
        Dim nLoc As Integer

        If strFeature = "" OrElse strSource.Contains(strFeature) = False Then
            Return 0
        End If

        nLen = strFeature.Length

        Do While True
            nLoc = strSource.IndexOf(strFeature, I)
            If nLoc = -1 Then
                Exit Do
            Else
                nCount += 1
                I = nLoc + nLen
            End If
        Loop

        Return nCount
    End Function
```

8.5 密码穷举相关函数

本节提供的方法可以用于穷举指定字符集的密码，也可以穷举日期密码，以及用来对邮政信函进行循环编号。

CheckLeagalChars 方法有两个重载，第一个方法只有一个参数 strSource，用来检查该参数中的字符是否来自指定的字符集，该字符集在对象创建时指定。CheckLeagalChars 方法通过 String 对象的 Substring 方法逐个获取 strSource 中的字符，然后，调用 String 对象的 Contains 方法检查 _strCharSet中是否包含该字符。只要有一个异常，即返回 False；如果 strSource 中的所有字符均来自_strCharSet，则返回 True。

```
Public Function CheckLegalChars(ByVal strSource As String) As Boolean
    '检查 strSource 中的字符是否来自 _strCharSet 集合
    '输入:"139",如果_strCharSet = "0123456789"  输出:True
    '输入:"139a",如果_strCharSet = "0123456789"  输出:False
    Dim nLen As Integer
    Dim I As Integer
    Dim strChar As String

    If strSource = "" Then Return False

    nLen = strSource.Length

    For I = 0 To nLen - 1
        strChar = strSource.Substring(I, 1)
        If _strCharSet.Contains(strChar) = False Then Return False
    Next I

    Return True
End Function
```

第二个 CheckLegalChars 重载方法允许用户临时指定特殊的字符集 strSpecialSet，从而检查 strSource 中的字符是否来自 strSpecialSet，如果全部来自 strSpecialSet 则返回 True，否则返回 False。

```
Public Function CheckLegalChars(ByVal strSource As String, _
                                ByVal strSpecialSet As String) As Boolean
    '检查 strSource 中的字符是否来自 strSpecialSet 集合
    '输入:"139","0123456789"  输出:True
    '输入:"139a","0123456789"  输出:False
    Dim nLen As Integer
    Dim I As Integer
    Dim strChar As String

    If strSource = "" Then Return False

    nLen = strSource.Length
```

```
        For I = 0 To nLen - 1
            strChar = strSource.Substring(I, 1)
            If strSpecialSet.Contains(strChar) = False Then Return False
        Next I

        Return True
    End Function
```

NextChar 方法查找给定的字符 strChar 在字符集中的下一个位置，并返回该字符。如果当前位置为最后的位置（最右边），则返回字符集中的第一个字符。strChar 在给定字符集中的当前位置通过调用 String 对象的 IndexOf 方法进行。如果字符集中不存在该字符，则返回空字符串。

```
    Public Function NextChar(ByVal strChar As String) As String
        '循环查找字符集 _strCharSet 中的某字符的下一个字符
        Dim nLen As Integer
        Dim nLocation As Integer

        strChar = Trim(strChar)

        nLen = _strCharSet.Length
        nLocation = _strCharSet.IndexOf(strChar, _eCompare)

        If nLocation = -1 Then Return "" 'For Error

        If nLocation = nLen - 1 Then
            Return _strCharSet.Substring(0, 1)  '已到最后,返回第一个字符
        Else
            Return _strCharSet.Substring(nLocation + 1, 1)
        End If
    End Function
```

PreviousChar 方法与 NextChar 方法相反，用于查找给定的字符 strChar 在字符集中的上一个位置，并返回该字符。如果当前位置为最前的位置（最左边），则返回字符集中最后一个字符。strChar 在给定字符集中的当前位置通过调用 String 对象的 IndexOf 方法进行。如果字符集中不存在该字符，则返回空字符串。

```
    Public Function PreviousChar(ByVal strChar As String) As String
        '循环查找字符集 _strCharSet 中的某字符的上一个字符
        Dim nLen As Integer
        Dim nLocation As Integer

        strChar = Trim(strChar)

        nLen = _strCharSet.Length
        nLocation = _strCharSet.IndexOf(strChar, _eCompare)

        If nLocation = -1 Then Return "" 'For Error

        If nLocation = 0 Then
            Return _strCharSet.Substring(nLen - 1, 1)  '已到开头,返回最后一个字符
```

```
        Else
            Return _strCharSet.Substring(nLocation - 1, 1)
        End If
    End Function
```

GenNextPwd 方法列举给定字符集中的下一个密码。如果实例对象的字符集为数字字符集，则以“321329”为参数，将返回“321330”。GenNextPwd 方法首先通过 CheckLegalChars 方法检查初始密码 strPW 中的字符是否来自实例对象中的字符集，如果不是，则返回空字符串；如果是，则执行后续计算。实例对象中的字符集必须以 ASCII 码从小到大排列。GenNextPwd 方法调用 NextChar 方法，更换最后一个字符为给定字符集中的下一个字符，如果新字符反而变小了（如从“9”到“0”），则执行类似的加法进位运算，直到新字符的 ASCII 码值大于原位置的值。

```
    Public Function GenNextPwd(ByVal strPW As String) As String
        '列举给定字符集中的下一个密码
        Dim strTmp As String
        Dim strTmpChar As String
        Dim nLen As Integer
        Dim I As Integer

        strTmp = Trim(strPW)
        nLen = strTmp.Length

        If CheckLegalChars(strTmp) = False Then Return ""

        For I = nLen - 1 To 0 Step -1
            strTmpChar = strTmp.Substring(I, 1)

            If I =nLen - 1 Then
                strTmp = strTmp.Substring(0, I) & NextChar(strTmpChar)
            Else
                strTmp = strTmp.Substring(0, I) & NextChar(strTmpChar) & _
                    strTmp.Substring(I + 1)
            End If

            If strTmpChar < NextChar(strTmpChar) Then Exit For
        Next I

        Return strTmp
    End Function
```

GenPrePwd 方法与 GenNextPwd 方法相反，列举给定字符集中的上一个密码。如果实例对象的字符集为数字字符集，则以“321300”为参数，将返回“321299”。GenPrePwd 方法首先通过 CheckLegalChars 方法检查初始密码 strPW 中的字符是否来自实例对象中的字符集，如果不是，则返回空字符串；如果是，则执行后续计算。实例对象中的字符集必须以 ASCII 码从小到大排列。GenPrePwd 方法调用 PreviousChar 方法，更换最后一个字符为给定字符集中的上一个字符，如果新字符反而变大了（如从“0”到“9”），则执行类似的减法借位运算，直到新字符的 ASCII 码值小于原位置的值。

```
Public Function GenPrePwd(ByVal strPW As String) As String
    '列举给定字符集中的上一个密码
    Dim strTmp As String
    Dim strTmpChar As String
    Dim nLen As Integer
    Dim I As Integer

    strTmp = Trim(strPW)
    nLen = strTmp.Length

    If CheckLegalChars(strTmp) = False Then Return ""

    For I = nLen - 1 To 0 Step -1
        strTmpChar = strTmp.Substring(I, 1)

        If I = nLen - 1 Then
            strTmp = strTmp.Substring(0, I) + PreviousChar(strTmpChar)
        Else
            strTmp = strTmp.Substring(0, I) + PreviousChar(strTmpChar) + _
                    strTmp.Substring(I + 1)
        End If

        If strTmpChar > PreviousChar(strTmpChar) Then Exit For
    Next I

    Return strTmp
End Function
```

有相当一部分网民使用6位日期作为E-mail密码，这种密码人为地减少了数字字符集组成的密码的复杂度，使穷举破解变得非常容易。GenNextDate方法根据输入的“yyMMdd”格式的字符串计算出第二天的日期字符串并返回。GenNextDate方法比较简单，首先将“yyMMdd”格式的字符串加上分隔符转换成“yy-MM-dd”格式，然后，解析成Date类型的变量，并调用AddDays方法增加一天，最后将此日期型变量转换为新的“yyMMdd”格式的字符串并返回。如果解析错误，则返回空字符串。

```
Public Function GenNextDate(ByVal strPW As String) As String
    '输入691231，输出700101
    Dim strTmp As String
    Dim dt As Date

    If strPW.Length <> 6 OrElse CheckLegalChars(strPW, _strDigits) = False _
                        Then Return ""

    strTmp = strPW.Insert(4, "-")
    strTmp = strTmp.Insert(2, "-")

    Try
        dt = DateTime.Parse(strTmp)
        dt = dt.AddDays(1)
        Return dt.ToString("yyMMdd")
```

```
        Catch ex As Exception
            Return ""
        End Try
    End Function
```

利用 POP3 协议穷举日期型密码的时候，如果失败，需要返回上一个日期型密码，这时，就需要使用 GenPreviousDate 方法了。GenPreviousDate 方法跟 GenNextDate 方法类似，只是前者日期减 1，后者日期加 1。

```
    Public Function GenPreviousDate(ByVal strPW As String) As String
        '输入 700101，输出 691231
        Dim strTmp As String
        Dim dt As DateTime

        If strPW.Length <> 6 OrElse CheckLegalChars(strPW, _strDigits) = False _
                    Then Return ""

        strTmp = strPW.Insert(4, "-")
        strTmp = strTmp.Insert(2, "-")

        Try
            dt = DateTime.Parse(strTmp)
            dt = dt.AddDays(-1)
            Return dt.ToString("yyMMdd")
        Catch ex As Exception
            Return ""
        End Try
    End Function
```

8.6　其他常用函数

本节的其他常用函数也是在编程实践中比较常用的一些方法。

InsertString 方法在源字符串 strSource 中的指定位置 nLoc 的地方插入子字符串 strSub。该方法与 String 对象的 Insert 方法类似，只是条件更加宽松。如果插入位置大于 strSource 的长度，则附加在 strSource 的后面并返回该字符串；如果插入位置小于 0，则置于 strSource 的头部并返回该字符串；如果插入位置在 strSource 的内部，则直接调用 String 对象的 Insert 方法完成插入操作并返回该字符串。由于 InsertString 方法的条件比较宽松，因而，不会出现“索引超出范围”的异常提示。

```
    Public Function InsertString(ByVal strSource As String, _
                                ByVal strSub As String, _
                                ByVal nLoc As Integer) As String
        '在字符串中指定的位置之前插入子字符串
        '输入:"abcde","/",2   输出:"ab/cde"
        If nLoc > strSource.Length Then Return strSource & strSub
        If nLoc < 0 Then Return strSub & strSource

        Return strSource.Insert(nLoc, strSub)
```

```
End Function
```

String 对象的 Replace 方法用于将源字符串中的“所有”子字符串替换为新的子字符串。有时并不需要这样，只需要替换源字符串中的第一个子字符串，而源字符串中的其他子字符串用另外新的子字符串来替代，这时可以使用 ReplaceSubString 方法。例如，需要将十六进制字符串“AB ** CD ** 3D ** 9A”中的“ ** ”替换为独立的随机字节的字符串，如果使用 String 对象的 Replace 方法，有可能得到结果“AB8*E*CD8*E*3D8*E*9A”。而使用 ReplaceSubString 方法，一次替换一个子字符串，可以使用一个循环来完成，循环次数可以使用前面介绍的 FeatureCount 方法得到。ReplaceSubString 主要通过 String 对象的 IndexOf 方法来对子字符串定位，然后用新的子字符串来替换该子字符串，最后返回结果。

```
Public Function ReplaceSubString (ByVal strSource As String, _
                                  ByVal strOld As String,_
                                  ByVal strNew As String) As String
    '输入:"ab** cd** e","** ","22"  输出:"ab22cd** e",只替换第一个
    If strSource.Contains(strOld) = False OrElse strOld = "" OrElse strNew = ""_
                                            Then Return strSource

    Dim nLocation As Integer = strSource.IndexOf(strOld, _eCompare)
    Dim nOldLen As Integer = strOld.Length

    If nLocation =  -1 OrElse nOldLen = 0 Then
        Return strSource
    Else
        Return strSource.Substring(0, nLocation) & strNew _
                & strSource.Substring(nLocation + nOldLen)
    End If
End Function
```

有时，需要对多行文本框中的信息进行分隔，以达到比较好的可视化效果，这时可以使用 GetNumChars 方法。GetNumChars 方法的第一个参数 strChar 是一个分隔符，nLen 表示分隔符的长度，结果返回一个由 nLen 个 strChar 分隔符组成的字符串。GetNumChars 主要使用了 String 类的构造方法。

```
Public Function GetNumChars (ByVal strChar As String, _
                             ByVal nLen As Integer) As String
    '输入:"=",3  输出:"==="

    If strChar.Length <> 1 OrElse nLen < 1 Then
         Return ""
    Else
         Return New String("=", nLen)
    End If
End Function
```

8.7 类的使用与测试

StringProcess 类的代码编写完毕后，单击菜单“生成”，将在本项目目录的“Release”子目

录下生成 StringProcess.dll 动态链接库（Dynamic Link Library）——在 .NET 之前制作动态链接库显得比较困难，到了 .NET 时代却是如此简单。

新建一个窗体应用程序 WinApp_Test，用来测试密码穷举方法。在解决方案资源管理器中单击“显示所有文件”快捷方式，右击“引用”，选择“添加引用”，然后，在打开的窗口中单击“浏览”标签页，选择 StringProcess.dll，最后单击“确定”按钮。这时，StringProcess 进入解决方案资源管理器中的“引用”项下。

在窗体中绘制文本框 txtCharSet 用来设置用户字符集，绘制文本框 txtPassword 用来存放和显示密码。绘制三个命令按钮，btSet 按钮用来设置新的用户字符集，btNext 穷举下一个密码，btPrevious 按钮穷举上一个密码。

添加一个模块 Main，在其中作如下声明，这样就可以在多种环境中测试 StringProcess 中的方法。在即时窗口中对 StringProcess 对象 oString中的部分方法进行测试，其效果如图 8.3 所示。

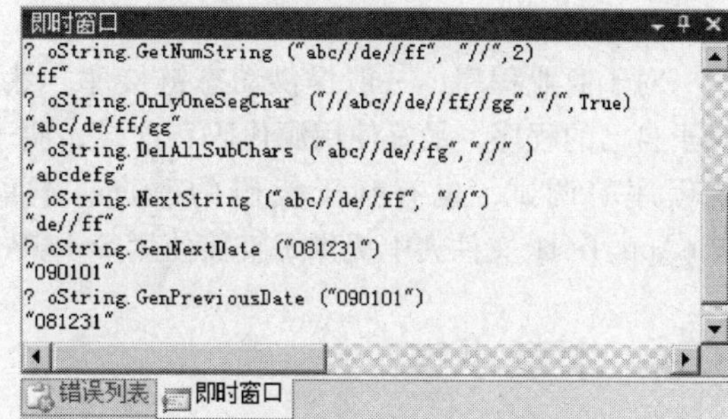

图 8.3　StringProcess 对象中的部分方法在即时窗口中的测试效果

```
Public oString As StringProcess.StringProcess = New StringProcess.StringProcess
```

在 btSet 按钮的 Click 事件处理代码中输入如下代码，设置用户字符集，随后，用消息框进行提示。

```
If oString IsNot Nothing AndAlso txtCharSet.Text.Length > 0 Then
    oString.Dispose()
Else
    Return
End If

oString = New StringProcess.StringProcess( _
            StringProcess.StringProcess.SortOfCharSet.UserCharSet, _
            txtCharSet.Text)
txtCharSet.Text = oString.CharSet
MessageBox.Show("OK")
```

在 btNext 按钮的 Click 事件处理代码中输入如下代码，用来穷举下一个密码。GenNextPwd 方法需要使用 oString 对象的字符集。

```
If txtPassword.Text <> "" Then
     txtPassword.Text = oString.GenNextPwd(txtPassword.Text)
End If
```

在 btPrevious 按钮的 Click 事件处理代码中输入如下代码，用来穷举上一个密码。GenPrePwd 方法需要使用 oString 对象的字符集。

```
If txtPassword.Text <> "" Then
     txtPassword.Text = oString.GenPrePwd(txtPassword.Text)
```

```
End If
```

程序运行后，在字符集文本框中输入“12ABcd”，在密码文本框中输入“121212”，单击“设置”按钮，完成用户自定义字符集的设置，然后，单击“上一个”或“下一个”按钮，密码将在规定的字符集范围内不断变化，运行效果如图8.4所示。

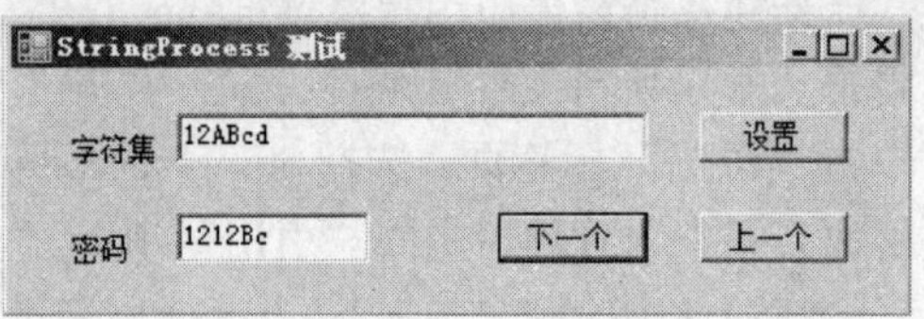

图8.4 StringProcess对象的密码穷举方法的测试效果

对于商业程序，一般提供动态链接库。然而，对于自己的程序，最好使用源代码，这样，便于系统程序的调试，也有利于代码的改进。本章的WinApp_Test1文件夹中提供了直接使用StringProcess类的程序解决方案。

8.8 本章小结

本章介绍的StringProcess自定义类来自多个工程项目的经验总结，可以用于Web中文文本分词处理和Web知识发现，也可以用于密码穷举和邮政信函的循环编号。另外，对于StringProcess类中提供的方法，其用途远不只于此。例如，GetNumString方法常用于从源字符串中获取指定序号的特征数据；OnlyOneSegChar方法可以一次性地删除源字符串中多余的分隔符（仅保留一个）；DelAllSubChars方法扩展了String对象的Remove功能，可以删除源字符串中所有匹配的子字符串；FeatureCount方法可以对源字符串中的特征进行统计；CheckLegalChars方法可以检查用户提供的字符集是否为规定的字符集；ReplaceSubString弱化了String对象的Replace功能，一次只能替换源字符串中一个匹配的子字符串，增强了程序的灵活性。

字符串处理技术是应用程序中最常用也是最基本的技术之一，本书中的每一个实用程序几乎都要使用StringProcess类。本章的StringProcess类丰富了String类的内容，具有广泛的用途，掌握这些方法可以有效地提高自己的编程水平和实战能力。

思考与练习

1. 熟悉GetNumString、CheckLegalChars和ReplaceSubString方法的应用，并编写应用程序进行测试。
2. 利用数字字符集对密码进行穷举，从“000101”开始到“991231”结束。要求使用GenNextPwd和GenNextDate两种方法，并使用7.10节介绍的Stopwatch进行计时，对比两者所耗费的时间，说明密码复杂性对个人信息保护的重要性。

第三部分

数据库操作技术

第 9 章　数据库基础

第 10 章　Access 数据库类

第 11 章　DataGridView 模板

第 12 章　Windows 事务提醒程序

第9章　数据库基础

无论是Web应用程序还是Windows窗体应用程序，几乎都要用到数据库，因而，数据库编程是开发应用程序的重要基础。利用Visual Basic本身来设计数据库是很不方便的，而且，对数据库进行底层操作的时候需要数据库后台管理程序。Microsoft公司提供了针对不同用户需求的Access和SQL Server数据库后台管理程序，甲骨文公司则提供了功能强大的Oracle软件。

一般来说，小型应用程序可以使用Office自带的Access数据库，中型应用程序可以使用Microsoft SQL Server系列的数据库，大型应用程序可以使用Oracle数据库。本章主要以Microsoft Access 2007数据库作为参考，介绍数据库操作与显示的相关内容。

9.1　Access数据库的创建

Access也是一种桌面数据库管理系统，但是与传统的数据库管理系统不一样。Access是Visual Basic的内部数据库，即默认的数据库类型，用Access建立的数据库可以在Visual Basic中使用，反之，用Visual Basic也可以直接创建Access数据库。在安装Microsoft Office 2007的时候，选择安装Microsoft Access 2007，然后，才可以使用该工具创建数据库。

运行Microsoft Access 2007，选择新建空白数据库，如图9.1所示，单击文件夹图标，然后，在新打开的窗口中选择合适的存储路径，保存类型设置为“2002-2003数据库”（扩展名为mdb），文件名设置为PhoneBook，最后单击“确定”即可。此时，又返回图9.1所示的界面，单击“创建”，即可创建新的空白数据库。

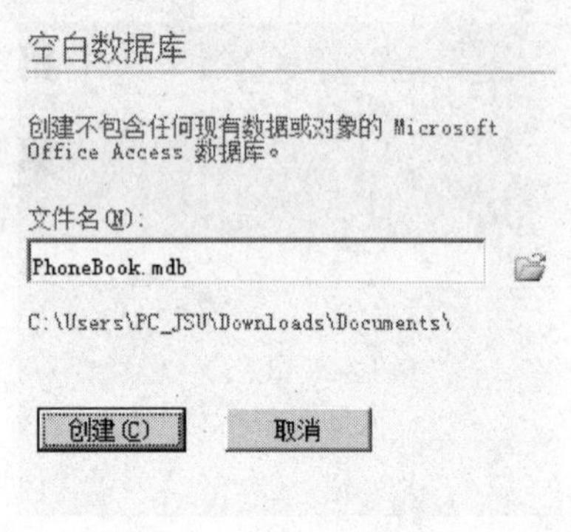

图9.1　创建空白数据库

在Access的“开始”功能选项卡下，选择“视图”中的“设计视图”，表的名称设为PhoneBook，按照图9.2所示添加字段并设计字段的属性。字段名称不得为保留字，数据类型（如数字或文本）可以单击下拉按钮进行选择。在字段属性中，“标题”字段用于窗体时的标签，如果未输入标题，则将字段名用做标签；如果某字段为主键，其索引一般为“有（无重复）”。为了便于应用程序对数据库中的记录进行更新，必须设置主键。

最终的PhoneBook表的字段设置如表9.1所示，其中的ID仅仅起一个序号的作用，姓名Name1和电话号码Phone都是非空的文本类型，区号Area和备注Remark为允许空字符串的文本类型，其中，将Phone字段设置为主键。

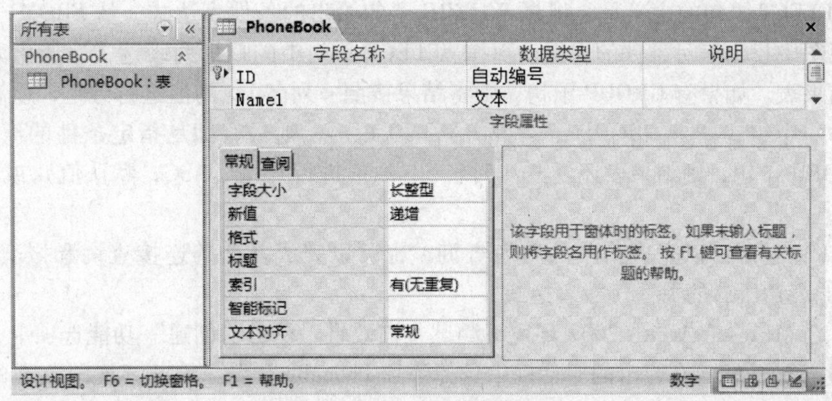

图 9.2　Access 数据库的设计

选择“视图”中的“数据表视图”，输入数据。PhoneBook 表包含三条测试记录，如表 9.2 所示。

表 9.1　PhoneBook 的字段设置

字段名称	数据类型	允许空字符串
ID	数字	—
Name1	文本	否
Area	文本	是
Phone	文本	否
Remark	文本	是

表 9.2　PhoneBook 中的示例记录

ID	Name1	Area	Phone	Remark
1	马玉春	025	12345678	长途电话
2	张　三		4321	内线电话
3	李　四		8765432	本地市话

9.2　关系数据库标准语言 SQL

SQL（Structured Query Language）是介于关系数据库与关系演算之间的一种结构化查询语言。虽然说 SQL 是一种查询语言，但是，其功能远非查询信息这么简单，主要功能包括数据查询（Data Query）、数据操纵（Data Manipulation）、数据定义（Data Definition）和数据控制（Data Control），是一种通用的、功能强大的同时又是简单易学的关系数据库语言。这里介绍的 SQL 语句的用法，主要涉及应用程序中常用的“数据查询”和“数据操纵”功能。

9.2.1　SQL 的数据查询功能

数据查询是数据库的核心操作。SQL 语言提供了 SELECT 语句进行数据库的查询，该语句具有灵活的使用方式和丰富的功能，其一般格式为：

```
SELECT  [ALL |DISTINCT] <目标列表达式>[,<目标列表达式>]…   /* 需要哪些列 */
FROM <表名或视图名>[,<表名或视图名>]…                      /* 来自哪些表 */
[WHERE <条件表达式>]                                      /* 根据什么条件 */
[GROUP BY <列名1>[HAVING <条件表达式>]]
[ORDER BY <列名2>[ASC |DESC]];
```

整个 SELECT 语句的含义是，根据 WHERE 子句给出的条件表达式，从 FROM 子句指定的基本表或视图中找出满足条件的元组，再按 SELECT 子句中的目标列表达式，选出元组中的属性值形成结果表。如果有 GROUP 子句，则将结果按照 <列名 1> 的值进行分组，该属性列值相等的元组为一个组。如果 GROUP 子句带 HAVING 短语，则只有满足指定条件的组才被输出。如果有 ORDER 子句，则结果表还要按 <列名 2> 的值进行升序（ASC，默认值）或降序（DESC）排序。

SELECT 语句既可以完成简单的单表查询，也可以完成复杂的连接查询和嵌套查询。SELECT 语句能表达所有的关系代数表达式。

下面，在 Microsoft Access 2007 环境下测试查询效果。单击“创建”功能选项卡，然后，选择“查询设计”功能，在弹出的对话框中选择添加 PhoneBook 表。单击“视图”下的“SQL 视图”，修改查询语句为：

```
SELECT Name1,Phone
FROM PhoneBook;
```

单击“运行”，将得到只有姓名 Name1 和电话号码 Phone 的数据表，如图 9.3 所示。

查询1

Name1	Phone
马玉春	12345678
张 三	4321
李 四	8765432
*	

图 9.3 Access 简单查询示例

查询满足条件的元组是通过 WHERE 子句实现的，WHERE 子句常用的查询条件如表 9.3 所示。

表 9.3 常用的查询条件

查询条件	谓 词
比较	=，>，<，>=，<=，!=，<>，!>，!<，NOT + 以上比较运算符
确定范围	BETWEEN AND，NOT BETWEEN AND
确定集合	IN，NOT IN
字符匹配	LIKE，NOT LIKE
空值	IS NULL，IS NOT NULL
多重条件	AND，OR

如果添加 WHERE 子句，输入如下的语句，将显示表 9.2 所示的第一条记录，“*”表示所有列。在 SQL 语句中，单引号和双引号的作用相同。

```
SELECT *
FROM PhoneBook
WHERE Name1 ="马玉春";
```

确定范围的 BETWEEN 语句需要指定一个下限值和一个上限值；确定集合的 IN 语句指出列值是否在指定的集合内，集合本身用“（”和“）”表示；空值条件用于判断列值是否为空；多重条件将多个“比较”组合起来。

LIKE 用于查找指定列名与匹配串常量匹配的元组。匹配串是一种特殊的字符串，其特殊之处在于它不仅可以包含普通字符，而且还可以包含通配符。通配符用于表示任意的字符或字符串。在实际应用中，如果需要从数据库中检索一批记录，但又不能给出精确的字符查询条件，这时，就可以使用LIKE运算符和通配符来实现模糊查询。在LIKE运算符前面也可以使用NOT运算符，表示对结果取反。LIKE的一般格式如下所示：

```
[NOT] LIKE '<匹配符>'
```

其含义是查找指定的属性列值与匹配串相匹配的元组。匹配串可以是一个完整的字符串，也可以含有通配符“%”与“_”。其中：

- “%”代表任意长度（可以为0）的字符串。例如，“%果%”表示含有“果”的字符串，既可以是“苹果”也可以是“果树”。
- “_”代表任意单个字符。例如，“_果”与“苹果”和“水果”都匹配。

由此可见，LIKE对于查找含有“只言片语”的信息非常有用，例如，如果知道某犯罪嫌疑人姓名中的两个字，就可以从数据库中调出可能的姓名，从而大大减少排查对象。

9.2.2 SQL的数据操纵功能

使用SELECT语句可以返回由行和列组成的结果，但是，查询操作不会使数据库中的数据发生任何变化。数据操纵是对数据进行各种更新操作，包括插入数据（INSERT）、修改数据（UPDATE）和删除数据（DELETE）三条语句，这些语句也是编程中常用的语句。

1. INSERT语句

INSERT语句用于向数据表中插入记录，其语句的格式为：

```
INSERT
INTO <表名> [ <属性列1>[,<属性列2>…]]
VALUES(<常量1>[,<常量2>]…);          /* 取值也可以来自子查询 */
```

其功能是将新元组插入指定表中，其中新记录<属性列1>的值为<常量1>，<属性列2>的值为<常量2>……INTO子句中没有出现的属性列，新记录在这些列上将取空值。但是，在表定义时规定NOT NULL的属性列将不能取空值，否则会引发错误。如果INTO子句没有指明任何列名，则新插入的记录必须在每个属性列上均有值。

2. UPDATE语句

UPDATE语句用于更新数据表中的记录，其语句的格式为：

```
UPDATE <表名>
SET <列名1>=<表达式1>[,<列名2>=<表达式2>…]
[WHERE <条件>];
```

其功能是修改指定表中满足WHERE子句条件的元组。其中，SET子句中<列名i>的值将由<表达式i>的值替代。如果省略WHERE子句，则表示要修改表中的所有元组。

3. DELETE语句

DELETE语句用于删除数据表中的记录，其语句的格式为：

```
DELETE
FROM <表名>
[WHERE <条件>];
```

如果省略 WHERE 子句，表示删除数据表中的所有元组，即使表成为空表，但表的模式定义仍在数据字典中。如果有 WHERE 子句，则仅删除满足条件的元组。

9.3 在应用程序中访问数据库

一个数据库文件中可以有多个数据表，但是，对于 Access 数据库，一次只能查询其中的一个数据表。Visual Basic 2008 提供了方便的应用程序访问数据库的方法，本节主要介绍应用程序与数据库的连接方法，以及应用程序界面中的控件与数据库的绑定方法。

9.3.1 连接到数据库

新建一个窗体应用程序 WinApp_Access，在解决方案资源管理器中单击“数据源”标签页，在其中单击“添加新数据源”，如图 9.4 所示。

出现数据源配置向导后，在对话框中出现三个图标，即数据库、服务和对象。选择“数据库”，单击“下一步”，出现如图 9.5所示的界面。单击“新建连接”，在弹出的“添加连接”对话框中单击“更改”，将数据源更改为“Microsoft Access 数据库文件”，然后单击“确定”。单击“浏览”选择创建的 PhoneBook 数据库文件。最后单击“测试连接”，测试成功后单击“确定”，在图 9.5 中出现连接字符串。

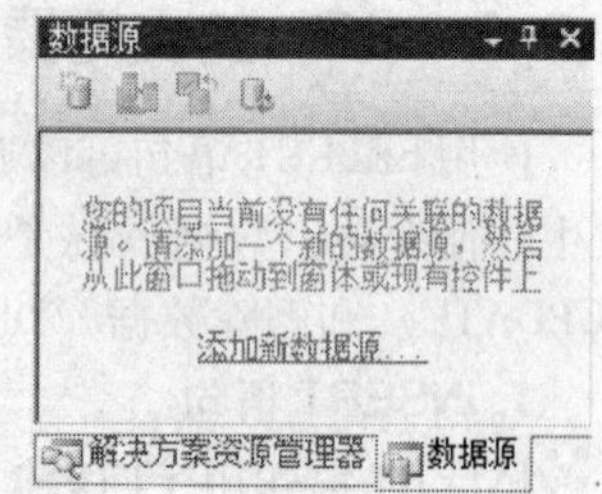

图 9.4 添加新数据源的方法

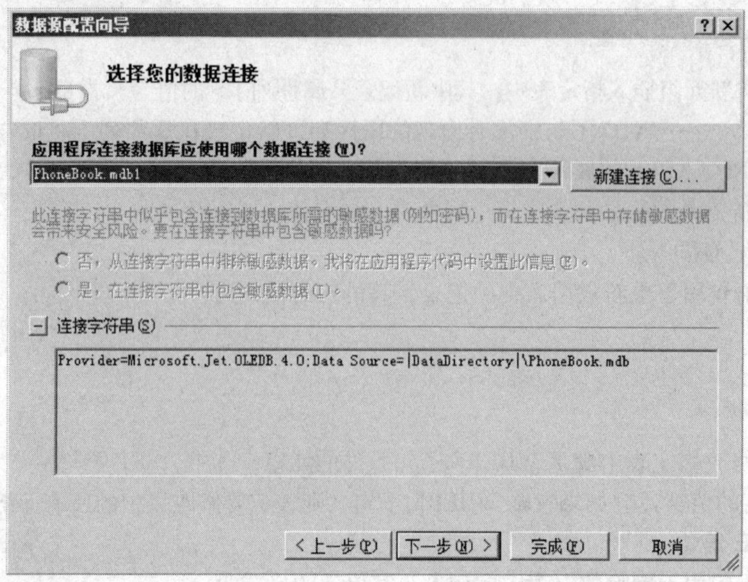

图 9.5 数据源配置向导的使用

在图 9.5 中单击“下一步”，在下一个对话框中选择“将连接字符串保存到应用程序配置文件中”。这样，就可以在项目属性的“设置”中查看此连接字符串。Access 数据库的连接字符串由两部分组成，Provider 表示驱动程序的类型，Data Source 表示数据库文件的绝对路径，两者之间用“;”分隔。继续单击“下一步”，在新出现的对话框中展开“表”，并选择 PhoneBook，最后单击“完成”，数据源添加完毕。

数据源配置完成后，解决方案资源管理器中出现如图 9.6 所示的界面，其中列出了数据表 PhoneBook 及其所有的字段。

9.3.2　数据库的绑定

图 9.6 列出了 PhoneBook 表中的所有字段，选中“Phone”节点，在该节点右侧会出现下拉按钮，单击该按钮会弹出一个下拉框，其中列出了一些控件，如 TextBox、ComboBox、Label 等，可以根据需要选择合适的控件，这里选中其中的 TextBox。将所有字段都拖入窗体，窗体上会出现标签和文本框对，并同时生成一个导航工具条。单击窗体上的文本框，可以发现，文本框的 Text 属性右侧有一个数据库图标，表示已经与数据库中的某字段绑定了。

运行程序，其效果如图 9.7 所示。导航工具条显示了记录数和当前记录，可以单击工具条上的按钮指向“上/下一条”记录，或“最后/前一条”记录，也可以“增加/删除/保存”记录。

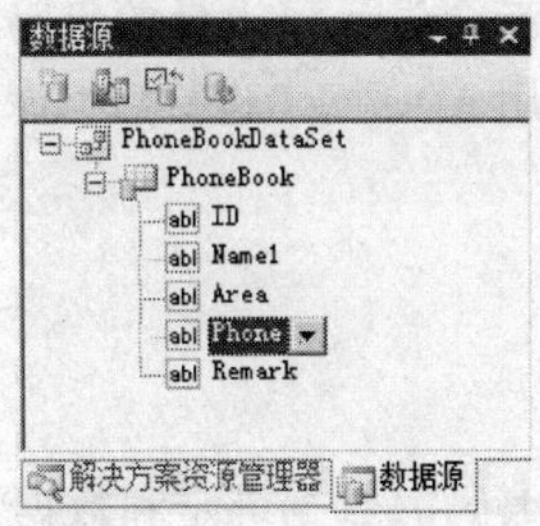

图 9.6　完成的数据源

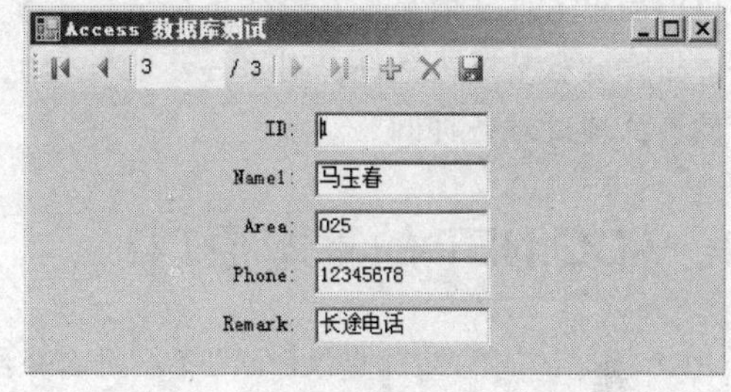

图 9.7　数据控件窗体运行效果

从以上操作可见，在 Visual Basic 2008 中从创建数据库、连接到数据绑定，没有编写任何代码，甚至不用像 Visual Basic 6.0 一样，先添加数据绑定控件，再指定控件的 DataSource、DataMember 等属性，而只需要从数据源上拖放数据字段到窗体，即可完成控件的绘制与数据的绑定。

对于不同的数据对象，在下拉框中会提供不同的数据控件。对于整个数据表 PhoneBook，则可以使用 DataGridView 控件来显示。在 Visual Basic 6.0 中可使用 DataGrid 控件，但是，Visual Basic 2008 建议不要使用 DataGrid 控件，因为该控件在以后的版本中可能不会被支持。

将 WinApp_Access 项目复制到 Ch09 目录下的 WinApp_Access1 目录中，重新打开项目，删除窗体中的除导航工具条以外的所有控件。然后，将 PhoneBook 表拖放到窗体中，单击 DataGridView 控件的智能标签，在弹出的“DataGridView 任务”对话框中选择“编辑列”，出现如图 9.8 所示的对话框，在其中可以修改各列（字段）的相关属性，这里仅修改 Width 属性。属性修改完毕后，整体调整 DataGridView 控件的 Size 属性。

经过拖放和对 DataGridView 控件的宽度和大小的属性调整后，一个比较美观的数据库与 DataGridView 控件的绑定界面就完成了。程序的运行效果如图 9.9 所示。单击导航工具条中的相应按钮，就可以跟图 9.7 一样执行相应的操作。如果需要删除数据，可以单击 DataGridView 左侧的三角，选中某行，然后，单击导航工具栏中的“删除”按钮即可。数据更新后，单击“保存数据”即可。

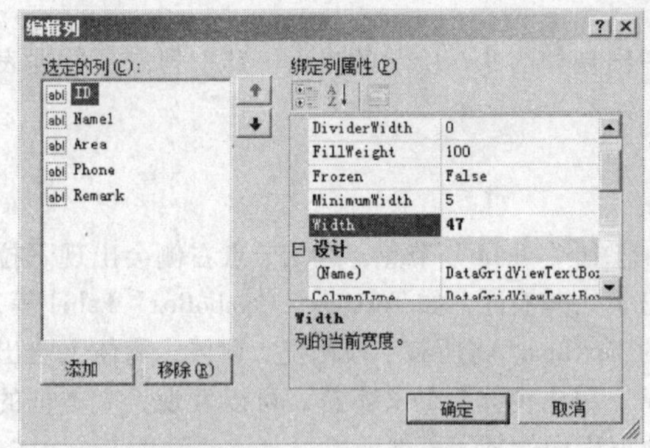

图 9.8 编辑列的属性

图 9.9 DataGridView 控件与数据库绑定的显示效果

这里介绍的两种数据库绑定方法，即数据列（字段）绑定和数据表的绑定，都不需要编程，可谓简单方便。但是，在窗体下面导入了 5 个控件，并在后台导入了大量的代码，使应用程序显得臃肿且缺乏灵活性，对下一步的处理也不太方便。使用 ADO.NET 进行数据库编程，可以方便灵活地处理各种问题。

9.4 ADO.NET 的基本原理

.NET 数据访问的基础是 ADO.NET，前面介绍的拖放式无编码的数据绑定和数据更新，实际上在后台也是使用 ADO.NET 实现对数据的访问，只不过 Visual Basic 2008 IDE 在后台产生了大量的代码来完成数据访问的工作。

ADO.NET 是一组向 .NET Framework 程序员公开数据访问服务的类。ADO.NET 为创建分布式数据共享应用程序提供了一组丰富的组件。它提供了对关系数据、XML 和应用程序数据的访问，因此是 .NET Framework 中不可缺少的一部分。ADO.NET 支持多种开发需求，包括创建由应用程序、工具、语言或 Internet 浏览器使用的前端数据库客户端和中间层业务对象。

ADO.NET 提供对诸如 SQL Server 和 XML 这样的数据源以及通过 OLE DB 和 ODBC 公开的数据源的一致访问。共享数据的使用方应用程序可以使用 ADO.NET 连接到这些数据源，并可以检索、处理和更新其中包含的数据。

ADO.NET 通过数据处理将数据访问分解为多个可以单独使用或一前一后使用的不连续组件。ADO.NET 包含用于连接到数据库、执行命令和检索结果的 .NET Framework 数据提供程序。这些结果或者被直接处理，放在 ADO.NET DataSet 对象中以便以特别的方式向用户公开，并与来自多个源的数据组合；或者在层之间传递。DataSet 对象也可以独立于 .NET Framework 数据提供程序，用于管理应用程序本地的数据或源自 XML 的数据。

ADO.NET 类在 System.Data.dll 中，并且与 System.Xml.dll 中的 XML 类集成。因此，当使用 ADO.NET 时，需要引入 System.Data 命名空间。

在 ADO.NET 中，可以通过 .NET Framework 数据提供程序和 DataSet 两种方式访问数据，ADO.NET 的结构如图 9.10 所示。

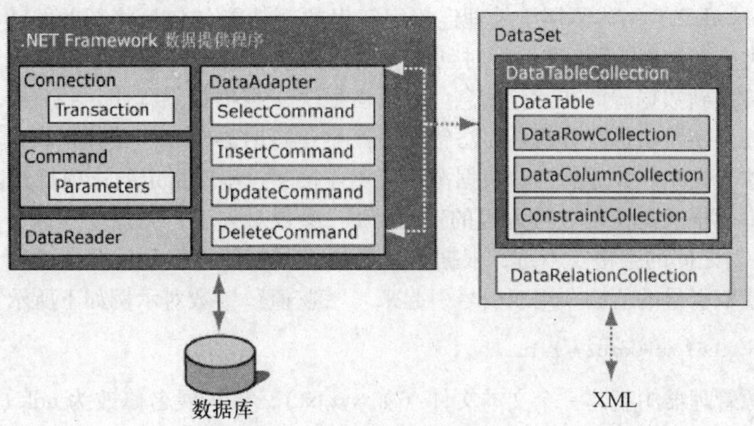

图 9.10 ADO.NET 的结构

.NET Framework 数据提供程序是专门为数据处理以及快速地只进、只读访问数据而设计的组件。Connection 对象提供与数据源的连接。Command 对象是用于执行返回数据、修改数据、运行存储过程以及发送或检索参数信息的数据库命令。DataReader 从数据源中获取数据流。DataAdapter 提供连接 DataSet 对象和数据源的桥梁。DataAdapter 使用 Command 对象在数据源中执行 SQL 命令，以便将数据加载到 DataSet 中，并使对 DataSet 中数据的更改与数据源保持一致。

ADO.NET 中的 DataSet 专门为独立于任何数据源的数据访问而设计。因此，它可以用于多种不同的数据源，如数据库与 XML 等。DataSet 包含一个或多个 DataTable 对象的集合，这些对象由数据行 DataRow、数据列 DataColumn，以及 DataTable 对象中数据的主键、外键、约束和关系信息等组成。DataSet 与 XML 数据之间有很好的互操作性，可以通过 DataSet 直接读入 XML 到 DataTable 并按照数据行、数据列进行操作，DataSet 中的数据也可以直接保存成 XML。

9.5 通过 ADO.NET 连接到数据源

9.3.1 节通过数据源配置向导连接到数据源，并在图 9.5 中生成了 Access 数据库的连接字符串。如何通过 ADO.NET 代码连接到数据源呢？ADO.NET 通过在连接字符串中提供必要的身份验证信息，使用 Connection 对象连接到特定的数据源。使用的 Connection 对象取决于数据源的类型。

随 .NET Framework 提供的每个 .NET Framework 数据提供程序都具有一个 DbConnection 对象：OLE DB.NET Framework 数据提供程序包括一个 OleDbConnection 对象、SQL Server.NET Framework 数据提供程序包括一个 SqlConnection 对象、ODBC.NET Framework 数据提供程序包括一个 OdbcConnection 对象、Oracle.NET Framework 数据提供程序包括一个 OracleConnection 对象。

要连接到 Microsoft SQL Server 7.0 或更高版本，使用 SQL Server.NET Framework 数据提供程

序的 SqlConnection 对象。要连接到 OLE DB 数据源或连接到 Microsoft SQL Server 6.x 或更低版本，使用 OLE DB.NET Framework 数据提供程序的 OleDbConnection 对象。要连接到 ODBC 数据源，使用 ODBC.NET Framework 数据提供程序的 OdbcConnection 对象。要连接到 Oracle 数据源，使用 Oracle.NET Framework 数据提供程序的 OracleConnection 对象。

.NET Framework 2.0 引入了用于处理连接字符串的新功能（包括将新的关键字引入到连接字符串生成器类），这将有助于在运行时创建有效的连接字符串。连接字符串包含作为参数从数据提供程序传递到数据源的初始化信息。其语法取决于数据提供程序，并且会在试图打开连接的过程中对连接字符串进行分析。语法错误会产生运行时异常，但其他错误只有在数据源收到连接信息后才会发生。经过验证，数据源将应用连接字符串中指定的选项打开连接。

连接字符串的格式是使用分号分隔的“键/值”参数对列表，关键字不区分大小写，并将忽略“键/值”对之间的空格。不过，根据数据源的不同，值可能是区分大小写的。任何包含分号、单引号或双引号的值必须用双引号引起来。“键/值”参数对示例如下所示：

```
keyword1 = value; keyword2 = value;
```

可以在资源管理器中新建一个文本文件（如 xyz.txt），将扩展名修改为 udl（Microsoft 数据链接类型），然后打开该文件，在对话框中选择“提供程序”，填写“连接”信息后单击“确定”按钮。最后，将扩展名改回 txt，重新打开文本文件，即可得到连接字符串。

有效的连接字符串语法因提供程序而异，从早期的 API（如 ODBC）开始，已经过了多年的发展演变。适用于 SQL Server 的 .NET Framework 数据提供程序（SqlClient）并入了早期语法中的许多元素，并且在使用通常的连接字符串语法时更具灵活性。连接字符串语法元素经常会出现一些同等有效的同义词，但有些语法和拼写错误可能会导致出现问题。例如，“Integrated Security = True”是有效的，而“IntegratedSecurity = True”则会导致出错。另外，在运行时从未验证的用户输入构造的连接字符串可能导致字符串注入式攻击，从而危害数据源的安全。

在 ADO.NET 的早期版本中，不会对具有串联字符串值的连接字符串进行编译时检查，因此在运行时，不正确的关键字会产生 ArgumentException。每个 .NET Framework 数据提供程序支持的连接字符串关键字的语法不同，这使得手动构造有效连接字符串变得很困难。为了解决这个问题，ADO.NET 2.0 为每个 .NET Framework 数据提供程序引入了新的连接字符串生成器。每个数据提供程序包括一个从 DbConnectionStringBuilder 继承的强类型连接字符串生成器类。表 9.4 列出了 .NET Framework 数据提供程序及其关联的连接字符串生成器类。使用连接字符串生成器，可以非常方便地生成连接字符串，从而连接到数据源。

表 9.4 提供程序与对应的连接字符串生成器

提供程序	ConnectionStringBuilder 类
System.Data.SqlClient	SqlConnectionStringBuilder
System.Data.OleDb	OleDbConnectionStringBuilder
System.Data.Odbc	OdbcConnectionStringBuilder
System.Data.OracleClient	OracleConnectionStringBuilder

下面的代码连接到 Access 数据源。首先引入 Access 提供程序的命名空间，然后，生成一个 OleDbConnectionStringBuilder 对象 csb，给其 Provider 属性指定驱动程序名称，DataSource 属性指定 Access 数据库的绝对路径（包括路径和文件名），这样，就可以通过 ConnectionString 属性获取类似图 9.5 所示的连接字符串。通过该连接字符串，即可初始化 OleDbConnection 对象，并调

用其 Open 方法打开数据源的连接。

```
Imports System.Data.OleDb                          '引入提供程序的命名空间

Dim csb As OleDbConnectionStringBuilder = New OleDbConnectionStringBuilder()
csb.Provider = "Microsoft.Jet.OLEDB.4.0"
csb.DataSource = strDB                              'strDB 为 Access 数据库的绝对路径
Dim conn As String = csb.ConnectionString          '获取连接字符串

Dim thisConnection As OleDbConnection = New OleDbConnection(conn)
thisConnection.Open()                               '连接到数据源
```

9.6 通过 DataReader 访问数据库

建立与数据源的连接后，可以使用 DbCommand 对象来执行命令并从数据源中返回结果。可以使用命令构造函数之一为要使用的.NET Framework 数据提供程序创建命令。构造函数可以采用可选参数，如要在数据源中执行的 SQL 语句、DbConnection 对象或 DbTransaction 对象。可以将这些对象配置为命令的属性，也可以使用 DbConnection 对象的 CreateCommand 方法创建用于特定连接的命令。由命令执行的 SQL 语句可以使用 CommandText 属性进行配置。

包含在.NET Framework 中的每个.NET Framework 数据提供程序都拥有自己的继承自 DbCommand 的命令对象。用于 OLE DB 的.NET Framework 数据提供程序包括 OleDbCommand 对象，用于 SQL Server 的.NET Framework 数据提供程序包括 SqlCommand 对象，用于 ODBC 的.NET Framework 数据提供程序包括 OdbcCommand 对象，用于 Oracle 的.NET Framework 数据提供程序包括 OracleCommand 对象。其中每个对象都根据命令的类型和所需的返回值公开用于执行命令的方法，如表 9.5 所示。

表 9.5 Command 对象的命令和返回值

命 令	返回值
ExecuteReader	返回一个 DataReader 对象
ExecuteScalar	返回一个标量值
ExecuteNonQuery	执行不返回任何行的命令
ExecuteXMLReader	返回 XmlReader。只用于 SqlCommand 对象

随.NET Framework 提供的每个.NET Framework 数据提供程序包括 DbDataReader 和 DbDataAdapter 对象：适用于 OLE DB 的.NET Framework 数据提供程序包括一个 OleDbDataReader 和一个 OleDbDataAdapter 对象、适用于 SQL Server 的.NET Framework 数据提供程序包括一个 SqlDataReader 和一个 SqlDataAdapter 对象、适用于 ODBC 的.NET Framework 数据提供程序包括一个 OdbcDataReader 和一个 OdbcDataAdapter 对象、适用于 Oracle 的.NET Framework 数据提供程序包括一个 OracleDataReader 和一个 OracleDataAdapter 对象。

可以使用 ADO.NET DataReader 从数据库中检索只读、只进的数据流。查询结果在查询执行时返回，并存储在客户端的网络缓冲区中，直到使用 DataReader 的 Read 方法对它们发出请求。使用 DataReader 可以提高应用程序的性能，原因是只要数据可用它就立即检索数据，并且（默认情况下）一次只在内存中存储一行，减少了系统开销。

使用 DataReader 检索数据包括创建 Command 对象的实例，然后通过调用 Command.ExecuteReader 创建一个 DataReader，以便从数据源检索行。使用 DataReader 对象的 Read 方法可从查询结果中获取行。通过向 DataReader 传递列的名称或序号引用，可以访问返回行的每一列。

新建一个窗体应用程序 WinApp_DataReader，绘制一个命令按钮 Test，在其中输入如下关键代码（其他代码见 9.5 节），将 PhoneBook.mdb 复制到项目的 Debug 目录下，并添加 General 模块。

strQuery 中是一个 SQL 查询命令，检索 PhoneBook 中的所有记录。OleDbCommand 命令 thisCommand 以 strQuery 和当前连接 thisConnection 为参数生成，ExecuteReader 方法返回一个 OleDbDataReader 对象 dr，保存在缓冲区中。dr 的 Read 方法读取数据，如果有数据，就返回 True，否则，返回 False。所以，While 循环能够在即时窗口输出 PhoneBook 中的所有姓名（字段列号为 1，从 0 开始计数）。

```
Dim strQuery As String = "Select * From PhoneBook"
Dim thisCommand As OleDbCommand = New OleDbCommand(strQuery, thisConnection)

Dim dr As OleDbDataReader = thisCommand.ExecuteReader()

Do While dr.Read
   Debug.Print(dr.Item(1))
Loop
```

如果需要返回只是单个值的数据库信息，而不需要返回表或数据流形式的数据库信息。例如，可能需要返回 COUNT(＊)、SUM(Price)或 AVG(Quantity) 等聚合函数的结果。Command 对象使用 ExecuteScalar 方法提供了返回单个值的功能。ExecuteScalar 方法以标量值的形式返回结果集第一行第一列的值。

修改数据的 SQL 语句（如 INSERT、UPDATE 或 DELETE）不返回行。同样，许多存储过程执行操作但不返回行。要执行不返回行的命令，使用相应 SQL 命令创建一个 Command 对象，并创建一个 Connection，包括所有必需的 Parameters。使用 Command 对象的 ExecuteNonQuery 方法来执行该命令。

ExecuteNonQuery 方法返回一个整数，表示受已执行的语句或存储过程影响的行数。如果执行了多个语句，则返回的值为受所有已执行语句影响的记录的总数。以下代码示例执行一个 INSERT 语句，以使用 ExecuteNonQuery 将一个记录插入数据库中。如果出现关键字重复，以下代码将会抛出异常。

```
'假设 thisConnection 是一个已经打开的有效的 OleDbConnection 连接
Dim queryString As String = "Insert Into PhoneBook " & _
                            "(ID, Name1,Phone) Values(4, '张三','999277')"

Dim command As OleDbCommand = New OleDbCommand(queryString, thisConnection)
Dim recordsAffected As Int32 = command.ExecuteNonQuery()
```

使用 .NET Framework 数据提供程序，可以执行存储过程或数据定义语言语句（如 CREATE TABLE 和 ALTER COLUMN）来对数据库或编录执行架构处理。这些命令不会像查询一样返回行，因此 Command 对象提供了 ExecuteNonQuery 来处理这些命令。

除了使用 ExecuteNonQuery 来修改架构之外，还可以使用此方法处理那些修改数据但不返回行的 SQL 语句，如 INSERT、UPDATE 和 DELETE。

虽然行不是由 ExecuteNonQuery 方法返回的，但可以通过 Command 对象的 Parameters 集合来传递和返回输入和输出参数以及返回值。

9.7 通过 DataAdapter 访问数据库

ADO.NET DataSet 是数据的内存驻留表示形式，它提供了独立于数据源的一致关系编程模型。DataSet 表示整个数据集，其中包含表、约束和表之间的关系。由于 DataSet 独立于数据源，因此 DataSet 可以包含应用程序本地的数据，也可以包含来自多个数据源的数据。与现有数据源的交互通过 DataAdapter 来控制。DataSet、DataAdapter 与数据源之间的关系如图 9.11 所示。

图 9.11 DataSet、DataAdapter 和数据源之间的关系

9.7.1 DataSet 的基本原理

DataSet 是 ADO.NET 结构的主要组件，它是从数据源中检索到的数据在内存中的缓存，其层次结构如图 9.12 所示。DataSet 由一组 DataTable 对象组成，可使这些对象与 DataRelation 对象互相关联，还可通过使用 UniqueConstraint 和 ForeignKeyConstraint 对象在 DataSet 中实施数据完整性。

DataRow 和 DataColumn 对象是 DataTable 的主要组件。使用 DataRow 对象及其属性和方法检索、评估、插入、删除和更新 DataTable 中的值。DataRowCollection表示 DataTable 中的实际 DataRow 对象，DataColumnCollection 中包含用于描述 DataTable 的架构的 DataColumn 对象。使用重载的 Item 属性返回或设置 DataColumn 的值。

使用 HasVersion 和 IsNull 属性确定特定行值的状态，使用 RowState 属性确定行相对于它的父级 DataTable 的状态。

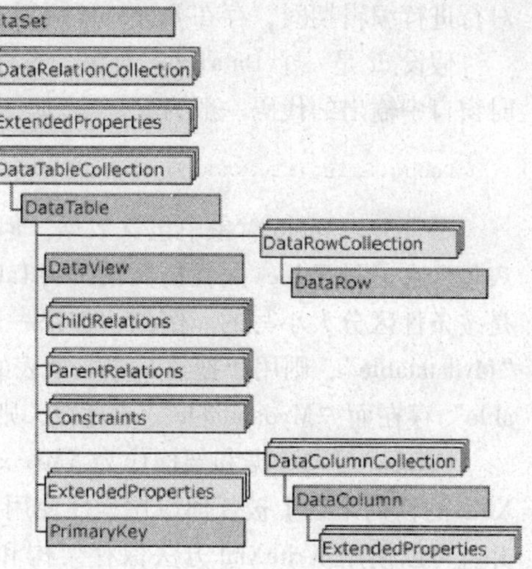

图 9.12 DataSet 类的层次结构

若要创建新的 DataRow，可使用 DataTable 对象的 NewRow 方法。创建新的 DataRow 之后，使用 Add 方法将新的 DataRow 添加到 DataRowCollection 中。最后，调用 DataTable 对象的 AcceptChanges 方法以确认是否已添加。

可通过调用 DataRowCollection 的 Remove 方法或调用 DataRow 对象的 Delete 方法，从 DataRowCollection 中删除 DataRow。Remove 方法将行从集合中移除。与此相反，Delete 标记要移除的 DataRow，在调用 AcceptChanges 方法时才发生实际移除。通过调用 Delete，可在实际删除行之前以编程方式检查哪些行被标记为移除。

每个 DataRow 对象都具有 RowState 属性，可以通过该属性来确定某行的当前状态。RowState 属性返回一个 DataRowState 枚举值。关于 DataRowState 枚举值及其说明如表 9.6 所示。

表 9.6 DataRowState 枚举值

值	说 明
Added	该行已添加到表中
Deleted	该行已标记为从表中删除
Detached	该行已创建但尚未添加到表中，或已从表行的集合中删除
Modified	在该行中的某些值已经被更改
Unchanged	在创建后或上次调用 AcceptChanges 方法后未对该行进行更改

假设 dt 是一个 DataTable 对象，在程序中查看第 0 行的状态的代码一般为：

```
dt.Rows(0).RowState.ToString
```

当某行被修改时，行版本会维护存储于行中的值，包括当前值（Current）、原始值（Original）、默认值（Default）和建议值（Proposed）。对于状态是 Deleted 的行，不存在 Current 行版本。Added、Modified 或 Unchanged 行的默认行版本是 Current，Deleted 行的默认行版本是 Original，Detached 行的默认行版本是 Proposed；对于状态为 Added 的行，不存在 Original 行版本。在对行进行编辑期间，存在 Proposed 行版本。

假设 dt 是一个 DataTable 对象，在程序中查看第 0 行第 0 列的 Current 行版本的值，并在即时窗口中输出的代码一般为：

```
Debug.Print(dt.Rows(0).Item(0, DataRowVersion.Current))
```

尽管 DataTable 对象中包含数据，但是 DataRelationCollection 允许遍览表的层次结构。这些表包含在通过 Tables 属性访问的 DataTableCollection 中。当访问 DataTable 对象时，应注意它们是按条件区分大小写的。例如，如果一个 DataTable 被命名为“mydatatable”，另一个被命名为“Mydatatable”，则用于搜索其中一个表的字符串被认为是区分大小写的。但是，如果“mydatatable”存在而“Mydatatable”不存在，则认为该搜索字符串不区分大小写。

DataSet 可将数据和架构作为 XML 文档进行读写。数据和架构可通过 HTTP 传送，并在支持 XML 的任何平台上被任何应用程序使用。可使用 WriteXmlSchema 方法将架构保存为 XML 架构，并且可以使用 WriteXml 方法保存架构和数据。若要读取既包含架构也包含数据的 XML 文档，应使用 ReadXml 方法。

在典型的多层实现中，用于创建和刷新 DataSet 并依次更新原始数据的步骤包括：

- 通过 DataAdapter 使用数据源中的数据生成和填充 DataSet 中的每个 DataTable。
- 通过添加、更新或删除 DataRow 对象更改单个 DataTable 对象中的数据。

- 调用 GetChanges 方法以创建只反映对数据进行的更改的第二个 DataSet。
- 调用 DataAdapter 的 Update 方法，并将第二个 DataSet 作为参数传递。
- 调用 Merge 方法将第二个 DataSet 中的更改合并到第一个。
- 针对 DataSet 调用 AcceptChanges，或者调用 RejectChanges 以取消更改。

9.7.2 用 DataAdapter 填充数据集

DataAdapter 用于从数据源检索数据并填充 DataSet 中的表。DataAdapter 还可将对 DataSet 所做的更改解析回数据源。DataAdapter 使用 .NET Framework 数据提供程序的 Connection 对象连接到数据源，并使用 Command 对象从数据源检索数据以及将更改解析回数据源。

DataAdapter 的 SelectCommand 属性是一个 Command 对象，用于从数据源中检索数据。DataAdapter 的 InsertCommand、UpdateCommand 和 DeleteCommand 属性是 Command 对象，用于按照对 DataSet 中数据的修改来管理对数据源中数据的更新。

使用 DataAdapter 检索表的全部内容会花费些时间，尤其是在表中有很多行时。这是因为访问数据库、定位和处理数据，然后将数据传送到客户端需要很长时间。将表中全部内容提取到客户端还会在服务器上锁定所有行。若要提高性能，可以使用 WHERE 子句使返回客户端的行数大大减少。还可以通过只显式列出 SELECT 语句要求的列减少返回到客户端的数据量。另一种好的变通方法是以批次检索行（如一次检索几百行），并且在客户端完成当前批次后只检索下一批次。

DataAdapter 的 Fill 方法用于使用 DataAdapter 的 SelectCommand 结果填充 DataSet。Fill 将要填充的 DataSet 和 DataTable 对象（或要使用从 SelectCommand 中返回的行来填充的 DataTable 的名称）作为它的参数。

Fill 方法使用 DataReader 对象来隐式地返回用于在 DataSet 中创建表的列名称和类型，以及用于填充 DataSet 中的表行的数据。表和列仅在不存在时才创建；否则，Fill 将使用现有的 DataSet 架构。按照 ADO.NET 中的数据类型映射的表，以 .NET Framework 类型创建列类型。除非数据源中存在主键且 DataAdapter.MissingSchemaAction 设置为 MissingSchemaAction.AddWithKey，否则不会创建主键。如果 Fill 发现某个表存在主键，对于主键列的值与从数据源返回的行的主键列的值匹配的行，将使用数据源中的数据重写 DataSet 中的数据。如果未找到任何主键，则将数据追加到 DataSet 中的表。Fill 使用在填充 DataSet 时可能存在的任何映射。

新建一个窗体应用程序 WinApp_DataAdapter，绘制一个命令按钮 Test，在其中输入如下关键代码（其他参见源代码），其中，conn 为连接字符串。将 PhoneBook.mdb 复制到项目的 Debug 目录下，并添加 General 模块。

OleDbDataAdapter 对象 adapter 通过连接字符串和查询字符串进行初始化。Access 数据库一次只能查询一个表。SQL Server 数据库允许一次查询多个表，多条 Select 语句之间用“;”分隔。adapter 初始化后，即可调用 Fill 方法填充数据集（DataSet）。一个 ds 对象中可以有多个表，因为这里是 Access 数据库，只有第一个表有效，所以，取第一个表给 dt 对象。随后，在即时窗口中输出表名和电话簿中的姓名列。引用列可以使用序号，也可以使用列名。

```
Dim strQuery As String = "Select *  From PhoneBook"
Dim adapter As OleDbDataAdapter = New OleDbDataAdapter(strQuery, conn)

Dim ds As DataSet = New DataSet
adapter.Fill(ds)
Dim dt As DataTable = ds.Tables(0)

Debug.Print(dt.TableName)     '结果为 "Table"

For I As Integer = 0 To dt.Rows.Count - 1
    Debug.Print(dt.Rows(I).Item("Name1"))
Next I
```

DataAdapter 在其 TableMappings 属性中包含零个或更多个 DataTableMapping 对象的集合。DataTableMapping 提供对数据源的查询所返回的数据与 DataTable 之间的主映射。DataTableMapping 名称可以代替 DataTable 名称传递到 DataAdapter 的 Fill 方法。

以上代码在即时窗口中输出的表名为"Table"，并不是"PhoneBook"。可以紧接在 adapter 对象初始化语句之后插入如下映射，即可得到需要的结果。

```
adapter.TableMappings.Add("Table", "PhoneBook")
```

9.7.3 使用 DataAdapter 更新数据源

调用 DataAdapter 的 Update 方法可以将 DataSet 中的更改解析回数据源。与 Fill 方法类似，Update 方法将 DataSet 的实例和可选的 DataTable 对象或 DataTable 名称用做参数。DataSet 实例是包含已做更改的 DataSet，DataTable 标识从其中检索这些更改的表。如果未指定 DataTable，则使用 DataSet 中的第一个 DataTable。

当调用 Update 方法时，DataAdapter 会分析已做的更改并执行相应的命令（INSERT、UPDATE 或 DELETE）。当 DataAdapter 遇到对 DataRow 所做的更改时，它将使用 InsertCommand、UpdateCommand 或 DeleteCommand 来处理该更改。这样，程序员就可以通过在设计时指定命令语法并在可能时通过使用存储过程来尽量提高 ADO.NET 应用程序的性能。在调用 Update 之前，必须显式设置这些命令。如果调用了 Update 但不存在用于特定更新的相应命令（例如，不存在用于已删除行的 DeleteCommand），则会引发异常。

InsertCommand 用于在数据源处为表中所有 RowState 为 Added 的行插入一行。插入所有可更新列的值（但是不包括标识、表达式或时间戳等列）。

UpdateCommand 用于在数据源处更新表中所有 RowState 为 Modified 的行。更新所有列的值，不可更新的列除外，如标识列或表达式列。更新符合以下条件的所有行：数据源中的列值匹配行的主键列值，并且数据源中的剩余列匹配行的原始值。

DeleteCommand 用于在数据源处删除表中所有 RowState 为 Deleted 的行。删除符合以下条件的所有行：列值匹配行的主键列值，并且数据源中的剩余列匹配行的原始值。

在上一节介绍的 WinApp_DataAdapter 的程序中添加如下代码（见源代码去掉注释）。将 dt 对象的第 0 行的姓名更改为"李四"，由于只是在内存中进行了更改，并没有保存到数据源中，需要按照如下步骤设置 UpdateCommand，然后再调用 adapter 的 Update 方法完成更新（这里以数据集对象 ds 为参数）。更新完成后，可以通过 Microsoft Access 2007 工具打开 Debug 目录下的 PhoneBook.mdb 文件，查看结果。

```
dt.Rows(0).Item("Name1") = "李四"

Dim cn As OleDbConnection = adapter.SelectCommand.Connection
adapter.UpdateCommand = New OleDbCommand
adapter.UpdateCommand.Connection = cn
adapter.UpdateCommand.CommandText = _
                "Update PhoneBook Set Name1 = ? Where ID = ?"
adapter.UpdateCommand.Parameters.Add("?", OleDbType.VarChar, 15, "Name1")
adapter.UpdateCommand.Parameters.Add("?", OleDbType.BigInt, 8, "ID")

adapter.Update(ds)
```

必须了解在 DataTable 中删除行和移除行之间的差异。当调用 Remove 或 RemoveAt 方法时，会立即移除该行。如果之后将 DataTable 或 DataSet 传递给 DataAdapter 并调用 Update，则不会影响后端数据源中的任何相应行。当使用 Delete 方法时，该行仍将保留在 DataTable 中并会标记为删除。如果之后将 DataTable 或 DataSet 传递给 DataAdapter 并调用 Update，则会删除后端数据源中的相应行。

9.7.4 使用 CommandBuilder 生成命令

如果在运行时动态指定 SelectCommand 属性（例如，通过接受用户提供的文本命令的查询工具），那么可能无法在设计时指定适当的 InsertCommand、UpdateCommand 或 DeleteCommand。如果 DataTable 映射到单个数据库表或者是从单个数据库表中生成的，那么，可以利用 DbCommandBuilder 对象来自动生成 DbDataAdapter 的 DeleteCommand、InsertCommand 和 UpdateCommand 对象，这样可以省去不少的麻烦。

为了能够自动生成命令，必须设置 SelectCommand 属性，这是最低要求。由 SelectCommand 属性检索的表架构确定自动生成的 INSERT、UPDATE 和 DELETE 语句的语法。

为了返回构造 INSERT、UPDATE 和 DELETE SQL 命令所需的元数据，DbCommandBuilder 必须执行 SelectCommand。因此，必须额外经历一次访问数据源的过程，这可能会降低性能。若要实现最佳性能，应显式指定命令而不是使用 DbCommandBuilder。

SelectCommand 还必须至少返回一个主键或惟一列。如果不存在任何主键和惟一列，则会生成 InvalidOperation 异常，并且不会生成命令。

当与 DataAdapter 关联时，DbCommandBuilder 会自动生成 DataAdapter 的 InsertCommand、UpdateCommand 和 DeleteCommand 属性（如果它们为空引用）。如果某个属性已存在 Command，则使用现有 Command。

通过连接两个或更多个表来创建的数据库视图不会被视为单个数据库表。在这种情况下，将无法使用 DbCommandBuilder 来自动生成命令，必须显式指定命令。

为 UPDATE 和 DELETE 语句自动生成命令的逻辑基于“开放式并发”，即未锁定记录的编辑功能，其他用户或进程可以随时修改。由于在从 SELECT 语句中返回某记录之后但在发出 UPDATE 或 DELETE 语句之前，该记录可能已被修改，所以自动生成的 UPDATE 或 DELETE 语句包含一个 WHERE 子句，指定只有在行包含所有原始值并且尚未从数据源中删除时，才会更新该行。这样做的目的是避免覆盖新数据。当自动生成的 UPDATE 命令试图更新已删除或不包含 DataSet 中原始值的行时，该命令不会影响任何记录，并且会引发 DBConcurrencyException。

如果要使 UPDATE 或 DELETE 在不考虑原始值的情况下完成，必须为 DataAdapter 显式设置 UpdateCommand，而不依赖自动命令生成。

自动命令生成逻辑为独立表生成 INSERT、UPDATE 或 DELETE 语句，而不考虑与数据源中其他表的任何关系。因此，在调用 Update 以提交对参与数据库中外键约束的列的更改时，可能会失败。若要避免这一异常，不要使用 DbCommandBuilder 来更新参与外键约束的列，而应显式地指定用于执行该操作的语句。

如果列名称或表名称包含任何特殊字符（如空格、句点、问号或其他非字母数字字符），即使这些字符用中括号分隔，自动命令生成逻辑仍会失败。

若要为 DataAdapter 自动生成 SQL 语句，应先设置 DataAdapter 的 SelectCommand 属性，然后创建 CommandBuilder 对象，并将 DataAdapter 对象指定为 CommandBuilder 对象的参数，这样，即可通过 CommandBuilder 对象自动生成 SQL 语句的 DataAdapter 的参数。

将 9.7.3 节的斜体代码用以下代码来替代，将得到同样的效果。同理，可以使用 cmdBuilder 对象自动生成 InsertCommand 和 DeleteCommand。

```
Dim cmdBuilder As OleDbCommandBuilder = New OleDbCommandBuilder(adapter)
adapter.UpdateCommand = cmdBuilder.GetUpdateCommand
```

Update 方法会将更改解析回数据源；但在上次填充 DataSet 后，其他客户端可能已修改了数据源中的数据。若要使用当前数据刷新 DataSet，可使用 DataAdapter 和 Fill 方法。新行将添加到该表中，更新的信息将并入现有行。Fill 方法通过检查 DataSet 中行的主键值以及 SelectCommand 返回的行来确定是要添加新行还是更新现有行。如果通过 Fill 方法发现 DataSet 中某行的主键值与 SelectCommand 返回结果中某行的主键值相匹配，则它将用 SelectCommand 返回的行中的信息更新现有行，并将现有行的 RowState 设置为 Unchanged。如果 SelectCommand 返回的行所具有的主键值与 DataSet 中行的任何主键值都不匹配，则 Fill 方法将添加 RowState 为 Unchanged 的新行。

对 DataSet、DataTable 或 DataRow 调用 AcceptChanges 将导致 DataRow 的所有 Original 值被 DataRow 的 Current 值覆盖。如果修改了惟一标识该行的字段值，则在调用 AcceptChanges 后，Original值将不再匹配数据源中的值。在调用 DataAdapter 的 Update 方法期间会对每一行自动调用 AcceptChanges。在调用 Update 方法期间，通过先将 DataAdapter 的 AcceptChangesDuringUpdate 属性设置为 False，或为 RowUpdated 事件创建一个事件处理程序并将 Status 设置为 SkipCurrentRow，可以保留原始值。

9.8 本章小结

本章首先介绍了 Microsoft Access 2007 数据库的创建，然后用 SQL 对数据库执行查询和操纵。SQL 查询和操纵语句是数据库编程中最常用的基本元素之一。随后，介绍了在应用程序中利用“数据源配置向导”添加数据源的方法，并通过拖放实现了数据表和数据字段与相关控件的绑定，从而实现数据表或字段的显示。但是，这种简单的拖放缺乏编程的灵活性。

ADO.NET 可以通过 ConnectionStringBuilder 对象获取数据源的连接字符串，然后，利用 DbConnection对象打开与数据源的连接，最后使用 Command 对象返回的 DataReader 对象实现数据的检索。也可以直接通过 DataAdapter 对象填充数据集，从而实现数据的操作。在使用 DataAdapter 对象时，通过 CommandBuilder 对象自动生成 UpdateCommand、InsertCommand 和 DeleteCommand，可以非常方便地更新数据源。

本章介绍的内容仅仅是数据库编程的基础，随后将介绍数据库类和实现数据库的查询和操纵，并将此技术应用到数据库的显示上去，提供一个 DataGridView 模板，从而实现数据库的完全功能。

思考与练习

1. 实践 Microsoft Access 2007 数据库的创建与 SQL 查询与操纵语句的使用。
2. 通过在线 MSDN 阅读 ADO.NET 文档，主要包括 OleDbConnectionStringBuilder、OleDbConnection、OleDbCommand、OleDbDataReader 和 OleDbDataAdapter。
3. 通过在线 MSDN 阅读 DataSet、DataTable、DataRow 和 DataColumn 类，并用代码完成操作。
4. 如何在应用程序中添加数据源？
5. 如何使用 OleDbDataReader 检索数据库？编程验证。
6. 如何使用 OleDbDataAdapter 检索数据库？编程验证。
7. 如何使用 OleDbCommandBuilder 自动生成 OleDbDataAdapter 中的命令，从而实现数据源的更新？编程验证。

第 10 章　Access 数据库类

第 8 章已经介绍了自定义字符串处理类 StringProcess 的详细开发过程。本章综合了第 9 章的 ADO.NET 内容，设计了 Access 数据库类 ADO_NET_ACCESS，提供了 Access 数据库操作的常用方法和属性，以便数据库应用程序的使用。ADO_NET_ACCESS 类需要引用 System.Data.OleDb 命名空间，并基于 OleDbDataAdapter 类。

10.1　私有变量与辅助函数的定义

在对 OleDbDataAdapter 对象进行初始化的时候，需要提供连接字符串和查询字符串。_strConnection 是连接字符串，_strQuery 是查询字符串，_adapter 则是 OleDbDataAdapter 对象，这三个私有变量是本类的核心变量，不对外公开。其定义如下所示：

```
Private _strConnection As String
Private _strQuery As String
Private _adapter As OleDbDataAdapter
```

私有方法 GetAccessConnection 获取 Access 数据库的连接字符串，以 Access 数据库的绝对路径 strDB 为参数。具体说明参考 9.5 节。

```
Private Function GetAccessConnection(ByVal strDB As String) As String
    Dim csb As OleDbConnectionStringBuilder = New OleDbConnectionStringBuilder()
    csb.Provider = "Microsoft.Jet.OLEDB.4.0"
    csb.DataSource = strDB

    If strDB = "" Then
        Return ""
    Else
        Return csb.ConnectionString
    End If
End Function
```

私有方法 GetTableName 获取查询字符串_strQuery 中的表名。从 9.2.1 节的 SQL 数据查询功能中可见，SQL 语句中以空格分隔关键字，表名在“From”关键字之后。GetTableName 方法调用 String 对象的 Split 方法分割查询字符串，分割标志采用字符数组 segArray，将查询字符串中凡是用空格和分号分隔的字符串分割到字符串数组 strTable 中，同时，删除 strTable 中的空字符串（StringSplitOptions.RemoveEmptyEntries 的功能）。最后，利用循环查找标志“From”，将其后的表名返回；如果出现异常，则返回空字符串。

```
Private Function GetTableName() As String
    Dim segArray() As Char = {" ", ";"}
```

```
    Dim strTable() As String

    strTable = _strQuery.Split(segArray, StringSplitOptions.RemoveEmptyEntries)

    For I As Integer = 0 To strTable.Length - 1
        If strTable(I).ToUpper = "FROM" Then
            Try
                Return strTable(I + 1)
            Catch ex As Exception
                Return ""
            End Try
        End If
    Next I

    Return ""
End Function
```

10.2 属性

ADO_NET_ACCESS 类提供的外部可见的只读属性如表 10.1 所示，这些属性可以方便地用于数据库操作以及在 DataGridView 控件中使用。

表 10.1 ADO_NET_ACCESS 类的可见属性

属性	说明
ds	DataSet 对象，可用于 DataGridView
dt	DataTable 对象
TableName	表的名称
nTables	表的数目
nRecords	表中的记录数
nColumns	每个记录的列数（字段数）
ColumnName	列的名称（以 index 为参数）
ErrorAdapter	数据适配器相关错误提示信息
ErrorWrite	写数据库的相关错误提示信息

ds 是一个只读属性，表示当前的 DataSet 对象，其内部定义为 DataSet 对象_ds。

```
Private _ds As DataSet
Public ReadOnly Property ds() As DataSet
    Get
        Return _ds
    End Get
End Property
```

dt 是一个只读属性，表示当前的 DataTable 对象，其内部定义为 DataTable 对象_dt。

```
Private _dt As DataTable
Public ReadOnly Property dt() As DataTable
    Get
        Return _dt
    End Get
End Property
```

nTables 是一个只读属性，表示表的数目。对于 Access 数据库来说，一次只能查询一个表，因而，正常情况下，该属性为 1；否则，该属性为 0。该属性对应的内部变量为 Integer 类型的_nTables变量。

```
Private _nTables As Integer
Public ReadOnly Property nTables() As Integer
    Get
```

```
            Return _nTables '0 错误, 1 正常
        End Get
    End Property
```

一个 DataSet 对象中可能有多个表，检索表可以通过表的序号和表名。在利用 DataGridView 控件显示数据表时，也需要用到表名。TableName 是一个只读属性，如果表的数目为 0，则直接返回空字符串。TableName 属性对应的内部变量为 String 类型的_strTableName变量。

```
    Private _strTableName As String = ""
    Public ReadOnly Property TableName() As String
        Get
            If _nTables = 0 Then Return ""
            Return _strTableName
        End Get
    End Property
```

有时需要了解数据表中的列数，以便穷举列名。只读属性 nColumns 返回数据表的列数，调用了 DataTable 对象的 Columns 集合的 Count 属性。nColumns 属性对应的内部变量为 Integer 类型的_nColumns 变量。如果数据表的数目为 0，数据列就没有意义，所以，直接返回 0 即可。

```
    Private _nColumns As Integer
    Public ReadOnly Property nColumns() As Integer
        Get
            If _nTables = 0 Then Return 0
            _nColumns = _dt.Columns.Count
            Return _nColumns
        End Get
    End Property
```

ColumnName 是一个只读属性，表示列的名字，以列的索引为参数，该参数必须小于列数，否则返回空字符串。该属性调用了 Columns 集合的 ColumnName 属性。

```
    Public ReadOnly Property ColumnName(ByVal nIndex As Integer) As String
        Get
            If _nTables = 0 Then Return ""

            If nIndex >= 0 And nIndex < _nColumns Then
                Return _dt.Columns(nIndex).ColumnName
            Else
                Return ""
            End If
        End Get
    End Property
```

对数据库进行编程操作，如果不知道数据表的记录数，往往比较困难。nRecords 是一个只读属性，返回数据表的记录数。其实，所谓的记录数只是数据表的行数，因而，它调用了 Rows 集合的 Count 属性。如果数据表的数目为 0，则直接返回 0 即可。nRecords 属性对应的内部变量为 Integer 类型的_nRecords 变量。

```
Private _nRecords As Integer
Public ReadOnly Property nRecords() As Integer
    Get
        If _nTables = 0 Then Return 0
        _nRecords = _dt.Rows.Count
        Return _nRecords
    End Get
End Property
```

ADO_NET_ACCESS 类是基于 OleDbDataAdapter 类的，如果新建 OleDbDataAdapter 对象时发生错误，则错误信息保存在只读属性 ErrorAdapter 中，其对应的内部变量为 String 类型的_strErrorAdapter 变量。

```
Private _strErrorAdapter As String = ""
Public ReadOnly Property ErrorAdapter() As String
    Get
        Return _strErrorAdapter
    End Get
End Property
```

更新数据库发生的错误保存在只读属性 ErrorWrite 中，其对应的内部变量为 String 类型的_strErrorWrite 变量。

```
Private _strErrorWrite As String = ""
Public ReadOnly Property ErrorWrite() As String
    Get
        Return _strErrorWrite
    End Get
End Property
```

10.3 构造函数

属性 ds 来自私有变量_ds，属性 dt 来自私有变量_dt，其他属性大致来自这两个私有变量。如何设置这两个变量呢？构造函数可解决这个问题，并求得大部分内部变量的值。构造函数接受两个参数，strDB 为 Access 数据库的绝对路径，strQuery 是查询字符串。以 strDB 为参数，调用辅助函数 GetAccessConnection 获取连接字符串。考虑到用户可能直接提供连接字符串，所以，如果 strDB 中包含“Provider”，则认为已经是一个连接字符串，直接赋给内部变量_strConnection 即可。根据查询字符串 strQuery（赋给内部变量_strQuery），调用 GetTableName 函数获取表名。

以查询字符串和连接字符串为参数，对_adapter 对象进行初始化，并调用其 TableMappings.Add 方法完成数据表的映射。_adapter 对象的 Fill 方法完成对空的 DataSet 对象进行填充，并将仅有的一个表赋给_dt 对象，数据表_nTables 的数值设置为 1，初始化_adapter 对象的错误信息设置为空字符串。如果有异常抛出，则将数据表的数目设置为 0，同时，将异常信息赋给_strErrorAdapter变量。

```
Public Sub New(ByVal strDB As String, ByVal strQuery As String)
    '只能选择一张表,且必须有主键
    If InStr(strDB, "Provider", CompareMethod.Text) <> 0 Then
        _strConnection = strDB
    Else
        _strConnection = GetAccessConnection(strDB)
    End If

    _strQuery = strQuery
    _strTableName = GetTableName()

    _adapter = New OleDbDataAdapter(_strQuery, _strConnection)
    _adapter.TableMappings.Add("Table", _strTableName)

    _ds = New DataSet

    Try
        _adapter.Fill(_ds)
        _dt = _ds.Tables(0)
        _nTables = 1
        _strErrorAdapter = ""
    Catch ex As Exception
        _nTables = 0
        _strErrorAdapter = ex.Message
    End Try
End Sub
```

构造函数是 ADO_NET_ACCESS 类的核心代码，以 strDB 和 strQuery 为参数，完成整个类的初始化工作，随后的所有代码都建立在此基础之上。

10.4 数据源的更新

_adapter 对象从数据源获取数据并填充 DataSet 对象_ds，对_ds 操作后，应该能够将数据写回数据源进行保存，因为_ds 只是一个内存对象，这一点从图 9.11 也可看出。对数据集的操作包括 Update、Delete 和 Insert。

9.7.3 节在更改了数据集信息后，构造了_adapter 对象的复杂的 UpdateCommand 信息，然后，调用其 Update 方法完成数据源的更新。9.7.4 节利用 OleDbCommandBuilder 类完成 UpdateCommand 命令的构建，也取得了同样的效果。为了更可靠地工作，需要在更新程序 WriteData 中首先对_adapter 对象的 SelectCommand 进行初始化。

同理，也可以如此构造 DeleteCommand 和 InsertCommand 命令。构造完毕，统一调用 Update 命令（以数据集和表名作为参数），并将错误提示信息变量_strErrorWrite 清空，返回 0 表示更新成功；否则，设置错误提示信息，返回 -1 表示失败。

```
Public Function WriteData() As Integer
    '初始化 OleDbDataAdapter 对象的 SelectCommand
```

```
        Dim conn As OleDbConnection = New OleDbConnection(_strConnection)
        Dim cmdSelect As OleDbCommand = New OleDbCommand(_strQuery, conn)
        _adapter.SelectCommand = cmdSelect

        Dim cmdBuilder As OleDbCommandBuilder = _
                         New OleDbCommandBuilder(_adapter)

        _adapter.UpdateCommand = cmdBuilder.GetUpdateCommand
        _adapter.DeleteCommand = cmdBuilder.GetDeleteCommand
        _adapter.InsertCommand = cmdBuilder.GetInsertCommand

        Try
            _adapter.Update(_ds , _dt.TableName)
            _strErrorWrite = ""
            Return 0  'Success
        Catch ex As Exception
            _strErrorWrite = ex.Message
            Return -1 'Error
        End Try
    End Function
```

10.5 序号自动操作方法

Excel 表格有行号标志，数据表也经常出现行号。9.2.1 节中的 SQL 数据查询语句有“ORDER BY”关键字，可以使用此关键字对数据记录进行排序，如果数据表中有序号字段，一般根据序号字段进行排序。

EnlargeID 方法放大序号字段（假设序号字段是第 0 个字段，且已经从 1 开始依次排好顺序），其具体算法是将原来的序号乘以 2 再加上记录数，确保数据集中的序号和数据源中的序号不产生重叠，以免在更新数据源的时候产生异常。通过这种算法放大序号后，序号之间的整数不连续，可以根据需要对序号进行调整。

如果数据表的记录数小于 1，则直接返回。然后，检查第 0 行第 0 列的数据类型，如果能转换为 Integer 类型，则继续下一步的放大序号操作；否则直接返回，因为该数据类型可能不是一个整型序号。放大序号通过一个循环进行。

```
    Public Sub EnlargeID()
        Dim I As Integer
        Dim nTmp As Integer

        _nRecords = _dt.Rows.Count
        If _nRecords < 1 Then Return

        Try
            I = CType(_dt.Rows(0).Item(0), Integer) + 0
        Catch ex As Exception
            Return
```

```
        End Try
        For I = 0 To _nRecords - 1
            nTmp = _dt.Rows(I).Item(0)
            Try
                _dt.Rows(I).Item(0) = nTmp * 2 + _nRecords
            Catch ex As Exception
            End Try
        Next I
    End Sub
```

用户总是习惯序号从 1 开始，依次顺序排放。调用 EnlargeID 方法放大序号后，可以调用 NormalID 方法标准化序号。该方法通过循环将第一条记录的序号修改为 1，然后，逐条加 1。

```
    Public Sub NormalID()
        Dim I As Integer

        _nRecords = _dt.Rows.Count
        If _nRecords < 1 Then Return

        Try
            I = CType(_dt.Rows(0).Item(0), Integer) + 0
        Catch ex As Exception
            Return
        End Try

        For I = 0 To _nRecords - 1
            Try
                _dt.Rows(I).Item(0) = I + 1
            Catch ex As Exception
            End Try
        Next I
    End Sub
```

调用 EnlargeID 和 NormalID 方法时，务必确保序号已经从小到大排序，否则容易引起混乱。

10.6 其他方法

DeleteAll 方法清空数据库中的记录，主要通过调用_dt（DataTable 对象）的子对象 Rows 的 Delete 方法，逐项删除记录。

```
    Public Sub DeleteAll()
        For I As Integer = _dt.Rows.Count - 1 To 0 Step -1
            _dt.Rows(I).Delete()
        Next I
    End Sub
```

ClearData 主要用于为销毁 ADO_NET_ACCESS 对象做准备，先销毁在其中新建的 DataSet 对象和 OleDbDataAdapter 对象。

```
Private Sub ClearData()
    _ds.Dispose()
    _adapter.Dispose()
End Sub
```

Finalize 是重写的方法，指向 ClearData 方法。

```
Protected Overrides Sub Finalize()
    Try
        ClearData()
    Catch ex As Exception
    End Try
End Sub
```

Dispose 是一个统一的对象销毁方法，这里调用 Finalize 方法。

```
Public Sub Dispose()
    Me.Finalize()
End Sub
```

10.7　应用测试

新建一个窗体应用程序 WinApp_OleDb_Test，将 PhoneBook.mdb 数据库复制在项目的 Debug 目录下，并添加 ADO_NET_ACCESS 类和 General 模块。在窗体上绘制一个命令按钮。

在窗体类中做如下定义，其中 strDb 表示数据库的绝对路径，strQuery 是查询字符串，以 ID 为标准进行增量排序，myData 是一个 ADO_NET_ACCESS 对象。

```
Dim strDb As String
Dim strQuery As String = "Select *  From PhoneBook Order By ID"
Dim myData As ADO_NET_ACCESS
```

在窗体的 Load 事件中进行如下初始化，调用 General 中的 GetAppPath 方法取得应用程序的路径，附上数据库名赋给 strDb 变量。然后，通过 strDb 和 strQuery 参数对 myData 对象进行初始化。

```
strDb = GetAppPath() & "\PhoneBook.mdb"
myData = New ADO_NET_ACCESS(strDb, strQuery)
```

在命令按钮的 Click 事件处理程序中输入如下代码。通过 myData 的 nColumns 属性获得列数，利用 For 循环在即时窗口中输出列名。通过 nRecords 属性得到记录数，利用 For 循环在即时窗口中输出每条记录的序号和姓名。PhoneBook 数据库中的 PhoneBook 表中原有三条记录，依次修改各行的姓名。通过 myData.dt.Rows.Add 方法新增一条记录，并补充必要的数据。最后，调用 myData 对象的 WriteData 方法对数据源进行统一更新，根据返回的数据显示合适的信息。

```
Dim n, I As Integer

n = myData.nColumns
'输出列名
For I = 0 To n - 1
     Debug.Print(myData.ColumnName(I))
Next I

n = myData.nRecords

'输出序号和姓名
For I = 0 To n - 1
     Debug.Print("{0}; {1}", myData.dt.Rows(I).Item(0), myData.dt.Rows(I).Item(1))
Next I

'修改姓名
myData.dt.Rows(0).Item("Name1") = "张三"
myData.dt.Rows(1).Item("Name1") = "李四"
myData.dt.Rows(2).Item("Name1") = "王二"

'增加新行
myData.dt.Rows.Add()
n = myData.nRecords
myData.dt.Rows(n - 1).Item(0) = n
myData.dt.Rows(n - 1).Item(1) = "新人"
myData.dt.Rows(n - 1).Item(3) = "34781256"

'统一更新数据源
Dim nRet As Integer = myData.WriteData

If nRet = 0 Then
    MessageBox.Show("Success!")
Else
    MessageBox.Show(myData.ErrorWrite)
End If

myData.Dispose()  '销毁 ADO_NET_ACCESS 对象
```

运行程序，单击命令按钮，即时窗口中将输出指定的信息，消息框中将显示“Success!”。关闭程序，在资源管理器中利用 Microsoft Access 2007 工具打开数据库，查看效果。再次运行程序，单击命令按钮，消息框将如图 10.1 所示。这是因为 Item(3) 是 Phone 字段，该字段是数据库的主键，不允许重复。可以将以上代码中的姓名和电话重新修改一下，并使电话号码不重复，重新运行程序，一切正常。

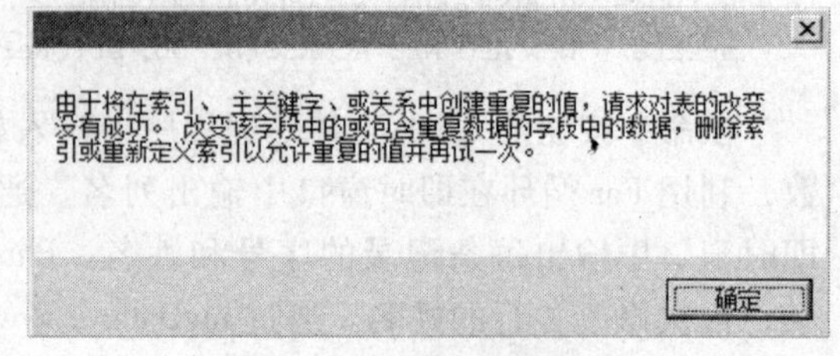

图 10.1 更新数据源异常

10.8　本章小结

本章创建了一个自定义 Access 数据库类 ADO_NET_ACCESS，其属性囊括了编程实战中常用的元素，而且创建方便，更新数据源简单可靠。最后，给出了测试例程，对 ADO_NET_ACCESS 类中的大部分内容进行了测试。但是，这个应用测试比较简单，只是在即时窗口中输出一些简单的数据，或者通过 Microsoft Access 2007 工具查看数据库的更新效果，并没有涉及数据库的可视化修改与维护——这些关键技术将在后续章节逐步展开。

思考与练习

1. ADO_NET_ACCESS 对象是如何初始化的?
2. 如何获取 ADO_NET_ACCESS 对象的各种属性?
3. 通过 ADO_NET_ACCESS 对象更新数据源需要注意什么问题?
4. 编写程序，尝试使用 ADO_NET_ACCESS 对象。

第 11 章　DataGridView 模板

DataGridView 控件被用来替换原 DataGrid 控件，提供了 DataGrid 控件中没有的许多基本功能和高级功能，而且，DataGridView 控件的结构使得它比 DataGrid 控件更容易扩展和自定义。DataGridView 控件可以很方便地以非绑定方式显示数据，也可以绑定到数据表用来显示和可视化修改数据，并可以将数据直接复制粘贴到 Excel 表格中。

本章主要介绍 DataGridView 控件的使用方法，以及 ADO_NET_ACCESS 数据库类在 DataGridView 控件中的应用，最后设计了一个 DataGridView 模板，可以用来方便地显示和处理数据表。DataGridView 模板窗体具有通用性，可以被其他应用程序复用。

11.1　DataGridView 的主要特点

DataGridView 控件提供用来显示数据的可自定义表。使用 DataGridView 类，可以通过使用 DefaultCellStyle、ColumnHeadersDefaultCellStyle、CellBorderStyle 和 GridColor 等属性对单元格、行、列和边框进行自定义。

DataGridView 控件提供了许多属性和事件，可以使用它们指定数据的格式设置方式和显示方式。例如，可以根据单元格、行和列中包含的数据更改其外观，或者将一种数据类型的数据替换为另一种类型的等效数据。

DataGridView 控件还能够以多种方式使用各个网格组件。例如，可以冻结行和列以阻止其滚动；隐藏行、列和标题；更改行、列和标题的大小；更改用户进行选择的方式；以及为各个单元格、行和列提供工具提示和快捷菜单。

可以使用 DataGridView 控件来显示有基础数据源或没有基础数据源的数据。如果没有指定数据源，则可以创建包含数据的行和列，并使用 Rows 和 Columns 属性将它们直接添加到 DataGridView。还可以使用 Rows 集合访问 DataGridViewRow 对象和 DataGridViewRow 的 Cells 属性以直接读取或写入单元格值。Item 索引器提供对单元格的直接访问。

除了手动填充控件之外，还可以设置 DataSource 和 DataMember 属性，以便将 DataGridView 绑定到数据源，并自动用数据填充该控件。在处理大量数据时，可以将 VirtualMode（虚拟模式）属性设置为 True，以便显示可用数据的子集。虚拟模式要求实现用来填充 DataGridView 控件的数据缓存。

11.2　DataGridView 的常用属性

通过属性定制友好的外观是使用 DataGridView 控件的一项重要内容。例如，给 DataGridView 控件的不同部分应用不同颜色，有助于更轻松地读取和解释其中的信息；还可以自行决定隐藏还是显示特定的行与列等。DataGridView 控件只有与数据源绑定后，才能方便地编辑各种设计时属性，所以，以 Ch09 目录下的 WinApp_Access1 项目为例，分类介绍 DataGridView 控件的各种常用属性。

11.2.1 布局属性

常用且需要修改的布局属性主要包括 Location 属性和 Size 属性，前者规定了 DataGridView 控件的左上角的位置，后者规定了控件的大小（宽度 Width 和高度 Height）。确定 Location 比较简单，只要拖拽控件，放到一个合适的起始位置即可。但是，Size 属性的确定没有这么简单，需要考虑多种因素。

从图 9.9 可以看出，填充数据后的 DataGridView 控件包括列标题所在的行（包含 ID、Name1、Area 等）和数据记录所在的行。列标题所在行的高度（ColumnHeadersHeight 属性）与所要显示的数据行的高度（DataGridView 控件的 Rows 集合的 Height 值）累加，就是 DataGridView 控件的 Size 属性的 Height 值（这里不考虑水平滚动条占据的行高）。如果 Height 值设置不合理，有可能在 DataGridView 控件的底部出现半行记录，这样就显得不美观了。

图 9.9 中 DataGridView 控件左侧的黑三角所在的列为行标题所在的列，其宽度通过 RowHeadersWidth 属性来表示，单击行标题，可以选择该行进行操作。DataGridView 控件的宽度 Width 为 RowHeadersWidth 与各数据列宽度（DataGridView 控件的 Columns 集合的 Width 值）之和，还要加上垂直滚动条的宽度，因为一般数据库的记录数较多，需要通过垂直滚动条来选择记录。

ScrollBars 属性指明滚动条的需求情况，默认为 Both，表示需要水平（Horizontal）和垂直（Vertical）滚动条，一般不更改此默认值。但是，只要 DataGridView 控件的宽度足够容纳所有列（行标题列和数据列）和垂直滚动条，水平滚动条就不可见；同理，只要 DataGridView 控件的高度足够显示所有记录行，垂直滚动条就不可见。

11.2.2 数据属性

数据属性主要包括 DataSource 和 DataMember，前者指明需要在 DataGridView 中显示的数据集，后者指明数据集中具体的数据表的名称。

在绑定到包含多个列表或表的数据源时，DataMember 属性非常有用。在绑定到包含单个列表或表的数据源时，无须设置此属性。例如，无须设置此属性，即可将 DataGridView 控件绑定到包含单个表的 DataSet。但是，如果 DataSet 包含多个表，则必须将此属性设置为其中某个表的名称。

假设 DataGridView 控件的名称为 dgv，ADO_NET_ACCESS 对象的名称为 myData（下文都如此使用 dgv 和 myData），并经过了初始化，则利用 DataGridView 控件显示数据表的代码一般为：

```
dgv.DataSource = myData.ds          '设置数据集
dgv.DataMember = "TimeTable"        '设置数据表的表名
```

因为 Access 数据库一次只能查询一个表，因而，可以直接将 myData.dt 赋给 DataSource，而不需要设置 DataMember 属性。

11.2.3 外观属性

GridColor 属性用于设置网格线的颜色。CellBorderStyle 属性用于设置普通单元格的边框样式，通过该属性可以确定只显示水平网格线（SingleHorizontal）或垂直网格线（SingleVertical）。ColumnHeadersBorderStyle 属性用于设置列标题的边框样式，RowHeadersBorderStyle 属性用于设置行标题的边框样式。这些属性一般使用默认值，不做更改。

RowHeadersVisible 属性表示行标题是否可见，ColumnHeadersVisible 属性表示列标题是否可见，一般使用默认值 True。ColumnHeadersHeight 属性表示列标题所在行的高度，一般用像素表示。

RowTemplate 属性是行模板属性，其中的 Height 子属性是整个数据行的行高属性，即默认情况下，Height 值是每一行的高度。

AlternatingRowsDefaultCellStyle 属性用于定义交替行样式。在设计器中选择 DataGridView 控件，在“属性”窗口中，单击 AlternatingRowsDefaultCellStyle 属性旁的省略号按钮（...），在“CellStyle 生成器”对话框中，通过设置属性定义样式，再使用“预览”窗格确认选择。这样，用户所指定的样式将用于控件中显示的每一个交替行（从第二行开始）。若要定义其余各行的样式，只要使用 RowsDefaultCellStyle 属性重复以上两个步骤即可。如图 11.1 所示，利用 CellStyle 生成器设置交替行，交替行的背景色 BackColor 为 Red，前景色 ForeColor 为 GreenYellow。

CellStyle 生成器

布局	
Alignment	NotSet
Padding	0, 0, 0, 0
WrapMode	NotSet
数据	
NullValue	
外观	
BackColor	Red
Font	(无)
ForeColor	GreenYellow
SelectionBackColor	
SelectionForeColor	
行为	
Format	

预览
此预览显示继承的 CellStyles（Table、Column、Row）的属性
普通：#### 选定：####
确定 取消

图 11.1 利用 CellStyle 生成器设置交替行

WinApp_Access1 项目如图 11.1 设置交替行后，其运行效果如图 11.2 所示。

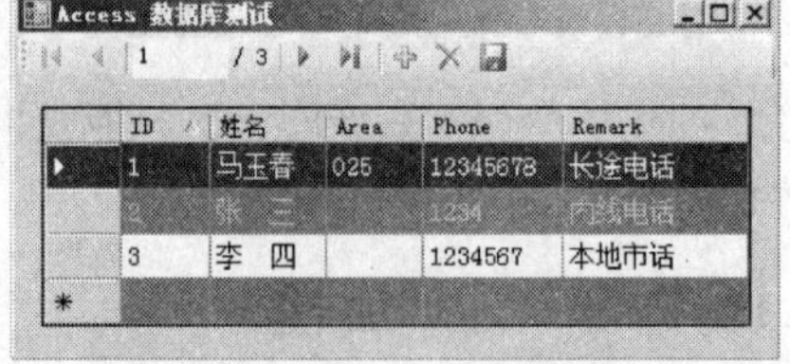

图 11.2 交替行的效果

默认情况下，工具提示用于显示因为单元格太小而无法显示其完整内容的 DataGridView 单元格的值。但可以重写此行为，以便为各单元格设置工具提示文本值。这在向用户显示有关单元格的附加信息或为用户提供有关单元格内容的替代说明时很有用。如果将 ShowCellToolTips 属性设置为 False，则禁止显示单元格级的工具提示。

通过 DataGridView 控件可指定整个控件、某些特定列、行和列标题以及交替行的默认单元格样式和单元格数据格式，从而产生账目型效果。为列和交替行设置的默认样式会取代为整个控件设置的默认样式。此外，在代码中为个别行和单元格设置的样式会取代默认样式。

在“属性”窗口中，单击 DefaultCellStyle、ColumnHeadersDefaultCellStyle 或 RowHeadersDefaultCellStyle 属性旁的省略号按钮（...），都会出现 CellStyle 生成器对话框，通过设置这些属性定义样式，并使用“预览”窗格确认所做选择。可使用设计器为多个选定的 DataGridView 控件设置单元格样式，但仅当这些控件中要修改的单元格样式属性值完全相同时才可这样做。

在 CellStyle 生成器对话框中，单击 Format 属性旁的省略号按钮（...），格式字符串对话框出现。选择数字、货币或日期时间等中的一个格式类型，然后修改该类型的细节（如要显示的小数位数），并使用示例框确认所做选择，最后，在 CellStyle 生成器的 Format 属性中就会出现一个格式字符串。

如果要将 DataGridView 绑定到可能含 Null 值的数据源，可填写 Null 文本框。当单元格值等于 Null 引用（Visual Basic 中为 Nothing）或 DBNull.Value 时，将显示所填写的值。

可以通过设置 DataGridViewCellStyle 类的属性指定 DataGridView 控件内单元格的可视外观。可以从 DataGridView 类及其伴随类的各属性中检索此类的实例，或者可以实例化 DataGridViewCellStyle 对象以用于对这些属性赋值。

下面的代码演示使用 DefaultCellStyle 属性进行的单元格外观的基本自定义，包括字体 Font、前景色 ForeColor 和背景色 BackColor。控件中的每个单元格都继承通过此属性指定的样式，除非在列、行或单元格级重写样式。

```
dgv.DefaultCellStyle.Font = New Font("Tahoma", 15)
dgv.DefaultCellStyle.ForeColor = Color.Blue
dgv.DefaultCellStyle.BackColor = Color.Beige
```

也可以直接用代码设置数据列的显示格式。下面的代码将 dgv 的“UnitPrice”列的显示格式设置为保留两位小数的货币型格式，将“ShipDate”列的显示格式设置为日期型格式，使“CustomerName”列居中对齐显示，空值显示为“no entry”，文本自动换行。

```
Private Sub SetFormatting()
    With dgv
        .Columns("UnitPrice").DefaultCellStyle.Format = "C2"
        .Columns("ShipDate").DefaultCellStyle.Format = "d"
        .Columns("CustomerName").DefaultCellStyle.Alignment = _
            DataGridViewContentAlignment.MiddleCenter
        .DefaultCellStyle.NullValue = "no entry"
        .DefaultCellStyle.WrapMode = DataGridViewTriState.True
    End With
End Sub
```

11.2.4 行为属性

行为属性主要控制用户的行为，即是否允许或禁止某些操作，这些属性一般是 Boolean 类型。AllowUserToAddRows 获取或设置一个值，该值指示是否向用户显示添加行的选项，如果只是让用户查看，不允许用户修改，则设置为 False，默认值为 True；AllowUserToDeleteRows 获取或设置一个值，该值指示是否允许用户从 DataGridView 中删除行；AllowUserToOrderColumns 获取或设置一个值，该值指示是否允许通过手动对列重新排序。

AllowUserToResizeColumns 获取或设置一个值，该值指示用户是否可以调整列的大小；AllowUserToResizeRows 获取或设置一个值，该值指示用户是否可以调整行的大小。在程序设计与调试期间，这两个值可以设置为 True，以调整大小，确定美观的具体数值。程序通过调试后，一般设置为 False，以免用户将程序界面弄乱。

ColumnHeadersHeightSizeMode 获取或设置一个值，该值指示是否可以调整列标题的高度，以及它是由用户调整还是根据标题的内容自动调整。AutoSize 表示自动调整（默认值），EnableResizing 表示允许用户调整，DisableResizing 表示禁止用户调整。一般情况下，采用默认值即可。如果需要精确控制界面的美观，可以在程序设计与调试阶段将该属性设置为 EnableResizing，待确定好列标题的合适高度后，将该属性设置为 DisableResizing 即可。

MultiSelect 属性获取或设置一个值，该值指示是否允许用户一次选择 DataGridView 的多个单元格、行或列。Enabled 属性、Visible 属性和 TabStop 属性等都是通用属性，不再赘述。

11.2.5 杂项属性

杂项属性只有一个 Columns 集合属性，单击该属性旁的省略号按钮（...）或者在设计器中右击 DataGridView 控件并选择“编辑列”，将出现如图 9.8 所示的对话框，从“选定的列”列表中选择一列，可以修改网格中的属性来改变该列的外观。非设计时属性可以通过代码进行设置，例如，下面的代码将 0 列的冻结属性设置为 True，这样，通过水平滚动条移动表格时，该列被冻结，不会被移动。

```
dgv.Columns(0).Frozen = True
```

DataGridView 控件具有多种类型的列，用户可以通过图 9.8 中的 ColumnType 属性来设置列的类型。所有类型的列都是直接或间接继承自 DataGridViewColumn 类。DataGridViewTextBoxColumn 类型与基于文本的值一起使用，在绑定到数字或字符串类型的值时自动生成；DataGridViewCheckBoxColumn 类型与 Boolean 和 CheckState 值一起使用，在绑定到这些类型的值时自动生成；DataGridViewImageColumn 类型用于显示图像，在绑定到字节数组、Image 对象或 Icon 对象时自动生成；DataGridViewButtonColumn 类型用于在单元格中显示按钮，不会在绑定时自动生成，通常用做未绑定列；DataGridViewComboBoxColumn 类型用于在单元格中显示下拉列表，不会在绑定时自动生成，通常手动进行数据绑定；DataGridViewLinkColumn 类型用于在单元格中显示超链接，不会在绑定时自动生成，通常通过手动进行数据绑定。

ColumnType 属性是一个“仅用于设计时”的属性，它指示的类表示列类型。它不是列类中定义的实际属性。

11.3 DataGridView 的常用方法

无论 DataGridView 控件的 TabIndex 属性是否为 0，Select 方法（没有参数）都可以让 DataGridView 控件获取焦点，从而，在应用程序启动后，通过鼠标的滚轮即可在 DataGridView 控件上浏览记录。SelectAll 方法选择 DataGridView 中的所有单元格，这时，可以使用“Ctrl + C”组合键复制数据，然后粘贴到 Excel 表格中。

Hide 方法对用户隐藏控件，Show 方法向用户显示控件；SendToBack 方法将控件发送到 Z 顺序的后面，BringToFront 方法将控件带到 Z 顺序的前面。

11.4 DataGridView 的常用事件

DataGridView 控件的事件非常多，但是，只要掌握其中常用的几个事件及其编程方法，即可对付用户的常用需求。

11.4.1 CellClick 事件

CellClick 事件在单元格的任何部分（包括边框和空白）被单击时发生。当按钮单元格或复选框单元格具有焦点时，此事件还在用户按下并松开空格键时发生；如果在按下空格键的同时，该单元格被单击，此事件将针对这些类型的单元格发生两次。

单击 DataGridViewCheckBoxCell 时，此事件在复选框更改值之前发生，因此，如果不希望基于当前值来计算期望值，则处理 CellValueChanged 事件更合适。如果要确定单击单元格的内容，则处理 CellContentClick 事件更合适。

下面的代码演示一个 CellClick 事件，通过事件参数 e 确定行和列，然后，在即时窗口中输出该单元格的值（假设该单元格已经是字符串文本）。

```
Private Sub dgv_CellClick(ByVal sender As Object, _
        ByVal e As System.Windows.Forms.DataGridViewCellEventArgs) _
        Handles dgv.CellClick
    Dim nRow As Integer = e.RowIndex
    Dim nColumn As Integer = e.ColumnIndex
    Debug.Print(dgv.Rows(nRow).Cells(nColumn).Value)
End Sub
```

11.4.2 CellFormatting 事件

默认情况下，DataGridView 控件会尝试将单元格的值转换为适于显示的格式。例如，它会将数值转换为字符串，以便在文本框单元格中显示。可以通过设置 DataGridViewCellStyle（由诸如 DefaultCellStyle 之类的属性返回）的 Format 属性来指示将使用的格式约定。

如果标准格式不够用，可以通过处理 CellFormatting 事件来自定义格式。通过此事件，可以指示要用于显示单元格的确切显示值和单元格样式，如背景色和前景色。这意味着，无论单元格值本身是否需要设置格式，都可以针对任何类型的单元格格式处理此事件。

每绘制一个单元格，就会发生 CellFormatting 事件，因此，处理此事件时应避免时间过长。在检索单元格 FormattedValue 或调用其 GetFormattedValue 方法时，此事件也会发生。

下面的代码利用 CellFormatting 事件检查“Rating”列，根据该列的值设置其提示信息。

```
Sub dgv_CellFormatting(ByVal sender As Object, _
        ByVal e As DataGridViewCellFormattingEventArgs) _
        Handles dataGridView1.CellFormatting
    Dim nRow As Integer = e.RowIndex
    Dim nColumn As Integer = e.ColumnIndex

    If nColumn = dgv.Columns("Rating").Index AndAlso (e.Value IsNot Nothing) Then
        With dgv.Rows(nRow).Cells(nColumn)
            If e.Value.Equals("* ") Then
                .ToolTipText = "very bad"
            ElseIf e.Value.Equals("** ") Then
                .ToolTipText = "bad"
            ElseIf e.Value.Equals("*** ") Then
                .ToolTipText = "good"
            ElseIf e.Value.Equals("**** ") Then
                .ToolTipText = "very good"
            End If
        End With
    End If
End Sub
```

11.4.3 RowHeaderMouseClick 事件

当用户在行标题边界内单击时发生 RowHeaderMouseClick 事件，此时，e.RowIndex 中的值是 DataGridView 控件中行的索引，e.ColumnIndex 中的值为 -1，因为鼠标不在任何数据列上。同理，如果鼠标不在任何数据行上，e.RowIndex 的值也为 -1。该事件主要用于对行定位，从而获取或设置行中某列的值。

11.4.4 RowPrePaint 事件

在绘制 DataGridViewRow 之前发生 RowPrePaint 事件。可以单独处理此事件，也可以将它与 RowPostPaint 事件一起处理，以便自定义控件中行的外观。可以说，每预处理一行，就会发生一次 RowPrePaint 事件，因而，可以在该事件中临时改变数据行的高度，其代码如下所示：

```
dgv.Rows(e.RowIndex).Height = 23
```

11.4.5 RowValidated 事件

在行完成验证后发生 RowValidated 事件，使用此事件可以对一行值执行后期处理。在 DataGridView 模板中，一般在该事件处理代码中将修改后的数据保存到数据库中。

11.4.6 UserDeletingRow 事件

在用户从 DataGridView 控件中删除行时发生 UserDeletingRow 事件。用户可能由于不小心误删数据行，可以用消息框对用户进行提醒，如果用户取消删除行，就阻止删除操作的完成。典型的 UserDeletingRow 事件的主体代码如下所示，其中，消息框的标题通过 Me.Text 参数来采用窗体标题。

```
Dim nRet As Integer

nRet = MessageBox.Show("Are you sure?", Me.Text, MessageBoxButtons.OKCancel, _
                       MessageBoxIcon.Question)

If nRet = DialogResult.Cancel Then
    e.Cancel = True
End If
```

如果 DataGridView 控件的 AllowUserToDeleteRow 属性设置为 False，则不会触发该事件。

11.5 非绑定模式的数据显示

所谓的非绑定模式，是指 DataGridView 控件显示的数据不是来自于绑定的数据源，而是可以通过代码手动将数据填充到 DataGridView 控件中，即可以通过代码手动创建 DataGridView 控件的行与列，这就为 DataGridView 控件增加了很大的灵活性。

创建一个窗体应用程序 WinApp_Unbound，在窗体上绘制一个 DataGridView 控件，命名为 dgv，绘制两个按钮，分别命名为 btAdd 和 btDelete，用于在 dgv 上增加或删除行。dgv 控件一行有三列，第一列为 DataGridViewCheckBoxColumn 控件，第二列为 DataGridViewTextBoxColumn 控件，第三列为 DataGridViewComboBoxColumn 控件，都是通过手动添加。

在窗体的 Load 事件处理程序中输入如下代码。首先，生成 col1、col2 和 col3 三个列对象，由于 col3 是个组合框对象，还需要添加几个选项（这里添加了三个选项）。然后，设置各列的名字 Name 和标题文本 HeaderText。最后，调用 dgv.Columns.Add 方法将这些列添加到 dgv 控件中。程序末尾的代码用来设置行标题和各列的宽度。

```
Dim col1 As DataGridViewCheckBoxColumn = New DataGridViewCheckBoxColumn
Dim col2 As DataGridViewTextBoxColumn = New DataGridViewTextBoxColumn
Dim col3 As DataGridViewComboBoxColumn = New DataGridViewComboBoxColumn

col3.Items.Add("AAA")
col3.Items.Add("BBB")
col3.Items.Add("CCC")

col1.Name = "CheckBox"
col1.HeaderText = "CheckBox"
col2.Name = "TextBox"
col2.HeaderText = "TextBox"
```

```
col3.Name = "ComboBox"
col3.HeaderText = "ComboBox"

dgv.Columns.Add(col1)
dgv.Columns.Add(col2)
dgv.Columns.Add(col3)

dgv.RowHeadersWidth = 30
dgv.Columns("CheckBox").Width = 80
dgv.Columns("TextBox").Width = 100
dgv.Columns("ComboBox").Width = 100
```

“Add”按钮用于增加一行，在其Click事件处理程序中输入如下代码。n是行的索引，从0开始，增加一行后，dgv.NewRowIndex的值变为1，所以，为了在第一行（索引为0）写入数据，必须进行减1调整。“n Mod 2”的值为0或1，这使得CheckBox列的数据0与1交替出现（1用打勾来表示），而TextBox列用“Test”与序号字符串来填充，ComboBox列用第一选项的值来填充。

用户通常对最新数据最感兴趣，给dgv控件的FirstDisplayedScrollingRowIndex属性设置值，使该行显示在dgv上的第一行，以确保用户能看到最新的数据。该属性并不能在设计属性表中找到，因为这是一个运行时属性。

```
Dim n As Integer

dgv.Rows.Add()
n = dgv.NewRowIndex - 1

With dgv.Rows(n)
    .Cells("CheckBox").Value = n Mod 2
    .Cells("TextBox").Value = "Test" & (n + 1).ToString
    .Cells("ComboBox").Value = "AAA"
End With

dgv.FirstDisplayedScrollingRowIndex = n
```

“Delete”按钮用于删除当前行，在其Click事件处理程序中输入如下代码。首先获取当前行的索引，如果该索引为-1，表示没有指定数据行，则直接返回。否则，调用dgv.Rows.RemoveAt方法删除该行，该方法以当前行的索引为参数。当然，要删除某行，也可以在dgv中选中某行，然后，直接使用键盘中的Delete（删除）键。

```
Dim n As Integer = dgv.CurrentRow.Index

If n = -1 Then Return
dgv.Rows.RemoveAt(n)
```

运行程序，不断单击“Add”按钮，由于设置了FirstDisplayedScrollingRowIndex属性，用户可以查看最新添加的数据（可以注释掉该语句，重新查看运行效果），在组合框中也可以使用下拉按钮来选择数据项。单击“Delete”按钮将删除当前行。程序的运行效果如图11.3所示。

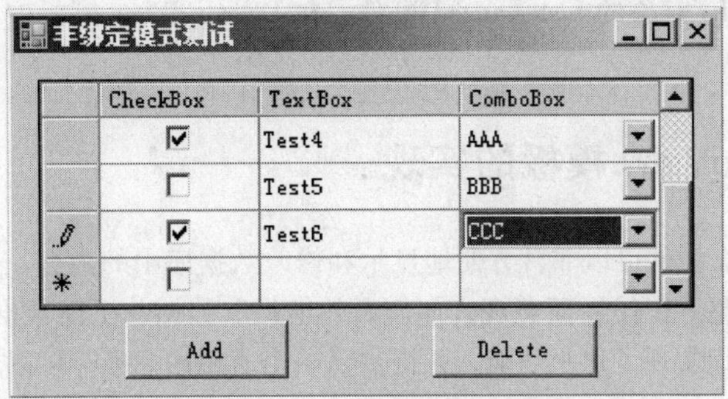

图 11.3 DataGridView 控件的非绑定模式测试效果

11.6 BindingSource 类用于数据绑定

BindingSource 组件有两种用途。首先，它通过提供一个间接寻址层、当前项管理、更改通知和其他服务简化了窗体中控件到数据的绑定。这是通过将 BindingSource 组件附加到数据源，然后将窗体中的控件绑定到 BindingSource 组件来实现的。与数据的所有进一步交互，包括定位、排序、筛选和更新，都通过调用 BindingSource 组件实现。

其次，BindingSource 组件可以作为一个强类型的数据源。通常，基础数据源的类型通过使用 Add 方法可将某项添加到 BindingSource 组件中，或者将 DataSource 属性设置为一个列表、单个对象或类型，这两种机制都可创建一个强类型列表。BindingSource 支持由其 DataSource 和 DataMember 属性指示的简单数据绑定和复杂数据绑定。

绑定到 BindingSource 组件的数据源也可以使用 BindingNavigator 类定位和管理。尽管 BindingNavigator 可以绑定到任何数据源，但它被设计为通过其 BindingNavigator.BindingSource 属性与 BindingSource 组件集成。

通常将 DataTable 对象绑定到 BindingSource 组件，并将 BindingSource 组件绑定到其他数据源或使用业务对象填充该组件。BindingSource 组件为首选数据源，因为该组件可以绑定到各种数据源，并可以自动解决许多数据绑定问题。

在 DataGridView 模板中，将 ADO_NET_ACCESS 对象 myData 的数据表 dt 绑定到 BindingSource 对象 bs，然后再将 bs 绑定到 dgv。在 bs 中绑定包含多个列表或表的数据源时，必须将 DataMember 属性设置为指定要绑定的列表或表的字符串。因而，如果使用数据集 ds（此时不使用 dt），则还需要指定表名 TableName。其典型代码如下所示：

```
Dim bs As BindingSource = New BindingSource
bs.DataSource = myData.dt
        '或者:bs.DataSource = myData.ds
        'bs.DataMember = myData.TableName
dgv.DataSource = bs
```

在 dgv 控件中修改数据，例如，当添加、移除或移动项或者 DataSource 或 DataMember 属性发生更改时，将引发 bs 对象的 ListChanged 事件。在 DataGridView 模板中，可利用该事件更新数据源。

11.7 DataGridView 模板的实现

通过 DataGridView 控件可以非常方便地显示和修改数据库中的内容，但是，每个字段列占用多少宽度，如何调整才能使界面美观，如何高效地提取数据并更新数据源？DataGridView 模板利用前面介绍的知识实现了这一功能，并提供了一个通用的标准，可以广泛应用于数据库应用程序中。

11.7.1 变量定义和数据表信息的获取

新建一个窗体应用程序 WinApp_dgv，参考源代码绘制相关控件并命名，如图 11.4 所示。将 Access 数据库复制到项目的 Debug 目录下，并添加现有项 ADO_NET_ACCESS 类。在窗体类中作如下定义，strDataPath 与 strQuery 根据实际情况进行设置。笔者习惯将数据库文件与应用程序文件存放在一个目录中，因而，在窗体的 Load 事件处理程序中设置 strDataPath 的值。如果数据库存放于某固定位置，可以在初始化 strDataPath 的时候设置其值。随后，对数据库相关的变量进行定义。

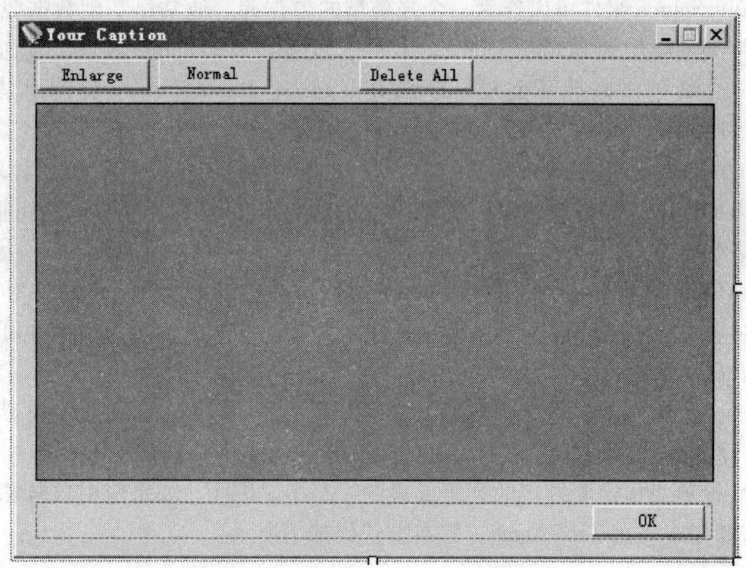

图 11.4 DataGridView 模板的设计界面

bs 是一个 BindingSource 对象，是联系 myData 与 dgv 的桥梁，声明该对象的同时，允许产生事件（WithEvents）。bDataChanged 用来表示数据是否有变化。debugEnable 用来表示是否处于调试状态，如果在调试状态，dgv 界面可以进行调整，否则，不可调整。

```
Dim strDataPath As String
Dim strQuery As String = "SELECT *  FROM TimeTable ORDER BY ID"   'debug

Dim myData As ADO_NET_ACCESS
Dim dt As DataTable
Dim nRecords As Integer
Dim nColumns As Integer

Dim WithEvents bs As BindingSource = New BindingSource
Dim bDataChanged As Boolean = False
Dim debugEnable As Boolean
```

私有方法 RefreshData 用来读取和刷新数据库。如果数据表的数量为 0，表示初始化数据库出现错误，用消息框提示用户并结束程序。否则，获取 myData 的属性填充以上定义的变量，并将数据表 dt 绑定到 bs，再将 bs 绑定到 dgv，从而将数据表用 dgv 显示出来。

```
Private Sub RefreshData()
    If myData IsNot Nothing Then myData.Dispose()

    myData = New ADO_NET_ACCESS(strDataPath, strQuery)
    If myData.nTables = 0 Then
        MessageBox.Show(myData.ErrorAdapter, Me.Text, _
                        MessageBoxButtons.OK, MessageBoxIcon.Error)
        End
    End If

    dt = myData.dt
    nRecords = myData.nRecords
    nColumns = myData.nColumns

    bs.DataSource = dt
    dgv.DataSource = bs
End Sub
```

在窗体的 Load 事件处理程序中设置 strDataPath 的值，随后调用 RefreshData 方法完成数据的初始化工作。

```
strDataPath = My.Application.Info.DirectoryPath & "\AlarmTable.mdb"
RefreshData()
```

11.7.2 布局自动完成的准备工作

布局自动完成的原理就是在程序运行时，手动调整列宽和行高以及列与行标题的宽度和高度，并自动生成程序代码和相关数据的过程。如此调整，避免了这样的反复过程，即在设计时调整属性数据，在运行时查看界面；如果界面不美观，又重新在设计时调整属性数据，在运行时查看界面……

为了能够在运行时调整 dgv 的属性参数，应将允许用户调整行和列的 AllowUserToResizeRows

属性与 AllowUserToResizeColumns 属性设置为 True；同理，还需要允许用户调整列和行的标题。debugEnable 变量设置为 True，表示允许调试，其应用将在下一节的代码中介绍。

```
Private Sub Debug_Enable()
    With dgv
        .AllowUserToResizeRows = True
        .AllowUserToResizeColumns = True
        .ColumnHeadersHeightSizeMode = _
            DataGridViewColumnHeadersHeightSizeMode.EnableResizing
        .RowHeadersWidthSizeMode = _
            DataGridViewRowHeadersWidthSizeMode.EnableResizing
    End With

    debugEnable = True
End Sub
```

一旦生成自动布局代码和属性数据并完成布局，应禁止用户调整 dgv 界面，私有方法 Debug_Disable 完成这一功能。

```
Private Sub Debug_Disable()
    With dgv
        .AllowUserToResizeRows = False
        .AllowUserToResizeColumns = False
        .ColumnHeadersHeightSizeMode = _
            DataGridViewColumnHeadersHeightSizeMode.DisableResizing
        .RowHeadersWidthSizeMode = _
            DataGridViewRowHeadersWidthSizeMode.DisableResizing
    End With

    debugEnable = False
End Sub
```

私有方法 Format_DGV 完成 dgv 的除列宽与行高以外的初始化工作，主要包括对齐方式 Alignment、前景色 ForeColor、背景色 BackColor、字体字号、列标题的名称等内容。下列代码中的第一个 With 语句块设置列标题的对齐方式与字体字号，第二个 With 语句块作用于所有数据行，第三个 With 语句块作用于数据列 1。按照第二个定义，所有单元格中的数据都是居中显示，但是位于数据列 1 的单元格居右显示，因为后者定义的优先权高于前者。

有哪些属性需要进行设置，应根据具体情况。一般来说，列属性的 Format 格式应该根据用户需要进行合适的设置，如对于时间日期以及货币列，应采用对应的 Format 格式。

```
Private Sub Format_DGV()
    With dgv.ColumnHeadersDefaultCellStyle
        .Alignment = DataGridViewContentAlignment.MiddleCenter
        .Font = New Font("宋体", 15)
    End With

    With dgv.DefaultCellStyle
        .Alignment = DataGridViewContentAlignment.MiddleCenter
```

```
        End With

        With dgv.Columns(1)
            .HeaderText = "Time"
            With .DefaultCellStyle
                .Alignment = DataGridViewContentAlignment.MiddleRight
                .Format = "HH:mm:ss"
            End With
        End With
    End Sub
```

至于系统中的字体，可以通过以下代码在即时窗口中输出，用户可以根据需要选择使用。

```
For I As Integer = 0 To System.Drawing.FontFamily.Families.Length - 1
    Debug.Print(System.Drawing.FontFamily.Families(I).Name)
Next I
```

在调整属性阶段，需要在窗体的 Load 事件处理程序中输入如下代码，做好代码自动生成与属性自动获取的准备工作。

```
Format_DGV()
Debug_Enable()
```

11.7.3 代码自动生成与属性的自动获取

做完准备工作后，即可运行程序，像 Microsoft Office Excel 工具那样去调整列宽与行高。数据库中至少有一条记录，因为 DataGridView 模板以第一条记录的行高作为每一条记录的行高。调整完毕并对界面满意后，就可以单击有效记录的有效单元格。此时，产生一个 CellClick 事件，可以在该事件中输入代码和属性值。

在 dgv 的 CellClick 事件处理程序中，输入如下代码。如果不处于调试状态，即 debugEnable 的值为 False，则直接返回。dgvWidth 是 dgv 的宽度，dgvHeight 是 dgv 的高度，nRows 是需要在 dgv 中显示的行数，这个数据需要用户设定，这里用 10 作为测试数据。假如用户单击的不是有效记录（例如，最后的空记录）的单元格，则 e.RowIndex 的值为 -1，此时，也不做任何处理。

11.2.1 节已经说明了 DataGridView 控件的 Width 和 Height 的计算方法。DataGridView 控件的 BorderStyle 属性默认为 FixedSingle，在这种情况下，其宽度需要加 2 个像素进行调整；如果 BorderStyle 属性的值设置为 Fixed3D，该值为 4；如果 BorderStyle 属性的值设置为 None，DataGridView 控件的宽度也不需要调整。

程序先输出行标题与列标题的高度与宽度。dgv.ColumnCount 返回 dgv 中的数据列数，在一个 For 循环中输出各数据列的宽度，并完成数据列宽度的累加。SystemInformation.VerticalScrollBarWidth 为垂直滚动条的宽度。最后输出需要在设计时更改的属性（前面加上注释符号）。

```
If debugEnable = False Then Return

Dim I As Integer
```

```
Dim dgvWidth As Integer = 0
Dim dgvHeight As Integer = 0
Dim nRows As Integer = 10

If e.RowIndex = -1 Then Return

Debug.Print("'=============================================")
Debug.Print("'Generate automatically at {0}, {1} by Ma Yu Chun.", _
            Now.ToString("H:mm:ss"), Today.ToString("yyyy-M-d"))
Debug.Print(System.Environment.NewLine)

Debug.Print("dgv.RowHeadersWidth = {0}", dgv.RowHeadersWidth)
Debug.Print("dgv.ColumnHeadersHeight = {0}", dgv.ColumnHeadersHeight)

Debug.Print(System.Environment.NewLine)
For I = 0 To dgv.ColumnCount - 1
    dgvWidth += dgv.Columns(I).Width
    Debug.Print("dgv.Columns({0}).Width = {1}", I, dgv.Columns(I).Width)
Next I

Debug.Print(System.Environment.NewLine)

Debug.Print("'dgv.RowTemplate.Height = {0}", dgv.Rows(0).Height)

dgvWidth += dgv.RowHeadersWidth + SystemInformation.VerticalScrollBarWidth + 2
Debug.Print("'dgv.Size .Width = {0}", dgvWidth)

dgvHeight = dgv.ColumnHeadersHeight + dgv.Rows(0).Height * nRows
Debug.Print("'dgv.Size.Height = {0}", dgvHeight)
```

CellClick 事件的输出结果如下所示。将输出结果从即时窗口中复制到私有方法 SetDGV_Parameters 中即可。最后三行带注释的属性在设计时进行更改即可。

```
Private Sub SetDGV_Parameters()
    '=============================================
    'Generate automatically at 18:16:40, 2011-3-28 by Ma Yu Chun

    dgv.RowHeadersWidth = 41
    dgv.ColumnHeadersHeight = 23

    dgv.Columns(0).Width = 46
    dgv.Columns(1).Width = 79
    dgv.Columns(2).Width = 120
    dgv.Columns(3).Width = 90
    dgv.Columns(4).Width = 75

    'dgv.RowTemplate.Height = 23
    'dgv.Size .Width = 469
    'dgv.Size.Height = 253
End Sub
```

最后，在窗体的 Load 事件处理程序中保留如下三条语句，第二条语句禁止用户调整 DataGridView 界面，第三条语句设置 DataGridView 的相关属性参数。

```
Format_DGV()
Debug_Disable()
SetDGV_Parameters()
```

11.7.4 数据自动更新技术

图 9.9 中，如果在 DataGridView 控件中修改了数据，需要单击导航条中的“存盘”才能保存数据。这里提供一种方法，可以自动保存用户修改的数据。保存数据采用私有方法 SaveChanges，假如 bDataChanged 指示数据已经发生变化（其值为 True），则调用 myData 对象的 WriteData 方法保存数据，并将 bDataChanged 值设置为 False 即可。SaveChanges 方法的源代码如下所示：

```
Private Sub SaveChanges()
    If bDataChanged Then
        Dim nRet As Integer = myData.WriteData()
        If nRet = -1 Then
            MessageBox.Show(myData.ErrorWrite, Me.Text, _
                        MessageBoxButtons.OK, MessageBoxIcon.Error)
            Return
        End If

        bDataChanged = False
    End If
End Sub
```

但是，当数据变化时，如何自动地设置 bDataChanged 的值，又如何自动地调用 SaveChanges 方法呢？11.6 节介绍了 BindingSource 类的 ListChanged 事件，当绑定的数据发生变化时都会触发该事件，因而，可以在该事件处理程序中将 bDataChanged 值设置为 True，表示数据已经发生了变化。bs 对象的 ListChanged 事件处理的源代码如下所示：

```
If myData.ds.HasChanges Then
    bDataChanged = True
End If
```

bDataChanged 值的设置可以在 bs 的 ListChanged 事件中自动完成，但是，何时自动调用 SaveChanges 方法呢？用户在某单元格修改完数据后，离开该行时将会引发 RowValidated 事件，可以在该事件中直接调用 SaveChanges 方法，以完成数据的自动更新。另外，当关闭窗体时，也可以调用 SaveChanges 方法。

11.7.5 其他相关操作

窗体启动时，用户希望选中第一条记录（默认）或最后一条记录，这可以在窗体的 VisibleChanged 事件中输入如下代码实现，这里以显示并选中最后一条记录为例。设置 dgv 的 FirstDisplayedScrollingRowIndex 的属性后，只是显示最后一条记录；设置当前单元格最后一条记录的第一个单元格后，最后一条记录所在的行才能成为 dgv 的当前行；将该行的 Selected 属性设置为 True，才能选中该行。

将 dgv 的 Selected 属性设置为 True，可以让 dgv 获得焦点，此时，用鼠标滚轮在 dgv 上滚动，即可浏览数据。

```
Dim nRowIndex As Integer

If dgv.RowCount >= 2 Then
    nRowIndex = dgv.RowCount - 2

    dgv.FirstDisplayedScrollingRowIndex = nRowIndex
    dgv.CurrentCell = dgv.Item(0, nRowIndex)
    dgv.Rows(nRowIndex).Selected = True
End If

dgv.Select()
```

“Enlarge”按钮用于放大序号，单击此按钮后，序号之间留下间隔，修改后的数据立即得到保存。此时，可以调整序号的位置。该按钮的 Click 事件处理代码如下所示：

```
myData.EnlargeID()
Dim nRet As Integer = myData.WriteData
bDataChanged = False
```

“Normal”按钮用于标准化序号，单击此按钮后，将对序号按照从小到大的顺序重新排序，然后对序号进行标准化处理，最后保存数据。该按钮的 Click 事件处理代码如下所示：

```
RefreshData()

myData.NormalID()
Dim nRet As Integer = myData.WriteData
bDataChanged = False
```

此外，“Delete All”按钮用于删除所有数据，这里不再赘述。

11.8 DataGridView 模板的发布与应用

程序设计完毕，选择“文件”→“导出模板”，在“导出模板向导”对话框中选择模板类型“项模板”，单击“下一步”，选择刚刚生成的窗体 frmDataGridView_ACCESS.vb，一直单击“下一步”，直到完成。

现在，要使用此模板。只要新建一个窗体应用程序，在解决方案资源管理器中添加新项，出现如图 11.5 所示的对话框，选择“我的模板”中的 WinApp_dgv，然后修改名称，单击“添加”即可。这时，出现一个安全警告，提示是否信任该模板，单击“信任”即可。

在解决方案资源管理器中，双击 frmMain 窗体，该窗体与图 11.4 中的窗体一样，也有相同的代码。由于该窗体是用来处理 Access 数据库的，因而，需要另外添加现有项“ADO_NET_ACCESS.vb”。

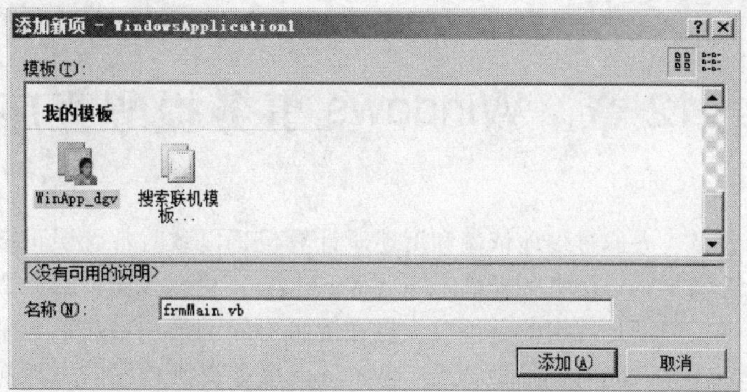

图 11.5　DataGridView 模板的使用

以上准备工作完成后，只要修改 strDataPath 与 strQuery 的值，即可确定新的数据库和数据表，然后，在 dgv 的 CellClick 事件处理程序中修改 nRows 为需要显示的行数，在 Format_DGV 方法中修改列与行标题以及单元格的相关属性。最后，在窗体的 Load 事件处理程序中设置调试状态，取得自动生成的代码和属性数据后，复制到 SetDGV_Parameters 方法中，并修改设计时属性。最后，将窗体的 Load 事件处理程序调整为非调试状态，即可完成工作。

另一个使用 DataGridView 模板的方式是直接在解决方案资源管理器中添加“现有项”，然后选择“frmDataGridView_ACCESS.vb”即可。

11.9　本章小结

本章首先介绍了 DataGridView 控件的用途与主要属性、方法与事件，在此基础之上，设计了一个非绑定模式的数据显示程序，非绑定模式可以用于规范化地显示少量数据，图 2.17 下方的统计数据，即采用非绑定模式将几个统计变量的数据显示出来。然后，介绍了 BindingSource 类用于数据绑定的方法及相关事件。最后介绍了 DataGridView 模板的详细实现与使用方法。

DataGridView 模板可以非常方便地处理 Access 数据库，只要调整几个参数，即可自动生成格式化代码和相关属性，而且，通过 DataGridView 模板修改的数据还可以自动更新，大大减轻了编程人员的负担。第 12 章利用 DataGridView 模板，创建了一个 Windows 事务提醒程序，该程序是笔者每天必用的，也是办公一族的必备程序。

思考与练习

1. DataGridView 控件的宽度是由哪些属性决定的，如何计算？
2. DataGridView 控件的高度是由哪些属性决定的，如何计算？
3. 如何通过 Format_DGV 方法修改 DataGridView 列、行及单元格的相关属性？
4. 如何将 DataGridView 模板设置为调试状态和非调试状态？
5. DataGridView 模板自动生成的代码和属性如何使用？
6. 搜索并下载 NorthWind.mdb 样本数据库，使用 DataGridView 模板处理其中的数据表。

第 12 章　Windows 事务提醒程序

随着计算机的普及，人们过多地依赖和沉迷于计算机，以致时常耽误正常的工作和影响正常的生活。本章设计的 Windows 事务提醒程序（WinAlarm）可以设置任意条提醒记录，除了时间外也可以设置日期。当满足规定的条件时，将在屏幕中间的最顶层显示一个对话框，其中包含提醒的事件和时间信息，同时还播放声音。Windows 事务提醒程序的主界面非常小，但是包含时间、日期与星期，位置也很醒目，可以帮助用户更好地安排时间。

12.1　数据库的设计

采用 Microsoft Access 2007 数据库，文件名为 AlarmTable.mdb，其中只有一个数据表 TimeTable，字段定义如表 12.1 所示。Valid1 为 Boolean 型，表示该记录是否有效，如果为 False，则即使时间到也不提醒。Time1 为精确到秒的时间信息，Text1 为提醒文本的具体内容，对于日常提醒，只要 Time1 和 Text1 的内容即可。Date1 字段中包含日期信息，表示在 Date1 日期的 Time1 时间进行提醒，并可以提前若干天进行提醒，直到 Date1 当天结束。Remark 字段中是备注或备忘信息。Date1 和 Remark 字段允许空值，其他字段非空。

表 12.1　时间表数据库的设计

字段	Valid1	Time1	Text1	Date1	Remark
类型	Boolean	Text	Text	Text	Text
含义	有效标志	时间	提醒内容	日期	备注

在 Access 数据库的早期版本中，允许字段名字为 Time 和 Date 等，使用 Visual Basic 6.0 操作起来也很方便。但是，现在的数据库版本和 .NET 工具已经将 Time 和 Date 当做保留字，如果再用做字段名，将会出现错误。如果数据表中没有关键字，将不能使用 DataAdapter 类对数据源进行更新。这里设置 Time1 作为关键字，在以后显示数据表的时候，也以 Time1 字段进行排序。

12.2　框架设计

完成一个 Windows 数据库应用程序，除了设计窗体和操作数据库的程序外，还需要其他软件模块和资源，如图标文件和图片文件等。本节先介绍软件模块，然后具体介绍窗体设计，包括窗体中所需要绘制的控件以及所需要添加的资源。

12.2.1　需要的软件模块

操作 Access 数据库，需要 ADO_NET_ACCESS 类，该类提供操作 Access 数据库的方法。其次，General 模块也是必需的，因为需要获取应用程序的绝对路径，其中的 GetAppPath 方法可以解决；而且，该模块的 getWindowsVersion 方法还可以识别操作系统，利用该方法可以获取系统目录下的音频文件名。另外，也可以添加 6.5 节介绍的 FileProcess 模块，利用其中的方法判断文件是否存在、读写文本文件等。但是，为了减少目标程序的依赖性，忽略了该模块而使用具体的源代码实现相关方法。

一般在 Main 模块中定义项目相关的变量、常量与方法，当发现其中的方法有较大通用性的时候，就将该方法提取出来，分类存放，如此不断积累编程素材。本应用程序中主要定义了如下变量，strDataPath 和 strQuery 变量的含义与上一章节中的一致，但 strQuery 当做局部变量在各窗体中进行定义。nDataDirty 表示数据源是否已经更新，如果其值大于 0，就应该重新从数据源中读取数据，充实到数据集中。strSoundPath 是 Ding.wav 音频文件的绝对路径，用来播放音频。

nAheadDays 表示提前的天数，如果在表 12.1 中，某条记录的 Date1 字段为 2011-03-28，nAheadDays 的值为 3，则在 2011-03-25 即开始提醒，一直提醒到 2011-03-29 自动终止。因为有些事情需要提前数天准备，所以，事务提醒程序需要考虑这一情况。

nRemindTimes 表示事务提醒程序运行以来，已经提醒的事务次数，strStartTime 是程序开始运行的时间，strAlarmTime 是当前提醒时间，采用“HH:mm:ss”格式。

```
Public strDataPath As String
Public nDataDirty As Integer = 0

Public strSoundPath As String

Public nAheadDays As Short
Public nRemindTimes As Short
Public strStartTime As String
Public strAlarmTime As String '当前提醒时间
```

12.2.2 窗体设计

Windows 事务提醒程序包括三个窗体，主窗体用来在最顶层显示时间、日期和星期，因而，其 Name 属性设为 frmMain，Topmost 属性为 True，这样可以避免被普通应用程序覆盖，ShowInTask 属性设置为 False，使其不出现在任务栏上。窗体上只有一个标签（“STRIVE”）作为可见控件，如图 12.1 所示，程序运行时，“STRIVE”显示的时间为“H:mm:ss”格式，如“16:33:55”，窗体标题所在的位置为日期与星期，如“3-28:1”表示 3 月 28 日星期一，界面简洁，但是包含了用户常用的内容。

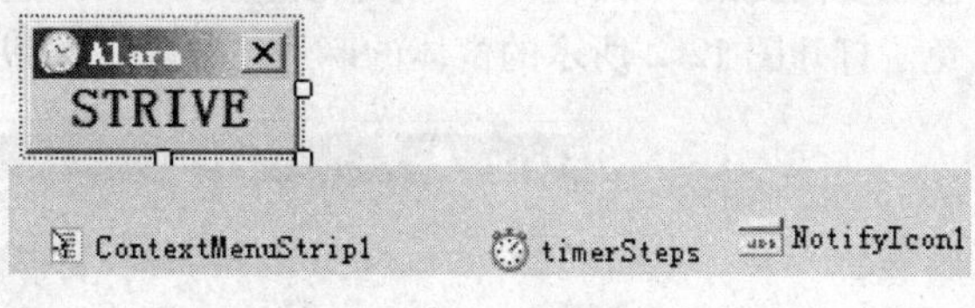

图 12.1　主窗体的设计

timerSteps 是一个时钟控件，其 Enable 属性设置为 True，Interval 设置为 400（毫秒），每过一个时间间隔，都要将当前时间与数据表中的时间逐条对比，如果满足条件，则执行相应的动作。ContextMenuStrip1 控件是一个上下文菜单控件（参见 4.3.2 节），设计两个菜单项，Setup 与 Exit，前者进入时间设置窗体，后者退出应用程序。NotifyIcon1 是一个任务栏状态通知区域的图标控件（参见 4.1.8 节），其 ContextMenuStrip 属性设置为 ContextMenuStrip1 即可。在任务栏状态通知区域左击该图标，显示或隐藏主窗体；右击该图标，则显示上下文菜单。主窗体处于隐藏状态时，不影响其事务提示的正常功能。

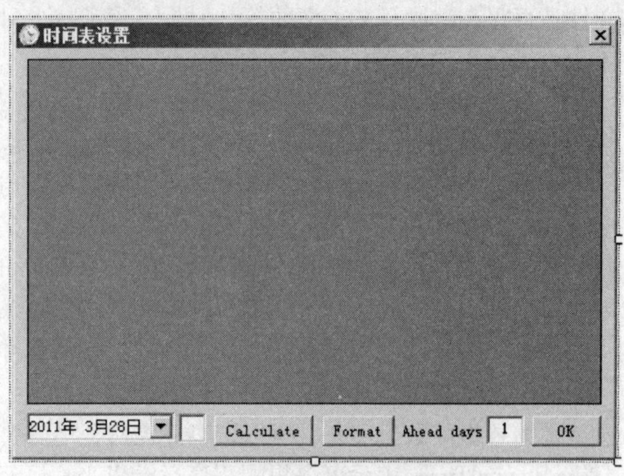

图 12.2 时间表设置窗体的设计

在 NotifyIcon1 的上下文菜单中单击“Setup”选项，将显示如图 12.2 所示的窗体 frmTimeTable，该窗体通过 DataGridView 模板改造而成，其显示格式相关代码自动生成。DateTimePicker 控件用来选择一个日期，右边的文本框 txtDiff 用来输入一个整数，“Caculate”按钮将计算该日期整数天后的具体日期，该功能可以用来计算信用卡的还款日期。“Format”按钮用来将时间格式化成“HH:mm:ss”格式，将日期格式化成“yyyy-MM-dd”格式。当记录中存在有效日期时，Ahead days 文本框中的内容表示针对该日期提前提醒的天数。“OK”按钮保存设置并退出窗体。

提醒窗体 frmRemindMe 的设计界面如图 12.3 所示，FormBorderStyle 属性设置为 FixedDialog，ControlBox、MinimizeBox 和 MaximizeBox 属性都设置为 False，Topmost 属性设置为 True，StartPosition 属性设置为 CenterScreen，确保窗体在最顶层屏幕中间显示。提醒窗体上需要绘制三个标签和两个按钮。Remind 标签所在的位置显示提醒内容，即数据表中 Text1 字段的内容；“Are you ready?”标签显示日期“is UP!（快到了）”、“is ON!（到了）”或“has passed away!（已经过去了）”，如果 Date1 字段为空，则不显示该标签的内容；窗体下面的文本显示提醒设置的时间、星期与日期。有些提醒是重复性的，有些提醒只是一次性的，这时，可以通过“Reset”按钮复位提醒，即将 Valid1 标志设置为 False，这样，这条提醒记录以后就无效了，这样修改避免了打开图 12.2 所示的窗体的麻烦。“OK”按钮用来关闭窗体。

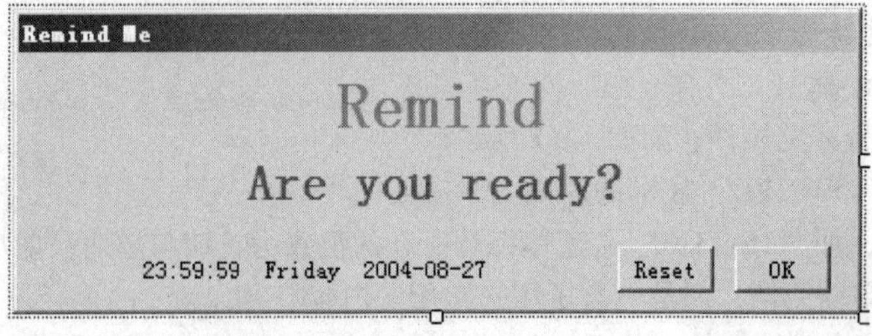

图 12.3 提醒窗体的设计

12.2.3　项目属性设计

进入项目属性，单击“资源”→“图像”，在“添加资源”中选择“添加现有文件”，从而浏览选择 Settings.png 和 Shutdown.png 两个文件，其效果如图 12.4 所示；再添加图标的现有文件 wi0122 - 64.ico。添加完毕，在解决方案资源管理器中的 Resources 目录下，将出现这三个文件的名称。上下文菜单项配上图像，将显得更专业和美观，依次修改其 Image 属性，使其指向“项目资源文件”中的对应项。同时，将“应用程序”的图标指向刚刚添加的图标文件，这样，在资源管理器中，该程序的图标就不再是默认图标了。至于 NotifyIcon1 的图标，将在程序中进行设置。

在项目属性中单击“设置”，设置变量，其中 X 与 Y 表示主窗体的位置，AheadDays 是提前提醒的天数，如图 12.5 所示。

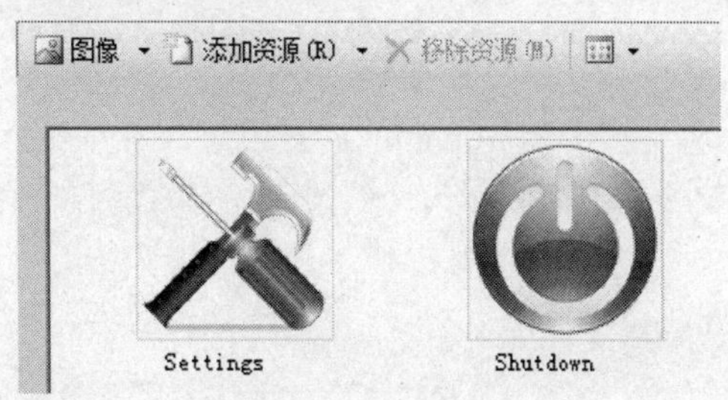

图 12.4　添加图像资源

	名称	类型	范围	值
▶	X	Integer	用户	0
	Y	Integer	用户	0
	AheadDays	Integer	用户	0
*				

图 12.5　My.Settings 变量的设置

12.3　主窗体的代码实现

主窗体 frmMain 中的代码负责应用程序的初始化工作和整个应用程序的工作调度，主要包括变量与方法的定义、主窗体本身的事件处理以及其他事件的处理，包括调用时间设置窗体。

12.3.1　变量与方法定义

在主窗体类中定义如下变量，其中，bFormHide 表示窗体是否隐藏，True 隐藏，False 显示。虽然主窗体比较小，但是有时也不希望遮挡其他应用程序界面，所以，应该能够隐藏和显示，以更好地满足用户需求。数据库中的时间采用统一的“HH:mm:ss”格式，以便排序查看，strMyTime 与 strTableTime 也采用这一格式。用户视觉上习惯“H:mm:ss”时间格式，因而，主窗体中的标签时间采用这一格式，strTimeTmp 字符串也采用这一格式。myData、dt 和 nRecords 是数据库相关变量。

```
Dim bFormHide As Boolean = False
Dim strMyTime As String              '当前时间,用来与数据库时间比较
Dim strTimeTmp As String             '临时时间,用来与标签时间进行比较
Dim strTableTime As String           '数据库时间,主键
```

```
Dim strQuery As String
Dim myData As ADO_NET_ACCESS
Dim dt As DataTable
Dim nRecords As Integer
```

私有方法 Refresh 初始化数据库，并填充相关变量。有了 DataTable 对象 dt，就可以很方便地在内存中对数据表进行操作了。

```
Private Sub RefreshData()
    If myData IsNot Nothing Then myData.Dispose()

    myData = New ADO_NET_ACCESS(strDataPath, strQuery)
    If myData.nTables = 0 Then
        MessageBox.Show(myData.ErrorAdapter, Me.Text, MessageBoxButtons.OK, _
                 MessageBoxIcon.Stop)
        Return
    End If

    dt = myData.dt
    nRecords = myData.nRecords
End Sub
```

12.3.2 主窗体的主要事件

窗体启动，首先触发 Activated 事件，表示本窗体被激活，然后再触发 Load 事件。Windows 事务提醒程序只需要运行一个备份即可，因而，在主窗体的 Activated 事件处理程序中使用如下代码，首先调用 General 中的 GetRunningInstance 方法（参见 7.16.2 节），判断同一程序的备份是否在运行，如果 Process 对象 p 非空，表示 WinAlarm 已经在运行，因而，删除任务栏状态通知区域上的图标后调用 End 方法退出程序。当然，也可以在“项目属性”→“应用程序”中选择“生成单个实例应用程序”，也能达到同样的效果。

```
Dim p As Process = GetRunningInstance()
If p IsNot Nothing Then
    NotifyIcon1.Dispose()
    End
End If
```

WinAlarm 程序触发 Activated 事件后，自动触发 Load 事件。在主窗体的 Load 事件处理程序中输入如下代码。strTmp 是一个临时字符串变量。首先给 strQuery 和 strDataPath 赋值，在调试阶段，应将数据库文件复制到 Debug 目录下。程序完成后，将数据库文件复制到 Release 目录下，使用该目录下的 WinAlarm.exe 和 AlarmTable.mdb 即可。如果不存在数据库文件，则 strDataPath 清空，上下文菜单项 Setup 也设置为无效，因为没有数据库就谈不上设置时间表，此时的 WinAlarm 可以运行，但是没有提醒功能。

从事计算机工作，应该一张一弛，注意保护眼睛，每过一个小时应该闭眼适当休息一会儿，听听美妙的音乐。但是，也不能过分放纵，还得回到主要工作中。因而，纯粹使用对话框提醒并不能满足需求，还应该同时播放音频。Windows 目录下的 Media 子目录中有系统自带的 wav 文件，WinAlarm 选择 Ding.wav 文件。但是，在 Vista 操作系统中，该文件名却是“Windows Ding.wav”。所以，需要调用 General 模块中的操作系统识别方法 getWindowsVersion，根据操作系统类型选择合适的音频文件。如果音频文件不存在，则将 strSoundPath 变量清空。

随后，获取图 12.3 中设置的 My.Settings 数据，nAheadDays 的最小值设置为 1，即对于提供了日期的时间记录都提前一天提醒。最后，设置 strStartTime 的值表示 WinAlarm 从此时启动，并设置主窗体和 NotifyIcon1 控件的图标。

```
Dim strTmp As String

strQuery = "SELECT *  FROM TimeTable WHERE Valid1 = TRUE ORDER BY Time1"
strTmp = GetAppPath()
If My.Computer.FileSystem.FileExists(strTmp & "\AlarmTable.mdb") Then
    strDataPath = strTmp & "\AlarmTable.mdb"
    RefreshData()
Else
    strDataPath = ""
    SetupToolStripMenuItem.Enabled = False
End If

strSoundPath = Environment.GetEnvironmentVariable("WinDir")
strTmp = getWindowsVersion()
If strTmp.Contains("Vista") Then
        strSoundPath &= "\Media\Windows Ding.wav"
Else
        strSoundPath &= "\Media\Ding.wav"
End If
If My.Computer.FileSystem.FileExists(strSoundPath) = False Then strSoundPath = ""

Me.Left = My.Settings.X
Me.Top = My.Settings.Y
nAheadDays = My.Settings.AheadDays
If nAheadDays < 1 Then nAheadDays = 1

strStartTime = Format(Now, "H:mm:ss")

Me.Icon = My.Resources.wi0122_64
NotifyIcon1.Icon = My.Resources.wi0122_64
```

在 Load 事件处理程序中要获取 My.Settings 数据，在窗体关闭的 FormClosed 事件中则需要保存当前的窗体位置数据 X 与 Y 以及 nAheadDays 数据。随后，依次做一些数据清理工作，其源代码如下所示：

```
My.Settings.X = Me.Left
My.Settings.Y = Me.Top
My.Settings.AheadDays = nAheadDays
My.Settings.Save()
```

```
timerSteps.Dispose()
NotifyIcon1.Dispose()
If myData IsNot Nothing Then myData.Dispose()
frmRemindMe.Close()
frmTimeTable.Close()
```

12.3.3　其他事件的处理

鼠标左键单击 NotifyIcon1 控件的图标（位于任务栏状态通知区域），应该能够改变主窗体的显示状态，即在“隐藏”与“显示”之间进行切换。因而，在 NotifyIcon1 的 MouseDowns 事件处理代码中，需要识别鼠标的键。该事件有一个参数 e，利用该参数进行比较，如果不是鼠标左键，即退出程序。

如果窗体处于隐藏状态，则调用 Show 方法显示窗体，并使用 AppActivate 方法激活该窗体，使其获得焦点；否则，调用 Hide 方法隐藏窗体，并设置 bFormHide 值为 True。其源代码如下所示：

```
If e.Button <> Windows.Forms.MouseButtons.Left Then Exit Sub

If bFormHide = True Then
      Me.Show()
      AppActivate(Process.GetCurrentProcess.Id)
      bFormHide = False
Else
      Me.Hide()
      bFormHide = True
End If
End Sub
```

右键单击 NotifyIcon1 图标，则弹出上下文菜单，“Setup”菜单项通过代码 frmTimeTable.Show 来显示时间设置窗体。在主窗体的 Load 事件处理程序中，如果找不到数据库，则“Setup”菜单项不可用。“Exit”菜单项调用主窗体的 Close 方法关闭主窗体，触发主窗体的 FormClosed 事件，可以在该事件处理程序中执行一些清理工作。

12.4　时钟代码的主要工作

WinAlarm 应用程序的所有控制逻辑都在时钟控件对象 timerSteps 的 Tick 事件处理程序中完成。该程序主要完成两种工作：第一，更新主窗体的时间、日期与星期信息；第二，查找满足提醒条件的记录，并根据满足的条件进行提醒。在查询语句 strQuery 中，已经通过条件“WHERE Valid1 = TRUE”做了初步筛选，即有效提醒记录才予以考虑。

12.4.1　主窗体信息更新和准备工作

strTimes 是保存第几次提醒的英文字符串，nDiff 保存当日与目标日期之间的天数。主界面中的客户区只有一个标签 lblTime，根据人们的习惯，采用“H：mm：ss”格式更新其时间，同时，将“HH：mm：ss”格式的时间保存到strMyTime中，该时间用于与数据库中的时间字段进行比较。frmMain的标题采用“月－日：星期”的格式进行显示，星期数从周一开始计算，周日为0。如果没有数据库，即strDataPath为空值，则直接返回，不进行后期的数据库相关操作。由于timerSteps的Interval设置为400ms，因而，有可能在1s内产生两次Tick事件，所以，如果lblTime标签的时间与strTimeTmp的时间相等，就直接返回，因为已经处理过该时间点了。如果nDataDirty大于0，表示在其他地方更改了数据库的内容，因而，需要调用Refresh方法刷新数据库。关于Interlocked类的基本原理与用法，将在12.7节介绍。

```
Dim strTimes As String
Dim I As Integer
Dim nDiff As Integer
Dim nRet As Integer

'如果"秒"数没有发生变化,就退出
lblTime.Text = Format(Now, "H:mm:ss")
strMyTime = Format(Now, "HH:mm:ss")  '针对frmTime窗体

If Weekday(Today, FirstDayOfWeek.Monday) <> 7 Then
    Me.Text = Format(Today, "M-d:") & Weekday(Today, _
      FirstDayOfWeek.Monday).ToString
Else
    Me.Text = Format(Today, "M-d:") & "0"
End If

If strDataPath = "" Then Return

If lblTime.Text = strTimeTmp Then
    Return
Else
    strTimeTmp = lblTime.Text
End If

If nDataDirty > 0 Then
    RefreshData()
    System.Threading.Interlocked.Decrement(nDataDirty)
End If
```

12.4.2 记录的检索与处理

以下代码都在For循环中进行，以I作为循环变量，从0开始到“nRecords -1”结束。用当前“HH：mm：ss”格式的时间strMyTime与数据表中的相同格式的时间strTableTime进行比较。数据表中的时间按照时间的增量排序，如果strTableTime的值大于strMyTime的值，则退出循环，以提高效率。

如果当前记录的Date1字段不为空，则调用DateDiff方法计算当日与目标日期之间的天数，保存在nDiff变量中。如果Date1中的日期格式有误，则用消息框进行提示，同时调整为一个固

定的日期。

```
strTableTime = dt.Rows(I).Item("Time1")
If strTableTime > strMyTime Then Exit For
'检查目标日期与当前日期的距离
If Not IsDBNull(dt.Rows(I).Item("Date1")) Then
    Try
        nDiff = DateDiff(DateInterval.Day, Today, CDate(dt.Rows(I).Item("Date1")))
    Catch ex As Exception
            MessageBox.Show(ex.Message, "WinAlarm", MessageBoxButtons.OK, _
                    MessageBoxIcon.Warning)
        dt.Rows(I).Item("Date1") = "2009-01-01"
        nRet = myData.WriteData()
        System.Threading.Interlocked.Increment(nDataDirty)
    End Try
Else
    nDiff = 0
End If
```

如果数据表时间 strTableTime 与当前时间 strMyTime 不相等，或者 nDiff 未到提前提醒的天数 nAheadDays，则进行循环短路；否则，将 strTableTime 的时间保存到 strAlarmTime 中，此时，strAlarmTime 既是提醒时间，又是当前时间。

```
If strTableTime <> strMyTime OrElse nDiff > = nAheadDays Then Continue For
strAlarmTime = strTableTime
```

WinAlarm 运行后提醒了多少次？这个值保存在 nRemindTimes 中，即每提醒一次，该值加 1，然后将 nRemindTimes 转换为英文的“第 n 次”，保存到字符串变量 strTimes 中。基本上每一款有任务栏状态通知区域图标的软件，鼠标移动到该图标上都会有提示。对于 WinAlarm 程序也一样，也会提示相应信息，而提醒了多少次，仅是其中内容之一。

```
nRemindTimes += 1
Select Case nRemindTimes
    Case 1
        strTimes = "first"
    Case 2
        strTimes = "second"
    Case 3
        strTimes = "third"
    Case Else
        strTimes = nRemindTimes.ToString & "th"
End Select
```

下面更新提醒对话框中的信息。对话框的标题设置为“从何时开始提醒了多少次”。提醒内容标签 lblRemindMe 的内容设置为当前记录的 Text1 字段的内容，并在后面添加一个惊叹号。如果日期字段 Date1 为空，则 lblDate 也清空；否则，根据 nDiff 的值，显示提醒的日期“已经过去/已到/快到”。lblTimeDate 标签显示一个时间戳，如果没有及时看到对话框，可以通过该时间戳发现是什么时候提醒的。设置完毕，调用 Show 方法显示提醒对话框窗体 frmRemindMe 即可。

```
With frmRemindMe
    .Text = "Remind Me == > The " & strTimes & " time (from " & strStartTime & ")!"
    .lblRemindMe.Text = dt.Rows(I).Item("Text1") & "!"

    If IsDBNull(dt.Rows(I).Item("Date1")) Then
        .lblDate.Text = ""
    Else
        If nDiff < 0 Then
            .lblDate.Text = dt.Rows(I).Item("Date1") & " has passed away!"
            dt.Rows(I).Item(0) = 0
            nRet = myData.WriteData()
        ElseIf nDiff = 0 Then
            .lblDate.Text = dt.Rows(I).Item("Date1") & " is ON!"
        Else
            .lblDate.Text = dt.Rows(I).Item("Date1") & " is UP!"
        End If
    End If
    .lblTimeDate.Text = strAlarmTime & "  " & _
                        Now.DayOfWeek.ToString & "  " & _
                        Format(Now, "yyyy-M-d")
    .Show()
End With
```

最后，修改 NotifyIcon1 的 Text 属性，该属性在鼠标移动到图标时显示其内容。如果有音频文件，则播放该文件。由于数据表以时间为关键字，因而，时间具有唯一性，处理完毕，即退出 For 循环。

```
NotifyIcon1.Text = "Start from " & strStartTime & vbCrLf & _
                   "Remind " & strTimes & " time" & vbCrLf & _
                   "WinAlarm"
If strSoundPath <> "" Then
    My.Computer.Audio.Play(strSoundPath, AudioPlayMode.Background)
End If

Exit For
```

本来可以在 strQuery 变量中再添加时间相等条件，直接查找期望的记录，如果 nRecords 为 1，则处理；如果为 0 则调用 Return 方法从 timerSteps 的 Tick 事件处理程序中返回。但是，这样每个 Tick 事件都会读取硬盘数据并刷新数据源，所以，还是选择通过 For 循环来查找期望的记录，这样只有在数据表中的数据发生变化的时候才更新数据源。

12.5 时间表设置窗体的代码实现

时间表设置窗体 frmTimeTable 只需要对 DataGridView 模板进行适当修改即可。在 Format_DGV 方法中做如下修改，设置列标题与对齐方式。

```
With dgv.Columns(0)
    .HeaderText = "Valid"
```

```
        With .DefaultCellStyle
            .Alignment = DataGridViewContentAlignment.MiddleCenter
        End With
    End With

    With dgv.Columns(1)
        .HeaderText = "Time"
    End With

    With dgv.Columns(2)
        .HeaderText = "Text"
    End With

    With dgv.Columns(3)
        .HeaderText = "Date"
    End With
```

某银行的信用卡上个月 17 日的账单必须在 50 天内还款。“Calculate”按钮实现日期的计算。经过的天数从文本框 txtDiff 中提取，dSpecial 是指定的一个日期值，来自 DateTimePicker 对象 dtp 的 Value 属性。调用 dSpecial 对象的 AddDays 方法，即可得到目标日期 dTarget，该目标日期通过消息框告知用户。

```
Dim nDays As Integer
Dim dSpecial As Date
Dim dTarget As Date

nDays = Val(txtDiff.Text)
If nDays = 0 Then Return

dSpecial = dtp.Value
dTarget = dSpecial.AddDays(nDays)
MessageBox.Show("The target date is " & dTarget.ToString("yyyy年M月d日"), _
                Me.Text, MessageBoxButtons.OK, MessageBoxIcon.Information)
```

“Format”按钮用于逐条扫描记录、格式化时间与日期。首先，通过 CDate 函数将时间和日期文本串转换为 Date 类型，然后，调用 Format 函数进行格式化。在利用 CDate 函数转换的过程中有可能出错，因而，必须使用 Try 语句。

```
Dim I As Integer
Dim strTmp As String

Try
    For I = 0 To myData.nRecords - 1
        strTmp = dt.Rows(I).Item("Time1")
        dt.Rows(I).Item("Time1") = Format(CDate(strTmp), "HH:mm:ss")

        If Not (IsDBNull(dt.Rows(I).Item("Date1"))) Then
            strTmp = dt.Rows(I).Item("Date1")
            dt.Rows(I).Item("Date1") = Format(CDate(strTmp), "yyyy-MM-dd")
        End If
```

```
        Next I
    Catch ex As Exception
        MessageBox.Show(ex.Message, "TimeTable", MessageBoxButtons.OK, _
                    MessageBoxIcon.Warning)
    End Try
```

单击“OK”按钮，首先获取 nAheadDays 的值，然后调用 btFormat 对象的 PerformClick 方法，完成数据表的格式化，最后关闭窗体。修改时间与日期后，可以直接单击“Format”按钮对其进行格式化，也可在关闭窗体时自动对其进行格式化。

```
Dim n As Integer = Val(txtDays.Text)
If n > 0 Then nAheadDays = n

btFormat.PerformClick()

Me.Close()
```

12.6 事务提醒窗体的代码实现

主窗体 frmMain 只对有效记录感兴趣，时间表设置窗体 frmTimeTable 必须处理所有记录。事务提醒窗体 frmRemindMe 只对当前提醒事务的记录感兴趣，如果这是一次性提醒，下次不希望再出现，可以单击“Reset”按钮，使该条记录的 Valid1 字段设置为 False 即可。首先，在窗体的 Load 事件处理程序中设置 strQuery 的值，加上 Time1 与 strAlarmTime 相等的条件。刷新数据源后，如果记录数 nRecords 的值为 0，则直接返回，不做任何处理；否则，修改仅有的一条记录的 Valid1 字段的值，并保存结果。

```
RefreshData()
If nRecords = 0 Then Return

dt.Rows(0).Item(0) = 0
Dim nRet As Integer = myData.WriteData()
btReset.Text = "Done"

System.Threading.Interlocked.Increment(nDataDirty)
```

12.7 Interlocked 类的使用

Interlocked 类属于 System.Threading 命名空间，为多个线程共享的变量提供原子操作。此类的方法可以防止可能在下列情况发生的错误：计划程序在某个线程正在更新可由其他线程访问的变量时切换上下文，或者当两个线程在不同的处理器上并发执行时。此类的成员不引发异常。

Interlocked 类的 Increment 和 Decrement 方法递增或递减变量并将结果值存储在单个操作中。在大多数计算机上，增加变量操作不是一个原子操作，需要执行下列步骤：

1）将实例变量中的值加载到寄存器中。

2）增加或减少该值。

3）在实例变量中存储该值。

如果不使用 Increment 和 Decrement，线程会在执行完前两个步骤后被抢先，然后由另一个线程执行所有三个步骤。当第一个线程重新开始执行时，它改写实例变量中的值，造成第二个线程执行增减操作的结果丢失。

WinAlarm 应用程序中使用 nDataDirty 变量表示数据表是否更新，如果该变量的值大于 0，表示已经更新，否则，表示没有更新。各个窗体都独立刷新数据源，主窗体 frmMain 只关心有效记录。在 frmTimeTable 和 frmRemindMe 中都可能修改数据表，这时，使用 Increment 原子操作使得 nDataDirty 加 1。在 frmMain 的 timerSteps 控件的 Tick 事件处理程序中，使用以下代码判断数据有没有更新，如果已经更新，则刷新数据源，调用 Decrement 原子操作使得 nDataDirty 减 1。如果不使用 Interlocked 类的原子操作方法，有可能三个窗体中的两个同时操作 nDataDirty 变量，从而导致异常。

```
If nDataDirty > 0 Then
    RefreshData()
    System.Threading.Interlocked.Decrement(nDataDirty)
End If
```

12.8 程序测试

生成程序，将 Release 目录下的 WinAlarm.exe 和 AlarmTable.mdb 复制到另外的目录中，运行程序，其效果如图 12.6 所示，其中，左图是主界面，中图是 NotifyIcon1 图标上的提示信息，右图是控制菜单信息。移动主界面，关闭 WinAlarm 后重新启动，主界面将位于新的位置。运行 WinAlarm 的第二个实例，将自动退出，即 WinAlarm 只允许一个实例运行。另外，播放幻灯片，将不能遮挡 WinAlarm 的主界面。

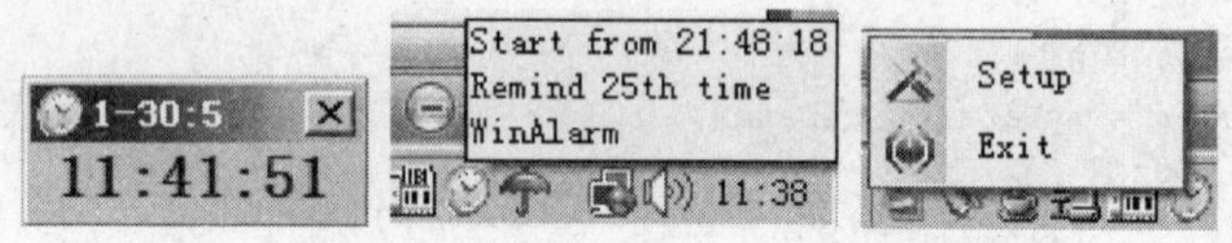

图 12.6 WinAlarm 的运行效果

如果单击图 12.6 中的 Exit 菜单项，将退出程序；如果单击 Setup 菜单项，将显示时间表设置窗体，如图 12.7 所示。从图 12.7 中可以看出，提醒记录正好是设计的 10 行，在 DataGridView 控件上滚动鼠标滚轮，将可以查看数据；修改其中任一单元格的数据，将自动保存，与 Excel 表格的效果一样。单击“Format”按钮，可以将“9：1：59”形式的时间格式转化成“09：01：59”，对于日期也有类似的效果。可以选择其中的一行，用键盘上的Delete键删除。

在图 12.7 中选择日期 2011 年 3 月 17 日，在文本框中输入 50，单击“Calculate”按钮，将出现图 12.8 所示的消息框，表示指定的日期加上 50 天后，应该是 2011 年 5 月 6 日。

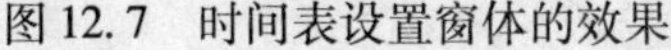

图 12.7　时间表设置窗体的效果

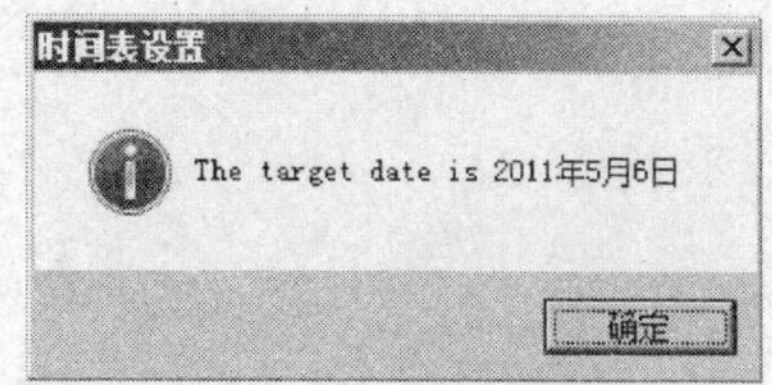

图 12.8　日期计算消息框

如果当前日期是 2011 年 3 月 28 日，则时间到 22：22：55，即图 12.7 中的最后一条记录的条件得到满足，将弹出图 12.9 所示的对话框（具体信息的说明前面已有阐述）。如果单击“Reset”按钮，该条提醒记录将无效，随后，按钮文本将变成“Done”，表示修改完成。可以使用图 12.6 中的 Setup 菜单项查看修改后的效果。无论主界面处于显示或隐藏状态，都不影响弹出提醒对话框。

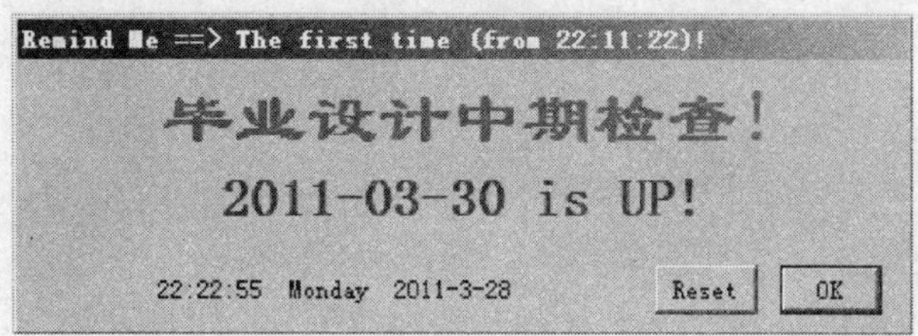

图 12.9　提醒对话框的效果

12.9　本章小结

本章主要以 ADO_NET_ACCESS 数据库类和 DataGridView 模板为基础，结合 My 功能中的用户设置与播放音频部分实现了一个 Windows 事务提醒程序，可以进行日常事务的提醒以及对目标日期事务的提前提醒，使用简捷方便，对从事计算机工作的各类用户都有很好的应用价值。

本程序已经历了十余年的变迁。1999 年，笔者为了便于工作与生活而开发本程序，当时采用 Visual Basic 5.0 编写，到现在已经过数百遍大大小小的修订。一个良好的程序不是随便编写出来的，而是经过反复雕琢才得以完成的。只要有一个基本的框架并完成了基本的功能，在此基础之上不断完善、升华、积累，就可能成为编程高手。

思考与练习

1. WinAlarm 三个窗体中的 strQuery 有什么不同，为什么？
2. 如何通过项目属性添加资源，如何在设计时和运行时访问资源？
3. Interlocked 类有何用途，如何使用？可通过在线 MSDN 技术资源库详细了解。

第四部分

串行通信解决方案

第 13 章　数据编码与处理技术

第 14 章　数据包的校验技术

第 15 章　串行接口操作技术

第 16 章　办公电话自动拨号程序

第 13 章　数据编码与处理技术

在编程实践中，对于信息的显示、传送、加密与解密等方面的问题，经常需要对相同含义的数据采用不同的表示方法，即编码。例如，对于人们日常使用的中文短信，一般采用 PDU 模式对信息进行编码（结果为十六进制字符串），其中，需要求出中文汉字的 Unicode 编码。表 13.1是字节 0x41、0x39、0x6d、0x0d 与 0 的不同表示方法，后两个字节是不可见字符，所以用“—”表示。

表 13.1　字节的不同表示方法

序号	十六进制字节	普通字符	十六进制字符串	序号	十六进制字节	普通字符	十六进制字符串
1	0x41	"A"	"41"	4	0x0d	—	"0D"
2	0x39	"9"	"39"	5	0x00	—	"00"
3	0x6d	"m"	"6D"				

4.5.4 节介绍的串行通信聊天程序，如果接收到字节 0x6d，将显示为字符“m”；如果接收到字节 0x0d，将不能显示。通过将“十六进制字节”转换为“十六进制字符串”，可以将不可见的字符（串）变成可见的十六进制字符串。特别地，在 Visual Basic 和 C 系列的编程语言中，用 NULL（即字节 0）表示字符串的结尾，如果接收到的数据中间部分有字节 0，那么后面的数据就会被截断。如果将接收到的数据转换为十六进制字符串，所有数据都可以显示，同时，也可以充分利用 Visual Basic 丰富的字符串处理函数来分析处理数据。

13.1　枚举类型和常量的定义

本章用 ByteProcess 模块实现了通用的数据编码与处理功能，这些函数具有很强的通用性，可以用于计算机监控工程、短信的收发及加密与解密等应用程序。ByteProcess 模块主要定义了一个模块级的枚举类型 DisplayMode 和一个字符串常量 HEX_CHAR_SET。

普通的 Modem 使用 AT 命令进行工作，传送的数据都是可见字符和回车换行符号，一般使用字符形式进行显示。如果用一个字节表示 8 个开关的状态，肯定会出现不可见字符，因而，必须采用十六进制字符串来显示数据。DisplayMode 枚举型的 CharMode 表示以普通字符串的形式显示数据，HexMode 表示以十六进制字符串显示数据。

```
Public Enum DisplayMode
    CharMode = 0
    HexMode = 1
End Enum
```

字符串常量 HEX_CHAR_SET 是模块内部使用的，因而，定义为私有类型。通过 String 对象

HEX_CHAR_SET 的 IndexOf 方法，可以很方便地计算出一个十六进制字符（如“C”）对应的数字（如 12），避免了求取 ASCII 码后再做调整的麻烦。

```
Private Const HEX_CHAR_SET As String = "0123456789ABCDEF"
```

一个英文字母对应一个 ASCII 码，一个汉字则对应一个 Unicode 编码，前者是一个字节，后者是两个字节。既然 Unicode 编码是两个字节，就涉及高字节和低字节的顺序问题。这就需要引入 System.Text 命名空间，利用其 ASCIIEncoding 类的 GetString 方法将字节数组转换为英文字符串，利用 GetBytes 方法将英文字符串转换为字节数组。另外，UnicodeEncoding 类用来处理中文信息，如果初始化时 bigEndian 为 True 时表示顺序存放，即高字节在前、低字节在后；bigEndian 为 False 时表示逆序存放，即低字节在前、高字节在后。

13.2 十六进制字符串的预处理

对于十六进制字符串“3D2A”，为了便于阅读，中间加一个空格写成“3D 2A”将更好；如果写成“3D2a”就显得不整齐了，空格写错地方变成“3D2 a”就乱了。对十六进制字符串进行预处理，就是将各种形式的十六进制字符串规范化成大写且中间没有空格的十六进制字符串，这样，便于将每两个十六进制字符转换为一个字节。

String 对象的 TrimEnd 方法只能删除字符串尾部的指定字符，TrimStart 方法只能删除首部的指定字符，Trim 方法只能删除首尾的指定字符，因此这些方法都不能删除中间的指定字符。TrimAllChar 方法可以删除字符串 strVal 中的所有指定字符 chVar。如果 strVal 中没有指定字符 chVar，则直接返回 strVal。否则，调用 String 类的 Split 方法，以 chVar 为分隔符，结果中删除空项，将 strVal 分割为子字符串组成的数组，并存放到临时字符串数组 strTmp 中，最后用一个 For 循环将 strTmp 数组中的子字符串连接起来，保存到 strResult 变量中，并返回该变量。在 ByteProcess 模块中，调用 TrimAllChar 方法删除十六进制字符串中的空格，因而，第二个参数应该为一个空格字符。

```
Public Function TrimAllChar(ByVal strVal As String, ByVal chVar As String) As String
    Dim strTmp() As String
    Dim strResult As String = ""

    If strVal.Contains(chVar) = False Then Return strVal

    strTmp = strVal.Split(chVar.ToCharArray, _
            System.StringSplitOptions.RemoveEmptyEntries)

    For I As Integer = 0 To strTmp.Length - 1
        strResult &= strTmp(I)
    Next I

    Return strResult
End Function
```

十六进制字符串与十六进制字节（数组）相对应，两个十六进制字符对应一个字节，因而，对于字节3，对应的十六进制字符串应该是"03"，同理，十六进制字符串应该包含偶数个十六进制字符。GetEvenHexChars 方法删除十六进制字符串中最后一个不成对的字符（如果存在的话）。首先计算字符串 strVal 的长度，如果模 2 余 1，表示字符串长度为单数，则减去 1 变成偶数。如果减 1 后，长度变为 0，则返回空字符串，否则，取源字符串 strVal 中的子字符串，并返回该子字符串。

```
Public Function GetEvenHexChars(ByVal strVal As String) As String
    Dim n As Integer

    n = strVal.Length
    If n Mod 2 = 1 Then n - = 1

    If n = 0 Then
        Return ""
    Else
        Return strVal.Substring(0, n)
    End If
End Function
```

NormalizeHexChars 方法完成十六进制字符串的综合标准化，首先调用 TrimAllChar 方法删除其中的所有空格，然后，调用 GetEvenHexChars 方法将字符串个数变成偶数，最后，调用 String 对象的 ToUpper 方法转换为大写。

```
Public Function NormalizeHexChars(ByVal strHexChars As String) As String
    Return GetEvenHexChars(TrimAllChar(strHexChars, " ")).ToUpper
End Function
```

本节的十六进制字符串的预处理方法在即时窗口中的测试效果如图 13.1 所示。

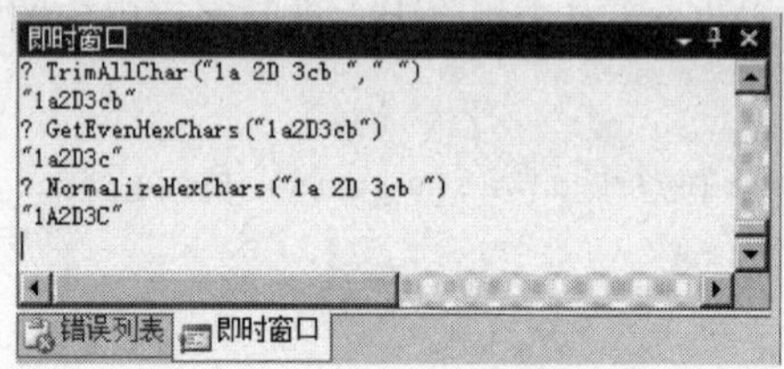

图 13.1 十六进制字符串预处理方法的测试

13.3 十六进制字符串中插入或删除空格

将十六进制字符串转换为十六进制字节（数组），最好能提供标准化的十六进制字符串。但是，为了便于阅读，应该每两个十六进制字符之间插入一个空格，Debug 工具显示内存字节的时候，就是这么做的。InsertSpaceToHexChars 方法完成这一功能，首先规范化十六进制字符串，然后，在一个 For 循环中，依次读取源字符串中的两个字符，插入一个空格，最后调用

Trim 方法删除尾部空格并返回结果。

```
Public Function InsertSpaceToHexChars(ByVal strHexChars As String) As String
    Dim nLen As Integer
    Dim strTmp As String = ""
    Dim I As Integer

    strHexChars = NormalizeHexChars(strHexChars)

    nLen = strHexChars.Length
    For I = 0 To nLen / 2 - 1
        strTmp &= strHexChars.Substring(I * 2, 2) + " "
    Next I
    Return strTmp.Trim
End Function
```

InsertSpaceToHexChars 方法的相反功能就是删除十六进制字符串中的空格，这可以直接通过 NormalizeHexChars 方法来实现，但是，为了便于记忆，设置一个 DeleteSpaceFromHexChars 方法，来调用 NormalizeHexChars 方法。

```
Public Function DeleteSpaceFromHexChars(ByVal strHexChars As String) As String
    Return NormalizeHexChars(strHexChars)
End Function
```

本节的十六进制字符串中插入/删除空格的方法在即时窗口中的测试效果如图 13.2 所示。

图 13.2 十六进制字符串中插入/删除空格测试

13.4 字节（数组）转换为十六进制字符串

ByteToTwoHexChars 方法实现一个字节到两个十六进制字符的转换，例如，将字节 0x3d 转换为"3D"。ByteToTwoHexChars 方法主要使用了 7.6.2 节中的数据的格式化处理知识。

```
Public Function ByteToTwoHexChars(ByVal iVal As Integer) As String
    'from 0x3d to "3D"

    iVal = iVal And &HFF
    Return iVal.ToString("X2")
End Function
```

TwoBytesToHexChars 方法实现将两个字节转换为一个十六进制字符串，与 ByteToTwoHex-

Chars 方法的原理类似。TwoBytesToHexChars 方法主要用于将双字节长度的数据转换为十六进制字符串。

```
Public Function TwoBytesToHexChars(ByVal iVal As Long) As String
    'from 0x3d2c to "3D2C"

    iVal = iVal And &HFFFF
    Return iVal.ToString("X4")
End Function
```

在信息传送过程中，一般需要将接收到的数据进行累加，最后作为一个整体进行处理。将原始的两个字节数组连接起来没有连接两个字符串方便，BytesToHexChars 方法主要用于将原始字节数组以十六进制字符串的形式进行保存。BytesToHexChars 方法调用 ByteToTwoHexChars 方法，依次将一个字节转换为两个十六进制字符，然后连接起来。

```
Public Function BytesToHexChars(ByRef byteArray As Byte()) As String
    Dim I As Integer
    Dim strHexChars As String = ""

    For I = 0 To byteArray.Length - 1
        strHexChars &= ByteToTwoHexChars(byteArray(I))
    Next I

    Return strHexChars
End Function
```

13.5 十六进制字符串转换为字节（数组）

要将十六进制字符串转换为字节，首先需要将十六进制字符转换为对应的数值。例如，将"A"转换为整数 10、"9"转换为整数 9 等。HexCharToNum 方法利用十六进制字符集常量 HEX_CHAR_SET 的 IndexOf 方法获取转换值，第二个参数表示忽略大小写，因而，无论对于字符"A"或"a"都能得到结果 10。如果给定的字符不是十六进制字符，将返回 0。

```
Public Function HexCharToNum(ByVal cVal As String) As Byte
    Dim bData As Byte
    If cVal.Length <> 1 Then Return 0

    bData = HEX_CHAR_SET.IndexOf(cVal, _
                           StringComparison.CurrentCultureIgnoreCase)

    Return bData
End Function
```

实现了将十六进制字符转换为数值后，对于"A7"，只要将第一个字符转换所得数值乘以 16 再加上第二个字符转换所得数值即可得到字节，TwoHexCharsToByte 方法实现这一功能。

```
Public Function TwoHexCharsToByte(ByVal strHexChars As String) As Byte
    'from "3D" to 3* 16 +13
```

```
    Dim nHex0 As Byte
    Dim nHex1 As Byte

    strHexChars = NormalizeHexChars(strHexChars)
    If strHexChars.Length <> 2 Then Return 0
    nHex1 = HexCharToNum(strVal.Substring(0, 1))
    nHex0 = HexCharToNum(strVal.Substring(1, 1))

    Return nHex1 * 16 + nHex0
End Function
```

HexCharsToBytes 方法将十六进制字符串转换为字节数组，主要调用 TwoHexCharsToByte 方法，将每两个十六进制字符转换为一个字节，存入字节数组。

```
Public Function HexCharsToBytes(ByVal strHexChars As String) As Byte()
    Dim I As Integer
    Dim nLength As Integer
    Dim bBytes() As Byte

    If strHexChars = "" Then Return Nothing

    strHexChars = NormalizeHexChars(strHexChars)              '规范化
    nLength = strHexChars.Length / 2                          '求得字节长度
    ReDim bBytes(nLength - 1)                                 '可变数组保存字节序列

    For I = 0 To nLength - 1
        bBytes(I) = TwoHexCharsToByte((strHexChars.Substring(I * 2, 2)))
    Next I

    Return bBytes
End Function
```

本节的 HexCharsToBytes 方法和上一节中的 BytesToHexChars 方法在即时窗口中的测试效果如图 13.3 所示。前者将 6 个十六进制字符转换成了具有三个元素的一维字节数组，后者又将此数组转换回原来的十六进制字符串。

图 13.3　十六进制字符串与字节数组之间的相互转换测试

13.6　普通字符串与十六进制字符串之间的相互转换

字符"1"的 ASCII 码为十六进制 0x31，普通字符串转换为十六进制字符串即如将字符"1"转换为十六进制字符串"31"。同样的道理，字符串"AB"转换为"4142"。将普通字符串转换为十六进制字符串，是为了处理数据方便，例如，对于不可见字符，如何输入？可以将可见字符转换成十六进制字符串，将不可见字符的十六进制字符串（如"00"）插入其中，并进一步将十六进制字符串转换为字节流，从而进行数据的传送。

StringToHexChars 方法的主要原理是通过 ASCIIEncoding 对象 ascEncode 的 GetBytes 方法将普通字符串转换为字节数组，再调用 BytesToHexChars 方法转换为十六进制字符串。

```
Public Function StringToHexChars(ByVal strVal As String) As String
    'from "1" to "31"
    Dim ascEncode As ASCIIEncoding = New ASCIIEncoding
    Return BytesToHexChars(ascEncode.GetBytes(strVal))
End Function
```

HexCharsToString 方法实现将十六进制字符串转换为普通字符串，例如，将十六进制字符串"4142"转换为字符串"AB"，就是将十六进制字符串转换为普通字符串的实例。这种转换也是为了处理数据方便，可以将从通信端口接收到的字节流转换为十六进制字符串，从而，根据需要进一步转换为普通字符串。转换原理就是先调用 HexCharsToBytes 方法将十六进制字符串转换为字节数组，然后，调用 ASCIIEncoding 对象 ascEncode 的 GetString 方法将字节数组转换为对应的普通字符串。

```
Public Function HexCharsToString(ByVal strHexChars As String) As String
    'from "31" to "1"
    Dim ascEncode As ASCIIEncoding = New ASCIIEncoding
    strHexChars = NormalizeHexChars(strHexChars)

    Return ascEncode.GetString(HexCharsToBytes(strHexChars))
End Function
```

普通字符串与十六进制字符串之间的相互转换在即时窗口中的测试效果如图 13.4 所示。

图 13.4　普通字符串与十六进制字符串之间的相互转换测试

13.7　字节数组与普通字符串之间的相互转换

字节数组与普通字符串之间的转换，即表 13.1 中十六进制字节序列与普通字符串之间的转换，例如，将十六进制字节 4142 转换为字符串"AB"。

BytesToString 方法实现字节数组到普通字符串之间的转换，首先调用 BytesToHexChars 方法将字节数组转换为十六进制字符串，然后，调用 HexCharsToString 方法将十六进制字符串转换为普通字符串。当然，也可以通过 For 循环逐个字节转换为普通字符，然后进行累加。

```
Public Function BytesToString(ByRef bData() As Byte) As String
    Dim strHexChars As String

    strHexChars = BytesToHexChars(bData)
    Return HexCharsToString(strHexChars)
End Function
```

StringToBytes 方法实现普通字符串到字节数组之间的转换，首先调用 StringToHexChars 方法将十六进制字符串转换为字节数组，然后，调用 HexCharsToBytes 方法将十六进制字符串转换为字节数组。

```
Public Function StringToBytes(ByVal strVal As String) As Byte()
    Dim strHexChars As String

    strHexChars = StringToHexChars(strVal)
    Return HexCharsToBytes(strHexChars)
End Function
```

13.8　普通字符串与 Unicode 字符串之间的相互转换

计算机只是处理数字，指定一个数字来表示并储存字母或其他字符。在创造 Unicode 之前，有数百种指定这些数字的编码系统。没有一个编码系统可以包含足够的字符。例如，仅欧洲共同体就需要好几种不同的编码来包括所有的语言。即使是一种语言，如英语，也没有哪一个编码可以适用于所有的字母、标点符号和常用的技术符号。

这些编码系统也会互相冲突。也就是说，两种编码可能使用相同的数字代表两个不同的字符，或使用不同的数字代表相同的字符。任何一台特定的计算机（特别是服务器）都需要支持许多不同的编码，但是，无论什么时候，数据通过不同的编码或平台之间，那些数据总会有被损坏的危险。

Unicode 的出现改变了这一切。Unicode 是一个 16 位的字符集，给每个字符提供了一个惟一的数字，可以移植到所有主要的计算机平台并且覆盖几乎整个世界。它是单一地区的，不包括代码页或者其他让软件很难读写和测试的复杂东西。现在，还没有一个合理的多平台的字符集可以和它竞争。Unicode 标准已经被工业界的领导们所采用，如 Apple、HP、IBM、JustSystem、Microsoft、Oracle、SAP、Sun、Sybase、Unisys 和其他许多公司。最新的标准都需要 Unicode，如 XML、Java、ECMAScript（JavaScript）、LDAP、CORBA 3.0、WML 等，并且，Unicode 是实现 ISO/IEC 10646 的正规方式。许多操作系统、所有最新的浏览器和许多其他产品都支持它。Unicode 标准的出现和支持工具的存在，是近来全球软件技术最重要的发展趋势。

将 Unicode 与客户服务器或多层应用程序和网站结合，比使用传统字符集更节省。Unicode 使单一软件产品或单一网站能够贯穿多个平台、语言和国家，而不需要重建，可以将数据传送到许多不同的系统而无损坏。

13.8.1　普通字符串转换为 Unicode 字符串

StringToUnicodeHexChars 方法实现普通字符串（可以包含汉字）到 Unicode 字符串之间的转

换，第二个可选参数默认高字节在前，这适用于中文短信的编码。得到字节数组后，调用 BytesToHexChars 方法转换为十六进制字符串。

```
Public Function StringToUnicodeHexChars(ByVal strVal As String, _
                            Optional ByVal bigEndian As Boolean = True) As String
    'Big Endian: from "1 春" to "00316625", for GSM Modem short message service
    'Little Endian: from "1 春" to "31002566"
    Dim ucEncode As UnicodeEncoding = New UnicodeEncoding(bigEndian, True)

    If strVal.Length = 0 Then Return ""
    Dim nBytes() As Byte = ucEncode.GetBytes(strVal)

    Return BytesToHexChars(nBytes)
End Function
```

如果将纯英文字符串转换为 Unicode 字符串，就会造成空间浪费。因而，该编码方法主要针对字符串中含有汉字的情况。

13.8.2 Unicode 字符串转换为普通字符串

UnicodeHexCharsToString 方法将 Unicode 字符串转换为普通字符串，例如，从"00316625"转换为"1 春"。其基本原理是先调用 HexCharsToBytes 方法转换为字节数组，然后，调用 UnicodeEncoding 对象 ucEncode 的 GetString 方法转换为普通字符串。

```
Public Function UnicodeHexCharsToString(ByVal strHexChars As String,_
                          Optional ByVal bigEndian As Boolean = True) As String
    'Big Endian: from "00316625" to "1 春"
    'Little Endian: from "31002566" to "1 春"
    Dim ucEncode As UnicodeEncoding = New UnicodeEncoding(bigEndian, True)

    strHexChars = NormalizeHexChars(strHexChars)
    If 0 = strHexChars.Length \4 Then Return ""
    Dim nBytes() As Byte = HexCharsToBytes(strHexChars)

    Return ucEncode.GetString(nBytes)
End Function
```

普通字符串与 Unicode 字符串之间的相互转换在即时窗口中的测试效果如图 13.5 所示。

图 13.5 普通字符串与 Unicode 字符串之间相互转换的测试

13.9 中文信息的加密与解密

用 WinZip 工具对文档打包的时候，可以设置一个密码。如果想解包，不提供密码就无法完成。这里对中文信息加密，提供的密码也可以是中文信息。

Encode_Unicode 方法对中文信息进行加密，第一个参数 strSource 是明文形式的需要加密的中文信息，第二个参数 strKey 是明文形式的中文信息用做密码。首先通过 UnicodeEncoding 类的 ucEncode 对象的 GetBytes 方法，将中文信息转换为字节数组，然后，在 For 循环中用异或（Xor）逻辑运算进行加密，最后将加密结果转换为十六进制字符串返回。

```
Public Function Encode_Unicode(ByVal strSource As String, ByVal strKey As String, _
                               Optional ByVal bigEndian As Boolean = True) As String
    If strSource = "" OrElse strKey = "" Then Return ""

    Dim ucEncode As UnicodeEncoding = New UnicodeEncoding(bigEndian, True)
    Dim bSource() As Byte = ucEncode.GetBytes(strSource)
    Dim bKey() As Byte = ucEncode.GetBytes(strKey)

    Dim I, J As Integer

    For I = 0 To bSource.Length - 1
        bSource(I) = bSource(I) Xor bKey(J)
        J += 1
        If J = bKey.Length Then J = 0
    Next I

    Return BytesToHexChars(bSource)
End Function
```

明文与密码字符的异或对照如图 13.6 所示。假如明文有 9 个汉字，密码只有 4 个汉字，则从头开始循环使用密码汉字。

1	2	3	4	5	6	7	8	9
1	2	3	4	1	2	3	4	1

图 13.6 明文与密码字符的对照

Decode_Unicode 方法将加密后的结果，即十六进制字符串解密为原来的中文信息，第一个参数 strEncodedHex 是需要解密的十六进制字符串，第二个参数 strKey 的含义与加密方法中的相同。首先调用 HexCharsToBytes 方法和 ucEncode 对象的 GetBytes 方法将前面的两个参数转换成字节数组，然后，在 For 循环中通过异或（Xor）逻辑运算解密，最后调用 ucEncode 对象的 GetString 方法将解密后的字节数组转换为中文信息并返回结果。

```
Public Function Decode_Unicode(ByVal strEncodedHex As String, _
                               ByVal strKey As String, _
                               Optional ByVal bigEndian As Boolean = True) As String
    If strEncodedHex = "" OrElse strKey = "" Then Return ""

    Dim ucEncode As UnicodeEncoding = New UnicodeEncoding(bigEndian, True)
```

```
        Dim bEncoded() As Byte = HexCharsToBytes(strEncodedHex)
        Dim bKey() As Byte = ucEncode.GetBytes(strKey)
        Dim I, J As Integer

        For I = 0 To bEncoded.Length - 1
            bEncoded(I) = bEncoded(I) Xor bKey(J)
            J += 1
            If J = bKey.Length Then J = 0
        Next I

        Return ucEncode.GetString(bEncoded)
    End Function
```

中文信息的加密与解密方法在即时窗口中的测试效果如图13.7所示。

图13.7 中文信息加密解密的测试

13.10 随机字节（数组）的生成

随机字节可以用于博彩和计算机仿真，如3.2节介绍的彩票程序。随机字节也可用于抓阄，应用程序不断产生随机数，按键以后停止生成，最后一个随机数就是抓阄的结果。3.2节已经介绍了生成一个随机字节的方法。

如果需要产生若干随机字节，来模拟计算机监控系统中的采样数据（参见参考文献[16]），可以通过GetRandomBytes方法来完成。该方法的参数nCount表示产生随机字节的数量，结果返回一个随机字节数组。GetRandomBytes方法调用Random对象的NextBytes方法来产生随机字节数组，并填入NextBytes方法的参数中。

```
    Public Function GetRandomBytes(ByVal nCount As Integer) As Byte()
        Dim rnd As New Random
        Dim BytesBuffer() As Byte
        If nCount < 1 Then nCount = 1
        ReDim BytesBuffer(nCount - 1)

        rnd.NextBytes(BytesBuffer)
        Return BytesBuffer
    End Function
```

如果在即时窗口中输入GetRandomBytes（5），将输出一个拥有5个随机字节的数组。

13.11 字节的位操作与二进制转换

在汇编语言中，对一个字节中的指定位进行测试、置位或复位，是一种基本技巧。在计算机监控系统中，常用 1 表示开关闭合，0 表示开关打开（反之也可），因而，测试开关状态是通过位测试进行的，控制开关闭合和打开则是通过对控制字节置位和复位进行的。

13.11.1 字节的位操作

CheckByteBit 方法测试字节中的某一位是否为 1，第一个参数 bData 是需要测试的字节，第二个参数 nBit 表示第几位。bTmp 将 nBit 位置 1，然后，bData 和 bTmp 相与（And），如果结果不等于 0，则返回 True，表示 nBit 位为 1；否则，返回 False，表示 nBit 位为 0。

```
Public Function CheckByteBit(ByVal bData As Byte, ByVal nBit As Integer) As Boolean
    Dim bTmp As Byte
    Dim bResult As Byte

    If nBit > 7 Or nBit < 0 Then Return False
    bTmp = 2 ^ nBit
    bResult = bData And bTmp
    If bResult <> 0 Then
        Return True
    Else
        Return False
    End If
End Function
```

SetByteBit 方法利用或运算（Or）给 nBit 位置位，并返回置位后的字节。

```
Public Function SetByteBit(ByVal bData As Byte, ByVal nBit As Integer) As Byte
    Dim bTmp As Byte

    If nBit > 7 Or nBit < 0 Then
        Return bData
    End If

    bTmp = 2 ^ nBit
    Return bData Or bTmp
End Function
```

ResetByteBit 方法使得 nBit 位复位，并返回复位后的字节。如果一个字节的某位为 0，其他位为 1，那么，这个字节与其他字节相与，即可使得该位复位，且其他位不受影响。ResetByteBit 方法首先通过异或生成这样的一个字节，并保存到 bTmp 中，然后，利用 bTmp 与 bData 相与，即可得到期望的结果。

```
Public Function ResetByteBit(ByVal bData As Byte, ByVal nBit As Integer) As Byte
    Dim bTmp As Byte
```

```
        If nBit > 7 Or nBit < 0 Then
            Return bData
        End If

        bTmp = (2 ^ nBit) Xor &HFF
        Return bData And bTmp
    End Function
```

13.11.2 二进制转换

为了查看一个字节中1和0的具体情况，需要将字节转换为二进制字符串进行显示；如果用户提供8位二进制字符串，也应该能够转换为一个字节进行处理。

ByteToBinaryString方法实现将一个字节转换为二进制字符串的功能，主要在一个For循环中调用CheckByteBit方法从高位到低位进行逐位检查，如果为1，就累加"1"；如果为0，就累加"0"，最后返回结果。

```
    Public Function ByteToBinaryString(ByVal bData As Byte) As String
        Dim strResult As String = ""

        For I As Integer = 7 To 0 Step -1
            If CheckByteBit(bData, I) Then
                strResult &= "1"
            Else
                strResult &= "0"
            End If
        Next I

        Return strResult
    End Function
```

BinaryStringToByte方法实现将含有8个二进制字符的字符串转换为一个字节的功能。J是二进制字符串strBinary的索引号，从0开始依次截取二进制字符存入strChar中。For循环从7到0，如果strChar中包含非二进制字符，说明strBinary是一个错误的二进制字符串，就直接返回0；如果strChar为"1"，则存放结果的bResult与该位的权值相加，最后返回bResult即可。

```
    Public Function BinaryStringToByte(ByVal strBinary As String) As Byte
        Dim bResult As Byte
        Dim J As Integer = 0
        Dim strChar As String

        If strBinary.Length <> 8 Then Return 0

        For I As Integer = 7 To 0 Step -1
            strChar = strBinary.Substring(J, 1)

            Select Case strChar
                Case "0", "1"
```

```
                If strChar = "1" Then
                    bResult += 2 ^ I
                End If
            Case Else
                Return 0
        End Select

        J += 1
    Next I

    Return bResult
End Function
```

13.11.3　应用测试

新建一个窗体应用程序 WinApp_Binary，分别绘制 4 个标签、4 个文本框和 4 个命令按钮，并添加 ByteProcess 模块。Hex 文本框中用于输入两个十六进制字符，Bit 文本框中输入所要处理的位（0~7），为了尽量使程序简单，本程序没有检查用户输入的数据，要求这两个文本框中必须都输入数据且符合要求。

在窗体类中做如下定义，bData 是所要处理的字节，nBit 是字节中的位。RefreshData 方法将 Hex 文本框中的两个十六进制字符转换为一个字节，存入 bData 中；将 Bit 文本框中的文本解析为整型数，存入 nBit 中。

```
Dim bData As Byte
Dim nBit As Integer

Private Sub RefreshData()
    bData = TwoHexCharsToByte(txtHex.Text)
    nBit = Integer.Parse(txtBit.Text)
End Sub
```

“ToBinary”按钮首先调用 RefreshData 方法刷新数据，然后，调用 ByteToBinaryString 方法将字节转换为二进制字符串，放入 Binary 文本框中进行显示。

```
RefreshData()
txtBinary.Text = ByteToBinaryString(bData)
```

“Check”按钮调用 CheckByteBit 方法进行位测试，结果通过 MessageBox 告知用户。

```
RefreshData()
If CheckByteBit(bData, nBit) Then
    MessageBox.Show("The result is 1.")
Else
    MessageBox.Show("The result is 0.")
End If
```

“Set”按钮调用 SetByteBit 方法执行置位操作，二进制结果放入 Result 文本框中，用于跟 Binary 文本框中的数据进行对比，同时，更新 Hex 文本框的内容。

```
RefreshData()
bData = SetByteBit(bData, nBit)
txtResult.Text = ByteToBinaryString(bData)
txtHex.Text = ByteToTwoHexChars(bData)
```

“Reset”按钮执行复位操作，结果处理与“Set”按钮的类似。

```
RefreshData()
bData = ResetByteBit(bData, nBit)
txtResult.Text = ByteToBinaryString(bData)
txtHex.Text = ByteToTwoHexChars(bData)
```

运行程序，在 Hex 文本框中输入“35”，Bit 文本框中输入“3”，依次单击各个按钮，对比 Binary 与 Result 文本框的变化，观察效果。图 13.8 所示是单击“Set”按钮的效果。

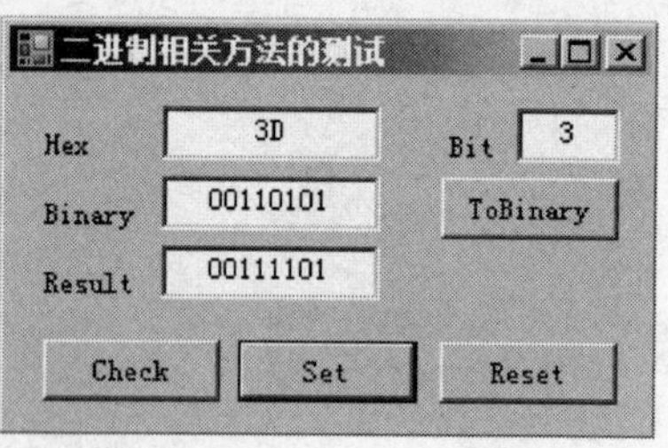

图 13.8 二进制相关方法的测试

13.12 本章小结

本章主要介绍了通用数据的编码与处理技术，涉及字节（数组）、普通字符、十六进制字符串、Unicode 等之间的相互转换。并在普通字符串与 Unicode 字符串之间的相互转换基础之上，介绍了中文信息的加密与解密方法。最后，介绍了随机字节（数组）的产生方法与用途，以及字节的位测试、置位和复位技术。这些技术是中文短信平台和计算机监控系统等工程项目中的关键技术，也是数据传送、加密解密等领域的重要基础，应用非常广泛。第 14 章以此为基础，介绍数据的校验技术。

思考与练习

1. 熟练使用 HexCharsToBytes 与 BytesToHexChars 方法，并画出这两个方法的层次结构图，即各自调用了什么方法。
2. 结合汇编语言及本章的内容，简述字节的位处理技术在设备状态检测及计算机监控中的应用。

第 14 章　数据包的校验技术

数据包的校验无处不在。用户在 ATM 机上查询账户余额时，向银行的服务器提交了一定格式的数据，银行服务器验证数据正确后，才将账户余额传送到 ATM 机上。在浏览网页的时候，也需要相应的验证。表 14.1 所示是一个职工工资简表，“基本工资”、“津贴”、“房补”之和为“应发”，“应发”减去“公积金”与“医疗保险”为“实发”，“合计”分别计算各列之和。出纳发放工资，就当“总计”1 782 不存在一样，重新对数据进行汇总，如果汇总结果与提供的结果 1 782 一样，则认为数据正确。

表 14.1　职工工资简表　（单位：元）

姓名	基本工资	津贴	房补	应发	公积金	医疗保险	实发
张三	500	50	5	555	10	40	505
李四	600	60	6	666	12	60	594
王二	700	70	7	777	14	80	683
合计	1 800	180	18	1 998	36	180	1 782

同样，通过网络或串行接口发送字节 41 00 42 时，为了保证数据传送的可靠性，也需要引入验算，即校验功能。如果选择累加和（Add）校验，则发送字节时，还需要在所发送的字节末尾发送字节的累加和，即 0x41 + 0 + 0x42 = 0x83，因而，采用累加和校验，实际发送的字节为 41 00 42 83。对方接收到数据后，将校验码 0x83 放在一边，重新计算字节 41 00 42 的校验码，如果与接收到的校验码一致，则认为接收到的数据正确并进行处理，否则，丢弃接收到的数据。除了累加和校验码外，还有异或（Xor）校验码、循环冗余（CRC）校验码、TCP/IP 协议中的累加求补（BCS）校验码。Modem 的 AT 命令以回车符结尾（0x0D），POP3 协议则以回车换行符结尾（0x0A0D）。

14.1　全局枚举类型的定义

本章用 ParityProcess 模块实现校验码与结尾码的自动生成与数据包的统一校验功能。ParityProcess 模块中定义了两个枚举类型，CheckMode 枚举定义校验方法，成员 Chk_None 表示无校验；EndMark 枚举定义结尾码的类型，成员 Add_None 表示不添加结尾码。

```
Public Enum CheckMode
    Chk_None = 0
    Chk_Xor = 1
    Chk_Add = 2
    Chk_CRC = 3
```

```
        Chk_BCS = 4
    End Enum

    Public Enum EndMark
        Add_None = 0
        Add_CR = 1
        Add_CRLF = 2
    End Enum
```

14.2 累加和（Add）校验

累加和校验码的初始值为0，对待发送的数据以字节为单位，与初始值相加模256，最后所得结果即为累加和校验码。addStrValue 方法实现该功能，其参数 strHexData 是十六进制字符串，并且，所产生的 Add 校验码也是十六进制字符串（下文的其他相关方法也类似）。其基本原理是，首先，将十六进制字符串转换为字节数组，保存在 byteBuffer 中，然后，逐个累加模256，最后，通过第13章介绍的 ByteToTwoHexChars 方法转换为十六进制字符串，并返回该数据。

```
    Public Function addStrValue(ByVal strHexData As String) As String
        Dim addTmp As Integer = 0
        Dim byteBuffer As Byte()

        byteBuffer = HexCharsToBytes(strHexData)

        For I As Integer = 0 To byteBuffer.Length - 1
            addTmp = (addTmp + byteBuffer(I)) Mod 256
        Next I

        Return ByteToTwoHexChars(addTmp)
    End Function
```

对于参考文献［1］中的开关量输出模块7067，通信协议：

AA BB DD BCC CR

其中，“#”为本协议的标志，“AA”为模块地址，BB=00，“DD”为开关量数据，“1”为闭合，“0”为打开，BCC（Block Check Character，块校验码）为累加和校验，结尾码（可选）为回车符（CR）。如命令“# 02 00 13”表示将地址为02的模块的4、1、0路闭合（DD=0x13），实际发送到7067模块的字节数据为：

23 02 00 13 ***38*** 0d

其中，“38”是前4个字节的累加和校验码，而 addStrValue（"23020013"）正好返回字符串"38"。

对于接收到的数据，先将其转换为十六进制字符串，然后，采用 CheckAddStrValue 方法进行检验。参数 strHexData 的长度至少有4个字符（即两个字节），否则就没有意义，直接返回 False。将最后两个字符作为校验码存入 strResult 中，如果删除校验码以后的字符串 strTmp，其累加和校验码 strParity 与 strResult 相等，则检验正确，表示数据包完整，返回 True；否则，返回 False，丢弃该数据包。

```
Public Function CheckAddStrValue(ByVal strHexData As String) As Boolean
    Dim strResult As String
    Dim nLen As Integer
    Dim strTmp As String
    Dim strParity As String

    strHexData = NormalizeHexChars(strHexData)
    nLen = strHexData.Length
    If nLen < 4 Then Return False

    strResult = strHexData.Substring(nLen - 2, 2)
    strTmp = strHexData.Substring(0, nLen - 2)
    strParity = addStrValue(strTmp)

    If strResult = strParity Then
        Return True
    Else
        Return False
    End If
End Function
```

14.3　异或（Xor）校验

异或校验码的初始值为 0，对待发送的信息以字节为单位，与初始值相异或，最后所得结果即为异或校验码。xorStrValue 方法实现该功能，首先，将十六进制字符串转换为字节数组，然后，逐个与初始值相异或（对于二进制数，对应位相异为 1，相同取 0），最后，通过 ByteToTwoHexChars 方法转换为十六进制字符串，并返回该数据。

```
Public Function xorStrValue(ByVal strHexData As String) As String
    Dim xorTmp As Byte = 0
    Dim byteBuffer As Byte()

    byteBuffer = HexCharsToBytes(strHexData)

    For I As Integer = 0 To byteBuffer.Length - 1
        xorTmp = xorTmp Xor byteBuffer(I)
    Next I

    Return ByteToTwoHexChars(xorTmp)
End Function
```

对于参考文献［1］中的松下 PLC 的 FP10SH 型号的 CPU 模块，通信协议：

```
%01 # WD D 10000 10001 0100 5000 BCC CR
```

表示主控机向 PLC 的 DT10000 寄存器中写入 0x0001，向 DT10001 中写入 0x0050，该协议分别由前导字符（%）、地址码（01）、写功能码（WD）等组成，BCC采用异或运算，BCC以前的数据均看做字符串，BCC的值为0x55，而CR是回车符0x0d，主控机所发送的字节数据应为：

```
25 3031 23 5744 44 3130303030 3130303031 30313030 35303030 55 0d
```

调用xorStrValue方法，用以上校验码之前的十六进制字符串为参数，正好得到字符串"55"。

对于接收到的数据，先将其转换为十六进制字符串，然后，采用CheckXorStrValue方法进行检验，如果计算所得为"00"，则检验正确，表示数据包完整，返回True；否则，返回False，丢弃该数据包。

```
Public Function CheckXorStrValue(ByVal strHexData As String) As Boolean
    If xorStrValue(strHexData) = "00" Then
        Return True
    Else
        Return False
    End If
End Function
```

14.4 循环冗余（CRC）校验

Xor校验与Add校验以字节为单位进行校验处理，算法比较简单，相对容易出差错。CRC的算法比较复杂，其基本思想是将需要发送的数据包当做一个巨大的二进制数，用它来除以一个固定的二进制数，所得到的余数即是求得的校验码，相对于Xor与Add来说，其出错的概率较低。

在代数编码理论中，为了便于计算，将码组中各码元当做一个多项式的系数，即长为 n 的码组 $a^{n-1}a^{n-2}\cdots a^1a$ 可表示成：

$$T(x) = a^{n-1}x^{n-1} + a^{n-2}x^{n-2} + \cdots + a^1x + a^0$$

CRC校验正是利用码多项式的模2运算，让被校验数据能为某一提前选定的生成多项式所除，如果能除尽，表明代码正确，如果除不尽，表明代码错误，余数则指明出错位所在位置。因为任意一组仅由信息位组成的码，很可能除不尽，所以在信息位后附加若干称为校验位的冗余位，可以保证由信息位和冗余位组成的码组能被生成多项式整除。设生成多项式 $g(x)$ 为 r 次，信息码多项式为 $m(x)$，则编码步骤如下所示：

a）用 x^r 乘 $m(x)$，即在信息位后附加 r 个“0”；

b）$x^rm(x)$ 除以 $g(x)$，得到商式 $Q(x)$ 和余式 $r(x)$，即

$$\frac{x^rm(x)}{g(x)} = Q(x) + \frac{r(x)}{g(x)}$$

c）输出码多项式为 $T(x)=x^rm(x)+r(x)$。

Xor与Add校验的形式单一，而CRC由于所选用的多项式与原始值的不同，其算法也不尽相同，所得到的校验码结果也相异。crcStrValue方法选取多项式为0xA001，原始值为0xFFFF。

```
Public Function crcStrValue(ByVal strHexData As String, _
                            Optional ByVal CRC_Seed As String = "FFFF") As String
```

```
        Dim I, J As Integer
        Dim hCrcEnd, lCrcEnd As Byte
        Dim hCrcConst, lCrcConst As Byte
        Dim byteBuffer As Byte()

        byteBuffer = HexCharsToBytes(strHexData)

        hCrcEnd = TwoHexCharsToByte(CRC_Seed.Substring(0, 2))
        lCrcEnd = TwoHexCharsToByte(CRC_Seed.Substring(2, 2))
        hCrcConst = &HA0
        lCrcConst = 1

        For I = 0 To byteBuffer.Length - 1
            lCrcEnd = lCrcEnd Xor byteBuffer(I)
            For J = 0 To 7
                If lCrcEnd Mod 2 <> 0 Then
                    lCrcEnd = lCrcEnd \ 2
                    If hCrcEnd Mod 2 <> 0 Then lCrcEnd = lCrcEnd Or &H80
                    hCrcEnd = hCrcEnd \ 2
                    lCrcEnd = lCrcEnd Xor lCrcConst
                    hCrcEnd = hCrcEnd Xor hCrcConst
                Else
                    lCrcEnd = lCrcEnd \ 2
                    If hCrcEnd Mod 2 <> 0 Then lCrcEnd = lCrcEnd Or &H80
                    hCrcEnd = hCrcEnd \ 2
                End If
            Next J
       Next I

       Return ByteToTwoHexChars(lCrcEnd) & ByteToTwoHexChars(hCrcEnd)
   End Function
```

在参考文献［1］的高山无人站电源监控项目中，截取德国生产的大型柴油机组的监控器与主控机的通信协议如下所示：

FF 03 FC 01 00 16 ***B0 4A***

最后两个字节为 CRC 校验码，通过 crcStrValue 方法验证正确。

对于接收到的数据，先将其转换为十六进制字符串，然后，采用 CheckCrcStrValue 方法进行检验，如果计算所得为"0000"，则检验正确，表示数据包完整，返回 True；否则，返回 False，丢弃该数据包。

```
Public Function CheckCrcStrValue(ByVal strHexData As String, _
                                Optional ByVal CRC_Seed As String = "FFFF") As Boolean
    If crcStrValue(strHexData) = "0000" Then
        Return True
    Else
        Return False
    End If
End Function
```

14.5　累加求补（BCS）校验

这种校验方式主要用于TCP/IP协议中。由于网络的发展，提供RJ-45接口已经成为计算机监控模块的趋势与业界标准，因而，嵌入式模块与数据采集模块纷纷提供RJ-45接口，并支持TCP/IP协议，从而，进入Internet世界。addStrBCSValue方法实现该功能，算法的基本思想是对待发送的数据以字（两个字节）为单位累加，结果放在双字中，最后，高位字右移16位与低位字相加，再取反。

```
Public Function addStrBCSValue(ByVal strHexData As String) As String
    'This is for 16 bits TCP/IP checksum
    Dim nStrLength As Integer
    Dim byteBuffer As Byte()
    Dim nWords As Integer
    Dim sTmp As Single
    Dim sSum As Single
    Dim lResult As Long

    strHexData = NormalizeHexChars(strHexData)
    nStrLength = strHexData.Length
    If nStrLength Mod 4 <> 0 Then Return ""

    byteBuffer = HexCharsToBytes(strHexData)
    nWords = byteBuffer.Length / 2
    sTmp = 0

    For I As Integer = 0 To nWords - 1
        sTmp += byteBuffer(I * 2) * 256 + byteBuffer(I * 2 + 1)
    Next I

    sSum = (sTmp And &HFFFF)                      'low word
    sSum += (sTmp And &HFFFF0000) / 256 / 256     'high word shift right 16 bits
    sSum = sSum And &HFFFF
    lResult = sSum
    lResult = Not lResult

    Return TwoBytesToHexChars(lResult)
End Function
```

利用嗅探工具截取局域网中的IP包：

```
45 c0 00 40 fd 54 00 00 01 59 1d 3a ac 10 12 01 e0 00 00 05
```

根据IP协议，其校验码为0x1d3a（粗体、斜体所示），利用本算法验证正确。如果对以上所有字节计算其校验码，应为0，也正确。

对于从网络读取的TCP数据包，可以根据所有字节的累加求补校验码为0进行验算，CheckAddStrBCSValue方法实现该功能，如果结果为"0000"，就返回True；否则，返回False。

```
Public Function CheckAddStrBCSValue(ByVal strHexData As String) As Boolean
    If addStrBCSValue(strHexData) = "0000" Then
        Return True
    Else
        Return False
    End If
End Function
```

14.6　结尾码的处理

Modem 和相当一部分计算机监控系统中的数据采集模块，都需要在数据包末尾添加回车符 CR（0x0D，VisualBasic 中用内部常量 vbCr 表示）作为数据包结束的标志，而 TCP/IP 协议之上的应用层协议，如 HTTP、POP3、SMTP 等，通常将回车换行符 CRLF（0x0D0A，Visual Basic 中用内部常量 vbCrLf 表示）作为结束标志。可见，CR 与 CRLF 作为结尾码具有广泛性。AddEndMark 方法实现此功能，根据第二个参数 nEndMark 指定的结尾码类型，在第一个参数 strHexData 后面附加结尾码，并返回结果。

```
Public Function AddEndMark(ByVal strHexData As String,
                                    _ByVal nEndMark As EndMark) As String
   Dim strTmp As String

   strTmp = NormalizeHexChars(strHexData)

   Select Case nEndMark
       Case EndMark.Add_CR
           Return strTmp & "0D"
       Case EndMark.Add_CRLF
           Return strTmp & "0D0A"
   End Select

   Return strTmp
End Function
```

CheckEnd 方法检验接收到的数据是否包含指定的结尾码，第二个参数 nEndMark 指定结尾码的种类。正确返回 True，错误则返回 False。

```
Public Function CheckEnd(ByVal strHexData As String,
                                   _ByVal nEndMark As EndMark) As Boolean
    Dim nLen As Integer
    Dim strTmp As String

    strTmp = NormalizeHexChars(strHexData)
    nLen = strTmp.Length

    Select Case nEndMark
        Case EndMark.Add_CR
            If strTmp.Substring(nLen - 2, 2) = "0D" Then
```

```
                Return True
            Else
                Return False
            End If
        Case EndMark.Add_CRLF
            If strTmp.Substring(nLen - 4, 4) = "0D0A" Then
                Return True
            Else
                Return False
            End If
        End Select

        Return True   'ADD_NONE
End Function
```

14.7 数据包的统一校验

14.2 至 14.5 节已经实现了 4 种校验码的生成与检验算法，而 CheckParity 方法以十六进制字符串 strHexData 和校验码标志 nCheckMode 为参数，调用各个校验码检验方法，正确返回 True，错误则返回 False。

```
Public Function CheckParity(ByVal strHexData As String, _
                            ByVal nCheckMode As CheckMode) As Boolean
    Select Case nCheckMode
        Case CheckMode.Chk_Xor
            Return CheckXorStrValue(strHexData)
        Case CheckMode.Chk_Add
            Return CheckAddStrValue(strHexData)
        Case CheckMode.Chk_CRC
            Return CheckCrcStrValue(strHexData)
        Case CheckMode.Chk_BCS
            Return CheckAddStrBCSValue(strHexData)
    End Select

    Return True   'CheckMode.Chk_None
End Function
```

数据包的统一校验方法 CheckPackage 以输入的十六进制字符串、校验码标志、结尾标志为参数，首先调用 CheckEnd 方法检查结尾码，然后，去除结尾码，调用 CheckParity 方法检查校验码，如果正确，则返回 True，错误返回 False。

```
Public Function CheckPackage(ByVal strHexData As String, _
                             ByVal nCheckMode As CheckMode, _
                             ByVal nEndMark As EndMark) As Boolean
    Dim strTmp As String

    strTmp = NormalizeHexChars(strHexData)
```

```
        If CheckEnd(strTmp, nEndMark) = False Then Return False

        Select Case nEndMark
            Case EndMark.Add_CR
                strTmp = strTmp.Substring(0, strTmp.Length - 2)
            Case EndMark.Add_CRLF
                strTmp = strTmp.Substring(0, strTmp.Length - 4)
        End Select

        Return CheckParity(strTmp, nCheckMode)
    End Function
```

14.8　数据包的综合生成与信息提取

数据包的综合生成，是对输入的十六进制字符串、校验码参数、结尾码参数，在十六进制字符串后面添加校验码和结尾码。GetFullPackage 方法实现这一功能，首先在十六进制字符串后面添加校验码，再添加结尾码，最后返回结果。

```
    Public Function GetFullPackage(ByVal strHexData As String, _
                                   ByVal nCheckMode As CheckMode, _
                                   ByVal nEndMark As EndMark) As String
        Dim strTmp As String
        Dim strPackage As String = ""

        strTmp = NormalizeHexChars(strHexData)

        Select Case nCheckMode
            Case CheckMode.Chk_None
                strPackage = strTmp
            Case CheckMode.Chk_Xor
                strPackage = strTmp & xorStrValue(strTmp)
            Case CheckMode.Chk_Add
                strPackage = strTmp & addStrValue(strTmp)
            Case CheckMode.Chk_CRC
                strPackage = strTmp & crcStrValue(strTmp)
            Case CheckMode.Chk_BCS
                strPackage = strTmp & addStrBCSValue(strTmp)
        End Select

        Return AddEndMark(strPackage, nEndMark)
    End Function
```

附在有效数据后面的校验码和结尾码是为数据的验证服务的，接收方收到数据后，需要获取有效数据。PickPurePackage 方法实现这一功能，首先调用 CheckPackage 方法检查数据包，如果错误，则直接返回空字符串；如果正确，则依次删除结尾码和校验码，最后返回十六进制字符串格式的有效数据。

```
Public Function PickPurePackage(ByVal strHexData As String, _
                                ByVal nCheckMode As CheckMode, _
                                ByVal nEndMark As EndMark) As String
    Dim strTmp As String = NormalizeHexChars(strHexData)
    If CheckPackage(strTmp, nCheckMode, nEndMark) = False Then Return ""

    Select Case nEndMark
        Case EndMark.Add_CR
            strTmp = strTmp.Substring(0, strTmp.Length - 2)
        Case EndMark.Add_CRLF
            strTmp = strTmp.Substring(0, strTmp.Length - 4)
    End Select

    Select Case nCheckMode
        Case CheckMode.Chk_Xor, CheckMode.Chk_Add
            strTmp = strTmp.Substring(0, strTmp.Length - 2)
        Case CheckMode.Chk_CRC, CheckMode.Chk_BCS
            strTmp = strTmp.Substring(0, strTmp.Length - 4)
    End Select

    Return strTmp
End Function
```

14.9 应用测试

新建一个窗体应用程序 WinApp_Parity，在窗体上分别绘制两个文本框、两个下拉框和两个按钮等。Source 文本框用来输入需要添加校验码和结尾码的十六进制字符串，Result 文本框用来显示添加了校验码和结尾码的十六进制字符串。Parity 下拉框和 End Mark 下拉框在设计时输入校验码选项和结尾码选项。“Calculate”按钮根据校验码选项和结尾码选项，计算 Source 文本框中的数据，结果存入 Result 文本框中。“Check”按钮根据校验码选项和结尾码选项，验算 Result 文本框的内容，结果用消息框来显示。在项目中添加现有项 ByteProcess 和 ParityProcess 模块。

在窗体类中做如下定义，nCheckMode 是表示校验码类型的 CheckMode 枚举，nEndMark 是表示结尾码类型的 EndMark 枚举，这两个变量在整个窗体类中都有效。

```
Dim nCheckMode As CheckMode
Dim nEndMark As EndMark
```

在窗体的 Load 事件处理程序中输入如下代码，使得初始状态下无校验码、无结尾码。

```
cmbParity.SelectedIndex = 0
cmbEndMark.SelectedIndex = 0
```

窗体的 Load 事件中对下拉框 SelectedIndex 进行设置或在下拉框中更换选项，都会触发下拉框的 SelectedIndexChanged 事件。在 Parity 下拉框和 End Mark 下拉框的 SelectedIndexChanged 事件中输入如下语句（前者输入第一条，后者输入第二条），用于设置校验码类型和结尾码类型。

```
nCheckMode = cmbParity.SelectedIndex
nEndMark = cmbEndMark.SelectedIndex
```

在“Calculate”按钮的 Click 事件处理程序中输入如下代码，调用 GetFullPackage 方法生成综合数据包，结果存入 Result 文本框中。

```
txtResult.Text = GetFullPackage(txtSource.Text, nCheckMode, nEndMark)
```

在“Check”按钮的 Click 事件处理程序中输入如下代码，调用 CheckPackage 方法对 Result 文本框中的内容进行检验，如果正确，则显示“Data right!”消息框；如果错误则显示“Data error!”消息框。

```
If CheckPackage(txtResult.Text, nCheckMode, nEndMark) Then
    MessageBox.Show("Data right!")
Else
    MessageBox.Show("Data error!")
End If
```

运行程序，在 Source 文本框中输入数据，选择校验码和结尾码类型后，单击“Calculate”按钮进行计算，在 Result 文本框中将会得到添加了指定校验码和结尾码的数据包。此时，单击“Check”按钮进行验算，将显示“Data right!”消息框，如图 14.1所示。如果修改一下 Result 文本框中的内容，然后，单击“Check”按钮，将显示“Data error!”消息框。

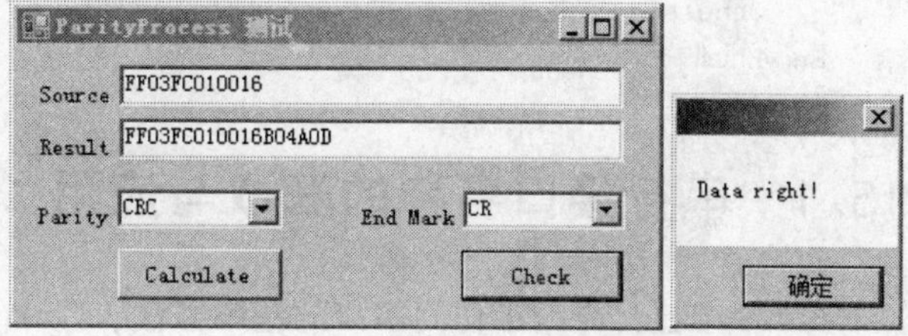

图 14.1　ParityProcess 模块的综合测试

14.10　本章小结

本章主要介绍数据包的各种校验技术，并定义了校验码的生成与验算方法以及结尾码的生成与验算方法，在此基础之上，实现了 CheckPackage 方法统一验证数据包、GetFullPackage 方法生成综合的十六进制字符串格式的数据包，以及 PickPurePackage 方法从原始数据包中获取有效信息。中文短信的编码直接使用了十六进制字符串，但是，为了提高效率，信息传送经常使用原始字节，这可以通过第 13 章的 HexCharsToBytes 方法，将十六进制字符串转换为原始字节。

第 15 章的串口处理模块将以第 13 章和本章的内容为基础，介绍串口操作和从串口发送格式化的数据以及接收数据的技巧。

思考与练习

1. 理解并熟练掌握各种校验方法。
2. 简述 CheckXorStrValue 方法的原理。
3. 熟练使用 GetFullPackage 与 CheckPackage 方法，并画出这两个方法的层次结构图。

第 15 章　串行接口操作技术

串行接口（简称串口）应用广泛，熟练掌握串行通信编程技术对工程项目的研发具有重要意义。4.5.4 节已经介绍了 SerialPort 控件的基本属性和方法，并给出了一个简单的串行通信聊天程序。本章设计了一个串行通信模块 PortProcess，提供了串行接口的通用操作方法，并在前两章的基础之上，设计了通用的数据收发方法。本模块需要引入 System. IO. Ports 命名空间。另外，定义了一个枚举类型 ComEvents，用来表示 SerialPort 控件对象的事件类型，Data 表示数据到达事件，Others 表示其他事件。

```
Public Enum ComEvents
    Data = 0
    Others = 1
End Enum
```

15.1　串行接口名称的获取与应用

6.1.9 节已经介绍了访问串口的基本方法。GetPorts 方法获取本机的所有用"/"分隔的串口名称，最后返回该结果。

```
Public Function GetPorts() As String
        '返回计算机上的串口字符串,如"COM1/COM2"
        Dim I As Integer
        Dim strTmp As String = ""
        Dim nCount As Integer = My.Computer.Ports.SerialPortNames.Count

        For I = 0 To nCount - 1
              strTmp &= My.Computer.Ports.SerialPortNames(I)
              If I <> nCount - 1 Then strTmp &= "/"
        Next
        Return strTmp
End Function
```

在 Visual Basic 6.0 版本中，也用下拉框选择串口，但是，串口名称不是根据实际情况添加进去的，即下拉框中所列串口本机可能并不存在。AddPortNameToComboBox 方法通过传址方式传递 ComboBox 对象，首先清除对象中的所有项，然后利用 My 功能逐项添加存在的串口名称。

```
Public Sub AddPortNameToComboBox(ByRef cmb As ComboBox)
        cmb.Items.Clear()

        For Each strPort As String In My.Computer.Ports.SerialPortNames
              cmb.Items.Add(strPort)
```

```
        Next
    End Sub
```

15.2　串行接口的打开与关闭

在利用串口收发数据之前，首先必须设置好串口的参数，然后再打开串口。OpenPort 方法实现打开串口的功能，有两个参数，第一个参数通过传址传递 SerialPort 对象；第二个参数（可选，默认 50ms）表示延迟的毫秒数。如果打开串口成功，则返回 0；否则，返回 -1。

调用 SerialPort 控件对象的 Open 方法打开串口后，如果立即调用 Write 方法发送数据，往往会失败。因为串口是一种硬件接口，有一定的延迟，逻辑上虽然打开了串口，但是串口尚未就绪，此时立即发送数据自然容易失败。所以，打开串口后，调用 Thread 对象的 Sleep 方法延迟一段时间，这样才能确保系统运行可靠。

```
Public Function OpenPort(ByRef comPort As SerialPort, _
                         Optional ByVal nDelay As Integer = 50) As Integer
    '打开串口,并根据需要延迟 nDelay 毫秒
    If comPort.IsOpen = False Then
        Try
            comPort.Open()
            Threading.Thread.Sleep(nDelay)
            Return 0
        Catch ex As Exception
            Return -1
        End Try
    End If
End Function
```

ClosePort 方法实现对串口的关闭。

```
Public Sub ClosePort(ByRef comPort As SerialPort)
    '关闭串口
    If comPort.IsOpen = True Then comPort.Close()
End Sub
```

15.3　获取调制解调器的接口名称

十多年前上网，主要通过调制解调器（Modem）进行。现在，Modem 依然可以用于远程数据传送，带有语音功能的 Modem 还可以用于电话客户服务系统。自动获取 Modem 的接口名称可以方便程序员的编程工作。

SearchModem 方法可以实现这一功能。首先，生成一个 SerialPort 对象，然后，逐个接口尝试，即可发现 Modem 所在的接口。这里使用了一条命令“ATS0?”（加回车符），通过串口发送给 Modem，查询其 S0 寄存器的内容。查询命令发送后等待 40ms 读取串口内容，如果有数据，说明该接口有 Modem，返回 SerialPort 对象的 PortName 属性即可；否则，没有 Modem。如果所有

串口查询完毕都无响应，则返回空字符串。

```
Public Function SearchModem() As String
    '返回连接了 Modem 的串口名称
    Dim I As Integer
    Dim nSuccess As Integer = 0
    Dim nCount As Integer = My.Computer.Ports.SerialPortNames.Count
    Dim comPort As SerialPort = New SerialPort

    If nCount = 0 Then Return ""

    For I = 0 To nCount - 1
        comPort.PortName = My.Computer.Ports.SerialPortNames(I)
        OpenPort(comPort)
        comPort.Write("ATS0?" & vbCr)
        Threading.Thread.Sleep(40)

        Dim strTmp As String = comPort.ReadExisting()
        If strTmp IsNot Nothing Then
            nSuccess = 1
            Exit For
        End If

        ClosePort(comPort)
    Next I

    ClosePort(comPort)
    If nSuccess = 1 Then
        Return comPort.PortName
    Else
        Return ""
    End If
End Function
```

15.4 获取串行接口的状态

两台串口设备之间通信，其基本的通信参数，如波特率、数据位、停止位必须一致，握手信号必须配对。在工程性的应用程序中，一般用状态栏来显示串口的状态，当发生串行通信异常时，可以据此初步判断故障部位。GetComStatus 方法获取指定 SerialPort 对象的串口状态，主要将表 4.7 所列的属性转换成字符串连接起来，最后返回该结果即可。

```
Public Function GetComStatus(ByRef comPort As SerialPort) As String
    Dim strTmp As String

    With comPort
        strTmp = .PortName & "; "
        strTmp &= .BaudRate.ToString & "," & .Parity.ToString() & "," & _
```

```
                    .DataBits.ToString & "," & .StopBits.ToString & "; "

        If .DtrEnable = True Then
            strTmp &= "DTR=Enable; "
        Else
            strTmp &= "DTR=Disable; "
        End If

            If .Handshake = Handshake.RequestToSend OrElse .Handshake = _
                                Handshake.RequestToSendXOnXOff Then
                        strTmp &= .Handshake.ToString
            Else
            If .RtsEnable = True Then
                  strTmp &= "RTS=Enable"
            Else
                  strTmp &= "RTS=Disable"
            End If
        End If
        strTmp &= "; "

        If .IsOpen = True Then
               strTmp &= "Open"
        Else
               strTmp &= "Close"
        End If
    End With

    Return strTmp
End Function
```

15.5 通过串行接口发送数据

SerialPort 类的 Write 方法有三个重载，可以发送文本字符串、Char 类型的数组和 Byte 类型的数组。只有第三种方法最全面，可以处理所有的数据。SendHexChars 方法可以自动生成校验码和结尾码，将字节数组发送出去，并返回所发送的字节数组所对应的十六进制字符串。

SendBytes 方法以 SerialPort 对象（传地址）、十六进制字符串、校验码和结尾码类型为参数。首先调用 GetFullPackage 方法生成综合数据包，然后调用 HexCharsToBytes 方法转换为字节数组，存入 outBytes 中，最后调用 Write 方法实现数据的发送。Write 方法的第一个参数是需要发送的字节数组，第二个参数是偏移量，第三个参数是需要发送的字节长度，这里表示将 outBytes 数组从 0 开始的所有字节都发送出去。

```
Public Function SendBytes (ByRef comPort As SerialPort, _
                              ByVal strHexData As String, _
                              ByVal nCheckMode As CheckMode, _
                              ByVal nEndMark As EndMark) As String
```

```
        Dim strTmp As String

        With comPort
            If .IsOpen = False Then Return ""

            strTmp = GetFullPackage(strHexData, nCheckMode, nEndMark)
            Dim outBytes As Byte() = HexCharsToBytes(strTmp)
            .Write(outBytes, 0, outBytes.Length)
        End With

        Return strTmp
    End Function
```

顾名思义，SendText 方法主要用于发送文本字符串，比较适合操作 Modem。文本字符串一般不需要考虑校验码，但是，经常需要添加结尾码。所以，SendText 方法的第二个参数是文本字符串（不是十六进制字符串），第三个参数是结尾码类型。SendText 方法添加完结尾码后，直接发送出去，同时返回该字符串。

```
    Public Function SendText(ByRef comPort As SerialPort, _
                             ByVal strData As String, _
                             ByVal nEndMark As EndMark) As String
        Dim strTmp As String = strData

        With comPort
            If .IsOpen = False Then Return ""

            Select Case nEndMark
                Case EndMark.Add_CR
                    strTmp &= vbCr
                Case EndMark.Add_CRLF
                    strTmp &= vbCrLf
            End Select

            .Write(strTmp)
        End With

        Return strTmp
    End Function
```

15.6 通过串行接口接收数据

SerialPort 对象的 DataReceived 事件被触发后，就开始读取串口数据，此时需要调用 ReadHexChars 方法。ReadHexChars 方法首先通过 BytesToRead 属性查看有多少字节需要读取，然后，调用 Read 方法（参数说明同 15.5 节的 Write 方法）读取数据，结果存入字节数组 bInBuffer 中，最后调用 BytesToHexChars 方法转换为十六进制字符串并返回结果。

```
    Public Function ReadHexChars(ByRef comPort As SerialPort) As String
```

```
        Dim nLength As Integer
        Dim bInBuffer As Byte()

        With comPort
            nLength = .BytesToRead
            If nLength < 1 Then Return ""

            ReDim bInBuffer(nLength - 1)
            .Read(bInBuffer, 0, nLength)
        End With

        Return BytesToHexChars(bInBuffer)
    End Function
```

与 SendText 方法对应，ReadText 方法读取从串口接收到的文本字符串，只需要调用 SerialPort 对象的 ReadExisting 方法即可。

```
    Public Function ReadText(ByRef comPort As SerialPort) As String
        Dim nLength As Integer

        With comPort
            nLength = .BytesToRead

            If nLength < 1 Then
                Return ""
            Else
                Return .ReadExisting
            End If
        End With
    End Function
```

15.7　带延迟的接收数据方法

ReadHexChars 方法只能接收一批连续的数据。通过测试，利用 SerialPort 控件收发数据，采用 9600 的波特率，一端发送 39 字节，大约在另一端产生 5 次 DataReceived 事件，每次间隔 10ms 左右。

ReadHexCharsDelay 方法可以将间隔在指定范围（由可选参数 nDelay 决定）的所有数据一次读完。首先通过 ReadHexChars 方法读取一批完整的数据存入 strTmpHex 中，追加到 strReceiveHex 中，然后，调用 Sleep 方法延迟 nDelay 毫秒。如果中间读不到数据，即 strTmpHex 为空，则返回结果，退出循环。

在计算机监控系统中，经常使用 9600 的波特率，因而，延迟应该大于 10ms，在此间隔范围内到达的数据，认为是一个完整的数据包，统一进行处理。在 ReadHexCharsDelay 方法中，可选参数 nDelay 的值默认为 20ms（某些国外进口的自动化设备将此参数设置为 50ms）。

```
    Public Function ReadHexCharsDelay(ByRef comPort As SerialPort, _
                                      Optional ByVal nDelay As Integer = 20) As String
```

```
        Dim strTmpHex As String
        Dim strReceiveHex As String = ""

        While True
            strTmpHex = ReadHexChars(comPort)
            If strTmpHex = "" Then Return strReceiveHex
            strReceiveHex &= strTmpHex
            Threading.Thread.Sleep(nDelay)
        End While

        Return strReceiveHex
    End Function
```

ReadHexCharsDelay 方法返回十六进制字符串，而 ReadTextDelay 方法返回普通字符串。ReadTextDelay 方法调用 ReadHexCharsDelay 方法读取十六进制字符串，然后，调用 HexCharsToString 方法转换为普通字符串，如此实现文本数据的延迟接收。

```
    Public Function ReadTextDelay(ByRef comPort As SerialPort, _
                                  Optional ByVal nDelay As Integer = 20) As String
        Dim strReceiveHex As String = ReadHexCharsDelay(comPort, nDelay)
        Return HexCharsToString(strReceiveHex)
    End Function
```

带延迟的接收数据方法将在本书第 16 章和第 20 章进行应用测试。

15.8 综合测试

新建一个窗体应用程序 WinApp_Port，对以上方法进行综合测试。WinApp_Port 项目是以第 14 章的 WinApp_Parity 和第 4 章的 WinApp_SerialPort 项目为基础的。在窗体上绘制两个文本框、4 个下拉框和按钮、SerialPort 和 Timer 控件等（参见图 15.2）。Hex 文本框用来输入需要发送的十六进制字节或者显示接收到的十六进制字节；Char 文本框用来输入需要发送的普通字符串或者显示接收到的普通字符串。Display 下拉框（设计时输入选项）用于选择十六进制还是普通字符串形式显示，两者只选其一。Port 下拉框用于选择串口，其选项在运行时通过代码添加。还需要绘制一个状态栏，用于显示串口的状态，其外观设置参见 4.3.5 节。项目中除了添加现有项 ByteProcess 和 ParityProcess 模块外，还要添加 PortProcess 模块。

15.8.1 变量和辅助方法的定义

在窗体类中定义如下变量，nCheckMode 和 nEndMark 已经做过说明。第 13 章定义的枚举类型 DisplayMode 一直没有使用，这里用于信息的显示类型（Hex/Char）。bStart 为 True 表示串口正在接收数据，为 False 表示串口空闲。strReceiveHex 表示接收到的数据，以十六进制字符串的形式进行保存。

```
    Dim nDisplayMode As DisplayMode
    Dim nCheckMode As CheckMode
```

```
Dim nEndMark As EndMark

Dim bStart As Boolean = False
Dim strReceiveHex As String = ""
```

这里的 GeneralCom 与 WinApp_SerialPort 中的有所不同，可以接收大批量的数据。开始接收数据，则将 timerComm 的 Enabled 属性设置为 False，禁止中断，然后，调用 ReadHexChars 方法读取串口数据，并累加到 strReceiveHex 中。数据处理完毕，再设置 timerComm 的 Enabled 属性为 True，允许其中断。

```
Public Delegate Sub DelegateCom()
Dim dCom As DelegateCom = New DelegateCom(AddressOf GeneralCom)
Private Sub GeneralCom()
    timerComm.Enabled = False

    If bStart = False Then
        strReceiveHex = ""
        bStart = True
    End If

    strReceiveHex &= ReadHexChars(comPort)

    timerComm.Enabled = True
End Sub
```

程序刚刚启动、打开串口或关闭串口，都需要设置按钮的状态和更新状态栏的内容，这里通过内部方法 SetStatus 来实现。

```
Private Sub SetStatus()
    If comPort.IsOpen Then
        btOpen.Enabled = False

        btClose.Enabled = True
        btSend.Enabled = True
    Else
        btOpen.Enabled = True

        btClose.Enabled = False
        btSend.Enabled = False
    End If

    sb_COM.Text = GetComStatus(comPort)
End Sub
```

15.8.2　主要控件对象的关键代码

在窗体的 Load 事件处理程序中输入如下代码。以下拉框对象 cmbPort 为参数，调用 AddPortNameToComboBox方法向其中添加串口选项，并设置各个下拉框的 SelectedIndex 参数，最后调用 SetStatus 方法设置按钮状态并更新状态栏的信息。

```
AddPortNameToComboBox(cmbPort)
cmbPort.SelectedIndex = 0

cmbDisplay.SelectedIndex = 0
cmbParity.SelectedIndex = 0
cmbEndMark.SelectedIndex = 0

SetStatus()
```

在 Display 下拉框的 SelectedIndexChanged 事件处理程序中输入如下代码。首先，根据用户选择设置显示模式 nDisplayMode 的值，然后，根据该值设置 Hex 与 Char 文本框哪个有效。对于无效文本框，需要清除其中的内容。

```
nDisplayMode = cmbDisplay.SelectedIndex

If nDisplayMode = DisplayMode.CharMode Then
    txtChar.Enabled = True
    txtHex.Enabled = False
    txtHex.Text = ""
Else
    txtHex.Enabled = True
    txtChar.Enabled = False
    txtChar.Text = ""
End If
```

在 Port 下拉框的 SelectedIndexChanged 事件处理程序中输入如下代码。首先，将当前串口的 IsOpen 状态保存在 bPortStatus 变量中。然后，确保串口处于关闭状态，再更新串口名称。最后，恢复串口的状态，并调用 SetStatus 方法。

```
Dim bPortStatus As Boolean = comPort.IsOpen

If bPortStatus Then ClosePort(comPort)

comPort.PortName = cmbPort.Text
If bPortStatus Then OpenPort(comPort)

SetStatus()
```

“Open”按钮打开串口，并调用 SetStatus 方法，其代码如下所示。同理，“Close”按钮关闭串口，并调用 SetStatus 方法。

```
OpenPort(comPort)
SetStatus()
```

“Send”按钮根据 nDisplayMode 决定发送的数据，如果为 CharMode，则调用 SendText 方法发送 Char 文本框中的字符串，不考虑校验码，仅添加结尾码；如果为 HexMode，则调用 SendHexChars 方法，发送 Hex 文本框中的十六进制字符串对应的字节，添加校验码和结尾码。

```
If nDisplayMode = DisplayMode.CharMode Then
    SendText(comPort, txtChar.Text, nEndMark)
Else
    SendHexChars(comPort, txtHex.Text, nCheckMode, nEndMark)
End If
```

当串口接收到数据时，将触发 SerialPort 控件的 DataReceived 事件，在此事件处理程序中，调用 Me.Invoke（dCom），通过代理进行数据的处理。

真正提交数据是在定时器 timerComm 的 Tick 事件处理程序中完成，当在 Interval 属性指定的时间段内没有数据到达，就会触发该事件。在 Tick 事件处理程序中输入如下代码，首先，将 bStart 设置为 False，表示数据接收完成，串口处于空闲状态，同时，禁止 timerComm 产生中断。然后，根据 nDisplayMode 的值进行数据显示，如果为 CharMode，则将十六进制字符串转换为普通字符串，在 Char 文本框中进行显示；如果为 HexMode，则直接将十六进制字符串放到 Hex 文本框中进行显示。

```
bStart = False
timerComm.Enabled = False

If nDisplayMode = DisplayMode.CharMode Then
    txtChar.Text = HexCharsToString(strReceiveHex)
Else
    txtHex.Text = strReceiveHex
End If
```

15.8.3　测试效果

用两台计算机进行测试，其中一台计算机运行第 4 章的 WinApp_SerialPort.exe 程序，并打开串口。另一台计算机运行本章的程序，将 Display 设置为 Hex 模式，在 Hex 文本框中输入“4142003132”，打开串口，单击“Send”按钮发送数据。WinApp_SerialPort 程序的接收效果如图 15.1 所示，字节 41 42 对应的字符“A”和“B”都能显示，字节 0 作为字符串的结尾标志不能显示，其后的内容也被截断。

现在，两台计算机都运行本章的程序，都采用 Hex 显示模式。其中一台的校验码设置为 CRC，结尾码设置为 CRLF，Hex 文本框中输入“4142003132”，单击“Send”按钮发送数据。另一台接收到的数据如图 15.2 所示。由此可见，本章的程序可以发送和接收任意字节，并可自动添加校验码和结尾码。

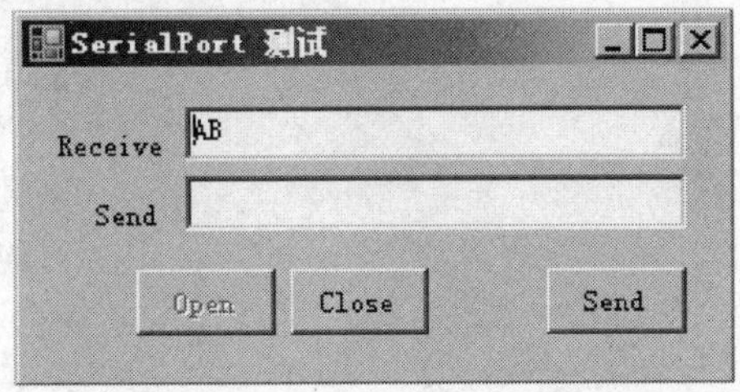

图 15.1　WinApp_SerialPort 不能显示不可见字符

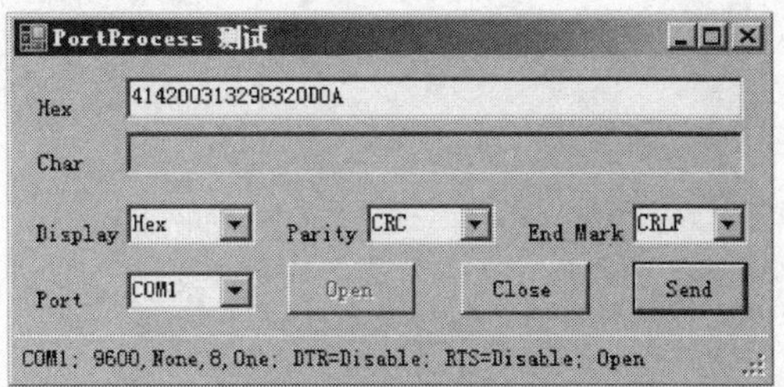

图 15.2　PortProcess 模块的测试

15.9 本章小结

串口编程在工程项目中具有广泛的应用。本章设计了操作串口的简捷可靠的方法，还可以用来查找 Modem，简化了手工设置 Modem 串口号的麻烦。在前两章的编码技术和校验技术基础之上，设计了通用的串口数据收发程序，并进行了测试。另外，该程序还可以用来监控仿真开关量输入/输出模块。第 13 ~ 15 章是计算机监控系统中必用的关键技术。

本章的测试程序，没有涉及调用 SendText 和 ReadTextDelay 方法从串口收发文本字符串。第 16 章将重点利用 SendText 和 ReadTextDelay 方法，设计了一个办公室自动拨号程序。

思考与练习

1. SearchModem 方法有何用途？利用该方法，设计一个简单的 Modem 测试程序，用来查询 Modem 中指定寄存器的内容。
2. 简述从串口接收数据到处理数据的整个过程。
3. 数据发送和接收方法的主要原理是什么，如何利用这两种方法收发数据？

第 16 章　办公电话自动拨号程序

根据地域区分，电话一般分为内线电话、市话和长途电话三种，内线电话号码一般较市话号码短，且拨打免费；市话一般要加拨一个数字转外线；长途电话还要加拨 IP 号码（如 17909）以节省话费。如果需要联系的对象较多，拨打起来就很繁琐。Modem 通过串行接口与计算机通信，利用计算机来管理电话簿，因此利用 Modem 自动拨打电话，不失为一种方便简捷的手段。

16.1　基本原理

2.2.6 节已经介绍了通过 Modem 拨打电话的方法，即向 Modem 所在的端口发送 AT 命令，如果听到忙音，则关闭串口，再打开串口，重新发送该 AT 命令即可。电话拨通后，即可摘机工作。

如何生成拨打各类电话所需的 AT 命令？只需要完整的电话号码即可。这里设计了一个 MicrosoftAccess 2007 数据库 PhoneBook.mdb 充当通迅簿，用来存放通信记录，其字段示例如表 16.1所示，包括 ID（序号）、Name（姓名）、Area（区号）、Phone（电话）、Remark（备注）等信息，Area 与 Phone 组成完整的长途电话号码，除 ID（序号）为整型外，其他字段都是文本型。如果电话号码长度为分机电话号码的长度，则认为是内线电话；如果电话号码长度“不等于”分机电话号码的长度，则如果首部有“0”，就是长途电话，否则为外线市话。根据这些特征，确定是否加拨外线数字及 IP 号码，生成相应的 AT 命令。

表 16.1　通讯簿的主要字段示例

ID	Name	Area	Phone	Remark	ID	Name	Area	Phone	Remark
1	张三	025	12345678	长途	2	李四		9876543	本地

16.2　窗体布局

办公电话自动拨号程序只要一个窗体即可，如图 16.1 所示。主窗体由 DataGridView 模板修改而成，Out 文本框用于输入拨打外线的数字，Ext length（即 Extension length，分机电话号码长度）是内线电话号码的长度。对于规模大的单位，电话号码有内线、市话和长途三种。对于规模小的单位，却只有市话和长途电话两种，而没有内线电话，因而，Out 文本框中的内容就没有意义了，运行时，可以将 Ext length 的长度设置为 0，Out 文本框不填或填写“-”即可。Phone 文本框中填写电话号码，由长途区号 Area 和电话号码 Phone 两部分组成，通过单击 DataGridView 的行标题栏即可自动生成。

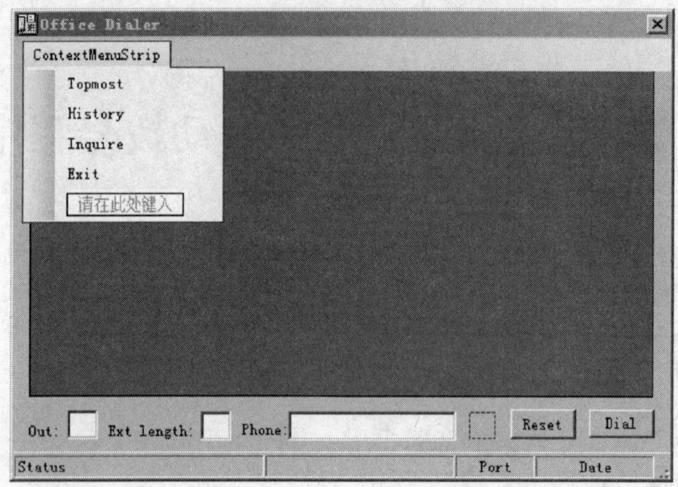

图 16.1 办公电话自动拨号程序的窗体布局

在拨打电话的过程中，可以通过耳机听出当前拨打的状态，也可以通过视觉看出当前状态。状态栏有 4 个格子，第一个 SL_Status 用来显示程序运行的状态，即空闲、正在拨打电话、拨打电话成功、正在测试 Modem；第二个格子 SL_Reply 显示 Modem 的返回值；第三个格子 SL_Port 显示 Modem 所在的串口名称；第四个格子 SL_Date 显示当前日期。另外，为了加强可视化效果，在 PictureBox 控件（位于状态栏 Port 格子上面）上绘制活动图形。

位于窗体下面的其他控件如图 16.2 所示。comPort 对象是串行通信控件，用于跟 Modem 通信，ToolTip1 用来提示信息，NotifyIcon1 用于在任务栏状态通知区域上显示图标，timerStatus 时钟用于增加拨打电话时的动态效果，ContextMenuStrip1 与 NotifyIcon1 配合使用，StatusStrip1 是状态栏控件。

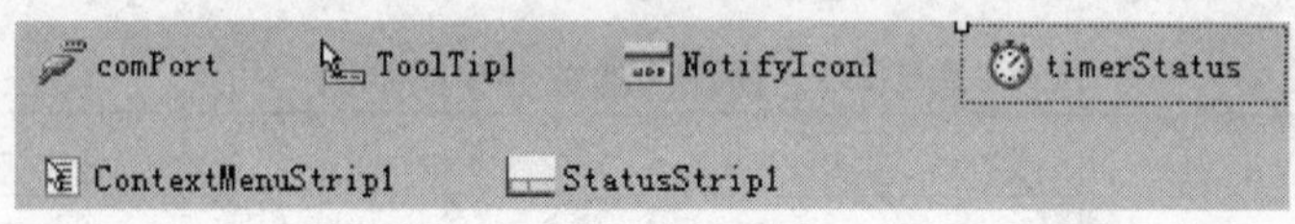

图 16.2 其他控件

上下文菜单控件 ContextMenuStrip1 的设置如图 16.1 左上角所示，Topmost 菜单项表示窗体是否顶层显示，History 菜单项用于查看拨打电话的历史记录，Inquire 菜单项用于在电话簿中查找特定的记录，Exit 菜单项用于退出程序。

16.3 项目属性设计

进入项目属性，单击“资源”→“图标”，在“添加资源”中选择“添加现有文件”，从而浏览选择 DialerOff.ICO（挂机图标）和 DialerOn.ICO（摘机图标）两个文件，其效果如图 16.3所示。添加完毕，在解决方案资源管理器中的 Resources 目录下，将出现这两个图标文件的名称。回到项目属性的“应用程序”，将图标更改为“Resources \ DialerOff.ICO”。主窗体和 NotifyIcon1 控件的图标一致，根据应用程序的状态采用不同的图标。当电话拨通时，采用摘机图标，其他情况采用挂机图标。

在项目属性中单击“设置”，设置变量，OutNum 用于保存拨打外线的数字，默认情况下为“ - ”，ExtPhoneLength（分机电话号码长度）默认值为 0，因为规模小的单位和家庭一般没有内线电话。这里的 Topmost 变量的值与窗体的 Topmost 值对应。PortName 用于保存与 Modem 连接的串口名称，程序运行后，需要经过测试来确定串口名称，程序退出后，串口名称就永久保存，以便下次启动程序时使用。HaveModem（计算机是否配有 Modem），默认值为 False，此时，拨打电话的按钮“Dial”无效。具体设置如图 16.4 所示。

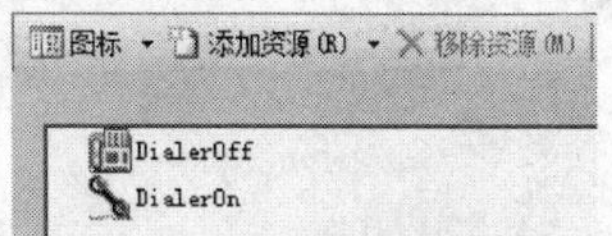

图 16.3　添加图标资源

	名称	类型	范围	值
	OutNum	String	用户	-
	ExtPhoneLength	Integer	用户	0
	Topmost	Boolean	用户	False
	PortName	String	用户	COM1
▶	HaveModem	Boolean	用户	False
*				

图 16.4　My.Settings 变量的设置

16.4　需要的软件模块

所需要的 ADO_NET_ACCESS 类和 General 模块的作用与第 12 章的类似。FileProcess 模块（6.5 节介绍）用来处理文件，如判断文件是否存在、读写文本文件等。PortProcess 模块用来执行串口操作、查找 Modem 所在的端口和收发数据，该模块依赖 ByteProcess 和 ParityProcess 模块，因而，这两个模块也需要添加到项目中去。StringProcess 类用于执行一些特殊的字符串操作，如检查电话号码是否正确、删除字符串中的所有子字符串等。

Main 模块则是本程序所需要定义的一些相关的变量和方法等。ModemStatus 枚举定义Modem 所处的状态，也是程序的运行状态，Idle 表示空闲，Dialing 表示正在拨打电话，Success 表示拨打电话成功，nStatus 定义为 ModemStatus 枚举变量。IconStatus 枚举定义图标状态和 PictureBox 中图元的显示状态，nIconLamp 定义为 IconStatus 枚举变量，窗体和 NotifyIcon1 图标都需要根据程序所处的状态选择合适的图标。strDataPath 定义 PhoneBook.mdb 文件的绝对路径，一般在调试时将数据库复制到 Debug 目录下，正式运行时复制到 Release 目录下，并使用 Release 目录下的 EXE 文件。nExtPhoneLength 定义分机电话号码的长度，strOutNum 用于保存拨打外线的数字。oString 为一个 StringProcess 对象，采用数字字符集。

```
Public Enum ModemStatus
    Idle = 0
    Dialing = 1
    Success = 2
```

```
End Enum
Public nStatus As ModemStatus

Public Enum IconStatus
    IconOn = 0
    IconOff = 1
End Enum
Public nIconLamp As IconStatus = IconStatus.IconOff

Public strDataPath As String

Public nExtPhoneLength As Integer
Public strOutNum As String

Public oString As StringProcess = _
                        New StringProcess(StringProcess.SortOfCharSet.DigitalSet)
```

拨打电话的AT命令分为三个部分，首部为“ATDT”，尾部为“;”加上回车符。中间部分需要根据三种电话类型生成，这个任务由getFormalPhone方法实现，以完整（即包含区号）的电话号码strIn为参数。主要按照“内线、市话、长途”的顺序进行分析，如果传入参数strIn的长度为0，则直接返回错误标志“ERR”（电话号码长度不可能为0）。

如果strIn的长度与nExtPhoneLength（不妨假设分机电话号码长度为4）长度相等，则是内线电话，不需要添加外线数字和长途IP号码，直接返回strIn即可。

如果strIn的首部不为“0”，则说明是一个本地市话，也许这个号码的长度小于4（如火警119），也许大于4（如银行的客服电话或者800与400免费电话）。如果外线数字strOutNum为空字符串，或者CheckLegalChars方法检查发现strOutNum不是一个数字（如可能为“-”），则认为该电话号码不是分机电话号码，也无须添加外线数字（比如，家庭电话拨打市话可以直接拨打），直接返回strIn即可。否则，在strIn首部添加外线数字后再返回。

如果strIn的首部为“0”，则说明这是一个长途电话号码，需要在首部添加IP号码，如果拨打电话的话机是分机电话，还得添加外线号码。

最后，如果strIn不是三种电话号码中的任何一种，则直接返回错误标志“ERR”即可。

```
Public Function getFormalPhone(ByVal strIn As String) As String
    Dim nLen As Integer = strIn.Length
    If nLen = 0 Then Return "ERR"

    If nExtPhoneLength = 0 Then strOutNum = "-"
    If nLen = nExtPhoneLength Then          'Ext
        Return strIn
    End If

    If strIn.Substring(0, 1) <> "0" Then    'Local
        If strOutNum = "" OrElse oString.CheckLegalChars(strOutNum) = False Then
            Return strIn
        Else
```

```
            Return strOutNum & "," + strIn
        End If
    End If

    If strIn.Substring(0, 1) = "0" Then   'Long
        If strOutNum = "" Or oString.CheckLegalChars(strOutNum) = False Then
            Return "17909," + strIn
        Else
            Return strOutNum & ",17909," + strIn
        End If
    End If

    Return "ERR"
End Function
```

办公电话自动拨号程序的重点是自动生成合适的 AT 命令，而 getFormalPhone 方法生成 AT 命令中的关键数字字符串。

16.5　窗体代码分析

16.5.1　变量与方法的定义

办公电话自动拨号程序是建立在 DataGridView 模板和串行接口操作技术之上的，Windows 事务提醒程序又是 DataGridView 模板的一个很好的应用实例，因而，对于已有的介绍不再赘述，这里仅提供新的变量与方法的分析。

在主窗体类中定义如下变量，g 是一个 Graphics 对象，用于在 PictureBox 控件上绘制形状，此形状会在拨打电话期间不断闪烁，以免用户在等待电话接通的过程中不耐烦。g 的初始化将在窗体的 Load 事件处理程序中进行。strHistoryFile 是拨打电话的历史记录的文本文件名。

```
Dim g As Graphics
Dim strHistoryFile As String
```

ChangeIcon 方法用来更新窗体和 NotifyIcon1 的图标，以 IconStatus 枚举变量 nIcon 为参数，使两者的图标保持一致。由于使用了项目属性的资源来管理图标文件，图标的更换非常便捷。

```
Private Sub ChangeIcon(ByVal nIcon As IconStatus)
    If nIcon = IconStatus.IconOff Then
        Me.Icon = My.Resources.DialerOff
        NotifyIcon1.Icon = Me.Icon
    Else
        Me.Icon = My.Resources.DialerOn
        NotifyIcon1.Icon = Me.Icon
    End If
End Sub
```

ShowLamp 方法用来在 PictureBox 控件上绘制圆，根据参数 nLamp 的值来确定圆的填充色。

```
Private Sub ShowLamp(ByVal nLamp As IconStatus)
    If nLamp = IconStatus.IconOff Then
        g.FillEllipse(New SolidBrush(Color.Black), 0, 0, _
                        PictureBox1.Width - 1, PictureBox1.Height - 1)
    Else
        g.FillEllipse(New SolidBrush(Color.Lime), 0, 0, _
                        PictureBox1.Width - 1, PictureBox1.Height - 1)
    End If
End Sub
```

与第 15 章的 WinApp_Port 程序一样，这里的代理也是用于接收串口返回的数据。Modem 有一个特性，一般接收到计算机发送的 AT 命令后，立即返回该 AT 命令，然后，再对此 AT 命令做出响应。代理中实际执行的子程序 UpdateStatus 首先读取文本字符串存入 strTmp 变量中，然后，删除 Modem 中常用的回车换行符（可用 Visual Basic 中内部定义的常量 vbCrLf 来表示）。如果 strTmp 中不包含“AT”，说明这是 Modem 的响应字符串，就直接放到状态栏的 SL_Reply 格子中显示。

如果 strTmp 中包含“OK”，说明电话已经拨通了（此时，可以摘机通话），应该禁止 timerStatus 中断，不再显示动态效果；状态栏的 SL_Status 格子中显示“Success!”，调用 ChangeIcon 方法，显示摘机图标，调用 ShowLamp 方法，显示摘机工作状态。最后，将 nStatus 设置为 Success 状态，此状态将在 16.7 节中用来登记拨号记录。

```
Public Delegate Sub StatusDelegate()
Dim myDelegate As StatusDelegate = New StatusDelegate(AddressOf UpdateStatus)

Public Sub UpdateStatus()
    Dim strTmp As String = ReadTextDelay(comPort)
    strTmp = oString.DelAllSubChars(strTmp, vbCrLf)
    If strTmp.Contains("AT") = False Then SL_Reply.Text = strTmp

    If strTmp.Contains("OK") Then
        timerStatus.Enabled = False

        SL_Status.Text = "Success!"

        nIconLamp = IconStatus.IconOn
        ChangeIcon(nIconLamp)
        ShowLamp(nIconLamp)

        nStatus = ModemStatus.Success
    End If
End Sub
```

16.5.2 主窗体的主要事件

主窗体的 Load 事件处理程序主要完成界面初始化和用户设置数据的装载工作。为了让程序的条例显得更加清晰，设置私有方法 RestoreFromSettings 来获取用户设置的数据，并将这些数据填充到合适的控件中去。

```
Private Sub RestoreFromSettings()
        strOutNum = My.Settings.OutNum
        txtOutNum.Text = strOutNum

        nExtPhoneLength = My.Settings.ExtPhoneLength
        txtLocalLength.Text = nExtPhoneLength

        comPort.PortName = My.Settings.PortName
        SL_Port.Text = comPort.PortName

        Me.TopMost = My.Settings.Topmost
        TopmostToolStripMenuItem.Checked = Me.TopMost

        btDial.Enabled = My.Settings.HaveModem
End Sub
```

RestoreFromSettings 方法在 Load 事件处理程序的最后调用。前面处理其他工作，如果记录数 nRecords 大于 0，则选择第一条记录，并将其电话号码复制到 Phone 文本框中（如果长途区号 Area 不为空，则还要添加长途区号），即第一条记录是最频繁拨打的电话，程序启动后即自动指向该记录。

接着更新状态栏的信息。为了使主界面显得紧凑，将 lblEnlarge 和 lblNormal 标签还当做 DataGridView 模板中的两个调整序号的按钮使用，因而，需要添加提示信息。调用 PictureBox 控件的 CreateGraphics 方法实例化 g 对象，使得 g 对象所绘图形在 PictureBox 控件中显示。保存拨打电话记录的文件名为“Dial.log”，位于应用程序所在的目录下，此信息保存到 strHistoryFile 中。

```
If nRecords > 0 Then
    dgv.Rows(0).Selected = True

    txtPhone.Text = dt.Rows(0).Item(3)
    If Not IsDBNull(dt.Rows(0).Item(2)) Then
        txtPhone.Text &= dt.Rows(0).Item(2)
    End If
End If

SL_Status.Text = "Idle"
SL_Date.Text = Format(Now, "yyyy-MM-dd")

ToolTip1.SetToolTip(lblEnlarge, "Enlarge ID")
ToolTip1.SetToolTip(lblNormal, "Normal ID")

NotifyIcon1.Icon = Me.Icon
g = PictureBox1.CreateGraphics
strHistoryFile = GetAppPath() & "\Dial.log"
```

```
RestoreFromSettings()
```

在主窗体的 Load 事件处理程序中，自动指向第一条记录。如果需要指向其他记录，只要单击 DataGridView 控件的行标题即可，在 DataGridView 控件的 RowHeaderMouseClick 事件处理程序中输入如下代码，首先通过 e 参数取得行号，存入 nLocation 中。如果长途区号非空，则完整的电话号码为长途区号与电话号码的叠加，中间加上“-”符号，否则，仅保留电话号码。结果都在 Phone 文本框中显示。

```
Dim nLocation As Integer = e.RowIndex
txtPhone.Text = ""
If Not (TypeOf (dgv.Rows(nLocation).Cells(2).Value) Is DBNull) Then
    txtPhone.Text = dgv.Rows(nLocation).Cells(2).Value & "-"
End If
txtPhone.Text &= dgv.Rows(nLocation).Cells(3).Value
```

在主窗体的 FormClosed 事件处理程序中，还需要输入如下关键代码，保存用户设置，删除任务栏状态通知区域上的 NotifyIcon1 的图标，并关闭串口。

```
My.Settings.Topmost = Me.TopMost
My.Settings.PortName = comPort.PortName
My.Settings.OutNum = strOutNum
My.Settings.ExtPhoneLength = nExtPhoneLength
My.Settings.Save()

NotifyIcon1.Dispose()
ClosePort(comPort)
```

16.6 拨号功能的实现

“Dial”按钮完成拨号功能，所谓拨号，其实只是向串口发送 AT 命令，在等待结果的过程中进行状态显示。Phone 标签提示 AT 命令，用来查看 AT 命令的正确性，拨打前清空，拨打后设置为当前的 AT 命令。通过 getFormalPhone 方法获取 AT 命令中的电话号码字符串，将结果存入 strPhone 中。strPhone 添加首部和尾部后，形成完整的 AT 命令，存入 strATCommand 中。

调用 ClosePort 关闭串口，再调用 OpenPort 打开串口（默认 50ms 的延迟），完成闪断功能，使得发现电话占线后可以直接单击“Dial”按钮完成再次拨号功能。SendText 方法发送 AT 命令，第二个参数为 EndMark.Add_CR，自动添加回车符号。

AT 命令发送出去以后，离拨通还有一段距离，在等待过程中，使得 timerStatus 有效，每隔 1s 产生一次动态效果，表示 Modem 正在工作。

```
Dim strPhone As String
Dim strATCommand As String

SL_Reply.Text = ""
ToolTip1.SetToolTip(lblPhone, "")
```

```
strPhone = getFormalPhone(txtPhone.Text)

If strPhone = "ERR" Then
    MessageBox.Show("Phone number error!", "Dialer", _
                    MessageBoxButtons.OK, MessageBoxIcon.Warning)
    Return
End If

strATCommand = "ATDT" + strPhone + ";"
ToolTip1.SetToolTip(lblPhone, strATCommand)

ClosePort(comPort)
OpenPort(comPort)
SendText(comPort, strATCommand, EndMark.Add_CR)

nStatus = ModemStatus.Dialing
ChangeIcon(IconStatus.IconOff)
timerStatus.Enabled = True
dgv.Select()
```

timerStatus 的工作在 Tick 事件处理程序中进行，主要是设置状态栏中 SL_Status 格子的动态效果和 PictureBox 控件的动态效果（调用 ShowLamp 方法）。

```
If nIconLamp = IconStatus.IconOff Then
    nIconLamp = IconStatus.IconOn
    SL_Status.Text = "Dialing, please wait..."
Else
    nIconLamp = IconStatus.IconOff
    SL_Status.Text = ""
End If

ShowLamp(nIconLamp)
```

16.7 复位操作的主要功能

“Reset” 按钮完成复位操作。复位操作主要根据 nStatus 的三种值完成对应的工作。在 Click 事件处理程序中需要定义一些变量和完成一些操作，strModemPort 变量存放串口名称，strData 变量中保存拨打记录，strName 变量中保存电话用户的名称。

```
Dim strModemPort As String
Dim strData As String
Dim strName As String
```

基本操作在程序的尾部执行，主要包括关闭串口，设置对应的状态。

```
ClosePort(comPort)
SL_Reply.Text = ""
txtPhone.Text = ""
```

```
ToolTip1.SetToolTip(lblPhone, "")

nStatus = ModemStatus.Idle
SL_Status.Text = "Idle"
ChangeIcon(IconStatus.IconOff)
nIconLamp = IconStatus.IconOff
g.Clear(Me.BackColor)

dgv.Select()
```

用一个 Select 条件选择语句来判断 nStatus 的值，从而执行相应的操作。当其值为 Idle 时，复位工作主要恢复原始的查询字符串，选择所有记录。strQuery 的值可以在上下文菜单的Inquire 选项中进行更改。接着，调用 SearchModem 方法，查看有无 Modem，如果该方法返回串口名称，则存在 Modem，并设置相应的值。

```
If strQuery.Contains("LIKE") Then
        strQuery = "SELECT *  FROM PhoneBook ORDER BY ID"
        RefreshData()
        Return
End If

SL_Status.Text = "Searching modem..."
strModemPort = SearchModem()
If strModemPort <> "" Then
        MessageBox.Show("The valid port is " & strModemPort & "!", _
                    "Dialer", MessageBoxButtons.OK, MessageBoxIcon.Information)
        comPort.PortName = strModemPort
        SL_Port.Text = strModemPort

        My.Settings.HaveModem = True
        My.Settings.Save()

        btDial.Enabled = True
End If
```

如果 nStatus 的值为 Dialing，即正在拨号，则令 timerStatus 停止工作，最后的基本操作将关闭串口。

如果 nStatus 的值为 Success（该值在 16.5.1 节中的代理程序中设置），即拨号成功，Modem 返回“OK”。此时，调用 ReadTxtFile 方法读取历史记录文本文件的内容，存入 strData 变量中，如果 Phone 文本框中的电话号码包含当前记录的 Phone 字段的内容，则取当前记录的 Name 存放到 strName 变量中，否则，strName 变量的值为“临时”，因为可以临时在 Phone 文本框中输入电话号码进行拨打。随后，生成一个包含“日期/时间/姓名/电话号码”和回车换行符的字符串，置于 strData 之前，调用 WriteStringToTxt 方法存入原来的文件，确保最新的数据在最前面，便于查看。

```
strData = ReadTxtFile(strHistoryFile)
```

```
If txtPhone.Text.Contains(dgv.CurrentRow.Cells(3).Value) Then
        strName = dgv.CurrentRow.Cells(1).Value
Else
        strName = "临时"
End If

strData = Format(Now, "yyyy - MM - dd") & "/" & _
            Format(Now, "H:mm:ss") & "/" & _
            strName & "/" & _
            txtPhone.Text & vbCrLf & strData

WriteStringToTxt(strData, strHistoryFile)
```

16.8　上下文菜单代码分析

上下文菜单项 Topmost 用于设置主窗体是否最顶层显示，选中则打勾；如果不是最顶层显示，则取消打勾。

```
If TopmostToolStripMenuItem.Checked = False Then
      Me.TopMost = True
      TopmostToolStripMenuItem.Checked = True
Else
      Me.TopMost = False
      TopmostToolStripMenuItem.Checked = False
End If
```

History 菜单项用来查看拨打电话的历史记录，调用 CheckFile 方法检查登记拨打记录的文本文件是否存在，如果存在，则用 notepad.exe 程序查看该历史文件。最新的记录排在最前面，因而，可以通过该记录发现拨打电话后经过的时间，据此催促对方。

```
If CheckFile(strHistoryFile) Then
     System.Diagnostics.Process.Start("notepad.exe", strHistoryFile)
End If
```

通讯簿中的记录较少时，可以通过滑动鼠标滚轮来查找记录。如果记录太多，则可以添加 Where 条件查询，利用表 9.3 所示的 LIKE 匹配。Inquire 菜单项实现这一功能，首先显示一个输入对话框，让用户输入姓名 Name 特征。如果 strInput 的长度大于 0，则修改 strQuery，添加 LIKE 匹配；否则，将 strQuery 恢复为原始值。

当 strQuery 中包含 LIKE 匹配时，不允许使用 Enlarge 和 Normal 功能调整序号；否则，允许调整序号。strQuery 调整完毕后，调用 DataGridView 模板的 RefreshData 方法刷新数据库。

```
Dim strInput As String = InputBox("Name Condition: ", Me.Text)

If strInput.Length > 0 Then
        strQuery = "SELECT *  FROM PhoneBook WHERE Name LIKE " & "'% " & _
                   strInput & "% '" & " ORDER BY ID"
```

```
        lblEnlarge.Enabled = False
        lblNormal.Enabled = False
    Else
        strQuery = "SELECT *  FROM PhoneBook ORDER BY ID"
        lblEnlarge.Enabled = True
        lblNormal.Enabled = True
    End If

    RefreshData()
```

另外，Out 文本框和 Ext length 文本框都有 TextChanged 事件处理程序，其中的文本发生变化，分别立即影响 strOutNum 和 nExtPhoneLength 变量的值。

16.9 程序测试

首次运行本程序，“Dial”按钮将不可用，无法拨号，需要首先单击“Reset”按钮，测试有无 Modem。如果存在 Modem，将会显示类似如图 16.5 所示的对话框，表示 Modem 连接在 COM1 口，同时，“Dial”按钮可用。

图 16.5 测试 Modem 所在端口

如果没有内线电话，则不必设置 Out 和 Ext length 的内容。笔者所在的单位有分机，分机电话号码长度为 4 位，拨打外线电话需要先拨 9，所以，做了如图 16.6 所示的设置。完成以上设置后，单击行标题，在 Phone 文本框中自动生成完整的电话号码，此时，单击“Dial”按钮，即可拨号，如果发现电话占线，欲抢拨，再单击“Dial”按钮即可。图 16.7 是拨通电话后的效果，将鼠标移到 Phone 标签，将可以看到 AT 命令。此时，可以摘机，然后，再单击“Reset”按钮，登记拨打记录。

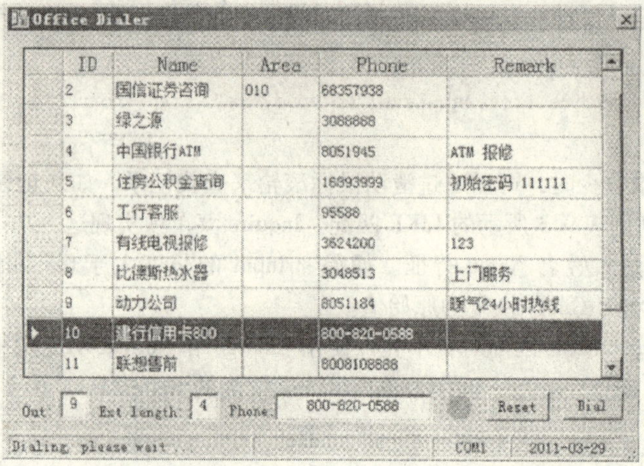

图 16.6 办公电话自动拨号程序运行效果

右击任务栏状态通知区域上的电话图标，选择 History 菜单项，将显示如图 16.7 所示的拨打电话的记录。

单击 Inquire 菜单项，将显示输入对话框（参见 7.2 节），在其中输入汉字“行”，单击“确定”按钮，主窗体中仅出现三条包含“行”的记录，如图 16.8 所示，单击任何一行的行标题，即可自动生成电话号码，进行拨号。

图 16.7　拨打电话的记录

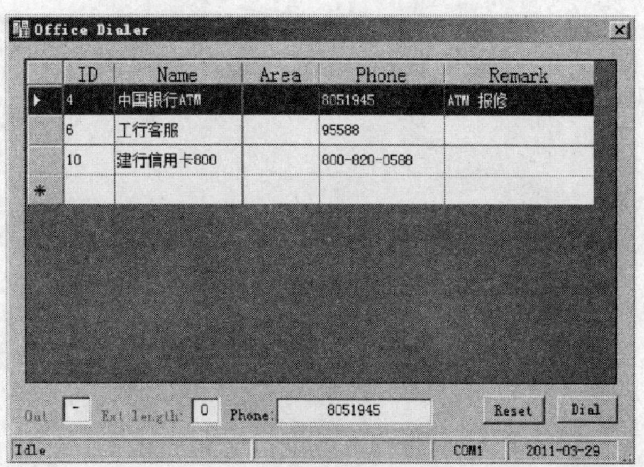

图 16.8　用 LIKE 匹配选择记录

此时单击“Reset”按钮，将显示所有记录，但是，Out 标签和 Ext length 标签依然是灰色的，不能充当 Enlarge 和 Normal 的功能来调整序号。只有在输入对话框中单击“取消”按钮，或者不输入任何条件而单击“确定”按钮，才能使这两个标签恢复调整序号的功能。

16.10　本章小结

本章利用 DataGridView 模板和串行接口操作技术，实现了一个办公电话自动拨号程序。该程序可以通过移动鼠标来选择合适的记录，也可输入条件查找合适的记录，拨打电话只要单击按钮即可，还可一键实现抢拨，并能自动登记拨打记录。拨打电话的动态效果也比较好。

25.3 节利用 Web 服务实现了计算机监控，基于 Java 语言的 Web 服务案例很多。笔者发表的 Java 语言的数据处理技术与串行通信技术，可以用于 Web 服务也可以直接应用于工程项目。第 17 章将开始介绍这些技术。

思考与练习

1. ModemStatus 枚举中的三个状态在程序中有何作用？
2. Modem 有何特性？通过搜索引擎查找相关资料进行说明。
3. 修改本章程序，使其满足 201 电话卡客户的需要。

第五部分 Java与C语言解决方案

第 17 章　Java 通用数据处理技术

第 18 章　Java 事件驱动的串行通信实现

第 19 章　Java 串行通信类的设计与应用

第 20 章　C 语言综合解决方案

第 17 章　Java 通用数据处理技术

Java 程序具有一次编译、到处运行的跨平台特性，随着 Java 在嵌入式系统中的广泛应用，研究基于 Java 的数据处理技术与串行通信程序具有日益重要的意义。第 13 章实现了基于 Visual Basic 2008 开发工具的数据编码与处理技术，本章将采用 Java 语言，在 NebBeans 5.0 环境下用 ByteProcess 类实现字节（数组）与十六进制字符串、英文字符串与十六进制字节（数组）、Unicode 编码与字符串等之间的相互转换，以及从 ByteBuffer 中获取 byte 数组和十六进制字符串的格式化处理。

Java 中 static 修饰的静态方法是属于整个类的，在内存中的代码段将随着类的定义而分配和装载，而引用静态方法，采用对象名或类名均可。由于 static 方法只能访问 static 方法或数据成员，但是，非 static 方法可以访问 static 和非 static 方法和数据成员。为了在不生成对象的情况下就可以直接使用 ByteProcess 类中的方法，并且使其可以被 static 方法和非 static 方法访问，将 ByteProcess 中的所有方法都设置为 static 方法。如下定义的十六进制字符串的集合用于将十六进制字符转换为对应的数值。

```
static private final String CharSet = "0123456789ABCDEF";
```

17.1　十六进制字符串转换为字节（数组）

要将十六进制字符串转换为字节，首先需要将十六进制字符，即"0～9"与"A～F"转换为对应的数值。HexCharToNum 方法实现该功能，如将"A"转换为整数 10、"9"转换为整数 9 等。在转换前，首先需要将输入参数利用 toUpperCase 方法转换为大写，然后求出在十六进制字符串集合 CharSet 中的索引位置即为对应的数值。

```
public static int HexCharToNum(String ch){
    ch = ch.toUpperCase();
    return CharSet.indexOf(ch);
}
```

TwoHexCharsToByte 方法实现将两个十六进制字符转换为字节，首先通过 substring 方法取得对应的字符，然后利用 HexCharToNum 方法转换为对应的数值，高位乘以 16 加上低位就可以得到结果。

```
public static byte TwoHexCharsToByte(String chs){
    int i,j;

    chs = chs.toUpperCase();
    if (chs.length() < 2) return -1;
    i = HexCharToNum(chs.substring(0,1));
```

```
        j = HexCharToNum(chs.substring(1,2));

        return (byte)(i* 16 +j);
    }
```

HexCharsToBytes 方法将十六进制字符串转换为字节数组，首先，将输入参数的字符长度除以 2 作为字节数组的长度，构建数组后，通过 TwoHexCharsToByte 方法，将每两个十六进制字符转换为字节，依次存入字节数组即可。

```
    public static byte[] HexCharsToBytes(String chs){
        int i, nLen;
        byte bTmp;

        nLen = (chs.length())/2;
        byte[] bResult = new byte[nLen];

        for (i =0; i <nLen; i + +){
            bTmp = TwoHexCharsToByte(chs.substring(i* 2,(i +1)* 2));
            bResult[i] = bTmp;
        }

        return bResult;
    }
```

17.2 字节（数组）转换为十六进制字符串

ByteToTwoHexChar 方法实现字节到十六进制字符串的转换，例如，将字节 0x3d 转换为 "3D"。首先，将字节右移 4 位与 0xf 相与，得到字节的高 4 位值，然后，利用 substring 方法，取得十六进制字符串 CharSet 中对应的一个字符。以此方法，获取低 4 位对应的字符，然后，再将两个字符合并，即可得到字节对应的十六进制字符串。

```
    public static String ByteToTwoHexChar(byte bIn) {
        int i, j;

        String strResult = "";
        i = ((int)bIn >> 4 & 0xf);
        strResult += CharSet.substring(i, i +1);

        j = (int)bIn & 0xf;
        strResult += CharSet.substring(j, j +1);

        return strResult;
    }
```

BytesToHexChars 方法将字节数组转换为十六进制字符串，可以方便地显示不可见字符所对应的字节。首先，取得字节的长度，然后，通过循环，利用 ByteToTwoHexChar 方法将一个字节转换为两个十六进制字符，然后进行合并，即可得到字节数组对应的十六进制字符串。

```
public static String BytesToHexChars(byte[] bIn){
    int nLen;
    String strResult = "";

    nLen = bIn.length;

    for(int i=0; i<nLen; i++){
        strResult += ByteToTwoHexChar(bIn[i]);
    }

    return strResult;
}
```

17.3 英文字符串与字节（数组）之间的相互转换

字节0x31对应字符"1"，字节数组则转换为英文字符串（即每个字符用8位表示）。计算机Modem和GSM Modem（短信猫）采用字符格式的AT命令作为协议，此时，需要将字节数组转换为英文字符串，以使通信更加直观。

在Java环境下，通过构造String对象，提供字节数组和对应的编码，即可将字节数组转换为对应的字符串。BytesToEnString方法实现该功能，其中，“UTF-8”表示“Unicode Transformation Format-8”，即用8位表示一个字符，如果给出“不支持的编码”，就会抛出对应的异常(下同)。

```
public static String BytesToEnString(byte[] bIn){
    String strOut = "";

    try {
        strOut = new String(bIn, "UTF-8");
    } catch (UnsupportedEncodingException e) {}

    return strOut;
}
```

在Java的某些I/O流中，需要将英文字符串转换为字节，进行数据通信。这可以通过String类的getBytes方法来实现，在其中给出编码格式，这里是将英文字符串转换为字节，所以采用“UTF-8”编码，即一个英文字符转换为一个字节。EnStringToBytes方法实现这一功能，首先，根据字符串长度构造一个字节数组，然后，调用String类的getBytes方法得到结果。

```
public static byte[] EnStringToBytes(String strIn){
    byte[] bOut = new byte[strIn.length()];

    try {
        bOut = strIn.getBytes("UTF-8");
```

```
    } catch (UnsupportedEncodingException e) {}

    return bOut;
}
```

17.4 字符串转换为 Unicode 编码

利用 GSM Modem 收发短信，需要利用 Unicode 编码对中文信息进行处理，然后进行短信的发送。"1"的 Unicode 编码与 ASCII 码都是 0x31，但是，Unicode 是用 16 位来表示的，因而，"1"的 Unicode 字符串应该为"0031"；对于汉字"春"，对应的 Unicode 字符串为"6625"。StringToUnicode 方法将字符（串）转换为 Unicode 编码（字节数组），还是通过 String 类的 getBytes 方法完成，但是，给定的编码为“UTF-16BE”。

```
public static byte[] StringToUnicode(String strIn){
    byte[] bOut = new byte[strIn.length()* 2];

    try {
        bOut = strIn.getBytes("UTF-16BE");
    } catch (UnsupportedEncodingException e) {}

    return bOut;
}
```

对于 GSM Modem 的 AT 命令，由于其通信协议采用可见的十六进制字符串的格式，因而，需要将汉字如“春”通过 StringToUnicode 方法转换为字节 0x6625，然后，通过 BytesToHexChars 方法转换为十六进制字符串"6625"，StringToUnicodeHexChars 实现此功能。

```
public static String StringToUnicodeHexChars(String strIn){
    return (BytesToHexChars(StringToUnicode(strIn)));
}
```

17.5 Unicode 编码转换为字符串

同样的道理，UnicodeToString 将十六进制字节数组转换为汉字字符串，例如，将字节序列"00 31 66 25"转换为汉字字符串"1 春"。

```
public static String UnicodeToString(byte[] bIn) {
    String strOut = "";

    try {
        strOut = new String(bIn, "UTF-16BE");
    } catch (UnsupportedEncodingException e) {}

    return strOut;
}
```

但是，GSM Modem 在进行短信的收发时，接收到的不是十六进制字节的数组序列，而是十六进制字符串"00316625"，此时，需要对此字符串进行解码，转换为包含汉字的普通字符串；可以通过将此十六进制字符串利用方法 HexCharsToBytes 转换为字节数组，然后，采用上面的 UnicodeToString 将 Unicode 字节数组转换为字符串。UnicodeHexCharsToString 方法实现此功能。

```
public static String UnicodeHexCharsToString(String strIn){
    return (UnicodeToString(HexCharsToBytes(strIn)));
}
```

17.6 从 ByteBuffer 中获取 byte 数组

Java 中的 ByteBuffer 可以被用做字节缓冲区，其基本使用方法如下：

```
ByteBuffer buf  =  ByteBuffer.allocate(nLen);
buf.put( (byte) bIn);
```

即根据需要设置缓冲区的大小为 nLen 个字节，然后，通过 put 方法将字节 bIn 放入缓冲区中的当前位置，同时，缓冲区的指针往后移动到下一个位置。字节缓冲区在分配内存或执行 rewind 方法后，其指针都会复位，指向第一个字节（位置为0）。因而，在指针复位后，每增加一个字节，位置就增加1，此时，位置就可以表示缓冲区中实际的字节数。GetBytesFromByteBuffer 首先通过 ByteBuffer 的 position 方法，取得实际的字节数，如果字节数大于0，则生成一个合适的字节数组，然后，将指针复位，通过 get 方法从当前位置的偏移量为0的地方获取实际的字节数 bLen。如果不进行复位处理，则实际获取的是当前位置后面（最后一个存入的字节的下一个字节的位置）的无效字节。

```
public static byte[] GetBytesFromByteBuffer(ByteBuffer buf){
    int bLen;
    byte[] bResult;

    bLen = buf.position();
    if (bLen > 0){
        bResult = new byte[bLen];
        buf.rewind();
        buf.get(bResult, 0, bLen);
        return bResult;
    }
   else return null;
}
```

17.7 十六进制字符串的格式化处理

通过前面的方法得到十六进制字符串后，可以进行显示，但是却不直观。InsertSpaceToHexChars 方法在每两个十六进制字符之间插入一个空格，这样，就如同 DOS 环境下的 Debug 调试工具的环境，字节之间引入空格使阅读直观方便。

```
public static String InsertSpaceToHexChars(String strIn){
    int nLen;
    String strResult = "";

    nLen = strIn.length();

    for(int i=0; i<nLen/2; i++){
        strResult += strIn.substring(i*2, (i+1)*2) + " ";
    }

    return strResult;
}
```

DeleteSpaceFromHexChars 方法与以上方法的作用相反，用来删除十六进制字符串中的空格，当然，也可以删除其他字符串中的空格。

```
public static String DeleteSpaceFromHexChars(String strIn){
    int nLen;
    String strTmp;;
    String strResult = "";

    nLen = strIn.length();
    for(int i=0; i<nLen; i++){
        strTmp = (String)(strIn.subSequence(i,i+1));
        if(strTmp.equals(" ") == false) strResult = strResult.concat(strTmp);
    }

    return strResult;

}
```

17.8 ByteProcess 类的综合应用测试

ByteProcess 类的综合测试是在 NetBeans 5.0 环境下进行的，分别调用 ByteProcess 中的各种方法，然后，形成输出，其源代码如下所示：

```
public static void main(String[] args){
    String strOut;
    byte[] bTest = ByteProcess.EnStringToBytes("Hello");
    strOut = ByteProcess.BytesToEnString(bTest);
    System.out.println("BytesToEnString: "+ strOut);
    strOut = ByteProcess.BytesToHexChars(bTest);
    System.out.println("BytesToHexChars: " + strOut);
    strOut = ByteProcess.InsertSpaceToHexChars(strOut);
    System.out.println("InsertSpaceToHexChars: " + strOut);
```

```
        strOut = ByteProcess.StringToUnicodeHexChars("1春2");
        System.out.println("StringToUnicodeHexChars:" + strOut);
        strOut = ByteProcess.UnicodeHexCharsToString(strOut);
        System.out.println("UnicodeHexCharsToString: " + strOut);

        ByteBuffer buf = ByteBuffer.allocate(1024);
        buf.put (ByteProcess.TwoHexCharsToByte ("FD") );
        buf.put (ByteProcess.TwoHexCharsToByte ("00") );
        buf.put (ByteProcess.TwoHexCharsToByte ("41") );
        byte[] bResult = ByteProcess.GetBytesFromByteBuffer (buf);
        strOut = ByteProcess.BytesToHexChars (bResult);
        strOut = ByteProcess.InsertSpaceToHexChars (strOut);
        System.out.println ("GetBytesFromByteBuffer: " + strOut);
    }
```

以上源程序所对应的测试效果如图 17.1 所示。

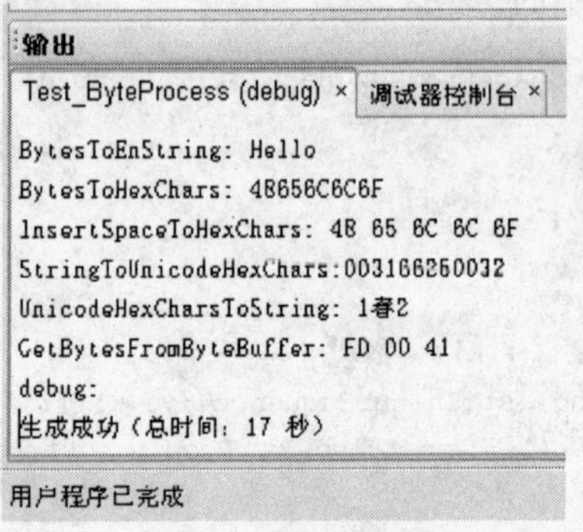

图 17.1 ByteProcess 的综合测试效果

17.9 本章小结

数据处理技术是进行程序设计的基础，因而，熟练掌握数据的各种表示方式与转换及格式化处理，可以为设计大型程序打好基础。本章中的所有方法均在 NetBeans 5.0 环境下调试完成，并经过了严格的测试，给出了测试结果。

思考与练习

1. 熟练使用本章函数进行编码与解码操作。
2. 以本章函数为基础，设计并实现至少两种基于 Java 语言的校验码计算函数。

第 18 章 Java 事件驱动的串行通信实现

Java 语言有 4 个开发平台：J2EE（Java 2 Platform Enterprise Edition）用于开发企业服务器端应用程序，J2SE（Java 2 Platform Standard Edition）用于开发一般台式计算机应用程序，J2ME（Java 2 Platform Micro Edition）用于开发信息家电产品应用程序，而 Java Card 2. 2 Platform 用于开发智能卡应用程序。图 18. 1 所示是一个 B/S 结构的基于 Java 的远程监控系统模型，客户机通过浏览器调用服务器中的资源完成远程计算机监控。

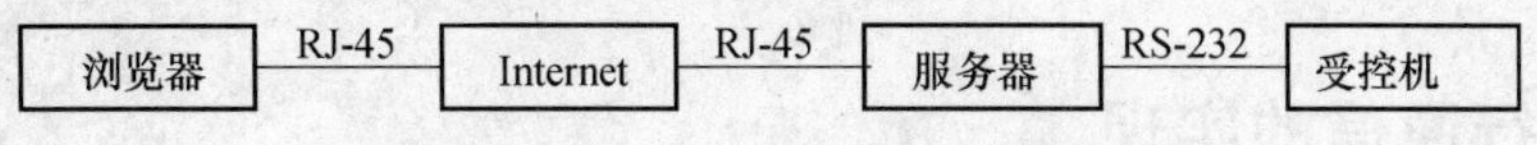

图 18. 1　基于 Java 的远程监控系统模型

18. 1 Java 串行通信开发包的安装

Sun 公司的 J2SE 中并没有直接提供任何一种串行通信协议的开发包，而是以独立的 jar 包的形式发布在 java.sun.com 网站上的 comm.jar，称为 Java Communications API，它是 J2SE 的标准扩展。comm.jar 分别提供了对常用的 RS-232 串口和 IEEE1284 并行端口通信的支持。下载开发包后，进行解压缩，将文件 comm.jar 和 javax.comm.properties 复制到 jre \ lib 目录，将文件 win32com.dll 复制到 jre \ bin 目录。

为了能够在 DOS 环境下对串口程序进行编译，还要将 comm.jar 的绝对路径放入 CLASSPATH 中；在 NetBeans 5. 0 环境下，则必须添加新库 comm，并指明 comm.jar 的绝对路径，这样，才可以通过“import javax.comm. *;”应用 Java Communications API 中的类及其方法。

18. 2 Java Communications API 中与 RS-232 相关的类与方法

所有的 Java Communications API 的类及其相关方法均在 javax.comm 包的下面，大约 13 个类或接口，而与 RS-232 编程直接相关的类及其方法说明如下：

- javax.comm.CommPortIdentifier 为管理和控制通信端口的类，其方法 getPortIdentifier（String portName）获取特定串口，如果没有此串口（如 COM8），则抛出 NoSuchPortException 异常；open（String appname, int timeout）打开由 appname 规定的应用通信端口，并设置打开端口的超时时间（毫秒数），如果串口正在被使用，则抛出 PortInUseException 异常。
- javax.comm.SerialPort 为串口类，其方法 setSerialPortParams（int baudrate, int dataBits, int stopBits, int parity）设置串口的波特率、数据位、停止位与校验方式，如果设置了不支持的参数，如波特率过高，就抛出 UnsupportedCommOperationException 异常；addEven-

tListener（this）方法注册侦听的事件，如果发生错误，就抛出 TooManyListenersException 异常；notifyOnDataAvailable（true）方法使得数据到达时产生事件中断；getInputStream() 方法取得输入流，用于读取从端口接收到的数据；getOutputStream() 取得输出流，用于从端口发送数据。

- javax.comm.SerialPortEvent 为串行通信事件类，其方法 getEventType() 获取事件类型，本程序只处理数据到达事件（SerialPortEvent.DATA_ AVAILABLE）。
- javax.comm.NoSuchPortException 为没有此端口的异常类。
- javax.comm.PortInUseException 为端口正在使用的异常类。
- javax.comm.TooManyListenersException 为侦听者过多异常类。
- javax.comm.UnsupportedCommOperationException 为不被支持的通信操作异常类。

18.3 串行通信的实现

本程序主要以参数“9600，n，8，1”打开串口 COM1，然后发送字符串“Ready now!”。随后，对接收到的数据以字符串的形式显示，并原样返回，当接收到以“!”（0x21）开头的字符串时，结束程序的运行。

首先，初始化串口，通过 CommPortIdentifier.getPortIdentifier（“COM1”）获取串口，通过 open 方法打开串口。成功后通过 SerialPort 类的 getInputStream() 方法获取输入流，通过 getOutputStream() 方法获取输出流，通过 addEventListener（this）注册侦听事件，通过 notifyOnDataAvailable（true）方法设置“数据到”事件有效，最后通过 setSerialPortParams 方法设置串口参数，如此完成串口的初始化。

基于事件驱动的数据接收程序 serialEvent，首先检查是不是“数据到”事件，如果是，就令 bStart 为 true，表示新的一批数据已经到达，对当前数据进行累加，并以字符串的形式在屏幕上输出当前数据，同时令等待的节拍计数值复位为0。

```
public void serialEvent(SerialPortEvent event) {
    int nTmp;
    switch (event.getEventType()) {
        case SerialPortEvent.DATA_AVAILABLE:
            if(bStart == false) bStart = true;
            try {
                while (in.available() > 0) {
                    nTmp = in.available();    //获取可读字节长度
                    int numBytes = in.read(readBuffer, nLength, nTmp);
                    nLength += nTmp;          //调整总字节长度
                }
                System.out.println(new String(readBuffer, 0, nLength));
        } catch (IOException e) {}
        if (bStart == true) nCount = 0;               //准备接收下一批数据
        break;
    }
}
```

由于数据的传送不连续，因而需要将不连续的数据进行累加，最后作为一个整体来处理启动多线程，对节拍 nCount 进行计数，如果两个节拍（200ms）内没有数据，则表明当前数据接收完毕，将当前数据作为一个整体原样发送回去。在节拍计数过程中，如果结束程序的标志 exitmark 为 true，则调用 cleanup() 方法，退出程序。

```
public void run(){
    while(true)
    {
        try
        {
            readThread.sleep(100);
        }
        catch (InterruptedException e)
        {
            System.out.println("Thread error!");
        }
        if(exitmark==true) cleanup();
        if(bStart == true) nCount++;
        if(nCount == 2)
        {
            WritePort(readBuffer,0,nLength);
            bStart = false;     //复位,准备接收下一个数据包
            nCount = 0;         //复位,准备接收下一个数据包
            nLength = 0;        //复位,准备接收下一个数据包
        }
    }
}
```

发送数据的子程序为 WritePort，将数组 bData 中指定的偏移量为 off 和长度为 len 的数据发送出去，如果第一个字节的值为“!”（0x21），则令程序的退出标志 exitmark 的值为 true，从而，在多线程中调用 cleanup() 方法，退出程序。

```
public void WritePort(byte bData[], int off, int len){
    try {
        out.write(bData, off, len);
        if(bData[0]==0x21) exitmark=true;
    } catch (IOException e) {
        System.out.println("Write error! \n");
    }
}
```

cleanup() 方法用来关闭串口，退出程序。

```
public void cleanup()
{
    serialPort.close();
    System.exit(0);
}
```

18.4 程序的测试

我们采用通用多功能计算机监控系统测试软件 TestPort 进行测试，Java 串行通信程序在 NetBeans 5.0 的调试方式下运行。从 TestPort 的 Char 文本框中输入 “Everything comes to those who can wait!”，单击 “发送” 按钮。Java 程序将接收到的数据进行累加，当接收完成，即达到两个节拍内没有数据，就将接收到的数据返回。TestPort 接收到返回的数据后，再次发送 “!OK”，Java 程序返回数据后退出，测试效果如图 18.2 所示。

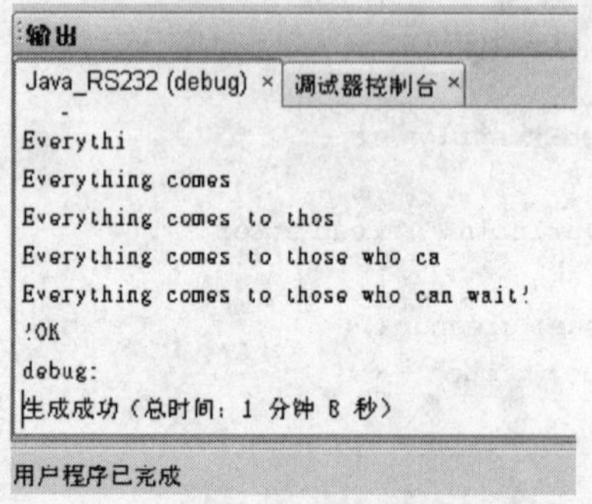

图 18.2 Java 串行通信程序的测试效果

18.5 本章小结

本章介绍了 Java Communications API 及其安装与设置方法，实现了一个 Java 事件驱动的串行通信程序，并进行了严格的测试。该程序具有通用性，可以用于相关的嵌入式系统设备的二次开发中。但是，本章的技术只能处理普通字符串，对于不可见字符无能为力。第 19 章在本章以及第 17 章的基础之上，设计并开发通用串行通信类来实现串行通信，可以处理任何字节的数据。

思考与练习

利用基于事件驱动的串行通信技术编写简单 Java 程序，并与通用多功能计算机监控系统测试软件进行会话。

第 19 章　Java 串行通信类的设计与应用

通过网络可以找到基于 Java 事件驱动的串行通信以及简单的串行通信类的源代码，但是，还没有达到实用的效果。本章设计的通用串行通信类更简捷、健壮，而且可以方便地处理任何字节，并可以将一批数据作为一个整体来提交，方便用户的下一步处理。这里的通用串口类由两个 Java 类组成，OperateCOM 类用来初始化串口，并启动数据接收进程；ReadCOM 类用来读取串口数据，并将一批数据作为整体提交。SerialExample 类利用 OperateCOM 和 ReadCOM 类进行串行通信的测试，并利用第 17 章的 Java 通用数据处理技术进行各种格式的显示。

19.1　OperateCOM 类

OperateCOM 与 ReadCOM 类的包名均为 SerialPort。OperateCOM 类主要完成的工作是：取得串口 ID、打开串口、获取输入输出流、设置串口参数、启动串口数据读取进程。然后就是常用的读取串口数据、从串口发送数据，以及关闭串口。下面对其方法分别介绍如下：

（1） public OperateCOM（int PortID，int nLen）

这是 OperateCOM 类的构造方法，PortID 表示需要操作的串口号，“1” 表示 “COM1”，“2” 表示 “COM2” ……以此类推；nLen 表示串口的输入缓冲区大小，最小值为 1。

```
public OperateCOM(int PortID, int nLen) {
    PortName = "COM" + PortID;
    nMaxLength = nLen;
    if (nLen < 1) nMaxLength = 1;
}
```

（2） public int GetPortID()

该方法通过串口名字，如 COM1，取得串口的 ID，如果正确则返回 Serial_Success（常数 1）；如果错误，则抛出没有此串口的异常 NoSuchPortException，并返回 Serial_Error（常数 -1）。

```
public int GetPortID(){
    try {
        portID = CommPortIdentifier.getPortIdentifier(PortName);
    } catch (NoSuchPortException e) {
        return Serial_Error;
    }
    return Serial_Success;
}
```

（3） public int Open（String AppName，int nTime）

该方法通过获取的串口 portID 打开串口，输入参数 AppName 是程序的名称，nTime 表示延迟的毫秒数。如果该串口正在被使用，则会抛出 PortInUseException 异常；如果打开串口成功，则根据 serialPort 继续获取串口的输入输出流。

```
public int Open(String AppName, int nTime){
    try {
        serialPort = (SerialPort)portID.open(AppName, nTime);
    } catch (PortInUseException e) {
        return Serial_Error;
    }

    try{
        in = serialPort.getInputStream();
        out = serialPort.getOutputStream();
    } catch (IOException e) {
        return Serial_Error;
    }
    return Serial_Success;
}
```

（4） public int SetParams （int baudrate, int dataBits, int stopBits, int parity）

该方法用来设置串口参数。输入参数分别对应波特率、数据位、停止位和校验方式。在 Java Communications API 的 Javadoc 中，有相应的常数代号，如 DATABITS_8 表示整数 8、STOPBITS_1 表示整数 1 等。

```
public int SetParams(int baudrate, int dataBits, int stopBits, int parity){
    try {
        serialPort.setSerialPortParams(baudrate, dataBits, stopBits, parity);
    } catch (UnsupportedCommOperationException e) {
        return Serial_Error;
    }
    return Serial_Success;
}
```

（5） public void StartCom （int nDelay）

该方法启动数据接收进程，nDelay 是延迟的毫秒数，表示凡是时间间隔在 nDelay 毫秒之内的数据，都作为一个整体来处理。串行通信的数据确实是不连续的，需要进行累加处理。ReadCOM 是 Thread 类的子类，其构造方法的说明见 19.2 节。本方法根据给定的参数，生成一个多线程的实例，并启动多线程。OperateCOM 类直接控制 ReadCOM 类的实例的生成、多线程的销毁与数据的读取等。

```
public void StartCom(int nDelay){
    readThread = new ReadCOM(in, nDelay, nMaxLength);
    readThread.start();
}
```

（6） public byte [ ] ReadPort()

读取串口数据，并且，根据要求的时间片将数据作为整体处理，是串行通信中的难点。ReadCOM 类很好地实现了这个功能，其方法 GetComBuffer() 可以取得以字节数组形式的完整数据包。

```
public byte[] ReadPort(){
    return readThread.GetComBuffer();
}
```

（7）public void WritePort（byte bData［］，int off，int len）

该方法用来从串口发送数据，其参数包括需要发送的字节数组、数组的偏移量与发送的长度。

```
public void WritePort(byte bData[], int off, int len){
    try {
        out.write(bData, off, len);
    } catch (IOException e) {
      System.out.println("IOException:"+e);
    }
}
```

（8）public void ClosePort()

OperateCOM 类的 Open 方法打开串口，ClosePort 方法则用于关闭串口。由于读取串口数据的多线程是一个死循环，关闭串口前，需要首先关闭多线程。在多线程中，有一个 Boolean 变量，可以通过公共方法 DestroyReadThread 方法调用，用来设置为 true，从而使多线程退出。只给多线程实例 readThread 赋值 null，并不能迫使多线程退出，在 NetBeans 5.0 的调试环境下可以发现这一点，另外，Thread 的 Destroy 方法已经抛弃不用了。关闭多线程后，再关闭串口即可。

```
public void ClosePort(){
    readThread.DestroyReadThread();
    readThread = null;
    serialPort.close();
}
```

19.2 ReadCOM 类

ReadCOM 类派生于 Thread 类，其主要方法为构造方法及 run 方法，其他方法被 run 方法所调用。下面对各方法分别进行说明。

（1）public ReadCOM（InputStream Port，int steps，int nLen）

该方法是 ReadCOM 类的构造方法，需要传入输入流 Port；需要等待的节拍数（即毫秒数）steps，在此时间片内的数据将被当做一个整体来处理；nLen 则是输入缓冲区的大小，根据该数据调用 ByteBuffer 类的 allocate 方法分配缓冲区。

```
public ReadCOM(InputStream Port, int steps, int nLen) {
    ComPort = Port;
    TimeToWait = steps;
    nPackageLen = nLen;
    ComBuffer = ByteBuffer.allocate(nLen);
```

}

（2） public void run()

该方法是一个多线程方法，是ReadCOM类中的核心方法，本类中的其他方法几乎都是为该方法服务的。run方法是一个while循环，不停地检测串口的输入流有无数据。这个循环由3组并列的条件语句组成：

- bDestroy为true，则退出循环，该变量的设置通过公共方法DestroyReadThread完成。
- 如果输入流中有数据，即ComPort.available() >0，则读取当前字节，lStart中记录当前字节到达的时间。第一个字节到达后，通过方法SetAvailable（false）将当前数据包设置为不可用，因为数据还没有接收组装完成。
- 如果当前字节到达的时间lStart大于0，则计算当前时间与lStart之间的时间间隔，如果大于规定的数值TimeToWait（在构造方法中设置），则认为数据接收结束，通过方法SetAvailable（true）将当前数据包设置为可用。

```
public void run(){
    byte bIn;   //存放读取的当前字节
    try{
      while(true){
          if(bDestroy == true) return;
          if (ComPort.available() >0){
              bIn = (byte)ComPort.read();
              if (lStart == 0) SetAvailable(false);      //清空缓冲区
              PutByte(bIn);                              //保存数据
              sTime = Calendar.getInstance();
              lStart = sTime.getTimeInMillis();          //当前读取数据的时间
          }

          if (lStart >0){
              sTime = Calendar.getInstance();
              lInterval = sTime.getTimeInMillis() - lStart;
              if (lInterval > = TimeToWait) {
                  SetAvailable(true);
              }
          }
      }
    } catch (IOException e) {
        System.out.println("IOException Error" +e);
    }
}
```

（3） private synchronized void PutByte（byte bIn）

该方法是私有方法，被run方法调用，将当前从串口输入流ComPort中读取的字节存入串口输入缓冲区ComBuffer中，如果缓冲区最后一个字节的位置已经大于最大值nPackageLen（在构造方法中设置），则提示缓冲区溢出，同时将缓冲区指针复位。ComBuffer.put（（byte）bIn）语句将字节bIn存入缓冲区，这将使得缓冲区的指针（位置）后移一个字节。

```
private synchronized void PutByte(byte bIn){
      if (ComBuffer.position() > = nPackageLen){
            System.out.println("ComBuffer overflow!");
            ComBuffer.rewind();  //指针复位
      }
      ComBuffer.put((byte)bIn);
}
```

（4） private void SetAvailable （boolean bGet）

该方法是私有方法，被 run 方法和 GetComBuffer 方法调用。如果设置为 false，则串口缓冲区 ComBuffer 中的内容被清除，指针（位置）复位，在首次接收到数据包的头部数据时，执行该动作；如果在 run 方法中等待的时间片大于 TimeToWait，则表示一个数据包接收结束，设置为 true，同时，令 lStart 为 0，表示如果接收到新的数据，则认为是下一个数据包中的内容。

```
private void SetAvailable(boolean bGet){
       bAvailable = bGet;
       if(bGet == false) {
             ComBuffer.clear();
             ComBuffer.rewind();
       }
      if(bGet == true) lStart = 0;
}
```

（5） public void DestroyReadThread()

该公有方法用来将 bDestroy 的值设置为 true，从而，让 run 方法从 while 循环中退出，达到杀死进程的目的。

```
public void DestroyReadThread(){
    bDestroy = true;
}
```

（6） public byte ［］ GetComBuffer()

该方法是公有方法，用来返回完整的数据包。输入缓冲区 ComBuffer 的指针（位置）即为数据包的长度。如果数据接收完成，则 bAvailable 为 true，就先取得数据的长度，然后，将 ComBuffer 缓冲区的指针（位置）复位，这样，就可以从位置 0 处开始读取给定的字节。数据读取完毕，就通过 SetAvailable（false）方法销毁数据，以免数据被重复读取，如此模仿 Visual Basic 6.0 中的 MSComm 控件的动作。如果没有数据或者数据没有准备好，就返回 null。

```
public byte[] GetComBuffer(){
      int bLen;
      byte[] bReceive;
      if (bAvailable == true){   //数据接收结束
            bLen = ComBuffer.position();
            bReceive = new byte[bLen];
            ComBuffer.rewind();
            ComBuffer.get(bReceive, 0, bLen);
            SetAvailable(false);  //销毁数据
```

```
            return bReceive;
        }
        else return null; //没有数据或数据没有准备好
    }
```

19.3 串口类的发布

在 NetBeans 5.0 环境下完成代码编写后，可以单击项目名称，然后，选择生成项目，即可在项目的 build\classes\SerialPort 目录下，看到 OperateCOM.class 和 ReadCOM.class。在 C 盘建立一个目录，如 C:\JarPackage，将包含类文件的 SerialPort 文件夹复制到该文件夹。在 DOS 环境下进入 JarPackage 目录，输入如下命令（下划线所示）：

C:\JarPackage > <u>jar cvf SerialPort.jar *</u>

即可得到将以上两个类打包后的 jar 文件。该命令的“c”表示创建新的文档，“v”表示生成详细输出到标准输出上，“f”表示制定存档文件名。

可以将该串口包复制到 jre 目录下的 lib 中，并在 CLASSPATH 系统环境变量中包含该包的绝对路径，即可通过“import SerialPort.*;”来使用串口类，并在 DOS 环境下利用 javac 命令对 java 源代码进行编译。如果在 NetBeans 5.0 环境下使用串口包，则需要添加库，并指出库的绝对路径。

19.4 串口类的测试：SerialExample 类

测试源代码除了需要引用上节生成的 SerialPort 包外，还要使用 ComputerMonitor 包（即第 17 章的 Java 通用数据处理技术包），用来灵活地处理数据，并以需要的形式进行显示。测试程序首先初始化串口，然后，在 while 循环中读取数据，以各种形式显示，如果接收到的数据包的第一个字节为 0x21（即字符"!"）则退出程序。测试类 SerialExample 的源代码如下所示：

```
import SerialPort.* ;
import ComputerMonitor.* ;

/* * Creates a new instance of SerialExample */
public static void main(String[] args) {
    OperateCOM SB = new OperateCOM(1, 1024);
    // open COM1, the max length of package is 1024 bytes
    if (SB.GetPortID() == -1) {
        System.out.println("No such port!");
        System.exit(1);
    }

    if (SB.Open("SerialExample", 100) == -1) {
        System.out.println("Port in use now!");
        System.exit(1);
    }
```

```
        if (SB.SetParams(9600, 8, 1, 0) == -1){
            System.out.println("Unsupported operation!");
            System.exit(1);
        }

        SB.StartCom(150); //延迟 150ms

        while(true){
            byte[] bData = SB.ReadPort();
            if (bData != null){
                System.out.println("Receive and send back: ");
                System.out.println("UTF-8:      " +
                                   ByteProcess.BytesToEnString(bData));
                System.out.println("UTF-16BE:  " +
                                   ByteProcess.UnicodeToString(bData));
                System.out.println("Bytes:     " +
                                   ByteProcess.InsertSpaceToHexChars(
                                   ByteProcess.BytesToHexChars(bData)));
            SB.WritePort(bData,0,bData.length);
            if(bData[0] == 0x21){  //The first char is "!", so stop now!
                SB.ClosePort();
                return;
            }
        }
    }
}
```

Java 例程在 NetBeans 5.0 环境下的调试方式运行，利用串口测试软件 TestPort 分别发送字节序列"FF 00 66 25"和"21 4F 4B"，结果如图 19.1 所示。在串行通信中，字节最高位为 1，可能由于字符集或系统环境原因，导致最高位为 0；而字节"00"通常作为高级语言中字符串的结束标志，这意味着字节"00"后面的数据将被截去。从图 19.1 可以看出，所有数据均被完整接收，并可以实现原样发送返回。在 UTF-8 的表示中，0xFF 和 0 对应的字符不可见，0x66 对应字符“f”，0x25 对应字符“%”；在 UTF-16BE 的表示中，两个字节表示一个汉字，0xFF00 是不可见汉字（或没有此汉字），0x6625 表示汉字“春”。由于第二个数据包的第一个字节是 0x21，程序退出，与设计效果完全一样。

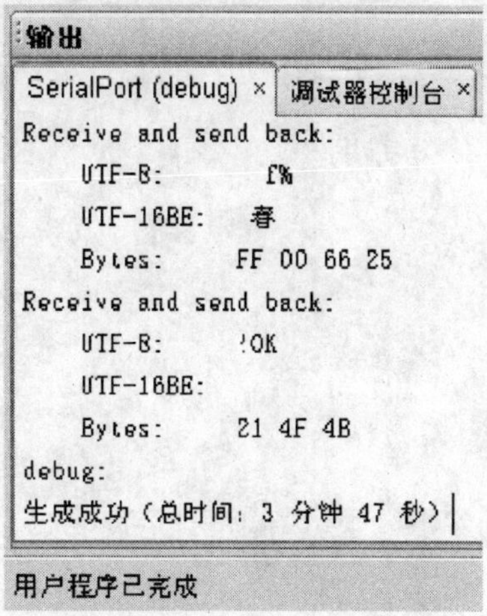

```
输出
SerialPort (debug) ×   调试器控制台 ×
Receive and send back:
   UTF-8:        f%
   UTF-16BE:    春
   Bytes:       FF 00 66 25
Receive and send back:
   UTF-8:       !OK
   UTF-16BE:
   Bytes:       21 4F 4B
debug:
生成成功（总时间：3 分钟 47 秒）
用户程序已完成
```

图 19.1 串口类的测试效果

19.5 本章小结

本章在前两章的基础之上，设计了 OperateCOM 与 ReadCOM 类，用来便捷地进行串口数据的收发，并给出了应用实例和测试结果。该程序具有通用性，可以用于相关的嵌入式系统设备的二次开发中。《微计算机信息》上的论文“基于CAN总线的负荷监控系统的设计与开发”就引用过本章的研究成果。

由于时间所限，基于Java的计算机监控技术没有做进一步的研究，这里仅为读者做一些铺垫。

思考与练习

1. 利用Java串行通信类编写应用程序，并与通用多功能计算机监控系统测试软件进行会话。
2. 利用Java串行通信类编写应用程序对开关量I/O软件仿真模块进行监控。
3. 利用Java串行通信类编写应用程序对模拟量输入开关量输出软件仿真模块进行监控。

第 20 章　C 语言综合解决方案

C 语言在嵌入式模块中的应用较为广泛，也可以用于单片机编程。因而，受控机程序采用 C 语言实现的案例较多。采用 C 语言实现串行通信，首先要初始化串行接口，处理好数据的发送与接收工作。其次，既然是综合解决方案，还要解决数据校验码的计算、数据包的校验，以及位操作和其他必要的辅助函数。本章主要解决这些问题，并用函数实现，通过这些函数可以快速开发受控机系统软件。

20.1　bioscom 通信函数及相关定义

为了顺利地进行 RS-232 数据接的传送，需要设计初始化串口函数 InstallCom、从串口发送数据函数 ToCom、判断串口是否接收到数据函数 IsCom 以及从串口接收数据函数 ReadCom 等，这些函数的定义都建立在 bioscom 函数之上，其原型为

```
int bioscom (int cmd, char byte, int port );
```

bioscom 在由 port 指定的 I/O 端口上执行各种 RS-232 通信，port 值为 0 表示 COM1、1 表示 COM2，等等。当 cmd 为 0 时，byte 用来设置通信参数，如波特率、数据位、停止位等；当 cmd 为 1 时，byte 表示从 port 端口发送的一个字节；当 cmd 为 2 时，如果不发生错误，返回值的低字节为接收的字节，如果发生了错误则至少有一高位（8 位以上）被置位；当 cmd 为 3 时，返回通信端口的当前状态，此状态数据为 16 位，其中，第 8 位表示“数据就绪”。bioscom 的定义在头文件“bios.h”中。笔者创作的串行通信相关函数的定义在 bioscom.h 头文件中，相关全局宏定义如下所示：

```
#include <bios.h>
#define  BAUD110          0x00  /* 波特率定义 */
#define  BAUD150          0x20
#define  BAUD300          0x40
#define  BAUD600          0x60
#define  BAUD1200         0x80
#define  BAUD2400         0xA0
#define  BAUD4800         0xC0
#define  BAUD9600         0xE0

#define  NOPARITY         0x00  /*  available PARITY options */
#define  ODDPARITY        0x08
#define  EVENPARITY       0x18

#define STOPBIT1          0x00  /*  available STOP BIT options */
#define STOPBIT2          0x04
```

```
#define BITS7              0x02  /* available WORD LENGTH options */
#define BITS8              0x03

#define COM1               0      /* port  name */
#define COM2               1
#define COM3               2
#define COM4               3

#define COM_ERROR          0x8e00 /* port error code */
#define DATA_READY         0x100  /* port ready */

#define QueueIsNotEmpty    1
#define QueueIsEmpty       0

#define SUCCESS            0
#define ERROR              -1

typedef unsigned char byte;
```

20.2 通信函数的设计

通信函数主要包括初始化串口函数 InstallCom、检测串口是否发生错误函数 CheckResult、串口是否有数据到达函数 IsCom、向串口发送一个字节的函数 ToCom，以及从串口读取一个字节的数据函数 ReadCom 等。

串口初始化函数 InstallCom 通过输入的串口参数，求得 bComByte 的值，即参数设置字节，进行串口的初始化。

```
int InstallCom (int port, unsigned long baud, int data, int parity, int stop) {
        /* port:   COM1 ~ COM4 */
        /* baud:   110 ~ 9600 */
        /* data: 7, 8 */
        /* parity: 0 = none, 1 = odd, 2 = even */
        /* stop: 1, 2 */
        byte bComByte = 0;
        unsigned int  nRet;

        switch (baud) {
        case 110:
                bComByte = bComByte | BAUD110;
                break;
        case 150:
                bComByte = bComByte | BAUD150;
                break;
        case 300:
                bComByte = bComByte | BAUD300;
```

```
        break;
    case 600:
        bComByte = bComByte | BAUD600;
        break;
    case 1200:
        bComByte = bComByte | BAUD1200;
        break;
    case 2400:
        bComByte = bComByte | BAUD2400;
        break;
    case 4800:
        bComByte = bComByte | BAUD4800;
        break;
    case 9600:
        bComByte = bComByte | BAUD9600;
    }

    if (data  == 7)
        bComByte = bComByte | BITS7;
    else
        bComByte = bComByte | BITS8;

    switch (parity) {
    case 0:
        bComByte = bComByte | NOPARITY;
        break;
    case 1:
        bComByte = bComByte | ODDPARITY;
        break;
    case 2:
        bComByte = bComByte | EVENPARITY;
    }

    if(stop == 1)
        bComByte = bComByte | STOPBIT1;
    else
        bComByte = bComByte | STOPBIT2;

    nRet = bioscom (0, bComByte, port);  /* set communication parameters */
    return CheckResult (nRet);           /* check result */
}
```

设置串口参数时，令 cmd 的值为 0，bComByte 即是通信参数，port 为所要初始化的串口号，如此调用 bioscom 函数。返回的结果 nRet 通过 CheckResult 函数来检查初始化串口是否成功。例如，InstallCom（COM1，9600L，8，0，1）就是将 COM1 初始化为波特率 9600、数据位 8、无校验、停止位 1，如果成功，返回 SUCCESS，否则返回 ERROR. 。

初始化串口时返回的结果通过 CheckResult 函数来检查，如果与 COM_ERROR 相与结果不为 0，即存在某种错误，返回 ERROR，否则返回 SUCCESS。

```
int CheckResult (unsigned int nResult) {
      if ((nResult & COM_ERROR) ! = 0)
            return ERROR;
      else
            return SUCCESS;
}
```

ToCom 函数从特定的串口发送一个字节，如 ToCom（COM1，0x3d）表示从 COM1 发送字节 0x3d，如果正确则返回 SUCCESS，发生错误则返回 ERROR。根据 bioscom 函数的定义，cmd 为 1 时，第二个参数表示发送到串口 port 的字节。

```
int ToCom (int port, byte data) {
      unsigned int nRet;

      nRet = bioscom (1, data, port);  /* 从端口发送一个字节 */
      return CheckResult (nRet);
}
```

IsCom 函数判断给定串口有无数据到达，如 IsCom（COM1），如果有数据就返回 QueueIsNotEmpty，如果无数据就返回 QueueIsEmpty。根据 bioscom 函数的定义，cmd 为3，第二个参数为0时，用来检测 port 无有数据到达。

```
int IsCom (int port) {
       unsigned int nRet;
       nRet = bioscom (3, 0, port);  /* 查看端口有无数据 */
       if (nRet & DATA_READY)
            return QueueIsNotEmpty;
      else
            return QueueIsEmpty;
}
```

ReadCom 函数从给定串口读取一个字节的数据，如 ReadCom（COM1），表示从 COM1 口读取数据。这里利用 bioscom 函数第一个参数为 2，第二个参数为 0，可以从指定的串口读取数据的特性。

```
byte ReadCom (int port) {
      unsigned int nRet;
      nRet = bioscom (2, 0, port);    /* 从端口读取一个字节 */
      return (byte) (nRet & 0xff);
}
```

ReadCom 函数与 IsCom 函数配套使用，即 IsCom 函数返回 QueueIsNotEmpty 时，就使用 ReadCom 函数读取该字节。如果需要清除串口的废弃数据，可以使用 ClearCom 函数，该函数读取指定串口的数据，但是不做处理，从而达到将串口数据清除的目的。

```
void ClearCom (int port) {
      ReadCom (port);
}
```

以上函数可以方便地初始化串行接口，进行单字节数据的发送和接收。但是，在实际的计算机监控系统中，数据是以若干字节组成的协议为单位进行收发的，因而，设计通用和可靠的串口通信协议的发送与接收函数，可以大大节省系统开发时间，这也是计算机监控系统中的关键技术。SendData 函数可以从指定的串口 nPort 发送字节数组 ComData，其中，下标为 0 的字节表示该字节数组的长度，其他为待发送的字节。

```
void SendData(int nPort, byte * ComData)
{
    int nlength, i;
    nlength = ComData[0];   /* 取字节数组的长度 */
    for(i=0; i<nlength; i++) ToCom(nPort, ComData[i+1]);
}
```

SendData 函数首先取得字节数组的长度，然后，在 for 循环中调用 ToCom 函数，逐个发送字节。

在串行通信中，数据的传送是不连续的，因而，在处理数据接收时，应该将不连续的数据进行叠加，形成一个完整的数据包。ReadDataDelay 函数实现这一功能，用来从指定的串口 nPort 接收数据，保存在字节数组 bData 中，其中，下标为 0 的字节表示该字节数组的长度，其他为有效字节。nDelayMs 是需要等待的节拍数，即在 nDelayMs 个节拍之内接收到的数据，认为是同一批数据，依次进行叠加（否则，认为是下一批数据），该参数可以根据机器时钟周期的大小进行调整。

```
void ReadDataDelay(int nPort, byte * bData, unsigned long nDelayMs)
{
    int nData=0;                                /* 对接收到的字节计数 */
    unsigned long iCount=0;                     /* 对等待的节拍计数 */

    while(iCount < nDelayMs)
    {
        if(IsCom(nPort)==QueueIsNotEmpty)
        {
            nData++;                            /* 接收到的字节数加1 */
            bData[nData] = ReadCom(nPort);      /* 将接收到的字节存入数组 */
            iCount = 0;                         /* 重新计数,准备接收随后的数据 */
            if(nData > 255) break;              /* 255 是设定的最大的数据包长度 */
        }
        else iCount++;                          /* 没有数据,则等待的节拍加1 */
    }
    bData[0] = nData;                           /* 保存接收到的字节数 */
}
```

所有笔者自定义的通信函数都在 bioscom.h 头文件中。

20.3 通信函数的应用

通用的数据发送函数 SendData 与数据接收函数 ReadDataDelay 实现了简捷的数据传送任务，

屏蔽了数据传送的繁琐细节问题。在嵌入式模块中实现串行通信，首先通过InstallCom函数初始化串行接口，然后，通过SendData函数发送一批数据，等待数据到达。IsCom用于测试是否有数据，典型的关键实例代码如下所示：

```
unsigned char BufferRec[255];                          /* 定义数据接收缓冲区 */
unsigned char nProtocol[] = {3, 'O', 'K', '! '};      /* 待发送的数据 */

InstallCom (COM1, 9600L, 8, 0, 1);                     /* 初始化串行口 */
SendData (COM1, nProtocol);                            /* 从串行口发送数据 */

while(1){                                              /* 等待数据的到达 */
    if (IsCom(COM1)){                                  /* 如果有数据,就接收并叠加 */
    ReadDataDelay(COM1, BufferRec, 0x7fff);
    break;                                             /* 接收到数据后退出循环 */
    }
}
```

以上代码从COM1发送字符串“OK!”，然后，等待接收数据，将结果存入输入缓冲区BufferRec中。Ch20的Example.C中有此例程更详尽的源代码。

20.4 校验码的计算

与第14章不同，这里给定的数据包是一个十六进制字节数组，计算所得到的校验码也是一个或者两个十六进制字节。异或校验码函数xorValue取初始值为0，对待发送的信息以字节为单位，与初始值相异或，最后所得结果即为异或校验码。

```
unsigned char xorValue(unsigned char * Data, int nLength)
{
    unsigned char xorTarget;
    int i;

    xorTarget = 0;

    for (i=0; i<nLength; i++) xorTarget ^= Data[i];

    return xorTarget;
}
```

累加和校验码函数addValue取初始值为0，对待发送的信息以字节为单位，与初始值相加，再与0xff相与（仅保留低字节），最后所得结果即为累加和校验码。

```
unsigned char addValue(unsigned char * Data, int nLength)
{
    unsigned int addTarget;
    int i;

    addTarget = 0;
```

```
    for (i = 0; i < nLength; i + +)
        addTarget = (Data[i] + addTarget) & 0xff;

    return (unsigned char)addTarget;
}
```

异或校验与累加和校验以字节为单位进行校验处理，算法比较简单，容易出差错。循环冗余校验的算法比较复杂，其基本思想是将需要发送的数据包当做一个巨大的二进制数，用它来除以一个固定的二进制数，所得到的余数即是求得的校验码，相对于异或与累加和校验来说，其出错的概率很低。crcValue 函数实现循环冗余校验码的计算。

```
unsigned int crcValue(unsigned char * Data, int nLength)
{
    int i, j;
    unsigned int orgValue = 0xffff;
    unsigned int crcConst = 0xa001;

    for(i = 0; i < nLength; i + +)
    {
        orgValue ^= (unsigned int)Data[i];

        for(j = 0; j <= 7; j + +)
        {
            if(1 = = (orgValue & 1))
            {
                orgValue > > = 1;
                orgValue ^= crcConst;
            }
            else
                orgValue > > = 1;
        }
    }
    return orgValue;
}
```

累加求补函数 addBCSValue 函数主要用于 TCP/IP 协议中，其基本思想是对待发送的数据以字（两个字节）为单位累加，结果放在双字中，最后，高位字右移 16 位与低位字相加，再取反。

```
unsigned int addBCSValue(unsigned int * pData; int nSize)
{
   DWORD dSum = 0;
   for (int i = 0; i < nSize; i + +) dSum += (unsigned int)pData[i];
   dSum =  (dSum & 0xffff) + ((dSum >> 16) & 0xffff);
   return (unsigned int)dSum;
}
```

20.5 数据包的校验

数据包（字节数组）的校验函数包括两个参数，第一个参数是一个指向字节数组的指针，字节数组包括前面的有效数据及尾部的校验码；第二个参数是字节数组的长度。累加和校验码只占一个字节，所以，只要计算字节数组前面的 nLength-1 个字节的校验码，再与最后一个字节比较，如果相等，则表示数据包校验正确，返回 1；否则，表示数据在传送过程中发生错误，返回 0。CheckAdd 函数实现这一功能。

```
int CheckAdd(unsigned char * addOrg, int nLength)
{
    unsigned char addOld;
    int Mark = 0;

    addOld = addOrg[nLength - 1];
    nLength--;

    if(addOld == addValue(addOrg, nLength)) Mark = 1;
    if(Mark == 1)
            return 1;
    else
            return 0;
}
```

第 14 章提到，异或、循环冗余与累加求补数据包的校验，只需要计算整个数据包（包含尾部的校验码）的校验码，如果结果为 0，即表示数据正确，否则，表示数据在传送过程中发生错误。CheckXor 函数用来校验异或校验码数据包，CheckCrc 函数用来校验循环冗余校验码数据包，CheckaddBCS 函数用来校验累加求补校验码数据包。

```
int CheckXor(unsigned char * xorOrg, int nLength)
{
    if (0 == xorValue(xorOrg, nLength))
          return 1;
     else
          return 0;
}

int CheckCrc(unsigned char * crcOrg, int nLength)
{
    if(0 == crcValue(crcOrg, nLength))
          return 1;
    else
          return 0;
}

int CheckaddBCS(unsigned char * addBCSOrg, int nLength)
```

```
{
    if(0 == addBCSValue(addBCSOrg, nLength))
        return 1;
    else
        return 0;
}
```

20.6 位操作函数

CheckByteBit 函数测试字节中的某一位是否为 1，第一个参数 bData 是需要测试的字节，第二个参数 nBit 表示第几位。bTmp 将 nBit 位置 1，然后，bData 和 bTmp 相与，如果结果不等于 0，则返回 1，表示 nBit 位为 1；否则，返回 0，表示 nBit 位为 0。

```
int CheckByteBit (unsigned char bData, int nBit) {
    unsigned char bTmp, bResult;

    if ((nBit > 7) || (nBit < 0)) return 0;
    bTmp = 1;
    bTmp <<= nBit;
    bResult = bData & bTmp;

    if (bResult != 0)
        return 1;
    else
        return 0;
}
```

SetByteBit 函数利用“或”运算给 nBit 位置位，并返回置位后的字节。

```
unsigned char SetByteBit(unsigned char bData, int nBit) {
    unsigned char bTmp;

    if ((nBit > 7) || (nBit < 0)) return bData;

    bTmp = 1;
    bTmp <<= nBit;
    return (bData | bTmp);
}
```

ResetByteBit 函数使得 nBit 位复位，并返回复位后的字节。如果一个字节的某位为 0，其他位为 1，那么，这个字节与其他字节相与，即可使得该位复位且其他位不受影响。ResetByteBit 函数首先通过异或生成这样的一个字节，并保存到 bTmp 中，然后，利用 bTmp 与 bData 相与，即可得到期望的结果。

```
unsigned char ResetByteBit(unsigned char bData, int nBit) {
    unsigned char bTmp;
```

```
    if ((nBit > 7) || (nBit < 0)) return bData;

    bTmp = 1;
    bTmp <<=  nBit;
    bTmp ^= 0xff;
    return (bData & bTmp);
}
```

笔者创作的校验码和位操作相关函数的定义在 Ch20 的 parity.h 头文件中。

20.7 其他函数

在计算机监控系统中，经常需要时间节拍的配合。可以调用 DelayMS_N55 函数来延迟 nSteps 个以 55ms 为单位的时间段。该函数调用了 biostime（0，0）函数来取得时钟值，该值为一个每秒 18.2 次的计数累计值（大约 55ms 计数 1 次），并在每日零时清零。

```
void DelayMS_N55(int nSteps){
    long lOld_Value;

    if (nSteps < 1) return;

    lOld_Value = biostime (0, 0);  /* 每秒 18.2 次 */
    while ((biostime (0,0) - lOld_Value) < nSteps);
}
```

数组只是内存空间的一片连续的存储单元，在数组下标为 0 的地方存放数组的长度，紧接着存放一个个字节数据（简称带长度的字节数组），即可通过传地址传送字节数据包及其长度。但是，有时数据包中只包含有效数据，长度却在另外一个变量中。这时，可以采用 CreateArray 函数转换为带长度的字节数组。

```
byte* CreateArray (byte * bData, byte nLength){
    int i;
    byte* bmem;

    bmem = (byte* ) malloc (nLength + 1);       /* 分配内存 */
    bmem[0] = nLength;                          /* 保存数据包长度 */
    for(i=0; i<nLength; i++){
        bmem[i+1] = bData[i];                   /* 复制原数组字节至下标为 1 的位置 */
    }

    return bmem;                                /* 返回新的数据指针 */
}
```

程序是用来处理数据的，为了观察数据，一般需要在屏幕上输出。Display_Bytes 函数用来在屏幕上输出带长度的字节数组，采用"%.2x"格式符，即以十六进制小写输出，每个字节占用两个字符位置，如果首位为 0 则照样输出，两个十六进制字符后添加一个空格，数据输出完毕以回车符结尾。

```
void Display_Bytes (byte * bData){
        int i;
        /* Length is in bData[0]. */
        for (i = 0; i < bData[0]; i + +) printf("%.2x ", bData[i + 1]);
        printf("\n");
}
```

本节的函数经常用于通信调试，所以，其定义包含在 bioscom.h 头文件中。

20.8　综合应用

典型计算机监控系统的硬件结构如图 20.1 所示，嵌入式可编程模块充当受控机，与输入/输出模块交互，并做相应的处理，同时，还要响应主控机的查询命令和接受主控机的执行命令。可以采用本章介绍的函数编写受控机程序。

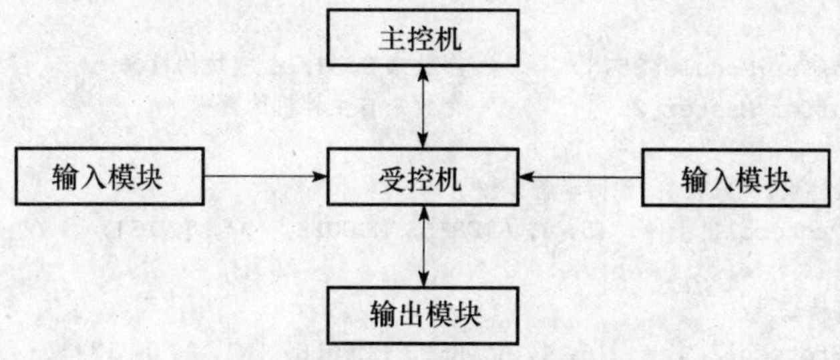

图 20.1　典型的计算机监控系统的硬件结构

现在利用这些函数对 2.3 节的 DI/DO 模块进行监控，受控机按照主控机指定的策略工作，采用 DI/DO 模块的协议与该模块进行通信，主控机用 TestPort 充当，如图 20.2 所示。在实际工程项目中，受控机与某厂家的模块通信就必须采用其通信协议，否则，通信无法进行。而受控机与主控机之间的通信协议，是软件开发人员自己制定的，厂家无法规定，也无须规定。

主控机　受控机　DI/DO

图 20.2　C 语言综合应用系统结构

用 0 表示开关打开，用 1 表示开关闭合，采用 RightControl 策略（定义见 RightControl 函数）的 I/O 控制逻辑如表 20.1 所示。IN1 ~ IN4 是检测到的输入开关状态，OUT1 ~ OUT2 是根据输入开关状态采取的输出控制。

表 20.1　I/O 控制逻辑表（RightControl）

IN1	IN2	IN3	IN4	OUT1	OUT2
0	0	0	0	0	0
1	0	0	0	0	0
0	1	0	0	1	0
0	0	1	0	0	1
0	0	0	1	1	1

受控机软件系统的定义与声明如下代码所示。在采用InstallCom初始化串口后，为了使得通信可靠，需要调用DelayMS_N55函数延迟一段时间（这里定义COM_WAIT的值为2），确保初始化串口完成，然后再发送数据。读协议nProtocol1中的字节0是一个异或校验码，在发送读协议之前，必须完成校验码的计算并填入读协议中。写协议nProtocol2中的第一个字节0是需要写入的输出控制数据，写入前填入；第二个字节0是异或校验码。

```
#define COM_MASTER COM3                     /* 主控机接在 COM3 口 */
#define COM_MODULE COM4                     /* DI/DO 模块接在 COM4 口 */
#define ADDRESS_MODULE 0xfd                 /* DI/DO 模块的地址为 0xfd */
#define BAUD_MODULE 9600L                   /* 定义波特率 */
#define BAUD_MASTER 9600L

#define DELAY_READ 0x7ffff                  /* 串口数据接收的延迟定义 */
#define INQUERY_SECONDS 2                   /* 查询 DI/DO 模块的周期为 2 s */
#define COM_WAIT 2                          /* 串口操作等待节拍为 2 */

unsigned char Buffer_Module[257];           /* 存放来自 DI/DO 模块的数据 */
unsigned char Buffer_Master[257];           /* 存放来自主控机的数据 */

/* DI/DO 模块的读协议,异或校验,带回车符 */
unsigned char nProtocol1[] =  {5, 4, ADDRESS_MODULE, 'R', 0, 13};

/* DI/DO 模块的写协议 */
unsigned char nProtocol2[] =  {6, 4, ADDRESS_MODULE, 'W', 0, 0, 13};

unsigned char bStatus = 0;                  /* 输入/输出开关的状态字节 */
int nPolicy = 0;                            /* 控制策略 */
```

受控机系统的主要函数如下所示。受控机直接监控DI/DO模块，主控机不查询受控机，只执行简单的控制逻辑转换，发送给受控机的协议中，第一个字节为'$'；第二个字节如果为0就执行正向控制（RightControl函数实现），如果为非0则执行反向控制（ReverseControl函数实现）；第三个字节为异或校验码；第四个字节为0x0d。

```
void InitSystem();          /* 系统初始化 */
void InqueryCom();          /* 查询 DI/DO 模块 */
void GetStatus();           /* 获取开关状态 */
void RightControl();        /* 执行正向输出控制,控制逻辑见表 20.1 */
void ReverseControl();      /* 执行反向输出控制 */
void ProcessMaster();       /* 处理主控机发送的命令 */
```

主程序main函数中，首先调用InitSystem函数完成系统的初始化，即初始化两个串口，计算读协议的校验码并存入读协议中。然后，在一个死循环中每过2s向DI/DO模块发送查询命令，随即处理来自DI/DO模块的响应数据和主控机的控制命令，如果接收到的第一个字节是'!'字符，则退出循环，结束程序（在实际的工程项目中一般不退出死循环）。

如果有来自DI/DO模块的数据，就读取数据，调用Display_Bytes函数输出，最后调用GetStatus函数进行处理。GetStatus函数首先检查接收到的数据是否正确，如果正确，再根据输入状态，做出输出控制。如果有来自主控机的数据，同样首先检查数据是否正确，如果正确，就通过调整 nPolicy 变量的值来调整控制策略。

```
void main(void)
{
    struct time now;
    int nOldSec, nNewSec;

    nOldSec = 0;

    InitSystem();

    while(1)
    {
        gettime (&now);
        nNewSec = now.ti_sec;
        if ((nNewSec % INQUERY_SECONDS == 0) && (nNewSec ! = nOldSec))
        {
            InqueryCom();
            nOldSec = nNewSec;
        }

        if(IsCom(COM_MODULE) == QueueIsNotEmpty)
        {
            ReadDataDelay(COM_MODULE, Buffer_Module, DELAY_READ);
            if (Buffer_Module[1] == '! ') exit(0);
            printf ("Receive from Module (COM% d): ", COM_MODULE +1);
            Display_Bytes (Buffer_Module);

            GetStatus();
        }/* End of COM_MODULE */

        if(IsCom(COM_MASTER) == QueueIsNotEmpty)
        {
            ReadDataDelay(COM_MASTER, Buffer_Master, DELAY_READ);

            if (Buffer_Master[1] == '! ') exit(0);
            printf ("Receive from Master (COM% d): ", COM_MASTER +1);
            Display_Bytes (Buffer_Master);

            ProcessMaster();
        }/* End of COM_MASTER */
    }/* End of while */
}
```

综合应用全部源代码见 Main.c 文件。系统的运行效果如图 20.3 所示。对于支持多串口或其他接口的嵌入式模块的通信测试，为了观察数据收发情况，经常将数据转发到计算机上显示。

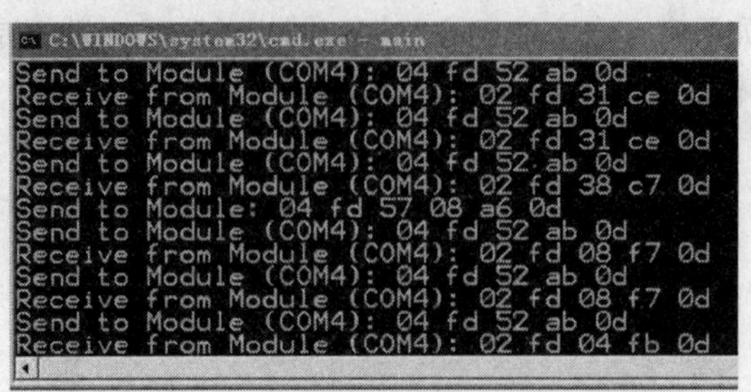

图 20.3 C 语言综合解决方案测试效果

20.9 本章小结

本章介绍的 C 语言函数可以较好地解决串行通信问题，并提供了数据处理函数和辅助函数。利用这些函数，可以快速开发计算机监控系统的受控机软件。另外，本章的通用数据处理函数可以直接用于单片机编程，与硬件相关的串行通信函数只要适当变通，也可用于单片机的串行通信。计算机监控技术离不开基于 TCP/IP 协议的网络通信，从第 21 章开始介绍网络通信编程。

思考与练习

1. 利用通信函数编写 C 语言程序与通用多功能计算机监控系统测试软件进行会话。

2. 利用通信函数和数据校验函数编写 C 语言主控程序，并对模拟量输入开关量输出软件仿真模块进行监控。

第六部分

网络通信与Web服务

第 21 章　通用 TCP 客户机

第 22 章　通用 TCP 服务器

第 23 章　Web 服务

第21章　通用TCP客户机

Visual Basic 6.0 提供的 Winsock 控件提供了简捷的基于 TCP/IP 协议的网络编程手段。但是，进入.NET 时代，Winsock 控件不再被支持，取而代之的是 TcpClient 类和 TcpListener 类，分别用于 TCP 客户机和服务器编程。凭借这两个类并不能编写完善的客户机和服务器程序，还需要掌握网络编程所需要的常用类。本章在常用类和 TcpClient 类的基础之上开发了一个通用的 TCP 客户机程序，可以连接到各种 TCP 服务器。

21.1　网络编程的常用类

网络编程经常需要用到 IPAddress、IPEndPoint 和 Dns 类。IPAddress 类属于 System.Net 命名空间，包含计算机在 IP 网络上的地址。此类可用于表示 IPv4 或 IPv6 地址。通过 IPAddress 类的静态只读字段 Loopback 和 Broadcast 可以获取当前主机的回送地址和广播地址。

```
Dim loopback As String = IPAddress.Loopback.ToString    '127.0.0.1
Dim broadcast As String = IPAddress.Broadcast.ToString  '255.255.255.255
```

IPAddress 的 ToString 可以将 Internet 地址转换为标准表示法。IPv4 情况下使用以点分隔的四部分表示法格式表示的字符串，IPv6 情况下使用冒号与十六进制格式表示的字符串。反之，IPAddress 的静态方法 Parse 可以将 IP 地址字符串转换为 IPAddress 实例。

```
Dim ip As IPAddress = IPAddress.Parse("202.16.18.1")
Dim ipString As String = ip.ToString     '得到 "202.16.18.1"
```

IPAddress 可用于表示 IPv4 或 IPv6 地址，但是，如何区分某实例地址是 IPv4 地址或 IPv6 地址呢？IPAddress 实例的 AddressFamily 属性（属于 System.Net.Sockets 命名空间）可以获取 IP 地址的地址族。AddressFamily 属性是一个枚举类型，Unknown 成员表示未知的地址族，Unspecified 成员表示未指定地址族，InterNetwork 成员表示 IPv4 的地址，InterNetworkV6 表示 IPv6 的地址。21.2 节正是利用了 AddressFamily 属性来获取所需的 IP 地址。

IPEndPoint 类属于 System.Net 命名空间，包含应用程序连接到主机上的服务所需的主机和远程端口信息。通过组合服务的主机 IP 地址和端口号，IPEndPoint 类形成到服务的连接点。IPEndPoint 类的 Address 属性用于获取或设置终节点的 IP 地址，AddressFamily 属性用于获取网际协议（IP）地址族，Port 属性用于获取或设置终节点的端口号。

Dns 类是一个静态类，属于 System.Net 命名空间，能够与默认的 DNS 服务器进行通信，提供简单的域名解析功能。常用的 GetHostName 方法用于获取本地计算机的主机名，而 GetHostEntry 方法将主机名或 IP 地址解析为 IPHostEntry 实例。IPHostEntry 类作为 Helper 类和 Dns 类一起使用，IPHostEntry 类将一个域名系统（DNS）主机名与一组别名和一组匹配的 IP 地址关联。IPHostEntry 类的 AddressList 属性用于获取或设置与主机关联的 IP 地址列表。

21.2 IP 地址的获取

处理与显示 IP 地址是网络编程必不可少的工作，TCP_Module 模块用来处理 IP 地址。GetIPString 方法获取给定主机的 IP 地址，第一个参数是主机的名称，如“www.microsoft.com”，第二个可选参数默认为 IPv4 的地址。首先，调用 Dns 类的 GetHostEntry 方法获得一个 IPHostEntry 实例 hostInfo，其 AddressList 属性是一个集合（数组），通过循环查找指定版本的 IP 地址。仅给出第一个参数，使用 GetIPString 方法可获得微软网站的 IP 地址为“66.246.235.42”。

```
Public Function GetIPString(ByVal strHost As String, Optional ByVal ipVersion _
                    As AddressFamily = AddressFamily.InterNetwork) As String
    Dim hostInfo As IPHostEntry = Dns.GetHostEntry(strHost)
    Dim index As Integer
    Dim thisIP As IPAddress

    For index = 0 To hostInfo.AddressList.Length - 1
        thisIP = hostInfo.AddressList(index)

        If thisIP.AddressFamily = ipVersion Then
            Return thisIP.ToString
        End If
    Next index

    Return ""
End Function
```

获取本机地址也是经常要做的工作，例如，两台计算机之间进行 TCP 通信，需要告知对方自己的 IP 地址。LocalIPString 方法调用 Dns 类的 GetHostName 方法获取本机的主机名，然后，再调用上述的 GetIPString 方法获取本机的 IP 地址。LocalIPString 只有一个可选参数，默认为 IPv4 的地址。如果以 AddressFamily.InterNetworkV6 为参数，将得到 IPv6 的地址。

```
Public Function LocalIPString(Optional ByVal ipVersion As AddressFamily = _
                    AddressFamily.InterNetwork) As String
    Return GetIPString(Dns.GetHostName, ipVersion)
End Function
```

21.3 TcpClient 类

TcpClient 类属于 System.Net.Sockets 命名空间，为 TCP 网络服务提供客户端连接。TcpClient 类提供了一些简单的方法，用于在同步阻止模式下通过网络来连接、发送和接收流数据。TcpClient 类的构造方法有 4 个重载，构造函数 TcpClient（String，Int32）使用远程主机的主机名和端口号创建 TcpClient 实例，并将自动尝试一个连接。

TcpClient 类通过 Connect 方法建立与远程主机的连接，该方法有 4 个重载。如果在初始化 TcpClient 类的实例时没有提供远程主机的主机名和端口号，可以使用 Connect（String，Int32）将客户端连接到指定主机上的指定端口。

TcpClient 实例连接到远程主机后，如何跟远程主机交流信息？可以使用 GetStream 方法返回用于发送和接收数据的 NetworkStream，该类属于 System.Net.Sockets 命名空间，提供在阻止模式下通过 Stream 套接字发送和接收数据的方法。通信结束，使用 Close 方法关闭连接即可。

TcpClient 类的重要属性 Available 获取已经从网络接收且可供读取的数据量，该属性是 Int32 类型。Available 属性是一种用于确定数据是否已排队等待读取的方法，如果数据可用，就可调用 Read 方法获取数据。可用的数据即网络缓冲区中排队等待读取的全部数据。如果在网络缓冲区中没有排队的数据，则 Available 返回 0。如果远程主机处于关机状态或关闭连接，Available 可能会引发 SocketException 异常。

TcpClient 类的另一个重要属性是 Connected，用来获取一个值，该值指示 TcpClient 的基础 Socket 是否已连接到远程主机，该属性是 Boolean 类型。Connected 属性获取截至最后一次 I/O 操作时的 Client 套接字的连接状态。如果该属性返回 False，则表明 Client 要么从未连接，要么已断开连接。

由于 Conncted 属性仅反映截至最近的操作时的连接状态，因此应该尝试发送或接收一则消息以确定当前状态。当该消息发送失败后，此属性将不再返回 True。此行为是设计使然。程序员无法可靠地测试连接状态，因为在测试与“发送/接收”之间，连接可能已丢失。因而，代码应该假定套接字已连接，并妥善处理失败的传送。

微软的 MSDN 文档采用如下代码发送数据。首先得到 TcpClient 实例 client，然后，将需要发送的消息文本转换为字节数组。通过 GetStream 方法获得 NetworkStream 对象 stream，最后调用其 Write 方法发送数据。NetworkStream 的 Write 方法与 SerialPort 类的发送字节数组的 Write 方法类似。

```
Dim client As New TcpClient(server, port)
Dim data As Byte() = System.Text.Encoding.ASCII.GetBytes(message)
Dim stream As NetworkStream = client.GetStream()
stream.Write(data, 0, data.Length)
```

21.4 自定义 TCP 客户端类

在串行通信和网络通信中，发出数据请求后，如果一直等待数据的到达，主程序将不能做其他工作，主要表现在不能接受用户的请求，容易出现如图 7.12 所示的“未响应”状态。SerialPort 类用 DataReceived 事件提示数据到达，从而让用户读取数据；用 ErrorReceived 事件表示错误发生，让用户去做相应的处理。Visual Basic 2008 中的 TcpClient 类设计得比较脆弱，就连 Connected 属性都不大可靠，更没有提示数据到达和错误发生的事件。与 Visual Basic 6.0 中的 Winsock 控件相比，需要改进的地方比较多。

自定义 TCP_Client 类（TCP_Client.vb）启用多线程在后台接收数据，并用 DataReceived 事

件提交数据；采用ErrorReceived事件通知用户错误发生的种类以及错误信息，实现了数据的异步接收，而且操作方便。由于还涉及多线程编程，因而，TCP_Client类需要引入System.IO、System.Net、System.Net.Sockets及System.Threading等命名空间。

21.4.1 基本定义

这部分内容主要对枚举、变量、事件、多线程及属性做了定义。TcpClient类的Connected属性不大可靠，因而，TCP_Client类定义了tcpStatus枚举来表示当前实例的状态，Closed表示关闭，Connected表示已连接，ConnectError表示尝试连接的时候出现错误，WriteError表示发送数据的时候出现错误，ReadError表示读取数据的时候发生错误，而AvailableError表示读取缓存字节数的时候发生错误。_tcpStatus是内部使用的tcpStatus变量。

```
Public Enum tcpStatus
    Closed = 0
    Connected = 1
    ConnectError = 2
    WriteError = 3
    ReadError = 4
    AvailableError = 5
End Enum
Private _tcpStatus As tcpStatus = tcpStatus.Closed
```

有错误发生，应该通过事件通知用户。ErrorEventType枚举与ErrorReceived事件配合工作，以便对tcpStatus状态做更详细的说明。

```
Public Enum ErrorEventType
    ConnectError = 0
    WriteError = 1
    ReadError = 2
    AvailableError = 3
End Enum
```

跟远程主机连接，必须提供主机名或IP地址以及连接的端口号，_remoteHost存放远程主机名或IP地址，_remotePort存放远程主机的端口号。_tcpClient是一个TcpClient实例，初始化以后建立与远程主机的连接，收发数据通过NetworkStream对象_ns进行。

```
Private _remoteHost As String
Private _remotePort As Integer
Private _tcpClient As TcpClient
Private _ns As NetworkStream
```

DataReceived是一个数据到达事件，提供一个字节数组参数byteBuffer，便于用户处理接收到的数据。ErrorReceived是一个错误发生事件，提供两个参数：nEventType是ErrorEventType枚举类型，告知错误类型；strMessage提供错误发生的详细信息。_threadData是一个多线程对象，用于在后台接收数据，接收到数据后，才抛出DataReceived事件。

```
Public Event DataReceived(ByVal byteBuffer As Byte())
```

```
Public Event ErrorReceived(ByVal nEventType As ErrorEventType, _
                    ByVal strMessage As String)

Private _threadData As Thread
```

Status 是自定义类的状态属性，是 tcpStatus 枚举类型，用于弥补 TcpClient 类的 Connected 属性的不足。

```
Public ReadOnly Property Status() As tcpStatus
    Get
        Return _tcpStatus
    End Get
End Property
```

21.4.2 构造函数与销毁函数

构造函数需要提供远程主机的名称或 IP 地址 strRmoteHost 和端口号 nRemotePort，初始化 TcpClient 类时并不使用这两个参数的内容。

```
Public Sub New(ByVal strClient As String, ByVal nRemotePort As Integer)
    _remoteHost = strClient
    _remotePort = nRemotePort
    _tcpClient = New TcpClient
End Sub
```

Close 方法将自定义类的状态_tcpStatus 设置为关闭状态，同时关闭连接。

```
Public Sub Close()
    _tcpStatus = tcpStatus.Closed
    If _tcpClient IsNot Nothing Then _tcpClient.Close()
End Sub
```

销毁方法 Dispose 首先关闭连接，然后，销毁 NetworkStream 对象_ns，释放占用的资源。

```
Public Sub Dispose()
    Me.Close()

    If _ns IsNot Nothing Then
        _ns.Close()
        _ns.Dispose()
   End If
End Sub
```

21.4.3 与远程主机的连接

自定义类的 Connect 方法完成与远程主机的连接。其中调用 TcpClient 类的 Connect 方法，提供远程主机的名称及端口号，调用 GetStream 方法获取 NetworkStream 对象。随后，设置自定义类的状态，实例化多线程对象_threadData，并启动多线程通过 ReadData 方法在后台读取数据。

连接到远程主机时，可能会抛出异常，这时，应设置自定义类的状态为 ConnectError，并抛出 ErrorReceived 事件，其中提供错误类型及其对应的信息。

```
Public Sub Connect()
      Try
            _tcpClient.Connect(_remoteHost, _remotePort)
            _ns = _tcpClient.GetStream

            _tcpStatus = tcpStatus.Connected
            _threadData = New Thread(AddressOf ReadData)
            _threadData.Start()
    Catch ex As Exception
            _tcpStatus = tcpStatus.ConnectError
            RaiseEvent ErrorReceived(ErrorEventType.ConnectError, ex.Message)
    End Try
End Sub
```

21.4.4 数据接收的处理

GetBytes 方法用于读取数据，在多线程的 ReadData 方法中调用 GetBytes 方法取得数据。NetworkStream 类的 CanRead 属性指示 NetworkStream 是否支持读取。如果支持读取，则定义一个字节数组 bytes，读取可以读取的所有字节（由 Available 确定读取数量），并返回字节数组 bytes 即可。

如果发生异常，则设置自定义类的状态为 ReadError，并抛出 ErrorReceived 事件，指示错误类型和错误信息，最后返回 Nothing 即可。

```
Private Function GetBytes() As Byte()
      If _ns.CanRead Then
          Dim bytes(_tcpClient.Available - 1) As Byte
          Try
              _ns.Read(bytes, 0, _tcpClient.Available)
              Return bytes
          Catch ex As Exception
              _tcpStatus = tcpStatus.ReadError
              RaiseEvent ErrorReceived(ErrorEventType.ReadError, ex.Message)
              Return Nothing
          End Try
      Else
          Return Nothing
      End If
End Function
```

多线程对象_threadData 所做的工作就是在后台读取远程主机发来的数据，通过 ReadData 方法完成。nBytes 是可以读取的字节数量，由 TcpClient 类的 Available 属性确定。只有自定义类处于 Connected 状态，读取数据才有意义，并且，有数据（即 nBytes 的值大于0）才能读取数据。

如果在获取 Available 的值时发生异常，则说明可能远程主机已经关闭连接，应将自定义类的状态设置为 AvailableError，此时不必读取数据，因而，令 nBytes 的值为 0，并抛出 ErrorReceived事件，指示错误类型和错误信息。

如果一切正常，并且有数据，则调用GetBytes方法获取数据，随后抛出DataReceived事件，并提交接收到的数据bytes。

```
Private Sub ReadData()
    Dim nBytes As Integer

    While _tcpStatus = tcpStatus.Connected
        Try
            nBytes = _tcpClient.Available
        Catch ex As Exception
            _tcpStatus = tcpStatus.AvailableError
            nBytes = 0
            RaiseEvent ErrorReceived(ErrorEventType.AvailableError, ex.Message)
        End Try

        If nBytes > 0 Then
            Dim bytes() As Byte = GetBytes()
            RaiseEvent DataReceived(bytes)
        End If
    End While
End Sub
```

21.4.5 数据发送的处理

在数据通信过程中，一般来说，发送数据总比接收数据来得简单。发送数据通过SendData方法完成，有两个重载。第一个SendData方法发送字节数组，通过传址的方式传递参数。如果NetworkStream对象_ns的CanWrite属性指示支持发送，则调用其Write方法发送数据即可。

在发送数据时，可能会发生异常，这时，应将自定义类的状态设置为WriteError，并抛出ErrorReceived事件，指示错误类型和错误信息。

```
Public Sub SendData(ByRef bData As Byte())
    If _ns.CanWrite = False Then Return

    Try
        _ns.Write(bData, 0, bData.Length)
    Catch ex As Exception
        _tcpStatus = tcpStatus.WriteError
        RaiseEvent ErrorReceived(ErrorEventType.WriteError, ex.Message)
    End Try
End Sub
```

第二个SendData方法以可见字符串为参数，可以用于网络聊天时发送文本信息。先将文本信息strData转换为字节数组bData，然后，调用第一个SendData方法发送数据即可。

```
Public Sub SendData(ByVal strData As String)
    Dim bData() As Byte = System.Text.Encoding.ASCII.GetBytes(strData)
```

```
    SendData(bData)
End Sub
```

21.5 TCP客户机的窗体设计

通用TCP客户机程序有两个可见窗体，主窗体用来显示操作信息，参数设置窗体用来设置远程主机的相关信息及显示方式。图21.1所示是主窗体的界面，Hex文本框显示当前收发的十六进制字节，Char文本框显示当前收发的普通字符串，多行文本框txtResult除了显示所有的收发信息外，还显示错误信息。

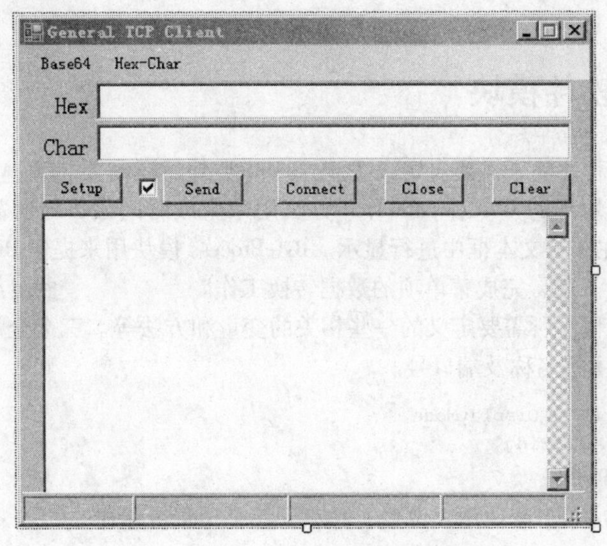

图21.1 通用TCP客户机的主界面

“Setup”按钮用来打开参数设置窗体（如图21.2所示），“Send”按钮用于将Hex文本框或者Char文本框中的数据发送出去（如果左侧打勾，还要加上回车换行符），“Connect”按钮与远程主机建立连接，“Close”按钮关闭连接，“Clear”按钮清除相应文本框中的信息。

主界面状态栏依次显示本地主机的名称、IP地址、远程主机的IP地址及连接的状态。邮件发送协议SMTP需要BASE64编码，菜单Base64用于BASE64编码与解码；Hex-Char菜单则用于字符与ASCII码之间的相互转换。时钟控件timerStatus用于刷新状态栏的内容，Interval属性设置为100ms。

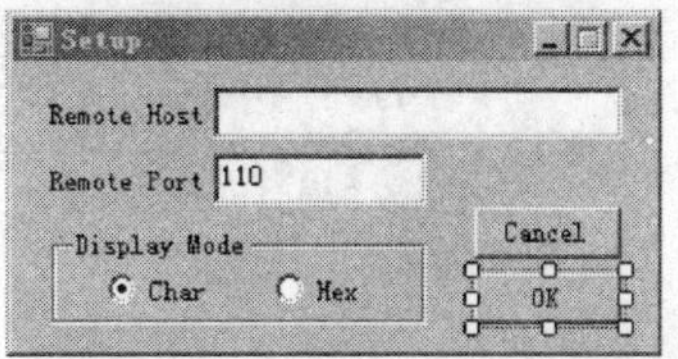

图21.2 通用TCP客户机的参数设置界面

参数设置窗体用来设置远程主机的名称或IP地址，以及远程主机的端口号。另外，还需要设置显示方式，Char方式用来传送文本信息，可用于网络聊天功能；Hex方式可传送任意十六进制字节序列。

图21.2所设置的参数作为用户程序设置，需要保存起来，

以便用户下次使用同样的设置而不必重新输入。因而，在项目属性中，需要做如图 21.3 所示的设置，即默认情况下登录到 pop3.163.com 的邮件服务器，采用 Char 方式显示数据。

	名称	类型	范围	值
	Server	String	用户	pop3.163.com
	Port	Integer	用户	110
	DisplayMode	Integer	用户	0
▶*	Setting	String	用户	

图 21.3 My.Settings 变量的设置

另外，在项目属性的“资源”标签页中还需要添加一个图标，用做应用程序及窗体的图标。

21.6 需要的软件模块

通用 TCP 客户机程序除了需要自定义 TCP_Client 类外，还需要 TCP_Module 模块来提供 IP 地址解析。General 模块中的 GetComputerTick 方法用来生成时间戳，与所需要的信息一起，使用 DisplayString 方法在多行文本框中进行显示。ByteProcess 模块用来提供 DisplayMode 枚举定义，另外，与 Base64 模块一起，完成菜单项的数据转换工作。

Main 模块则是本程序所需要定义的一些相关的变量和方法等。三个全局变量分别表示显示方式、远程服务器的主机名称及端口号。

```
Public nDisplayMode As DisplayMode
Public strServer As String
Public nPort As Integer
```

LoadProperties 方法用于读取用户设置，并存入三个全局变量中。

```
Public Sub LoadProperties()
      My.Settings.Reload()
      strServer = My.Settings.Server
      nPort = My.Settings.Port
      nDisplayMode = My.Settings.DisplayMode
End Sub
```

SaveProperties 方法用于保存用户设置。

```
Public Sub SaveProperties()
      My.Settings.Server = strServer
      My.Settings.Port = nPort
      My.Settings.DisplayMode = nDisplayMode
      My.Settings.Save()
End Sub
```

21.7 主窗体的代码分析

主窗体中需要做如下定义，strResult 变量中的值将在多行文本框 txtResult 中显示。strReceiveHex 中存放接收到的数据的十六进制字符串，可以在 txtHex 文本框中直接显示，也可以转换成普通字符串在 txtChar 文本框中显示。strEvent 变量存放自定义类发生通信错误的错误类型（转换为字符串）及对应的错误信息。

```
Dim strResult As String = ""
Dim strReceiveHex As String = ""
Dim strEvent As String = ""
```

nSegLength 定义 GetTimeStamp 取得的时间戳的分隔符长度。nTextSorts 表示文本框的种类，主窗体中有三个文本框，哪个文本框获得焦点，用 nTextSorts 来表示，"Clear" 按钮根据此值清除指定的文本框中的内容。bEnter 表示有没有在 txtChar 或者 txtHex 文本框中按 Enter 键。

```
Dim nSegLength As Integer = 10
Dim nTextSorts As Integer
Dim bEnter As Boolean
```

oClient 是自定义类 TCP_Client 的对象，允许产生事件。DisplayData 方法用于在多行文本框 txtResult 中显示数据。strMark 是一个信息标志，如 " > " 表示发送的数据，" < " 表示接收到的数据，" : " 表示错误信息。oClient 对象产生的每一段信息都打上时间戳，然后是信息标志和具体的信息。最后调用 General 模块中的 DisplayString 方法在指定的文本框中显示数据。

```
Public WithEvents oClient As TCP_Client

Private Sub DisplayData(ByVal strMark As String, ByVal strData As String)
    strMark &= " "
    strResult &= GetTimeStamp(nSegLength) & strMark & strData & vbCrLf
    DisplayString(txtResult, strResult)
End Sub
```

21.7.1　自定义类的事件代理分析

在 oClient 对象的 DataReceived 事件处理程序中，调用 ByteProcess 模块中的 BytesToHexChars 方法将字节数组转换成对应的十六进制字符串。但是，strReceiveHex 的值并不能直接放到文本框中进行显示（原理参考 4.5.4 节），dRead 代理对象完成相关工作。

```
Private Sub oClient_DataReceived(ByVal byteBuffer() As Byte) _
                                  Handles oClient.DataReceived
    strReceiveHex = BytesToHexChars(byteBuffer)
    Me.Invoke(dRead)
End Sub
```

dRead 代理对象的工作由 tcpData 方法完成。如果以 CharMode 显示数据，则需要将 strReceiveHex 转换为普通字符串，然后，在 Char 文本框中显示。最后，调用 DisplayData 方法，将 Char 文本框中的内容放入多行文本框 txtResult 中进行显示，" < " 标志表示接收到数据。bEnter 的使用是为了直接在 Char/Hex 文本框中输入数据后，按 Enter 键即可完成发送功能，对方响应后，自动清空文本框，便于输入第二条数据信息。HexMode 执行类似的功能。

```
Delegate Sub DelegateRead()
Dim dRead As DelegateRead = New DelegateRead(AddressOf tcpData)
Public Sub tcpData()
    If nDisplayMode = DisplayMode.CharMode Then
        txtChar.Text = HexCharsToString(strReceiveHex)
        DisplayData("<", txtChar.Text)

        If bEnter Then
            txtChar.Text = ""
            txtChar.Select()
        End If
    Else
        txtHex.Text = strReceiveHex
        DisplayData("<", txtHex.Text)

        If bEnter Then
            txtHex.Text = ""
            txtHex.Select()
        End If
    End If

    bEnter = False
End Sub
```

在 oClient 对象的 ErrorReceived 事件处理程序中，将错误类型转换为字符串并连接错误信息，赋给 strEvent 变量，然后，通过 dTCPEvent 代理对象进行显示。

```
Private Sub oClient_ErrorReceived(_
                        ByVal nEventType As TCP_Client.ErrorEventType, _
                        ByVal strMessage As String) Handles oClient.ErrorReceived
  strEvent = nEventType.ToString & "->" & strMessage
  Me.Invoke(dTCPEvent)
End Sub
```

dTCPEvent 代理对象的工作由 tcpEvent 方法完成，主要是调用 DisplayData 方法在 txtResult 文本框中显示错误信息，这里采用“:”标志表示错误信息。

```
Delegate Sub DelegateEvent()
Dim dTCPEvent As DelegateEvent = New DelegateEvent(AddressOf tcpEvent)
Public Sub tcpEvent()
    DisplayData(":", strEvent)
End Sub
```

21.7.2 主窗体及其他相关控件的关键代码分析

主窗体的 Load 事件处理程序主要完成基本的初始化工作，调用 LoadProperties 方法将用户设置的远程主机的名称与端口号及显示方式取出，并设置窗体的图标。然后，根据显示方式设置 Char 或 Hex 文本框中的一个有效、另一个无效。最后取本地主机的名称及 IP 地址，放入状态栏中进行显示。

```
LoadProperties()
Me.Icon = My.Resources.Network

If nDisplayMode = DisplayMode.CharMode Then
     txtChar.Enabled = True
     txtHex.Enabled = False
Else
     txtHex.Enabled = True
     txtChar.Enabled = False
End If

ts_LocalHostName.Text = Dns.GetHostName
ts_LocalIP.Text = GetIPString(Dns.GetHostName)
```

主窗体的 FormClosed 事件用于销毁 oClient 和 timerStatus 对象（程序略）。

“Connect”按钮的 Click 事件处理程序完成与远程主机的连接。首先关闭原有连接，然后，新建 oClient 对象，调用 Connect 方法完成连接。如果连接完成，则修改状态栏中本地主机与远程主机的 IP 地址。否则，用消息框显示提示信息。

```
If oClient IsNot Nothing Then oClient.Close()

oClient = New TCP_Client(strServer, nPort)
oClient.Connect()

If oClient.Status = TCP_Client.tcpStatus.Connected Then
     ts_LocalIP.Text = GetIPString(Dns.GetHostName)
     ts_RemoteIP.Text = GetIPString(strServer)
Else
     MessageBox.Show("Cannot connect to " & strServer & "!", Me.Text, _
                         MessageBoxButtons.OK, MessageBoxIcon.Stop)
     ts_RemoteIP.Text = ""
End If
```

“Send”按钮的 Click 事件处理程序用来发送数据。如果显示模式为 CharMode，则取 Char 文本框中的数据，如果“Send”按钮左侧打勾，还要附加新行标志（回车换行符）。通过调用 DisplayData 方法，将所要发送的数据送到 txtResult 文本框中进行显示，然后转换为十六进制字符串。显示模式为 HexMode 完成类似的工作。最后，调用 oClient 对象的 SendData 方法，将十六进制字符串转换为字节发送出去。

```
Dim strData As String

If nDisplayMode = DisplayMode.CharMode Then
     strData = txtChar.Text
     If chkAdd.Checked Then strData &= Environment.NewLine
     DisplayData(">", strData)
     strData = StringToHexChars(strData)
```

```
Else
    strData = txtHex.Text
    If chkAdd.Checked Then strData &= "0D0A"
    DisplayData(">", strData)
End If

oClient.SendData(HexCharsToBytes(strData))
```

timerStatus 控件的 Tick 事件处理程序主要更新按钮和状态栏中的相关信息。例如，只有本地主机与远程主机处于连接状态，“Send”按钮才有效，否则无效。

```
If oClient Is Nothing Then
    ts_Status.Text = "Closed"
    btSend.Enabled = False
    btClose.Enabled = False
    Return
End If

If oClient.Status = TCP_Client.tcpStatus.Connected Then
    btSend.Enabled = True
Else
    btSend.Enabled = False
End If

If oClient.Status = TCP_Client.tcpStatus.Closed Then
    btClose.Enabled = False
Else
    btClose.Enabled = True
End If

ts_Status.Text = oClient.Status.ToString
```

21.8 参数设置窗体的代码分析

参数设置窗体的 Load 事件处理程序主要将参数在控件上进行显示。

```
Me.Icon = My.Resources.Network
Me.Location = New Point(327, 331)

txtHost.Text = strServer
txtPort.Text = nPort

If nDisplayMode = DisplayMode.CharMode Then
    rb_Char.Checked = True
Else
    rb_Hex.Checked = True
End If
```

"OK"按钮主要将控件上表示的数据转换成合适的形式，并赋给合适的参数，然后，调用SaveProperties方法保存用户设置。另外，还要根据设置的显示模式确定Char/Hex文本框哪一个被显示。

```
strServer = txtHost.Text
nPort = Integer.Parse(txtPort.Text)

If rb_Char.Checked = True Then
     nDisplayMode = DisplayMode.CharMode
     frmMain.txtChar.Enabled = True
     frmMain.txtHex.Enabled = False
Else
     nDisplayMode = DisplayMode.HexMode
     frmMain.txtHex.Enabled = True
     frmMain.txtChar.Enabled = False
End If

SaveProperties()
Me.Close()
```

通用TCP客户机的运行效果参见2.6.1节。

21.9 本章小结

本章首先介绍了网络编程的常用类，在此基础之上设计了通用的IP地址获取方法，随后介绍了TcpClient类及其基本的用法。自定义客户端类TCP_Client类丰富了TcpClient类的内容，提供了多种状态供用户查看，并用事件提交接收到的数据及详细的错误信息，弥补了TcpClient类的不足。最后，用自定义类设计了一个通用TCP客户机程序，给出了测试用例，即利用该程序跟远程POP3服务器连接，进行信息的交互。

第22章将在本章的基础之上，设计一个TCP服务器类，并给出网络通信与串行通信在工程实践中的应用模型。

思考与练习

1. 如何获取本地主机的名称及IP地址，以及远程主机的IP地址？
2. 如何对自定义类TCP_Client进行初始化、连接和收发数据，怎样使用其事件？
3. 利用通用TCP客户机程序与其他TCP服务器连接，进行测试。

第22章　通用TCP服务器

POP3服务器让远程用户登录，并提供邮件下载功能。第21章用自定义类TCP_Client设计了一个通用TCP客户机程序，可以与POP3服务器进行信息交互。本章将在TcpListener类的基础之上，开发一个自定义类TCP_Server，进一步设计一个通用TCP服务器程序，可以与第21章的通用TCP客户机进行信息交互。

22.1　TcpListener类

TcpListener类属于System.Net.Sockets命名空间，用于从TCP网络客户端侦听连接。TcpListener类提供一些简单方法，用于在阻止同步模式下侦听和接受传入连接请求。可使用TcpClient或Socket来连接TcpListener。TcpListener类的构造函数有三个重载，但是，仅使用端口号的构造函数已经过时，一般使用IPEndPoint、本地IP地址及端口号来创建TcpListener实例。可以将本地IP地址指定为Any，指示服务器必须侦听所有IPv4网络接口上的客户端活动。

Start方法用来开始侦听传入的连接请求。Start将对传入连接进行排队，直至调用Stop方法或已经完成MaxConnections排队为止。可使用AcceptSocket或AcceptTcpClient从传入连接请求队列提取连接，这两种方法将发生阻止。如果要避免阻止，可首先使用Pending方法来确定队列中是否有可用的连接请求。

Active属性属于Boolean类型，如果TcpListener正主动侦听，则为True；否则为False。TcpListener的派生类可使用该属性来确定Socket当前是否在侦听传入的连接尝试。Active属性可用于避免发生多余的Start尝试。

默认情况下，多个侦听器可以侦听一个特定端口。但是，只有一个侦听器能对发送到该端口的网络流量执行操作。如果多个侦听器试图绑定到特定端口，则由采用更具体IP地址的侦听器对发送到该端口的网络流量进行处理。可以使用ExclusiveAddressUse属性来阻止多个侦听器侦听特定端口。如果TcpListener只允许一个侦听器来侦听特定端口，则为True；否则为False。应在调用Start之前设置此属性，或调用Stop方法后设置此属性。

使用TcpListener侦听端口的典型代码片段如下所示（没有考虑异常的发生）。首先创建server实例，然后，调用AcceptTcpClient方法阻止，等待连接请求。返回TcpClient对象client后，调用其GetSteam方法获得NetworkStream对象stream，通过该对象即可进行信息交互。

```
Dim server As TcpListener
Dim port As Int32 =13000
server =New TcpListener(IPAddress.Any, port)
server.Start()

While True
```

```
        Dim client As TcpClient = server.AcceptTcpClient()
        Dim stream As NetworkStream = client.GetStream()
        '其他代码
    End While
```

为何使用 AcceptTcpClient 方法从传入连接请求队列提取连接？因为该方法返回一个 TcpClient 对象，这正是第 21 章的主要内容，因而，大多方法都可以共享或者只需要做很小的修改即可。

22.2 自定义 TCP_Server 类

自定义 TCP_Server 类（TCP_Server.vb）启用多线程在后台侦听连接请求，与远程客户机建立连接后，再启动多线程接收数据，并用 DataReceived 事件提交数据；采用 ErrorReceived 事件通知用户错误发生的种类以及错误信息，实现了异步处理侦听连接请求和数据接收。TCP_Server 类需要引入 System.IO、System.Net、System.Net.Sockets 及 System.Threading 等命名空间。

22.2.1 基本定义

基本定义主要包括对枚举、变量、事件、多线程及属性的定义。与 TCP_Client 类相比较，TCP_Server 类的 tcpStatus 枚举增加了两个成员，即表示侦听状态的 Listening 和侦听发生错误的状态 ListeningError。_tcpStatus 是内部使用的 tcpStatus 变量。

```
Public Enum tcpStatus
    Closed = 0
    Listening = 1
    ListeningError = 2
    Connected = 3
    WriteError = 4
    ReadError = 5
    AvailableError = 6
End Enum
Private _tcpStatus As tcpStatus = tcpStatus.Closed
```

有错误发生，应该通过事件通知用户。ErrorEventType 枚举与 ErrorReceived 事件配合工作，以便对 tcpStatus 状态做更详细的说明。与 TCP_Client 类相比较，TCP_Server 类增加了 ListeningError 事件类型。

```
Public Enum ErrorEventType
    ListeningError = 0
    WriteError = 1
    ReadError = 2
    AvailableError = 3
End Enum
```

_tcpServer 是一个 TcpListener 对象，由该对象获取_tcpClient 对象，再由_tcpClient 对象获取_ns对象。

```
Private _tcpServer As TcpListener
Private _tcpClient As TcpClient
Private _ns As NetworkStream
```

除了使用 DataReceived 事件提交数据和 ErrorReceived 事件提交错误类型及对应的详细信息外，TCP_Server 类还定义了 Connected 事件，表示已经与远程客户机建立了连接。Connected 事件的使用，使得 TCP_Server 在连接建立后，能够主动发送数据，此功能可以模仿 POP3 服务器对话。

```
Public Event DataReceived(ByVal byteBuffer As Byte())
Public Event ErrorReceived(ByVal nEventType As ErrorEventType, _
                          ByVal strMessage As String)
Public Event Connected()
```

_threadConnect 是一个多线程对象，用于在后台处理用户的连接请求。_threadData 对象用于在后台读取数据。

```
Private _threadConnect As Thread
Private _threadData As Thread
```

服务器侦听本地端口，与远程客户机建立连接后，应该知道其 IP 地址和端口地址。RemoteIP属性用来获取远程客户机的 IP 地址，RemotePort 属性则用来获取远程客户机的端口号。

```
Private _strRemoteIP As String = ""
Public ReadOnly Property RemoteIP() As String
    Get
        Return _strRemoteIP
    End Get
End Property

Private _nRemotePort As Integer
Public ReadOnly Property RemotePort() As Integer
    Get
        Return _nRemotePort
    End Get
End Property
```

22.2.2 构造函数和销毁函数

构造函数只需要一个本地端口号作为参数。首先，初始化 TcpListener 对象_tcpServer，然后，设置 ExclusiveAddressUse 属性为 True 来阻止多个侦听器侦听特定端口，并调用 Start 方法用来开始侦听传入的连接请求。最后，初始化多线程对象_threadConnect，并调用其 Start 方法启动处理侦听连接请求，设置_tcpStatus 为 Listening 状态。

```
Public Sub New(ByVal nLocalPort As Integer)
    Dim ipAddress As IPAddress = ipAddress.Any

    _tcpServer = New TcpListener(ipAddress, nLocalPort)
```

```
    _tcpServer.ExclusiveAddressUse = True
    _tcpServer.Start()

    _threadConnect = New Thread(AddressOf WaitConnect)
    _threadConnect.Start()
    _tcpStatus = tcpStatus.Listening
End Sub
```

销毁函数主要调用 Close 方法。TCP_Server 类添加了一条语句，用来处理 TcpListener 对象_tcpServer，即调用其 Stop 方法停止侦听连接请求。

```
Public Sub Close()
    _tcpStatus = tcpStatus.Closed
    If _tcpClient IsNot Nothing Then _tcpClient.Close()
    If _tcpServer IsNot Nothing Then _tcpServer.Stop()
End Sub
```

22.2.3　连接请求的处理

多线程对象_threadConnect 所做的工作就是在后台处理远程客户机的连接请求，主要工作通过 WaitConnect 方法完成。当_tcpStatus 的值为 Listening 状态时，执行循环。如果已经获得连接，即_tcpClient 非空，则直接返回。

WaitConnect 方法的主要工作是调用 AcceptTcpClient 方法处理连接请求，获得_tcpClient 对象，据此获得用于发送和接收数据的_ns 对象。然后，将_tcpClient.Client.RemoteEndPoint 属性转换为 IPEndPoint 对象 iep，从而获得远程客户机的 IP 地址和端口号。如果以上工作抛出异常，则表示发生 ListeningError 类型的错误，就抛出 ErrorReceiving 事件告知错误类型及对应的详细信息。

本地服务器与远程客户机建立连接后，将_tcpStatus 的值设置为 Connected，然后抛出 Connected 事件，最后启动多线程读取远程客户机发送的数据。

```
Private Sub WaitConnect()
    Do While _tcpStatus = tcpStatus.Listening
      If _tcpClient IsNot Nothing Then Return

      Try
          _tcpClient = _tcpServer.AcceptTcpClient
          _ns = _tcpClient.GetStream
          Dim iep As IPEndPoint = _
                DirectCast(_tcpClient.Client.RemoteEndPoint, IPEndPoint)
          _strRemoteIP = iep.Address.ToString
          _nRemotePort = iep.Port
      Catch ex As Exception
          _tcpStatus = tcpStatus.ListeningError
          RaiseEvent ErrorReceived(ErrorEventType.ListeningError, ex.Message)
          Return
      End Try
```

```
            _tcpStatus = tcpStatus.Connected
            RaiseEvent Connected()

            _threadData = New Thread(AddressOf ReadData)
            _threadData.Start()
        Loop
    End Sub
```

至于与数据的接收和发送相关的 SendData 方法、ReadData 方法以及 GetBytes 方法等都与 TCP_Client 类的一样，这里不再赘述。

22.3 TCP 服务器的窗体设计

通用 TCP 服务器的主窗体与图 21.1 基本相似，只是将其中的“Connect”按钮替换为“Listen”按钮，以便侦听本地端口。另外，状态栏依次显示本地主机的 IP 地址、侦听的端口号、远程主机的 IP 地址与端口号，以及连接的状态。

参数设置窗体如图 22.1 所示，用来设置本地主机侦听的端口号“LocalPort”，以及显示方式，默认 Char 方式用来传送文本信息，可用于网络聊天功能。TCP 服务器不需要关心与自己连接的 TCP 客户机的 IP 地址及端口号。

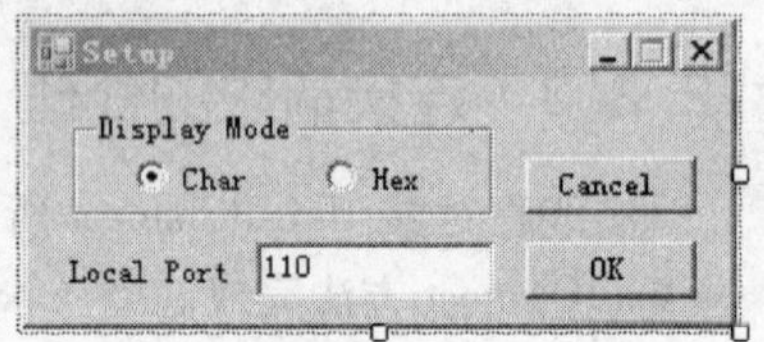

图 22.1 通用 TCP 服务器的参数设置界面

在项目属性中，需要做如图 22.2 所示的设置，即默认情况下本地主机侦听 1024 端口，采用 Char 方式显示数据。关于图标的设置与第 21 章中的完全一致。

	名称	类型	范围	值
▶	Port	Integer	用户	1024
	DisplayMode	Integer	用户	0
*				

图 22.2 My.Settings 变量的设置

22.4 需要的软件模块

与通用 TCP 客户机程序相比较，需要将自定义 TCP_Client 类替换为 TCP_Server 类，其他软件模块基本一致。然后，对 Main 模块进行修改，简化为处理本地端口号 nLocalPort 即可，而 LoadProperties 和 SaveProperties 方法也分别读取和保存本地端口号 My.Settings.Port 的值。

```
Public nDisplayMode As DisplayMode
Public nLocalPort As Integer

Public Sub LoadProperties()
    My.Settings.Reload()
    nLocalPort = My.Settings.Port
```

```
        nDisplayMode = My.Settings.DisplayMode
    End Sub

    Public Sub SaveProperties()
        My.Settings.Port = nLocalPort
        My.Settings.DisplayMode = nDisplayMode
        My.Settings.Save()
    End Sub
```

22.5 窗体代码分析

通用 TCP 服务器程序的主窗体类中的变量和方法的声明及定义与第 21 章的程序基本相似，只是将 oClient 对象修改为 oServer 对象，类名也做相应调整，代码如下所示：

```
    Public WithEvents oServer As TCP_Server
```

“Listen” 按钮的 Click 事件处理程序用来侦听本地端口。首先关闭原有对象，然后新建 oServer对象，启动 oServer 中的多线程开始侦听 nLocalPort 端口。

```
    If oServer IsNot Nothing Then oServer.Close()
    oServer = New TCP_Server(nLocalPort)
```

timerStatus 控件的 Tick 事件处理程序主要更新按钮和状态栏中的相关信息。远程客户机的 IP 地址由 oServer 对象的 RemoteIP 属性读取，端口号由 RemotePort 属性读取。

```
    If oServer Is Nothing Then
        ts_Status.Text = "Closed"
        btSend.Enabled = False
        btClose.Enabled = False
        Return
    End If

    If oServer.Status = TCP_Server.tcpStatus.Connected Then
        btSend.Enabled = True
    Else
        btSend.Enabled = False
    End If

    If oServer.Status = TCP_Server.tcpStatus.Closed Then
        btClose.Enabled = False
    Else
        btClose.Enabled = True
    End If

    ts_RemoteIP.Text = oServer.RemoteIP
    ts_RemotePort.Text = oServer.RemotePort
    ts_Status.Text = oServer.Status.ToString
```

```
ts_LocalIP.Text = LocalIPString()
ts_LocalPort.Text = nLocalPort
```

主窗体的其他相关代码与第 21 章的基本相似或完全一致，参数设置窗体主要处理本地端口号，这里不再赘述。通用 TCP 服务器的运行效果参见 2.6.2 节。

22.6 应用模型

USB 接口加上存储芯片，创造了风靡世界的 U 盘。目前，已经介绍了串行通信、TCP 客户机/服务器编程，把它们组合起来将有什么效果或者应用呢？

客户机需要登录到远程服务器获取信息，它们之间进行了哪些交互？可以设计一个应用程序，其中既有客户机又有服务器，使其成为一个 TCP 管道，如图 22.3 所示的中间部分。客户机不直接连接到远程服务器，而是先连接到 TCP 管道的服务器上，由 TCP 管道的客户机来连接远程服务器，这样，TCP 管道能够截取客户机与远程服务器之间的所有交互信息。

图 22.3 TCP 管道应用模型

2.7 节的 RS-232/RJ-45 接口转换软件充分利用了 TCP 客户机和服务器，一端使用 RS-232 接口，另一端使用 RJ-45 接口并支持 TCP 客户机或服务器，这种转换软件可以实现计算机监控系统的远程测试，如图 2.39 所示。

22.7 本章小结

本章首先介绍了 TcpListener 类的原理及其基本用法，在此基础之上，设计了自定义服务器类 TCP_Server，丰富了 TcpListener 类的内容，提供了多种状态供用户查看，并用事件提交接收到的数据及详细的错误信息，弥补了 TcpListener 类的不足。随后，用自定义类设计了一个通用 TCP 服务器程序，给出了与第 21 章的通用 TCP 客户机程序的协同测试用例。

客户机（Client）/服务器（Server）应用程序又称做 C/S 结构的应用程序。将客户机与服务器组合在一个应用程序中，可以设计一个 TCP 管道，截取原客户机与服务器之间的交互信息；而客户机、服务器与串行通信相结合，可以设计一个 RS-232/RJ-45 接口转换软件，对计算机监控系统的远程测试很有帮助。第 23 章将介绍浏览器（Browser）/服务器（Server）即 B/S 相关的内容，并用桌面程序调用 Web 服务。

思考与练习

1. 简述自定义服务器类与远程客户机连接和信息交互的基本过程。
2. 自定义服务器类如何获取远程客户机的 IP 地址及端口号？
3. 设计一个 TCP 管道程序，截取 Windows Mail 客户机与 POP3 服务器之间的交互信息。
4. 设计一个 RS-232/RJ-45 接口转换软件，主控机与受控机都用第 15 章的串口通信程序充当，写出测试过程及效果。

第 23 章　Web 服务

Web 服务（Web Service）是一种新的 Web 应用分支，是基于网络的、分布式的模块化组件，它执行特定的任务，遵守具体的技术规范；这些技术规范是一套标准，定义了应用程序如何在 Web 上实现互操作性。Web 服务的主要目标就是在现有的各种异构平台的基础之上构建一个通用的、与平台和语言无关的技术层，各种不同平台之上的应用依靠这个技术层来实施彼此的连接和集成。本章主要介绍 Web 服务的基础知识、开发环境及 Web 服务的调用案例。

23.1　什么是 Web 服务

面向服务的体系结构（Service-Oriented Architectures，SOAs）当前强调的重点在 Web 服务上，SOAs 和 Web 服务体现了应用程序彼此进行通信的方式的典型变化。SOAs 已经存在很长时间了，最初主要由中间件应用程序组成，至少进行连接的两端都属于同一种类型的中间件。另一方面，Web 服务由一组标准组成，用于在不需要特定类型的中间件、编程语言甚至操作系统的前提下让各种不同的系统进行通信。下面简单介绍一下其发展历程。

传统应用程序是“竖井”（Silo）型的。人力资源应用程序无法与财务应用程序真正通信，而后者又无法和分布应用程序进行真正的通信。所有这些应用程序都有独立的领域，在独立的计算机上运行，尽管很有用，但并不能很好地在彼此间共享数据。当时可以选择对批处理流程进行连接，以将数据从一个系统移动到另一个系统，但这并不适合进行实时集成。

在进化链中的第二步是分布式计算。分布式计算允许不同的应用程序彼此进行通信（即使位于不同的计算机上也是如此）。DCOM、CORBA 和 Enterprise Java Bean（EJB）等技术提供了包含各种类别的注册中心的系统，因此，应用程序可以找到其希望与之进行交互的组件，然后像调用本地的组件一样调用这些组件。虽然系统可以自由地与系统内的任何对象进行通信，但仍然是一个封闭的系统。而且，客户机应用程序必须与服务器应用程序使用相同的技术。另外，通常并不会将系统设计为从创建它的个体组织外进行访问。

此进化链中下一个几乎不可避免的链接点就是 Web 服务。Web 服务是一种可以用来解决跨网络应用集成问题的开发模式，这种模式为实现“软件作为服务”提供了技术保障。而“软件作为服务”实质上是一种提供软件服务的机制，这种机制可以在网络上暴露可编程接口，并通过这些接口来共享站点开放出来的功能。从技术角度来讲，Web 服务实现了最广泛的应用软件集成，弥补了传统软件开发模型的限制。

Web 服务可以用 XML 语言进行详尽的描述，采用 XML 作为基本的标记语言、SOAP（Simple Object Access Protocol）作为互操作协议、WSDL（Web Service Description Language）作为服务描述语言，通过 UDDI（Universal Description Discovery & Integration）可以把服务注册到互联网以便搜索，供更多的用户使用。

23.2 Web 服务的体系结构

通常，一个 Web 服务被分为五个逻辑层：数据层（data layer）、数据访问层（data access layer）、业务层（business layer）、业务面（business facade）和监听者（listener）。离客户端最近的是监听者，离客户端最远的是数据层。业务层更进一步被分为两个子层：业务逻辑（business logic）和业务面（business facade）。Web 服务需要的任何物理数据都被保存在数据层。在数据层之上是数据访问层，数据访问层为业务层提供数据服务。数据访问层把业务逻辑从底层数据存储的改变中分离出来，这样就能保护数据的完整性。业务面提供一个简单接口，直接映射到 Web 服务提供的过程。

业务面模块被用来提供一个到底层业务对象的可靠的接口，把客户端从底层业务逻辑的变化中分离出来。业务面跟客户端与业务逻辑层或者 Web 服务项目与业务逻辑层紧密关联。

业务逻辑层提供业务面使用的服务。所有的业务逻辑都可以通过业务面在一个直接与数据访问层交互的简单 Web 服务中实现。Web 服务客户应用程序与 Web 服务监听者交互，监听者负责接收带有请求服务的输入消息、解析这些消息，并把这些请求发送给业务面的相应方法。

Web 服务描述语言（WSDL）和 SOAP 一起构成了 Web 服务的核心结构单元。WSDL 基于 XML 格式，用来描述 Web 服务。它描述了 Web 服务可以执行的操作以及 Web 服务可以发送或接收的消息格式。WSDL 文档可以看成是客户端和服务器之间的一个协约。使用 WSDL 工具，可以自动处理这个过程，几乎不用手工编写代码就能够让应用程序整合新的服务。因此 WSDL 是 Web 服务体系结构的基础，因为它提供了一种通用语言，用来描述服务和整合这些服务的平台。

虽然大部分 WSDL 文档使用 RPC 风格的“要求/应答”语句对，但是，WSDL 也支持单向的消息。WSDL 支持四种 SOAP 消息操作：

- 单向（one-way）：端点接收消息。
- 请求响应（request-response）：端点接收消息，然后发送相关消息。
- 要求响应（solicit-response）：端点发送消息，然后接收相关消息。
- 通知（notification）：端点发送消息。

UDDI（统一描述、发现和整合）创建了一个平台独立、开放的框架，通过因特网来描述服务，发现业务，并且整合业务服务。它是一套基于 Web 的、分布式的、为 Web 服务提供的信息注册中心的实现标准规范，同时也包含一组使企业能将自身提供的 Web 服务注册以使得其他企业能够发现的访问协议的实现标准。

通过使用 UDDI 的发现服务，企业可以单独注册那些希望被其他企业发现的自身提供的 Web 服务。企业可以通过 UDDI 商业注册中心的 Web 界面，或是使用实现了“UDDI Programmer's API 标准”所描述的编程接口的工具，来将信息加入到 UDDI 的商业注册中心。UDDI 商业注册中心在逻辑上是集中的，在物理上是分布式的，由多个根节点组成，相互之间按一定规则进行数据同步。当一个企业在 UDDI 商业注册中心的一个实例中实施注册后，其注册信息会被自动复制到其他 UDDI 根节点，于是就能被任何希望发现这些 Web 服务的人所发现。

基于Web服务的应用结构如图23.1所示。客户端在各自的操作系统和平台的支持下，可以使用基于PC、PDA及任何智能设备的浏览器或应用程序调用远程Web服务。服务器上的Web服务可以充分利用服务器中的资源，特别是数据库信息，将合乎用户要求的信息返回给用户。其中的XML和SOAP的传送都是基于HTTP协议的，使得其应用可以通过防火墙。

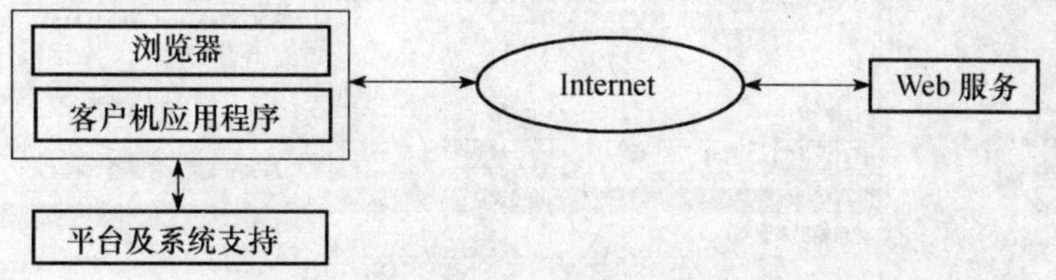

图23.1　基于Web服务的应用结构

23.3　Visual Web Developer 2008的开发环境

Web服务是在Visual Web Developer 2008 Express Edition环境下创建的，建立在ASP.NET的框架之上，因而，需要安装该开发工具，可以从http://www.microsoft.com/express/download/站点免费下载安装（请选择“Chinese（Simplified)”，即简体中文），基本过程与Visual Basic 2008 Express Edition类似。

Visual Web Developer 2008是新从事网络开发人员的理想环境，用来以可视化的方式开发Web应用程序及Web服务等。ASP.NET是服务器端的程序，必须在服务器中才能运行，因而，最好安装IIS。但Visual Web Developer 2008可以为运行的Web站点创建一个虚拟服务器。

启动Visual Web Developer 2008后，初始界面与图3.2中的类似。通过菜单“文件”→“新建网站”来创建网站，如图23.2所示。选择“ASP.NET网站”，“位置”则有三个选项。如果本机没有安装IIS，也不想设置服务器的位置等信息，就使用“文件系统”选项，Visual Web Developer 2008将指定的路径视为该网站的根目录，并在预览时启动内置的虚拟服务器，根据这个位置来模拟执行。

图23.2　创建ASP.NET网站

如果本机已经安装了IIS，则可以使用“HTTP”选项来创建网站。这个设置与IIS的设置相关，必须设置网页服务器的预览网址，所制作的文件也会放置在IIS所设置的根目录中，所以，这种方式比较适合高级用户。另外，还有“FTP”选项。

图23.2中的“语言”指示ASP.NET使用的编程语言，如果安装了多种.NET编程语言，则可以通过下拉框进行选择。这里选择Visual Basic作为编程语言。单击“确定”按钮后，Visual Web Developer 2008的界面如图23.3所示。

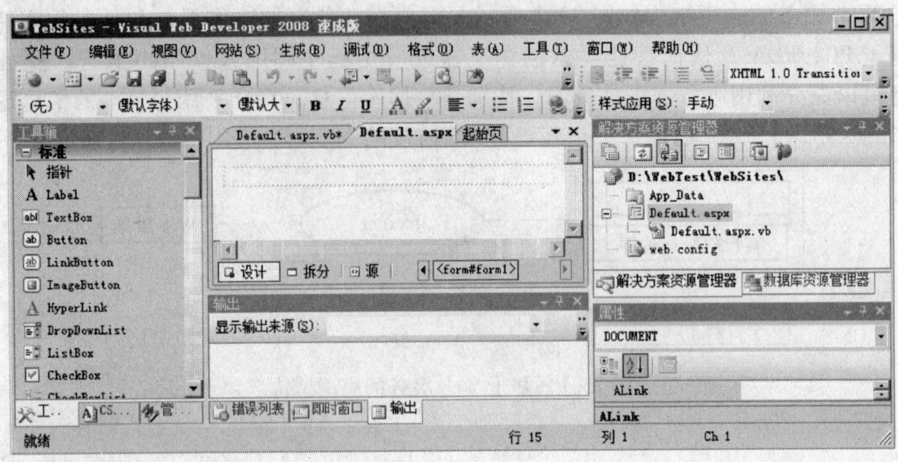

图 23.3 Visual Web Developer 2008 的开发环境

在图 23.3 所示的工作区中单击标签页“设计”，双击页面，在代码设计窗口中输入如下代码，用来在客户端显示访问次数。任何 ASP.NET 的页面后台类都需要从 System.Web.UI.Page 类继承，它代表了 ASP.NET 中的页面，实现了 IHttpHandler 接口。Session 对象用于在服务器端保存数据或对象，所保存的信息为特定来访的浏览器所共享。Session("Count") 获取变量"Count"的值，赋给 nCount。Response 对象是从 System.Web 命名空间中的 HttpResponse 类中派生出来的，其 Write 方法用于向浏览器发送指定的文本内容。nCount 变化后，再保存在"Count"变量中，以便再次使用。

```
Dim nCount As Integer

Protected Sub Page_Load(ByVal sender As Object, ByVal e As System.EventArgs) _
                    Handles Me.Load
    nCount = Session ("Count")
    nCount += 1
    Response.Write("<H1> 你是第 " & nCount.ToString & " 次访问本网站</H1>")
    Session ("Count") = nCount
End Sub
```

运行 Web 应用程序。当 Web 应用程序第一次运行，系统会显示调试提示，如图 23.4 所示。单击“确定”按钮修改 Web.config 文件以启用调试，可以如 Visual Basic 2008 的调试方法一样设置断点，跟踪运行。

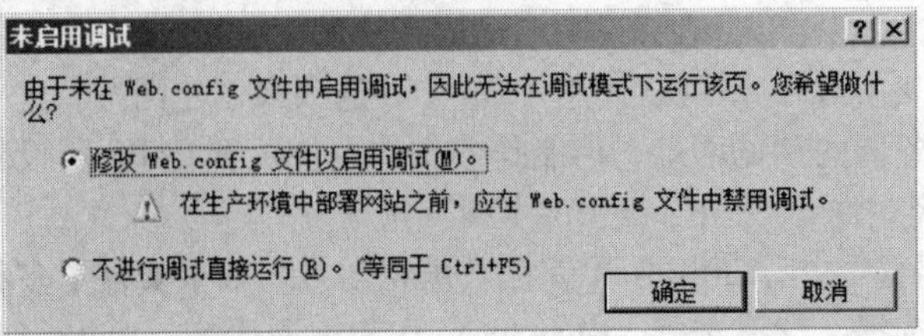

图 23.4 调试提示

网站的运行效果如图 23.5 所示，每刷新一次页面，访问次数就增加一次。图中任务栏状态通知区域最左边的图标显示虚拟服务器的端口为 56381。如果将代码中的两条 Session 语句删除，刷新页面后，访问次数将不会增加。这是因为 HTTP 是一种无态的（stateless）通信协议，虽然 nCount 被定义为一个全局变量，但是，每次刷新页面都会产生一个新的页面对象，nCount 都会被重新初始化为 0，所以，这里通过 Session 对象来保存状态。同理，在 HTTP 之上的 Web Service 也是同样的情况。Application 对象也是用来在服务器端保存数据或对象的，但是，Application 对象保存的信息为所有来访的浏览器共享。

图 23.5 ASP.NET 网站运行效果

“关闭项目”的方法与 Visual Basic 开发环境中的方法一致。重新打开一个网站或者 Web 服务，通过菜单“文件”→“打开网站”，打开图 23.2 所示的原来的目录即可。

本节只介绍了 Visual Web Developer 2008 的开发环境和 ASP.NET 的简单应用，至于如何创建 Web 服务用于计算机监控，将在第 25 章介绍。下面介绍 Web 服务的使用方法。

23.4 天气预报 Web 服务应用程序

天气预报 Web 服务，数据来源于中国气象局（http://www.cma.gov.cn/），数据每 2.5 小时左右自动更新一次，准确可靠，包括 340 多个国内主要城市和 60 多个国外主要城市三日内的天气预报数据。

23.4.1 准备工作

在 Visual Basic 2008 环境下新建一个窗体应用程序 WinApp_Weather，其主界面设计如图 23.6所示。cmbArea 下拉框显示地区列表，cmbCity 下拉框显示城市列表，txtWeather 文本框显示天气信息和城市介绍信息，其 Multiline 属性设置为 True，ScrollBars 属性设置为 Both。预报时间标签显示本次预报的时间。

右击“解决方案资源管理器”中的项目名称，选择“添加服务引用”，出现如图 23.7 所示的对话框。将 Weather 服务的网址粘贴到图 23.7 的地址中，单击“前往”按钮，系统将提示找到 1 个服务。将命名空间修改为 refWebService，单击“确定”按钮关闭对话框。

图 23.6 Weather 服务应用程序主界面设计

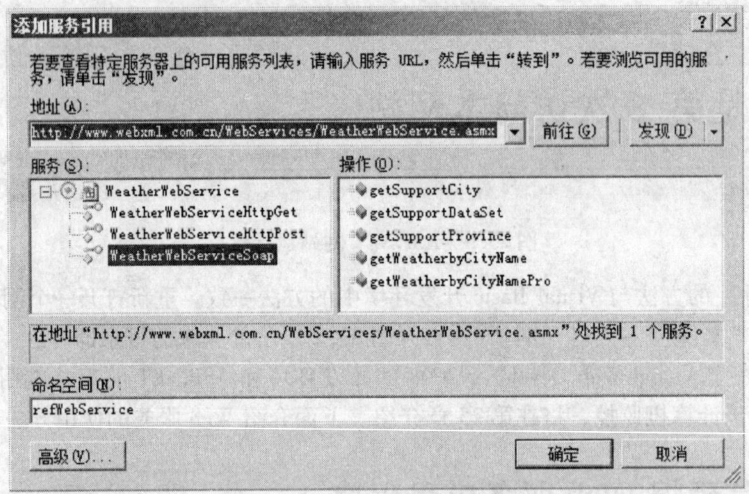

图 23.7 添加 Weather 服务引用

在项目属性中添加用户设置 indexArea 和 indexCity，都取整型值，这两个设置用来增加记忆功能，即程序关闭后，再次打开将显示关闭时的城市天气预报。另外，再添加一个图标，使应用程序显得更加规范、美观。

图 23.7 中的操作（方法）getSupportProvince 获得本天气预报 Web Services 支持的洲、国内外省份和城市信息，返回一个一维字符串数组 String()，内容为洲或国内省份的名称，该方法不需要参数。

getSupportCity 方法查询本天气预报 Web Services 支持的国内外城市或地区信息，返回一个一维字符串数组 String()。若输入参数为洲或国内的省份，则返回指定范围内的城市；若输入参数为 ALL 或空，则表示返回全部城市。

getWeatherbyCityName 方法根据城市或地区名称查询获得未来三天内的天气情况、现在的天气实况、天气和生活指数，返回一个一维数组 String(22)，共有 23 个元素，String(0) 到 String(4) 依次为省份、城市、城市代码、城市图片名称、最后更新时间。String(5) 到 String(11) 依次为当天的气温、概况、风向和风力、天气趋势开始图片名称（以下称图标一），天气趋势结束图片名称（以下称图标二）、现在的天气实况、天气和生活指数。String(12) 到 String(16)

依次为第二天的气温、概况、风向和风力、图标一、图标二。String(17)到 String(21) 依次为第三天的气温、概况、风向和风力、图标一、图标二。String(22)为被查询的城市或地区的介绍。输入参数为城市中文名称（国外城市可用英文）或城市代码。

23.4.2 代码分析

首先，在窗体类中声明 Web 服务的客户端对象 svc，通过该对象，可以调用 23.4.1 节中的三个方法。这里初始化 svc 对象时，必须指定参数。这是因为当 Windows Communication Foundation(WCF) 客户端仅有一个终节点时，则不会出现含糊不清的现象，并且用户不必将该终节点作为参数列出。不过，当同一协定类型存在两个或更多个终节点时，则必须指定客户端使用哪个终节点。strAboutCity 变量用来存放城市介绍信息。

```
Dim svc As New refWebService.WeatherWebServiceSoapClient _
                                ("WeatherWebServiceSoap")
Dim strAboutCity As String
```

在窗体的 Load 事件处理程序中输入如下代码。这部分代码的主要功能是调用 getSupportProvince 方法获取支持的洲、国内外省份和城市信息，并将它们添加到 cmbArea 下拉框选项中。最后，将用户设置 indexArea 的值赋给 cmbArea 的 SelectedIndex 属性，该语句会触发 cmbArea 对象的 SelectedIndexChanged 事件。

```
Me.Icon = My.Resources.Network
My.Settings.Reload()

Dim strProvinces() As String = svc.getSupportProvince()
For Each strItem As String In strProvinces
    cmbArea.Items.Add(strItem)
Next

If cmbArea.Items.Count > 0 Then
    cmbArea.SelectedIndex = My.Settings.indexArea
End If
```

在 cmbArea 对象的 SelectedIndexChanged 事件处理程序中输入如下代码。这部分代码的主要功能是调用 getSupportCity 方法获取 cmbArea.Text 对应的城市，并将它们添加到 cmbCity 下拉框选项中，另外，还需要保存用户设置 indexArea。最后，将用户设置 indexCity 的值赋给 cmbCity 的 SelectedIndex 属性，但是，如果该值超过范围，则令 SelectedIndex 属性为 0，即显示第一个选项，该语句会触发 cmbCity 对象的 SelectedIndexChanged 事件。

```
If cmbArea.SelectedIndex = -1 Then
    Return
Else
    My.Settings.indexArea = cmbArea.SelectedIndex
End If

cmbCity.Items.Clear()
Dim strCities() As String = svc.getSupportCity(cmbArea.Text)
```

```
For Each strItem As String In strCities
    cmbCity.Items.Add(strItem)
Next

If cmbCity.Items.Count > 0 Then
    If My.Settings.indexCity >= cmbCity.Items.Count Then
        cmbCity.SelectedIndex = 0
    Else
        cmbCity.SelectedIndex = My.Settings.indexCity
    End If
End If
```

在 cmbCity 对象的 SelectedIndexChanged 事件处理程序中输入如下代码。这部分代码的主要功能是调用 getWeatherbyCityName 方法获取天气信息，并对其格式进行处理，然后，放入 txtWeather 文本框中进行显示，另外，还需要保存用户设置 indexCity。由于 cmbCity.Text 的城市名的格式形如“南京（58238）”，为了提取纯粹的城市名称，调用了 Split 方法，以“（”为分隔符切分城市信息，从而在 strCity(0) 中得到纯粹的城市名称，据此调用 getWeatherbyCityName 方法获取天气信息。

strWeather(11) 中是各项“指数”，其间用换行符 vbLf 分隔，txtWeather 文本框并不将该换行符解释为新行，因而，调用 Replace 方法将 vbLf 替换为 vbCrLf。城市介绍 strWeather(22) 保存到 strAboutCity 变量中，与天气预报分开显示，因为不少城市没有介绍，有的城市介绍又很丰富，如果放在一起显示将显得凌乱。令 txtWeather 文本框的 WordWrap 属性为 False，是为了避免一行的内容超过文本框的宽度引起自动换行显示。

```
If cmbCity.SelectedIndex = -1 Then
    Return
Else
    My.Settings.indexCity = cmbCity.SelectedIndex
End If

Dim strResult As String = ""
Dim charSeg() As Char = {"("}
Dim strCity() As String = cmbCity.Text.Split(charSeg, _
                        System.StringSplitOptions.RemoveEmptyEntries)
Dim strWeather() As String = svc.getWeatherbyCityName(strCity(0))
lblTime.Text = "预报时间：" & strWeather(4)
strResult = strWeather(10) & Environment.NewLine
strResult &= "天气预报:" & Environment.NewLine
strResult &= strWeather(6) & ",  " & strWeather(5) & ",  " & strWeather(7) _
          & Environment.NewLine
strResult &= strWeather(11).Replace(vbLf, vbCrLf) & Environment.NewLine
strResult &= "天气预报:" & Environment.NewLine
strResult &= strWeather(13) & ",  " & strWeather(12) & ",  " & strWeather(14) _
          & Environment.NewLine
strResult &= strWeather(18) & ",  " & strWeather(17) & ",  " & strWeather(19) _
          & Environment.NewLine
strAboutCity = strWeather(22)
```

```
txtWeather.WordWrap = False
txtWeather.Text = strResult
```

在“城市介绍”的 Click 事件处理程序中输入如下代码。由于城市介绍的内容较多，所以，令 txtWeather 文本框的 WordWrap 属性为 True，使得显示的文本超过文本框的宽度时能够自动换行显示。

```
txtWeather.WordWrap = True
txtWeather.Text = Environment.NewLine & "    " & strAboutCity
```

为了将用户设置保存到硬盘上，需要在窗体的 FormClosed 事件处理程序中调用 My.Settings.Save() 方法。

23.4.3　程序测试

运行程序，其天气预报效果如图 23.8 所示，可以继续选择其他省区的其他城市进行测试。关闭程序后，重新打开程序，将显示最后的省区和城市的天气预报。单击“城市介绍”按钮，在多行文本框中将显示南京的城市介绍信息。

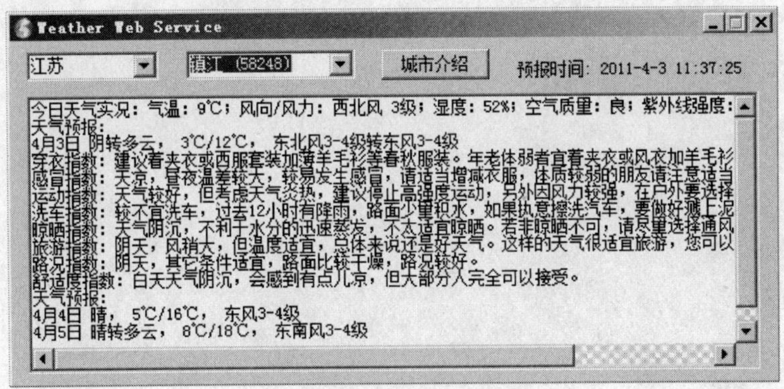

图 23.8　天气预报效果

23.5　本章小结

Web 服务是在 Visual Web Developer 环境下开发的。本章首先介绍了 Web 服务的基本概念及其体系结构、Web 服务的开发环境与 ASP.NET 的基本技术，最后设计了一个天气预报 Web 服务应用程序，可以方便地查询包括 340 多个国内主要城市和 60 多个国外主要城市三日内的天气预报数据。

Web 服务被业界称为 IT 技术的继 PC 和 Internet 之后的第三次革命，已经逐步显露出巨大的商业机会，软件业因此正在酝酿着一场巨变。Web 服务涉及的内容很多，是当前的研究热点。

思考与练习

1. 什么是 Web 服务，Web 服务有哪些用途？
2. 调用 Web 服务需要注意什么问题，如何设计基于 Web 服务的实用程序？

第七部分

受控机与主控机软件开发实例

第24章　高山无人站电源监控系统

第25章　DI/DO主控软件

第26章　计算机监控系统模型

第 24 章　高山无人站电源监控系统

运行主控软件的计算机可以理解为主控机（上位机），而接受主控机命令的计算机或模块可以理解为受控机（下位机），其关系是相对的。在实际的工程项目中，受控机一般比第 2 章的仿真模块要复杂得多，也要比图 20.2 所管理的模块多一些，其硬件结构与软件系统设计往往占整个工程项目中的大部分工作。主控机资源丰富，一般用可视化的高级语言开发；受控机资源较少，不需要可视化效果，一般采用 C 语言、汇编语言、梯形图等开发。为了给读者一种真实的工程项目的感受，这里介绍一个实际的受控机系统，并给出了关键的 TC2.0 源代码。

24.1　项目背景

本系统由 6 个主控站和 6 个受控站组成，如图 24.1 所示。每个主控站带一个受控站，采用总线型的主控机和受控机两级结构，通过微波信道（图中粗黑线所示）传送数据，但在某一时刻只有一台主控机查询所属受控机，被查询的受控机做应答处理，其余主控机处于侦听状态。主控机查询完所属的受控机后，转移查询权，由下一台主控机接管……如此循环。主控站位于杭州、温州、宁波等城市的机房，对系统进行管理；受控站则在内地或海边的山顶，环境比较恶劣。受控站的监控内容主要包括无人值守的柴油发电机组、开关电源、市电、蓄电池等的工作状态、环境温度、湿度、防盗等。

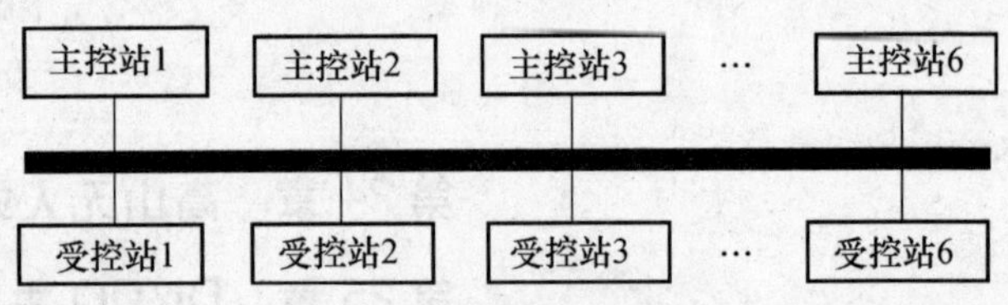

图 24.1　系统结构

24.2　受控站的硬件结构设计

主控站的结构比较简单，一台计算机外加一个微波 Modem，两者之间通过 RS-232 接口进行连接。受控站也需要一个微波 Modem，通过 RS-232 接口连接受控机系统，但其结构要复杂得多（如图 24.2 所示）。油机监控器是与大型柴油发电机配套的专用监控器，采用双机热备；1600 与 2800 也是与原设备配套的专用 HS-96 监控器，其中 1600 主要用来监控市电和环境参数，2800 对两组蓄电池（各 12 节）进行监控；报警开关量（遥信）输入模块采用 7041，控制开关量（遥控）采用 7067 模块。

受控机的主控模块则选用 7188，如图 24.3 所示，这些 7000 系列的模块都是中国台湾泓格公司的产品。7188 有四个串口，其中两个 RS-232（仅含 Rx、Tx、GND 信号线）、一个 RS-485、一个 9 针全信号 RS-232（通过内部跳线，可转换为 RS-485）。7188 模块接口多，抗恶劣环境，同时提供丰富的内部函数，有利于快速开发出性能可靠的受控机监控系统程序。由于各监控模块均使用 RS-485，所以，需要两个 RS-232/485 转换接口。7188 模块的 COM1 口为全信号 RS-232，连接专用 Modem，从而进入微波信道进行数据的无线传送。主控站也通过 RS-232 接口与专用 Modem 连接，进入微波信道。

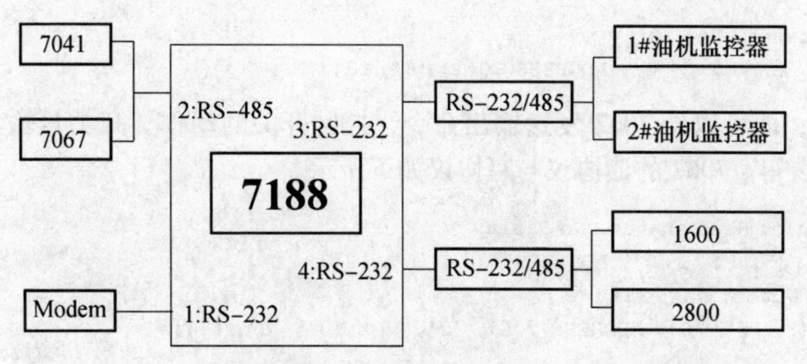

图 24.2　受控站硬件结构

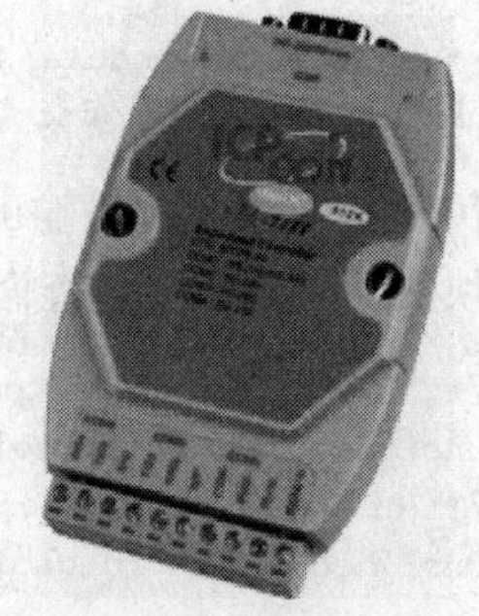

图 24.3　7188 嵌入式模块

7188 引脚说明如表 24.1 所示。两台 RS-232 设备之间的连接，只需要 Rx 与 Tx 和对方的 Tx 与 Rx 连接，即交叉相连，而 GND 直连即可。本表的 COM3 与 COM4 也只有三根信号线，并且共用 GND。7188 模块中提供了一个简易的 DOS 环境，INIT＊用于将 PC 中设计好的程序下载到 7188 模块。

表 24.1　7188 引脚说明

引脚号	名　称	说　明	引脚号	名　称	说　明
1	RxD4	COM4(RS-232) 的 Rx 引脚	6	INIT＊	用于程序下载的引脚
2	TxD4	COM4(RS-232) 的 Tx 引脚	7	D2＋	COM2(RS-485) 的 DATA＋引脚
3	GND	COM4 与 COM3 共用的 GND 引脚	8	D2－	COM2(RS-485) 的 DATA－引脚
4	TxD3	COM3(RS-232) 的 Tx 引脚	9	＋VS	模块电源正极引脚 (10～30V)
5	RxD3	COM3(RS-232) 的 Rx 引脚	10	GND	模块电源地线引脚

24.3　软件实现

24.3.1　通信协议说明

7188 的 COM2、COM3、COM4 都连接两台设备，它们之间是通过地址区分的，第 2 章的仿真模块就设置了地址。一台主控机可以通过一个串口，利用不同的地址监控不同的仿真模块。这里的地址按照 1#油机、2#油机、7041、7067、1600、2800 的顺序定义如下。

```
#define ADDRESS_YOU1 0xff
#define ADDRESS_YOU2 0xfd
#define ADDRESS_7041 0x31
#define ADDRESS_7067 0x32
#define ADDRESS_1600 0x55
```

```
#define ADDRESS_2800 0x65
```

7041 是一个开关量输入模块，只有读命令，通信协议以“$”开始，无校验，以回车符结尾。为了便于发送，我们在通信协议的开头添加一个字节，用来表示协议的长度，形成带长度的字节数组。7041 的读协议如下所示。

```
/* 7041: input module; Read status, No Parity */
unsigned char nProtocol0[] =  {5, '$', '0', ADDRESS_7041, '6', 13};
```

7067 是一个开关量输出模块，即可以给 7067 发送输出命令，控制开关的动作。开关量输出模块的状态可以通过查询命令获得。7067 的读协议与写协议如下所示。

```
/* 7067: input and output module; Read status, No Parity */
unsigned char nProtocol1[] =  {5, '$', '0', ADDRESS_7067, '6', 13};
/* 7067: output module; Output data, No Parity */
unsigned char nProtocol2[] = {8, '#', '0', ADDRESS_7067, '0', '0', '0', '0', 13};
```

油机协议分为三种，第一个为读取油机运行状态的协议，第二个为启动油机的协议，第三个为关闭油机的协议。油机协议采用 CRC 校验，共 8 个字节，为什么字节数用 6 表示？因为在发送之前计算校验码，只根据前面给定的 6 个字节，然后，更改最后的两个字节为计算所得的校验码，同时字节数也加 2。1#油机的通信协议如下所示。

```
/* Youji -1#, CRC Parity n+5 */
unsigned char nProtocol3[] = {6, ADDRESS_YOU1, 3, 0xfc, 1, 0, 0x16, 0, 0};
unsigned char nProtocol4[] = {6, ADDRESS_YOU1, 5, 0xec, 0, 0xff, 0, 0, 0};      /* ON */
unsigned char nProtocol5[] = {6, ADDRESS_YOU1, 5, 0xec, 0, 0, 0, 0, 0};         /* OFF */
```

2#油机的通信协议与 1#的类似，只是地址不同，当然，校验码也需要重新计算。

```
/* Youji -2#, CRC Parity n+5 */
unsigned char nProtocol6[] = {6, ADDRESS_YOU2, 3, 0xfc, 1, 0, 0x16, 0, 0};
unsigned char nProtocol7[] = {6, ADDRESS_YOU2, 5, 0xec, 0, 0xff, 0, 0, 0};      /* ON */
unsigned char nProtocol8[] = {6, ADDRESS_YOU2, 5, 0xec, 0, 0, 0, 0, 0};         /* OFF */
```

2800 监控器采用 Add 校验，只有读协议，即读取所监控的电池的状态与参数（如电压等）。下面的协议表示读取地址为 ADDRESS_2800 的监控器，地址为 0x6b00 开始的共 0x38 个字节的内容。

```
/* HS96 -2800 Address =0x65, Add Parity --n+2 */
unsigned char nProtocol9[] = {4, ADDRESS_2800, 0, 0x6b, 0x38, 0};
```

1600 监控器的协议与 2800 的类似，只是地址不同，校验码也需要重新计算，其协议如下所示。

```
/* HS96 -1600 Address =0x55, Add Parity --n+2 */
unsigned char nProtocol10[] = {4, ADDRESS_1600, 0, 0x81, 0x40, 0};
```

24.3.2 函数说明

7188 提供了常用的串口初始化、串口数据的接收和发送等函数，除了 RS-485 接口函数之外，本节的函数笔者已经在第 20 章实现，为了体现系统的完整性，已经介绍的函数也简单罗列。

```
int InstallCom(int port, unsigned long baud, int data, int parity, int stop);
```

InstallCom 函数初始化串口，port 取值 1 ~ 4 表示 COM1 ~ COM4；baud 为波特率，一般取 9600；data 为数据位的长度，一般取 8 位；parity 为校验位，一般取 0 表示无校验；stop 为停止位，一般取 1。利用该函数即可非常简便地初始化串口，而不需要复杂的代码。

```
int IsCom(int port);
```

IsCom 函数检查串口 port 的输入队列中是否有数据，如果返回 QueueIsNotEmpty（常量），则表明有数据。

```
int ReadCom(int port);
```

ReadCom 函数从串口 port 中读取一个字节，返回值即是读取的字节。

```
int ClearCom(int port);
```

ClearCom 函数一般在读取完毕后，清除串口 port 队列中的数据，以免对下一批数据形成干扰。

```
int ToCom(int port, char data);
```

ToCom 函数通过串口 port 发送一个字节 data。

```
int Set485DirToTransmit(int port);
int Set485DirToReceive(int port);
```

RS-485 只能单向传送，因而，发送字节时必须通过 Set485DirToTransmit 函数将方向调整为发送，而发送完毕必须通过 Set485DirToReceive 函数将方向调整为接收，以读取对方响应的数据。

```
int WaitTransmitOver(int port);
```

WaitTransmitOver 函数等候串口发送数据结束，特别是 RS-485 接口，需要在发送完毕后将方向转换为接收。

24.3.3 主要源代码

HS-96 监控器采用 Add 校验，参数采用带长度的字节数组，其源代码如下所示。

```
unsigned char addValue(unsigned char * addData)
{
    unsigned char i;
    unsigned char nLength;
    unsigned int addTarget;

    addTarget = 0;
    nLength = addData[0];
```

```
    for(i=0; i<nLength; i++)
        addTarget += addData[i+1];

    return (unsigned char)addTarget;
}
```

校验码计算后，应该放入通信协议的最后部分，adjustValue 函数实现这一功能，第一个参数是校验码，第二个参数是带长度的字节数组。首先将字节长度加 1，然后，将校验码放在字节数组的末尾。

```
void adjustValue(unsigned char byteValue, unsigned char * adjustData)
{
    adjustData[0]++;
    adjustData[adjustData[0]]=byteValue;
}
```

由于发送通信协议的时候，采用了数组结构，第一个字节存放通信协议的长度，紧随其后即是具体的通信协议内容，而 Add 校验码只有一个字节的长度，所以，第一个字节的数值加 1，最后一个字节存放校验码 byteValue。HS-96 型 2800 监控器的协议结构的定义为 nProtocol9，可以通过下列语句实现校验码的计算与安装。

```
adjustValue(addValue(nProtocol9), nProtocol9);
```

对于响应的数据，也是第一个字节是数据长度，紧随其后是数据内容。响应的数据也采用 Add 校验，因而，应该检查数据包是否正确，然后再进行处理。校验算法为，重新计算校验码，与数据包末尾的校验码比较，如果一致则返回 1，否则返回 0。CheckAdd 函数实现这一功能。

```
int CheckAdd(unsigned char * addOrg)
{
    unsigned char addOld;
    int Mark=0;

    addOld=addOrg[addOrg[0]];
    addOrg[0] -= 1;

    if(addOld == addValue(addOrg)) Mark=1;
    addOrg[0] += 1;
    if(Mark == 1)
        return 1;
    else
        return 0;
}
```

油机协议采用 CRC 校验，由 crcValue 函数实现。

```
unsigned int crcValue(unsigned char * crcData)
{
    int i, j, nLength;
```

```
    unsigned int orgValue = 0xffff;
    unsigned int crcConst = 0xa001;
    nLength = (int)crcData[0];

    for(i = 0; i < nLength; i ++)
    {
        orgValue ^= (unsigned int)crcData[i +1];

        for(j = 0; j <= 7; j ++)
        {
            if(1 == (orgValue & 1))
            {
                orgValue >>= 1;
                orgValue ^= crcConst;
            }
            else
                orgValue >>= 1;
        }
    }
    return orgValue;
}
```

CheckCrc 函数实现 CRC 数据包的校验，如果正确则返回 1，否则返回 0。

```
int CheckCrc(unsigned char * crcOrg)
{
    if(crcValue(crcOrg) == 0)
        return 1;
    else
        return 0;
}
```

有了基本的校验码的生成与检验函数，其他最重要的就是数据的发送和接收了。SendData 函数实现数据从 nPort 发送，其取值范围为 1 ~ 4，即适用与 7188 的 4 个串口。从表 24.1 可知，COM2 是 RS-485 接口，在动作之前需要通过相应函数指明方向，因而，如果是 COM2，就加上特殊的处理。SendData 在一个循环内，每次发送一个字节，直到所有数据发送完毕。

```
void SendData(int nPort, unsigned char * ComData)
{
    int nlength;
    int i;

    nlength = ComData[0];

    if(2 == nPort) Set485DirToTransmit(nPort);

    for(i = 0; i < nlength; i ++)
    {
        ToCom(nPort, ComData[i +1]);
```

```
            if(2 == nPort)
            {
                WaitTransmitOver(nPort);
            }
        }

        if(2 == nPort) Set485DirToReceive(nPort);

        return;
}
```

ReadDataDelay 简洁明了，可以从任一串口读取数据，并将数据放入 bData 指定的位置。由于协议长度不可能超过 255 个字节，所以，如果超过就跳出循环。nDelayMs 是等待的节拍数，在此节拍之内的数据都属于同一个数据包，并进行统一的处理。其基本算法是，利用死循环进行处理，如果有数据就读取数据，节拍计数器清零；否则，节拍计数器 iCount 加 1，如果超过给定值 nDelayMs，则跳出死循环，数据接收完毕。nDelayMs 值的选取，应根据设备的具体情况，如果数据的流畅性较好，波特率较高，则可以小一些，否则应大一些，基本原则是能够将一批数据高效可靠地合并到一起。

```
void ReadDataDelay(int nPort, unsigned char * bData, int nDelayMs)
{
        int nData =0;
        int iCount =0;

        while(iCount < nDelayMs)
        {
            if(IsCom(nPort) ==QueueIsNotEmpty)
            {
                nData ++;
                bData[nData] =ReadCom(nPort);
                iCount =0;

                if(nData > 255) break;
            }
            else iCount ++;
        }
        bData[0] =nData;

        for(iCount =0; iCount <10; iCount ++)
            ClearCom(nPort);
}
```

主程序的结构也非常简单，与 20.8 节中的源代码相似。首先利用 InitSystem 函数（略）初始化系统，包括初始化 4 个串口、初始化通信协议（计算校验码）、设置中断时钟，每隔一段时间发送查询命令等。初始化完成，就进入死循环，如果 COM1 有数据，即主控程序指令，则读取并处理之；如果 COM2 有响应的数据，则读取并处理之；如果 COM3 有响应的数据，则读取并处理之；如果 COM4 有数据，就读取并处理之。其源代码框架如下所示。

```
void main(void)
{
     InitSystem();
     while(1)
     {
          f(IsCom(1) ==QueueIsNotEmpty)
          {
               ReadDataDelay(1, recCom1, 0x100):
               ProcessCom1(recCom2);
          }

          if(IsCom(2) ==QueueIsNotEmpty)
          {
               ReadDataDelay(2, recCom2, 0x200);
               ProcessCom2(recCom2);
          }/* End of Com2 */

          if(IsCom(3) ==QueueIsNotEmpty)
          {
               ReadDataDelay(3, recCom3, 0x800);
               ProcessCom3(recCom3);
          }/* End of Com3 */

          if(IsCom(4) ==QueueIsNotEmpty)
          {
               ReadDataDelay(COM_HS96, recCom4, 0x300);
               ProcessCom4(recCom4);
          }/* End of Com4 */
     }/* End of while */
}
```

24.3.4　主控程序的设计

主控机部分主要是通过微波 Modem 向受控站发送查询命令和控制命令，将受控机的状态通过表格、动画等表现出来，同时，还要实现帮助、打印、向管理人员发送报警信息（短信或 E-mail）等功能。主控程序不是本章的重点，第25章开始介绍简单的主控程序实例。

24.4　系统调试

将源代码 Main.C 编译成 Main.Exe 可执行程序后，复制在 7188 的 Disk 子目录中，通过 RomDsik.Exe 程序制成 Rom- disk.Img 磁盘映像文件。关闭 7188 的电源，将 INIT＊引脚与 GND(10)短接后，打开 7188 的电源，将磁盘映像文件下载至 7188 模块中。Autoexec.Bat 批处理程序必须做出修改，加入 Main.Exe 文件名，使 7188 加电后即可自动执行该监控程序（运行时应将 INIT＊引脚先行断开）。

微波 Modem 是自行研发的，用通用多功能计算机监控系统测试软件连续测试 48 小时，数据发送正确率达 99.85%，能够满足系统需要。一旦发现不能查询或控制某模块，即通过 TestPort 软件直接（或通过 RS-232/RS-485 转换器）与该模块进行通信测试，如果正常，则说明电缆连接有问题，否则，更换相应的模块。

如果怀疑 7188 的 COM3 的数据有问题，却又无法查看，此时，可将数据同时从 COM4 发送出去，用 TestPort 进行查看分析。由于 TestPort 能够自动生成校验码与结尾码，既能充当主控机又能充当受控机，因而，对调试本系统发挥了重要作用，同时，其本身在调试过程中也得到了完善。

24.5 本章小结

仅依靠可视化的高级语言，并不能开发出成功复杂的计算机监控系统，因为受控机往往不是一个简单的模块，而是一个可以独自运行程序的嵌入式模块，通过该模块再跟其他数字 I/O 模块等打交道。本章介绍了一个真实完整的大型计算机监控系统案例，分析了系统结构与受控站的硬件结构，用 Turbo C 2.0 语言实现了校验码的生成与检验，以及数据的接收与发送和受控机的主程序结构等。

Turbo C 2.0 在编写计算机监控系统的受控机程序时具有重要作用，其主要技术是首先设计健壮的通信子程序，再设计其他通用性较强的子程序，最后将这些子程序融入主框架程序中。第 25 章将开始介绍主控程序的开发。

思考与练习

1. 简述研发一个计算机监控系统的主要工艺过程。
2. 利用 SendData 与 ReadDataDelay 这两个函数编程实现数据收发程序。
3. 用 C 语言实现仿真数字 I/O 模块的功能。

第 25 章　DI/DO 主控软件

2.3 节介绍了开关量 I/O 软件仿真模块，即 DI/DO 模块。如何根据开关量输入来控制其开关量输出呢？本章假设了一个简单的飞机场安全监控系统，将仿真模块的输入开关传感器“部署”到飞机场的敏感地带，然后进行检测和控制。为了充分利用前面介绍的知识，这里介绍三种通信模式的主控程序，即支持 RS-232 接口的主控程序、支持 TCP 协议的主控程序以及支持 Web 服务的主控程序。

25.1　RS-232 主控程序

由于 DI/DO 软件仿真模块也是基于 RS-232 接口的，因而，RS-232 主控程序可以直接使用 RS-232 交叉数据线与仿真模块连接。

25.1.1　主界面设计

新建主控程序项目 VirtualDIDOM_Master，主界面设计如图 25.1 所示，运行模式（Work Mode）分为自动（Automatic）与手动（Manual）两种，这也是一般计算机监控系统的基本要求；灯状态（Lamp Status）与铃状态（Ring Status）也分为两种，即闭合（ON）与打开（OFF）。“Setup”按钮用来设置串口参数、通信协议与查询时间间隔，与图 2.24 和图 2.25 类似。“Inquery”按钮查询仿真模块的输入与输出开关的状态，“Close”按钮则关闭主控程序。

Power 灯是电源，在设置参数后，打开电源，主控程序即可工作。timer_Step 是查询间隔定时器，每过规定的时间即向仿真模块发送一次查询命令。状态栏 StatusStrip1 显示当前串口的状态、相连接的仿真模块的地址以及查询间隔的秒数。上下文菜单 ContextMenuStrip1 中只有一个菜单项 Topmost，用来设置主界面是否采用最顶层显示，以满足某些显示需求。

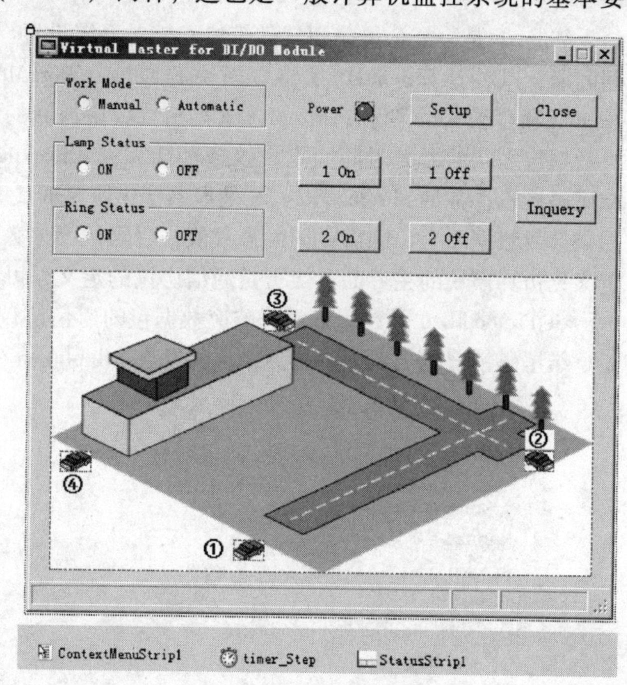

图 25.1　主控程序设计界面

图 25.1 的下半部分是一个飞机场的示意图，有 4 辆小车准备开入飞机跑道或准备撞击候机大厅，造成恐怖袭击。图 2.23 中的 4 个输入开关来自 4 个车位的传感器信号，当有车驶入时，传感器使对应的输入开关闭合。在 Manual 模式，控制按钮有效；在 Automatic 模式，控制按钮无效。

表 25.1 I/O 控制逻辑表

IN1	IN2	IN3	IN4	OUT1	OUT2
0	0	0	0	0	0
1	—	—	0	1	0
—	1	—	0	1	0
—	—	1	0	1	0
—	—	—	1	1	1

主控程序按照表 25.1 所示的模式自动运行（“—”表示此开关打开与闭合对输出没有影响），即所有输入都打开，则所有输出打开；IN1 ~ IN3 中的任一开关闭合，IN4 打开，则 OUT1 闭合（铃响），OUT2 打开；只要 IN4 闭合，则情况十分危急，OUT1 与 OUT2 均闭合，报警灯与报警铃都工作。

在计算机监控系统的主控软件中，需要绘制现场示意图，以模拟现场环境，方便操作员的操作。本软件的飞机场是用 Microsoft 的 Visio 2007 工具绘制的，画面由飞机场、树和小车三个部件组合而成。如果用组态工具设计计算机监控系统，绘制监控画面将更加方便，但是编程灵活性会受到一些限制。参数设置界面与仿真模块的类似，不再赘述。

25.1.2 关键代码分析

本书的所有计算机监控系统软件都离不开 ByteProcess.vb 软件模块（第 13 章介绍）和 ParityProcess.vb 软件模块（第 14 章介绍）。如果是串行接口，则需要 PortsProcess.vb 软件模块（第 15 章介绍）。

Main.vb 是一个全局公用软件模块，针对系统设置。nInterval 是主控程序查询仿真模块的时间间隔，以秒计算；strID 是仿真模块的地址；WorkMode 是运行模式，为枚举类型，有手动 Manual 和自动 Auto 两种；nReplyLen 是仿真模块返回的数据包的长度；nIntervalComm 是一个完整数据包之间的最大时间间隔，以毫秒计算；nCheckmode 是数据包的校验方式；nEndMark 是结尾码标志；常量 nProtocolLength 是本系统中协议的最大长度，该数据用来计算 nIntervalComm，如果接收数据不全，则需要调大该数值，否则调小该数值；bStatus 是输入输出开关的状态，其定义见仿真模块的主界面；接着是通信协议的定义，可参考仿真模块的主界面。

GetProtocolLen 函数用来计算响应数据包的通信协议的长度，初始最大值是 6，根据有无校验、结尾码情况做出调整，最后结果保存在 nReplyLen 变量中。

```
Public nInterval As Integer
Public strID As String

Public Enum WorkMode
    Manual = 0
    Auto = 1
End Enum
Public nWorkMode As WorkMode

Public nReplyLen As Integer
```

```
Public nIntervalComm As Integer

Public nCheckMode As CheckMode
Public nEndMark As EndMark
Public Const nProtocolLength As Long = 20
Public bStatus As Byte

Public Const EOT As String = "04"
Public Const RD As String = "52"
Public Const STX As String = "02"
Public Const WT As String = "57"

Public Sub GetProtocolLen()
    nReplyLen = 6 'Bytes

    If nCheckMode = CheckMode.Chk_None Then nReplyLen -= 1

    Select Case nEndMark
        Case EndMark.Add_None
            nReplyLen -= 2
        Case EndMark.Add_CR
            nReplyLen -= 1
    End Select
End Sub
```

编写代码时要做到“错落有致，层次分明”，这样才能“逻辑清楚，思路清晰”。“错落有致”主要是针对组合语句块而言，比如循环和条件语句中的组合语句块，要缩进一个制表符。“层次分明”主要指平行代码之间，要根据代码含义空行，从而增加程序的可读性。例如上文的代码中，nInterval 和 strID 定义完毕后空一行，因为这两个参数非常重要，而且在参数设置界面中相邻。

数据通信是计算机监控系统中最核心和最关键的技术。控制灯和铃的关闭以及查询数据都需要发送数据，以控制灯亮为例，首先，需要将灯所对应的位置位，调用第 15 章的 SendBytes 函数直接将数据发送出去，然后，延迟 100ms，确保仿真模块接收到数据并进行响应。comPort 是允许产生事件的 SerialPort 对象。

```
Public WithEvents comPort As SerialPort = New SerialPort

Private Sub btLampOn_Click(ByVal sender As System.Object, ByVal e _
                    As System.EventArgs) Handles btLampOn.Click
    Dim bTmp As Byte
    bTmp = SetByteBit(bStatus, 5)
    SendBytes(comPort, EOT + strID + WT + ByteToTwoHexChars(bTmp), _
            nCheckMode, nEndMark)
    Threading.Thread.Sleep(100)
End Sub
```

数据的发送是比较简单的，而数据接收比较繁琐。这需要通过设置代理 dComm 来实现，代理中执行任务的是 GeneralComm 子程序，在其中调用第 15 章介绍的 ReadHexCharsDelay 方法读取所有数据，然后调用本窗体定义的 ProcessData 函数进行数据的处理。comPort 对象的 DataReceived 事件中，通过 Me.Invoke(dComm) 来调用代理。

```
Public Delegate Sub DelegateComm()
Dim dComm As DelegateComm = New DelegateComm(AddressOf GeneralComm)
Private Sub GeneralComm()
    Dim strReceiveHex As String = ReadHexCharsDelay(comPort, nIntervalComm)
    ProcessData(strReceiveHex)
End Sub
```

主控软件发送的数据由接收者（即仿真模块或受控设备）处理。这里的仿真模块响应的数据由主控软件中的 ProcessData 来处理，任何一个环节发生错误将直接返回，不再进行下一步的处理。首先检查数据包的校验码是否正确，然后检查协议头部标志和地址码，最后检查协议的长度。如果能通过所有检查，则取出数据，将十六进制字符串转换为字节，调用 DisplayStatus 函数做进一步处理。

```
Private Sub ProcessData(ByVal strReceiveHex As String)
    Dim strTmp As String

    If CheckPackage(strReceiveHex, nCheckMode, nEndMark) = False Then Return

    If Not (strReceiveHex.Substring(0, 2) = STX And _
        strReceiveHex.Substring(2, 2) = strID) Then Return
    If strReceiveHex.Length / 2 <> nReplyLen Then Return

    strTmp = strReceiveHex.substring(4, 2)
    bStatus = TwoHexCharsToByte(strTmp)
    DisplayStatus(bStatus)
End Sub
```

DisplayStatus 函数首先取得输入开关和输出开关的状态，分别存入字节变量 bInput 和 bOut 中。然后，利用循环检测输入开关状态的每一位，如果开关闭合，则显示小车，否则隐藏小车。同理，检测输出开关的状态，但用单选按钮进行表示。最后，用 Select 语句实现表 25.1 中的逻辑控制。

```
Private Sub DisplayStatus(ByVal bData As Byte)
    Dim I As Integer
    Dim bInput As Byte                    '标志输入开关状态
    Dim bOut As Byte                      '标志输出开关状态
    Dim bSend As Boolean                  '是否发送控制命令
    Dim bControl As Byte                  '控制字节

    bInput = bData And &HF                '取得输入开关状态数据
    bOut = bData And &H30                 '取得输出开关状态数据

    For I = 0 To 3                        '利用循环显示 4 个输入开关的状态
        If (bData And (2 ^ I)) <> 0 Then
            imgCars(I).Visible = True
        Else
            imgCars(I).Visible = False
        End If
```

```
    Next I

    If (bData And (2 ^ 4)) <> 0 Then        '显示第一个输出开关的状态
        rb_RingON.Checked = True
    Else
        rb_RingOFF.Checked = True
    End If

    If (bData And (2 ^ 5)) <> 0 Then        '显示第二个输出开关的状态
        rb_LampON.Checked = True
    Else
        rb_LampOFF.Checked = True
    End If

    If nWorkMode = WorkMode.Auto Then
        Select Case bInput                  '自动控制,实现输出逻辑控制
            Case 0
                If bOut <> 0 Then
                    bControl = 0
                    bSend = True
                End If
            Case 1, 2, 4
                If bOut <> &H20 Then
                    bControl = &H20
                    bSend = True
                End If
            Case 8
                If bOut <> &H30 Then
                    bControl = &H30
                    bSend = True
                End If
        End Select

        If bSend = True Then                '发送数据,实现自动控制
            SendBytes(comPort, EOT + strID + WT + _
                    ByteToTwoHexChars(bControl), nCheckMode, nEndMark)
        End If
    End If
End Sub
```

25.1.3 软件测试

运行主控程序，参考图 2.24 和图 2.25 设置串口参数和系统参数。如果仿真模块和主控机采用同一台计算机，则两者串口号应该不一样。输入开关随机切换的时间间隔为 6s，查询间隔为 2s 比较合适（不到一半）。设置完毕，打开电源即可工作。尝试手动和自动方式、各种控制命令与查询命令，观察效果。图 25.2 为主控程序在自动模式下对仿真模块的监控效果，此时，输入开关 IN4 闭合，有车撞击候机大厅，情况紧急，主控程序发送报警灯和报警铃同时有效的命令，仿真模块刚接收到该命令（接收指示灯亮）。在图 25.2 中，主控程序以 TOPMOST（最顶层）方式显示，覆盖在仿真模块之上。

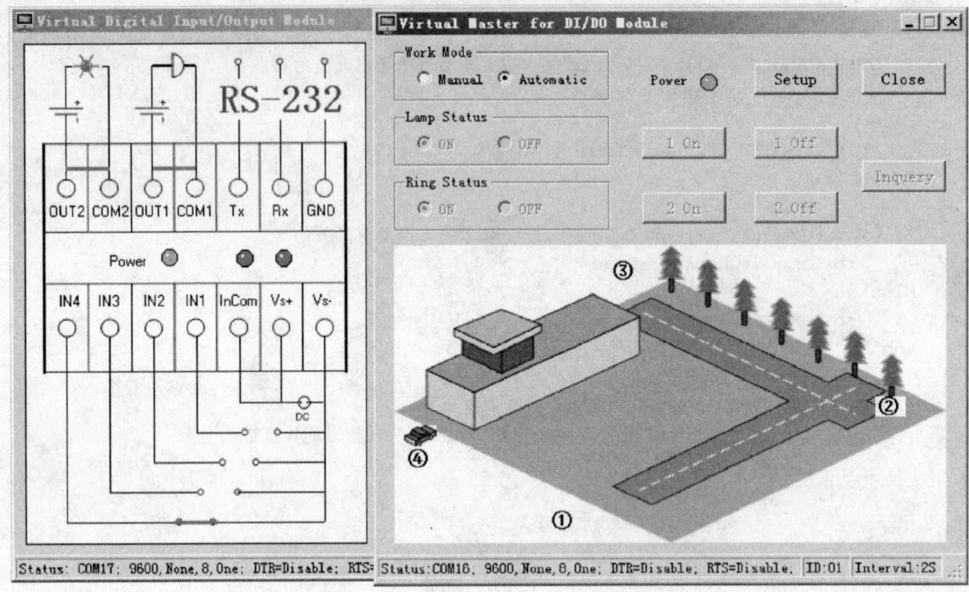

图 25.2　主控程序对仿真模块的监控

25.2　基于 TCP 客户机的主控程序

设计基于 TCP 客户机的主控程序来监控仿真模块，两者接口不一致，需要借助 RS-232/RJ-45 接口转换软件来进行，并采用图 2.38 所示的模型。

25.2.1　主界面设计

新建主控程序项目 VirtualDIDOM_Master_TCP，TCP 客户机的主界面与图 25.1 基本一致，只是状态栏有所变化（如图 25.3 所示），Remote 后面的框用来显示远程主机的 IP 地址或名称，Status 后面的框显示 TCP 客户机与远程服务器的连接状态。另外，timer_Status 定时器用来更新状态栏，timer_TCP 定时器用来辅助接收数据。

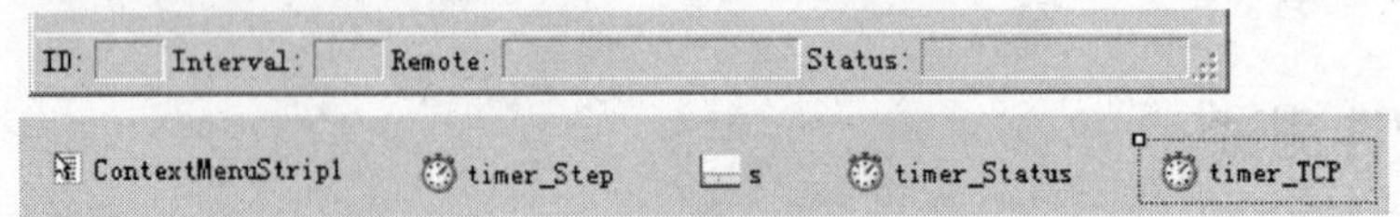

图 25.3　TCP 主控程序的状态栏和组件

参数设置窗体中将串口参数设置界面更换为远程主机 Remote Host 及其端口号 Remote Port，其他没有变化。

25.2.2　关键代码分析

由于主界面基本一致，只是通信模式的不同，因而，这里主要介绍 TCP 客户机的实现的关键代码。显然，基于 TCP 客户机的主控程序不需要 PortsProcess.vb 模块，取而代之的是 TCP_Module.vb 模块和 TCP_Client.vb 类。在全局公用软件模块 Main.vb 中，删除串行接口相关的定义，增加全局字符串变量 strServer 来保存远程服务器的 IP 地址，全局整型变量 nPort 用来保存远程服务器的端口号。

控制命令和查询命令都需要发送数据，oClient 是允许产生事件的 TCP_Client 对象，发送数据通过 oClient 对象的 SendData 方法完成。以下代码控制灯亮。

```
Public WithEvents oClient As TCP_Client

Dim bTmp As Byte = SetByteBit (bStatus, 5)
Dim strData As String = EOT + strID + WT + ByteToTwoHexChars (bTmp)
oClient. SendData (HexCharsToBytes (GetFullPackage (strData, nCheckMode, nEndMark)))
Threading. Thread. Sleep (100)
```

数据接收通过设置代理 dRead 来实现，代理中执行任务的是 tcpData 子程序。

```
Delegate Sub DelegateRead()
Dim dRead As DelegateRead = New DelegateRead(AddressOf tcpData)
```

在 oClient 对象的 DataReceived 事件中读取数据并转换为十六进制字符串存入 strTmpHex 变量（窗体内全局变量）中，然后调用 dRead 代理。

```
strTmpHex = BytesToHexChars(byteBuffer)
Me.Invoke(dRead)
```

代理 dRead 中执行 tcpData 子程序。bStart 和 strReceiveHex 都是窗体内的全局变量，前者为 True 表示开始启动数据接收，后者存放完整的数据包，该数据包在 timer_TCP 的 Tick 事件中进行提交，时间间隔为 100ms，即时间间隔不超过 100ms 的数据都被看做一个数据包。在 tcpData 中，刚接收到数据，则停止计时，进行数据的处理，处理完毕再重新启动计时。bStart 的初值为 False，表示没有接收数据，此时，清空 strReceiveHex 变量，准备接收数据，同时，bStart 赋值 True，表示已经启动数据接收。在 oClient 对象的 DataReceived 事件中接收的数据 strTmpHex 被合并到 strReceiveHex 变量中。如此一直接收数据并加以合并，直到 100ms 之内没有数据到达，从而触发 timer_TCP 的 Tick 事件。

```
Public Sub tcpData()
    timer_TCP.Enabled = False

    If bStart = False Then
        strReceiveHex = ""
        bStart = True
    End If
    strReceiveHex & = strTmpHex

    timer_TCP.Enabled = True
End Sub
```

定时器 timer_TCP 的 Tick 事件中，首先禁用定时器，然后令 bStart 为 False，标志一个数据包接收完成，最后调用 ProcessData 函数处理数据，处理方法与 25. 1. 2 节类似，不再赘述。

```
timer_TCP.Enabled = False
bStart = False

ProcessData(strReceiveHex)
```

25.2.3 软件测试

设置软件仿真模块的串口参数和协议参数等；RS-232/RJ-45 的串口参数与软件仿真模块的一致，作为服务器要设置侦听端口；主控软件的协议参数与软件仿真模块的一致，还需要设置远程服务器的 IP 地址以及端口地址。打开软件仿真模块，打开接口转换软件的串口并启动侦听，打开主控软件并设为自动模式，即可进行自动监控。图 25.4 是运行效果，接口转换软件和主控软件运行于同一台计算机上，所以，远程服务器的 IP 地址为本机地址。其他界面与 25.1 节中的完全一致。

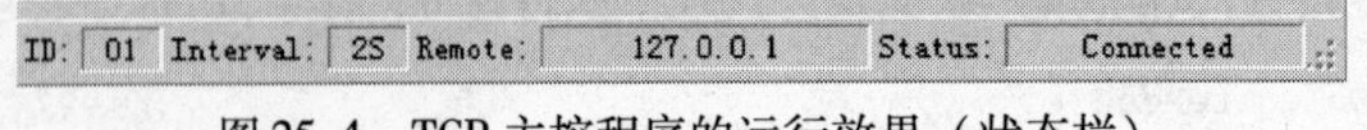

图 25.4 TCP 主控程序的运行效果（状态栏）

25.3 Web 服务主控程序

第 23 章介绍了 Web 服务的基本概念及开发环境，并实现了一个基于 Web 服务的天气预报应用程序。这里通过 Web 服务监控仿真软件模块。

25.3.1 创建 Web 服务

创建的 Web 服务用来提供一个远程接口，客户机通过远程调用来监控与服务器连接的仿真模块。“新建网站”时在图 23.2 中选择“ASP.NET Web 服务”，目录地址设为 WebService 即可。右击解决方案资源管理器中的 App_Code 项，添加所需要的 3 个模块，如图 25.5 所示。删除 PortsProcess 模块中的 GetPorts、AddPortNameToComboBox 和 SearchModem 方法。

图 25.5 添加所需要软件模块的方法

双击图 25.5 中的 Service.vb，将显示系统自动生成的 Web 服务程序框架，如下所示。从代码中可以看出，编写 Web 服务代码与创建普通类没有什么区别，只是 Web 服务的类继承自 System.Web.Services.WebService 类，此外，Web 服务对外提供的方法均有 <WebMethod> 属性标记。对于那些内部调用的方法，不可添加 <WebMethod> 属性标记。

```
Imports System.Web
Imports System.Web.Services
Imports System.Web.Services.Protocols

'若要允许使用 ASP.NET AJAX 从脚本中调用此 Web 服务,请取消对下行的注释
```

```
' <System.Web.Script.Services.ScriptService()> _
<WebService(Namespace:="http://tempuri.org/")> _
<WebServiceBinding(ConformsTo:=WsiProfiles.BasicProfile1_1)> _
<Global.Microsoft.VisualBasic.CompilerServices.DesignerGenerated()> _
Public Class Service
    Inherits System.Web.Services.WebService

    <WebMethod()> _
    Public Function HelloWorld() As String
        Return "Hello World"
    End Function
End Class
```

自动生成的代码已经提供了一种方法，用于返回“Hello World”。可以再添加一个Sum方法，用于计算两个整数的和。

```
<WebMethod()> _
Public Function Sum(ByVal x As Integer, ByVal y As Integer) As Integer
    Return x + y
End Function
```

仿真模块连接在服务器的COM1口，为了使用串行通信接口，必须引入System.IO.Ports命名空间。另外，还需要做如下声明，comPort是一个SerialPort对象，仿真模块的串口参数必须与comPort的串口参数一致，双方才能通信。bCheck用来表示仿真模块响应数据的正确性，如果校验正确，则为True，否则为False。bCommEnd是与仿真模块的通信结束标志，为True表示通信结束或者正处于空闲状态，为False表示正在通信。bStatus是仿真模块的开关状态，即图2.23中的DT字节的值。strReceiveHex是接收到的来自仿真模块的响应数据的十六进制字符串表示。

```
Dim WithEvents comPort As SerialPort = New SerialPort("COM1", 9600, Parity.None, 8)

Dim bCheck As Boolean = False
Dim bCommEnd As Boolean = True
Dim bStatus As Byte = 0
Dim strReceiveHex As String = ""
```

获取仿真模块的状态通过Web服务方法GetStatus实现，该方法返回两个表示开关状态的十六进制字符。程序首先使得bCommEnd为False，表示正在通信，然后，调用OpenPort方法打开串口，调用SendHexChars方法发送Read协议。这里采用Xor校验，添加回车符作为结尾码，因而，仿真模块的参数也应如此设置。数据发送完毕后，用While循环等待通信结束，即等待仿真模块返回结果。当通信结束，仿真模块返回结果后，将表示状态的字节bStatus转换为两个十六进制字符，返回给远程客户机。

```
<WebMethod()> _
Public Function GetStatus() As String
    bCommEnd = False
    Dim strResult As String = ""
    OpenPort(comPort)
    SendHexChars(comPort, "040152", CheckMode.Chk_Xor, EndMark.Add_CR)
```

```
        While bCommEnd = False
            Threading.Thread.Sleep(1)
        End While

        strResult = ByteToTwoHexChars(bStatus)
        ClosePort(comPort)

        Return strResult
    End Function
```

仿真模块的响应通过 comPort 对象的 DataReceived 事件处理程序完成。主要通过 ReadHexCharsDelay 方法一次读取完毕应答数据，然后，调用 CheckPackage 方法进行校验。如果校验正确，则取出表示状态的两个十六进制字符（参见图 2.23 中的 Reply 协议），并转换为字节存入 bStatus 中；如果校验错误，则在 bStatus 中存入 255。最后，给 bCommEnd 赋值 True，使得 Web 服务方法 GetStatus 能够跳出 While 循环，执行下一步工作。

```
    bCommEnd = False
    bCheck = False

    strReceiveHex = ReadHexCharsDelay(comPort)
    bCheck = CheckPackage(strReceiveHex, CheckMode.Chk_Xor, EndMark.Add_CR)

    If bCheck Then
        bStatus = TwoHexCharsToByte(strReceiveHex.Substring(4, 2))
    Else
        bStatus = 255
    End If

    bCommEnd = True
```

控制仿真模块的输出开关闭合，可通过 Web 服务方法 TurnOn 实现，其参数 strName 是一个字符串变量，“Lamp”表示灯，“Ring”表示铃，不区分大小写。程序首先将 strName 转换为大写字符串，存入 upperName 中，如果其值既不是“LAMP”，也不是“RING”，则直接返回，不做任何处理。然后，根据 upperName 的值设置 nBit。从图 2.23 中可以看出，“Ring”所在的位为第 4 位，“Lamp”所在的位为第 5 位（从 0 开始计数）。

23.3 节提到，“Web 服务”是一种无态协议，每次调用都会生成一个新的对象，成员数据会被重新初始化，因而，虽然 bStatus 看似全局变量，但是，Web 服务方法 GetStatus 产生的状态字节并不能保留到 Web 服务方法 TurnOn 中，因而，在 TurnOn 方法中，还需要调用 GetStatus 方法更新 bStatus，然后才能对 bStatus 执行置位操作，确保控制灯的时候，不影响铃的开关状态，反之亦然。如果不调用 GetStatus 方法，bStatus 的值被初始化为 0，调用 SetByteBit 方法可以使期望的开关闭合，但是却无条件影响另一个输出开关打开。

处理完状态字节后，只需要按照图 2.23 设置 Write 协议，发送给仿真模块即可。发送完毕，等待 10ms，调用 ClosePort 方法关闭串口。

```
<WebMethod()> _
Public Sub TurnOn(ByVal strName As String)
    Dim nBit As Integer
    Dim upperName As String = strName.ToUpper
    If (upperName <> "LAMP") AndAlso (upperName <> "RING") Then Return

    If upperName = "LAMP" Then
        nBit = 5
    Else
        nBit = 4
    End If

    GetStatus()
    bStatus = SetByteBit(bStatus, nBit)

    Dim strHexData As String = "040157"
    strHexData &= ByteToTwoHexChars(bStatus)
    OpenPort(comPort)
    SendHexChars(comPort, strHexData, CheckMode.Chk_Xor, EndMark.Add_CR)

    Threading.Thread.Sleep(10)
    ClosePort(comPort)
End Sub
```

控制仿真模块的输出开关打开，可通过 Web 服务方法 TurnOff 实现，其代码及原理与 TurnOn 方法类似，只是其中调用 ResetByteBit 方法进行复位操作。

Web 服务创建完成，进行测试。运行程序，将自动打开浏览器，如图 25.6 所示，其中列出了当前 Web 服务所提供的方法。单击“服务说明”，可以查看 Web 服务的 WSDL 描述。

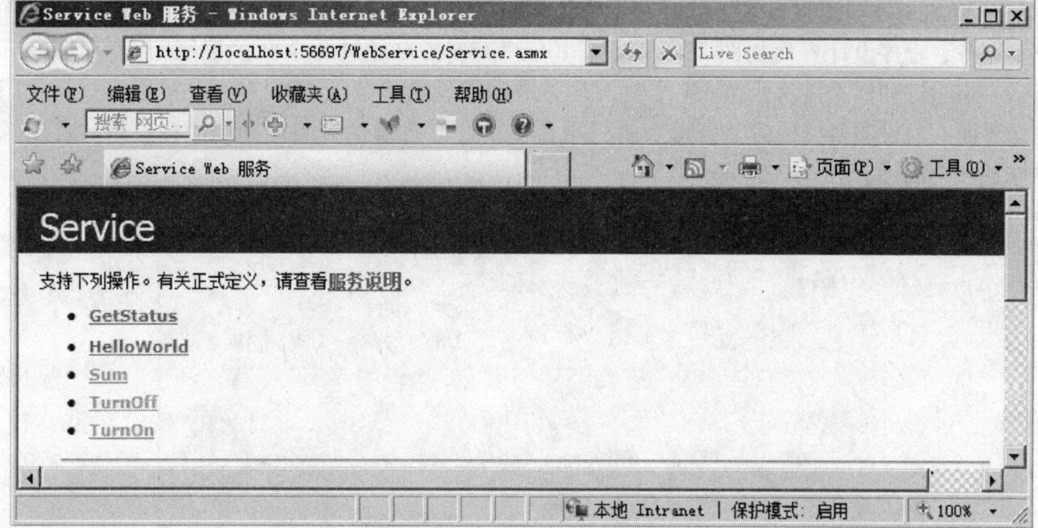

图 25.6　Web 服务的测试

单击图 25.6 中的 TurnOn 方法，输入“Lamp”，单击“调用”按钮，如图 25.7 所示。将可以看到仿真模块的输出开关 OUT2 控制的灯亮（仿真模块应连接在服务器的 COM1 端口，设置好参数，并打开串口）。

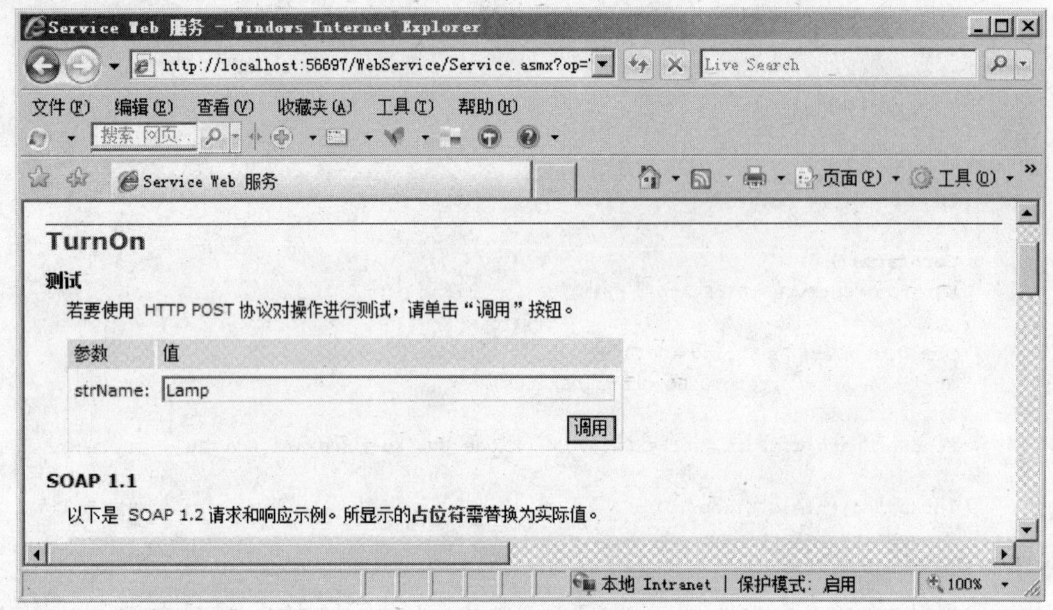

图 25.7 调用 Web 服务

25.3.2 调用 Web 服务

在 Visual Basic 2008 环境下新建一个窗体应用程序 WinApp_WebService，调用25.3.1 节中的 Web 服务，程序设计界面如图 25.8 所示。Ring/Lamp 各自通过两个开关控制闭合与打开，而且，有指示灯和标签指示状态。4 个输入开关用标签显示状态。“Query”按钮用于查询状态，更新界面。通过项目属性的“资源”标签页添加一个红色指示灯图像和一个绿色指示灯图像，再添加一个图标。

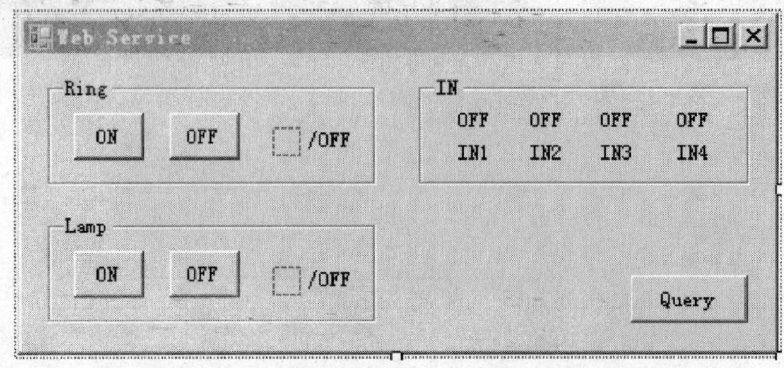

图 25.8 通过 Web 服务控制仿真模块的程序设计界面

右击“解决方案资源管理器”中的项目名称，选择“添加服务引用”，出现图 25.9 所示的对话框。将图 25.6 中的网址粘贴到图 25.9 的地址中，单击“前往”，系统将提示找到一个服务。将命名空间修改为 refWebService，单击“确定”关闭对话框。

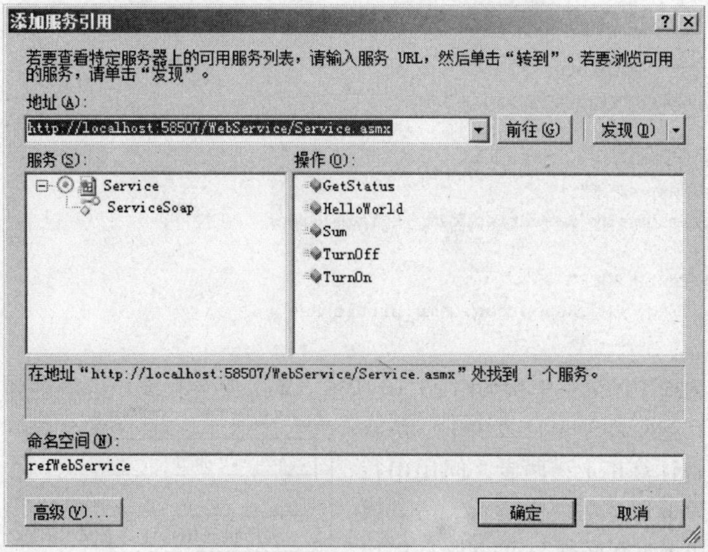

图 25.9　添加服务引用

如果 Web 服务的内容发生变化，可以右击 refWebService，选择“更新服务引用”；如果 Web 服务的网址发生变化，选择“配置服务引用”，修改地址即可。

另外，还需要添加 ByteProcess 模块，以进行编码转换。

关键代码分析。首先，在窗体类中声明 Web 服务的客户端对象 svc，通过该对象，即可查询仿真模块的状态，控制输出开关。

```
Dim svc As New refWebService.ServiceSoapClient
```

在窗体类的 Load 事件处理程序中输入如下代码，设置窗体的图标，更新两个输出开关的指示灯，然后，在即时窗口中输出 HelloWorld 方法和 Sum 方法的调用结果。

```
Me.Icon = My.Resources.Network

imgLamp.Image = My.Resources.Lamp_Little_Red
imgRing.Image = My.Resources.Lamp_Little_Red

Debug.Print(svc.HelloWorld)
Debug.Print(svc.Sum(3, 5))
```

Ring 组件的“ON”按钮中，只需要 svc.TurnOn(“Ring”) 语句即可实现铃响。其他按钮也与此相似。

“Query”按钮的 Click 事件处理程序中的关键代码如下所示。调用 Web 服务方法 GetStatus 获取十六进制字符串，存入 strHexChars 中，然后，利用 TwoHexCharsToByte 方法转换为字节，存入 bStatus 中。如果 CheckByteBit 某位为 True，则对应的标签文本为“ON”，否则显示“OFF”。如果是输出开关，还要设置指示灯的图像。

```
Dim bStatus As Byte
Dim strHexChars As String

strHexChars = svc.GetStatus
bStatus = TwoHexCharsToByte(strHexChars)

If CheckByteBit(bStatus, 4) Then
    lblRing.Text = "ON"
    imgRing.Image = My.Resources.Lamp_Little_Green
Else
    lblRing.Text = "OFF"
    imgRing.Image = My.Resources.Lamp_Little_Red
End If
```

Web 服务应用程序的测试架构如图 25.10 所示，Web 服务和客户机应用程序（即调用 Web 服务的应用程序）运行在一台计算机上，仿真模块运行在另一台计算机上，两者之间用串行接口电缆连接。Web 服务需要先运行，仿真模块的串口参数与协议参数必须与 Web 服务中设置的一致，也需要运行并打开串口。客户机应用程序调用 Web 服务方法，Web 服务发送 Read 协议给仿真模块，并在仿真模块返回的 Reply 协议中提取状态返回给客户机应用程序；或者向仿真模块发送 Write 协议，控制输出开关。

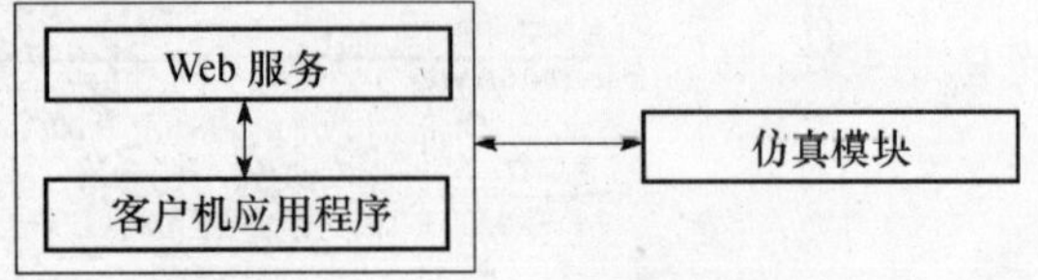

图 25.10 Web 服务应用程序的测试架构

程序的运行效果如图 25.11 所示。单击“Query”按钮，将可以查询仿真模块的状态，并同时更新界面。在图 25.11 所示的情形下（灯亮），如果单击 Ring 组件的“ON”按钮，将会听到铃响，但是，不会影响输出开关控制的灯的状态。如果删除 25.3.1 节中的 GetStatus() 方法，只能控制一个输出开关闭合。当然，Web 服务中的这个问题也可以使用 Application 对象来解决，保存仿真模块的状态。控制输出开关以后，图 25.11 中的状态不会变化，只有单击“Query”按钮，才能更新界面状态。

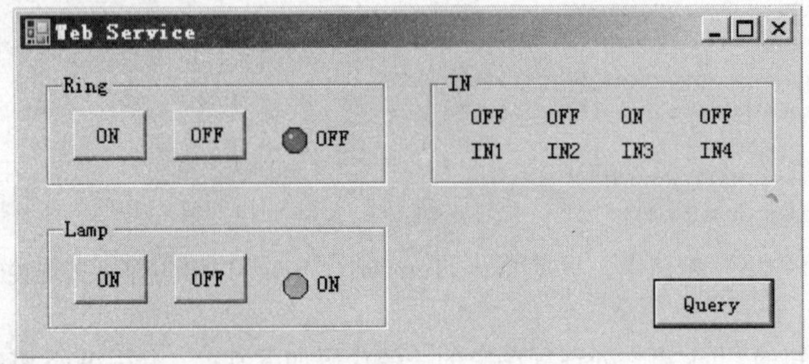

图 25-11 利用 Web Service 实现远程监控

25.4　本章小结

进行计算机监控系统主控软件的设计，需要分析被监控的对象，画出控制逻辑表，据此开发主控软件。通信是计算机监控系统中的核心问题，可以直接发送控制命令，也可以根据查询到的数据做出控制选择。被监控对象返回的数据除了用于控制以外，还需要进行界面的表示。DI/DO 软件仿真模块比较简单，只有 4 个输入开关和 2 个输出开关，这些开关状态在主界面上都得到了有效的表示，另外，通信状态也需要随时表示。第一个主控软件用 RS-232 接口实现，第二个主控软件用 TCP 协议实现，第三个主控软件创建了 Web 服务并通过调用这些 Web 服务实现了远程监控。

至于对 AI/DO 模块的监控，VirtualAIDOM_Master 主控程序采用了绘图技术；VirtualAIDOM_Master_Simple 主控程序用数据库记录报警信息，同时，采用动画精灵显示报警效果。这些技术分别在第 5 章、第 10 ~ 11 章及 7.14 节做了详细介绍，读者可以自己阅读程序，这里不再赘述。

思考与练习

1. 简述研发主控程序的详细过程。
2. RS-232 主控程序和基于 TCP 客户机的主控程序分别如何实现数据接收？
3. 被监控对象返回的数据在提取有效数据之前应该做哪些验证工作？
4. 将 DI/DO 软件仿真模块改为支持网络通信功能，直接与基于 TCP 客户机的主控程序连接。
5. 熟练搭建系统并操作，理解其控制逻辑和内部工作过程。
6. 对 25.1 节的主控程序增加数据库功能，并实现数据库内容的打印。
7. 对 25.2 节的主控程序增加菜单、工具栏和帮助功能。
8. 用 TCP 模式对 AI/DO 模块进行监控，增加电子邮件转短信进行报警的功能。

第 26 章　计算机监控系统模型

如何根据工程项目的需要构造计算机监控系统的硬件模型，从而，进一步设计主控机与受控机的软件模型，完成其开发与调试？本章将重点解决这些问题。由于计算机监控系统在不断朝网络化与集成化方向发展，我们还介绍了网络环境下的主机安全维护的知识。

26.1　计算机监控系统的硬件模型

试设想一个简单的家庭防盗系统，当有人进入房屋，靠近保险柜时，立即发出报警声音，同时发送短信到主人的手机中，报告入侵的时间，以便主人做出合适的安排。从系统需求可知，需要一个输入开关，用来触发事件，这可以通过红外传感器完成，当有人接近该传感器时，导致开关的变化；需要一个输出开关，用来触发报警器；还需要一个至少有 1 路输入和 1 路输出的嵌入式模块，该模块有一个 RS-232 接口，用来连接短信猫。系统的硬件结构如图 26.1所示。

我们将编写的程序下载到嵌入式模块，由嵌入式模块检测红外传感器开关的变化，如有人靠近，立即执行动作，并通过短信猫发送短信。在这里，嵌入式模块充当了控制器、数据采集器、执行器的功能，而没有主控机系统。

一般地，在接到项目设计任务书时，我们根据系统需求，确定需要多少路开关量输入、模拟量输入，多少路开关量输出、模拟量输出；在此基础之上，确定合适的传感器、数据采集模块、嵌入式模块（受控机）；最后，考虑受控机与主控机的通信模式。

中国传感器网提供了各种传感器，用来检测各种信号，将物理量转换为电信号。但是，这些电信号未必能被数据采集器使用，这时，需要信号转换器，将初始电信号转换成数据采集器可以接收的信号范围，例如，将 4 ~ 20mA 的电流信号转换为 0 ~ 5V 的电压信号。一般的计算机监控设备类公司的网站上都会提供各种数据采集模块、专用通信模块、嵌入式模块，以及各种应用方案。我们可以利用诸如此类的素材，确定计算机监控系统的硬件结构。一个典型的计算机监控系统的硬件模型如图 26.2 所示。

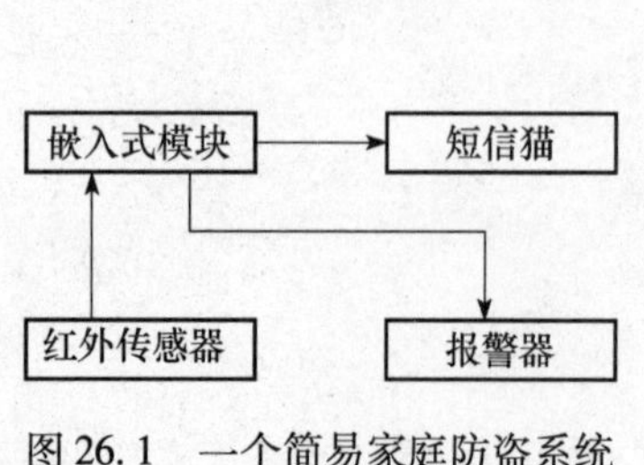

图 26.1　一个简易家庭防盗系统

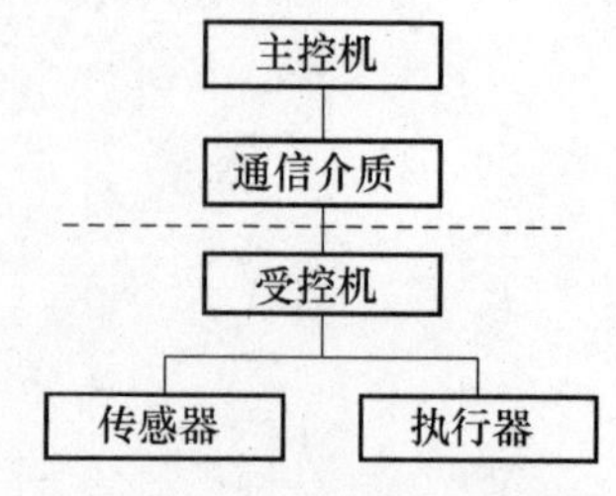

图 26.2　一个典型的硬件模型

最简单的计算机监控系统由传感器、执行器和嵌入式系统作为控制器组成，如图 26.2 所示的虚线以下部分（简称“基本单元”）。我们在受控机与传感器之间省略了可能的信号转换器与数据采集器；在受控机与执行器之间也省略了可能的信号转换器，如将 220V 的开关转换成 380V 的开关等。

图 24.2 中的 HS-96 型模块 1600 与 2800 就是数据采集模块，这些模块在嵌入式模块（受控机）与传感器之间，一般通过 RS-232 或 RS-485 接口与受控机通信。主控机与受控机之间采用何种介质进行通信，取决于两者通信频繁的程度、数据量的大小以及距离。如果距离比较近，一般采用串口直接连接；如果距离比较远，如 500 米，可以借用专用的无线模块进行连接。如果要进行远程监控，有 Internet 网络的情况下，可以采用 TCP 连接；否则，在数据量较小且传送不频繁时（如远程抄表），可以通过短信进行数据传送，数据量较大且比较频繁应采用 GPRS 通信。

一台主控机可以控制若干基本单元，基本单元中的一台受控机（嵌入式模块）也可以连接多个数据采集模块和输出模块。同样的道理，多台主控机（一般用工控机担当）也可以通过集线器或交换机连接起来，进入 Internet 进行统一管理，如图 26.3 所示。

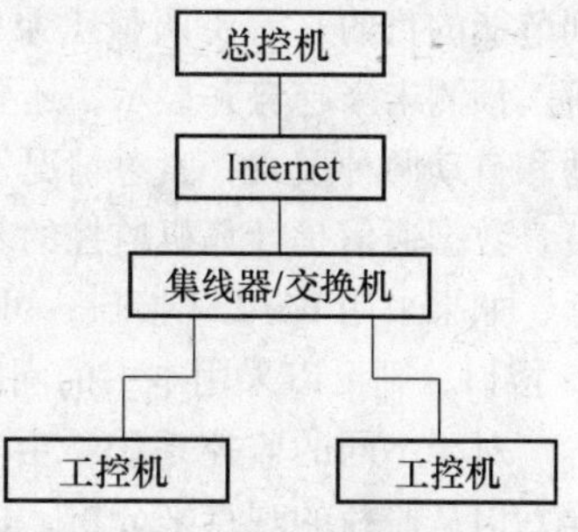

图 26.3 监控系统的网络模型

总控机可以通过客户机/服务器（C/S）的形式访问工控机，也可以通过浏览器/服务器（B/S）的形式访问工控机，后者的通用性更强。

26.2 主控机软件模型

主控机的主要功能是画面显示与人机交互，以及通过通信模块向受控机发送命令或查询受控机系统的状态，其软件模型如图 26.4 所示。画面设计模块根据所监控的对象，对画面进行编组，其中包括画面背景与图形对象，图形对象随数据的变化而更新显示效果。例如，图 25.1 中的飞机场就是一个画面背景，其中的 4 辆小车就是图形对象，它们根据数据的变化出现或隐藏。画面编组完成后，需要设置总貌，让操作人员和管理人员把握整个系统的大致情况，并可以便捷地切换到分组画面。在设计对象编组画面的同时生成对象状态数据库、图形单元数据库，并形成实时数据库和控制策略，如表 25.1 的控制逻辑表。另外，还要撰写完备友善的帮助文档，指导操作人员。

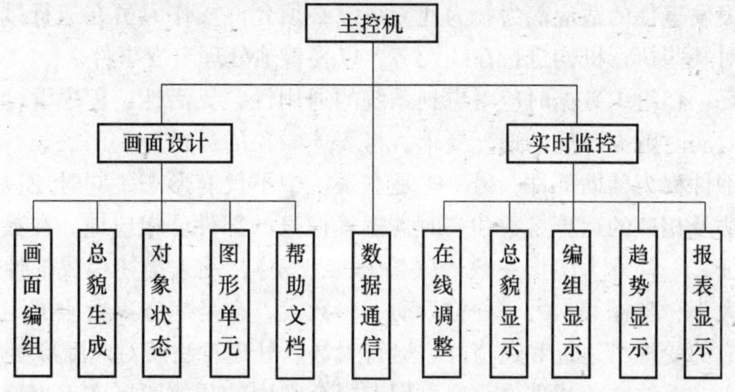

图 26.4 主控机软件模型

实时监控模块在系统运行过程中按照操作人员的要求，调用显示程序，访问相应的画面组态文件及实时数据库，实现系统的总貌、编组显示和趋势或报表显示，并根据需要进行打印。在编组显示状态下可调用在线调整模块对控制参数进行在线调节（一般分为手动与自动两种模式）。

例如，参考文献［1］中的浙江省钱塘江大型泵站监控系统。钱塘江涨潮，需要关闭内河的闸门，免得庄稼受淹；如果内河水位高于钱塘江的水位，可以开闸放水；如果内河水位比较高，但是，仍然低于钱塘江的水位，这时就需要开动大型水泵排涝。泵站排水的时候，为了达到节能的目的，需要调整水泵叶轮的角度。各个画面都需要编组显示，根据对历史数据的分析，预测未来趋势并显示，还要实现各种报表的显示并根据需要进行打印。在线调整则分为手动和自动两种模式，紧急情况发送报警信息（如短信报警）。

数据通信是计算机监控的基础与命脉，可以根据需要选择不同的硬件与受控机之间交换数据。如果采用 RS-232 接口，可以采用本书的串行通信解决方案建立通信子系统；如果采用 RJ-45 接口，则可以采用本书的网络通信技术构建通信子系统。

对于不同的监控系统，由于控制过程、行业特点以及现场条件的不同，而存在较大的差异，但从监控的观点来分析，这些系统却具有某些共同的特点：

对象的独立性　系统中的各个对象并不是全部关联在一起，总有一些对象具有较强的独立性，即各自有独立的控制过程、启动及停止时间。因而，每个控制对象可作为一个独立目标进行处理，它可拥有自己的受控机，占有独立的显示画面，在系统运行过程中可根据实际需要从系统中删除或插入。

对象构造的组合性　任何一个对象都是由有限个过程检测变量和相应的检测部件，以及若干个与这些变量直接或间接相关的控制算法和控制部件组成的复合体。因此，一个对象的监控过程可用一些常用的检测和控制算法的组合来表征，其流程画面也将可用一些描述检测和控制部件的简单几何图元和工程部件符号的组合形象地表示。

画面显示的实时性　画面显示是系统关键的交互界面，操作人员必须能通过画面及时了解系统的全局和各个对象的工作状况。因此，用于表征工作状况的数值及有关图元或符号必须随现场数据的变化而实时地刷新。

在线可操作性　对控制过程的应急处理是过程控制系统必备的基本功能。它决定了系统对外界或系统内部突发事件的适应能力。为此，系统必须允许操作人员在运行过程不间断的前提下，通过监控机对某些执行机构进行在线调节，以妥善地处理突发事件。

参数表的设计　在组织数据时应考虑到系统的通用性、灵活性、程序设计及内存管理的简单方便以及系统对实时数据寻址的速度要求。将表述对象的部件分为两大类，一类是在系统中仅以形态出现的部件称为辅助部件；另一类是在系统中不仅有形态，同时还包括该部件所采用的检测或控制算法及相应的运算参数和实时数据等信息的部件。相应地，在数据结构设计中采用两种结构来表征，一种称为图形参数表（静态参数表），用来描述构成部件形态的基本图元参数，如图元的大小、坐标等；另一种称为动态参数表，它是静态参数表的附表，描述了检测或控制部件所对应的受控机地址和通道号、运行参数、处理算法及对应图形参数表指针。

函数库的建立　系统的构成部件一般可用有限个常用的几何图形或工程部件符号形象地描述，其检测算法和控制算法往往相对集中并且比较规范。在设计中，为增强系统的通用性，建立通用图形单元库供在系统组态和实时监控时调用，建立检测算法库和控制算法库以完成指定的监控功能。为方便用户，各函数库均可根据实际需要加以扩充。

图形单元库　包含行业流程显示常用的基本图元和基本工程部件符号。库中每个基本图元对应一个函数，各函数均有一个统一格式的函数名并带若干变量。在系统构成时，用户通过屏幕菜单选取图元并输入相应的参数，构成部件的外部形态并显示在屏幕上。与此同时，系统将自动填写部件的图形参数表，建立相应的画面组态文件。在系统投入运行后，可通过画面组态文件直接调用图元函数实现流程画面的实时显示。

控制算法库及检测算法库　含有一般过程控制常用的加、减、乘、除、开方根、PID、选通及极限判断等算法。各个算法均有一个统一格式的标识名，多数算法还以菜单方式提供若干供用户在系统组态时进行选择的执行参数或参数组。检测算法库中含有多种温度、压力、流量等传感器的检测值及修正算法，几种常用的数字滤波算法（如平均法、中值法、惯性法等）。它们同样具有同一格式的标识名，便于在流程画面组态过程中通过屏幕菜单填写部件动态参数表，并直接生成监控组态文件。

对象的数据组织　由于系统中各对象均是由若干部件组成的独立体，每个部件需由若干图元参数表构成的参数表链外加一动态参数表来描述。因此，在设计中采用两个相关的双向链表来描述一个对象。采用这种组织方式允许用户在构成系统时直接从对象的外部形态着手，通过屏幕编辑填写相关的图元参数表及动态参数表，画面上每加入一结图元，系统将在链中加入一节点，并在画面组态及监控组态文件中加入相应描述语段。这种数据组织方式的优点是：画面组态与监控回路组态可在画面编辑过程中同时完成；采用动态内存管理使内存的利用更加灵活、有效，提高了软件的可移植性。

26.3　受控机软件模型

受控机系统的主要功能是向各数据采集模块发送查询命令，取得所需模拟量输入与开关量输入数据；响应主控机的查询命令，上传被查询的数据；接受主控机的执行命令，向执行模块发送模拟量输出与开关量输出命令，驱动所连接的设备动作。另外，对于紧急情况，可将控制策略保存在受控机，由受控机直接发送执行命令，然后向主控机报告。受控机的软件模型如图 26.5所示，分为三个模块，数据通信模块、监控程序模块与系统诊断模块。

数据通信模块管理所有的通信接口，包括与主控机的接口、各数据采集模块与动作执行模块的接口。系统诊断程序主要进行通信测试，以及输入输出测试，并将测试结果通过数据通信模块报告主控机。监控程序根据系统设置运行，如受控机的地址、串口参数、控制策略参数等。检测到的数据可能需要变换，检测频率也有要求，这就涉及检测方式函数库，例如，利用温度测试仪对 12 路温度巡回检测，时间跨度如何控制？温度范围为 10～30℃，数据范围为 0～255，这就涉及数据变换。控制算法函数根据输入的参数，返回控制结果，例如，一个化学反应罐，输入温度、压力，将返回打开解压阀或闭合加温电路的控制命令参数。I/O 执行程序根据控制算法得到的结果，向执行模块发送控制命令。控制算法函数库放置在主控机还是受控机，根据需要而定。

受控机典型的软件流程图如图 26.6 所示，首先，根据系统设置初始化系统，然后，进入死循环，轮流读取各接口数据，如果有数据，就进行处理。数据处理工作包括与主控机的配合以及各数据采集模块与执行模块的协作。

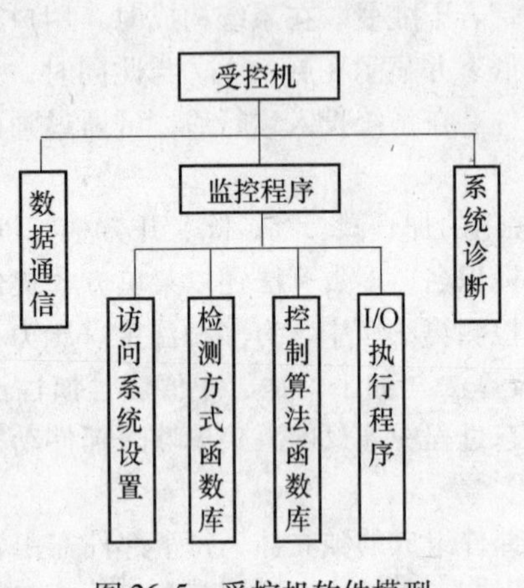

图 26.5 受控机软件模型

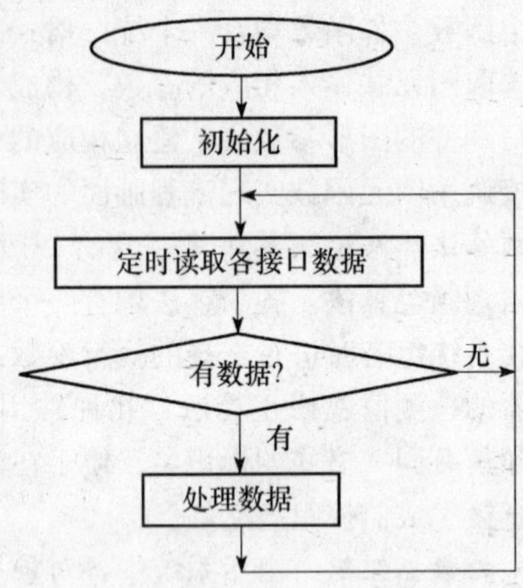

图 26.6 受控机典型的软件流程图

26.4 网络环境下的主机安全维护

计算机监控网络化是当前的发展趋势，因而，保证网络环境下的主机安全，对于系统可靠运行具有重要意义。网络容易被嗅探，在建立 TCP 连接的时候，应该进行加密认证。此外，网络下的主机还容易受到基于漏洞、病毒和后门等的攻击。威胁最大的主要漏洞有缓冲区溢出漏洞、共享漏洞、权限提升漏洞、远程命令执行漏洞等。应该设置操作系统的自动更新功能，以便在一定程度上抵制远程攻击。同时，关闭不必要的服务，如信使服务、共享服务及其他不必要的服务。攻击者即使拥有合适的凭证，如果不能经由某个服务器守护进程取得一个登录提示，仍然难以登录到目标系统，因而，关闭不必要的服务能在某种程度上保证系统的安全。

任何一个攻击者的主要目标是获取对于目标系统的命令行或 Shell 访问。主机系统一旦被攻破，攻击者一般会留下后门。有些后门程序附带键击记录器，可以将受害者的键击记录发送到攻击者的信箱。易于设置的后门为 netcat，可以配置成在某个端口上监听，当有一个远程系统连接到那个端口时，就自动启动一个可执行文件。将一个 netcat 监听器配置成触发启动一个 Windows 系统下的 cmd.exe 程序或 Linux 系统下的 Shell 命令后，命令行环境就能够弹回到触发它的远程攻击系统，从而，使攻击者对受害者的主机执行任意命令。

默认情况下，Windows 打开共享服务，这容易导致 netuse 空会话攻击，从而采用 netview 来查点远程系统的共享资源。直接查询 NetBIOS 名字表的阻塞方法：禁止对 NetBIOS 特定 TCP 和 UDP135 ~ 139 及 445 端口的访问。除了这种方法，惟一防止用户数据出现在 NetBIOS 名字表中的方法是，使单独主机上的 Alert 和 Messenger 服务失效。另外，关闭 Server 服务能完全取消共享，从而彻底地避免共享攻击。

邮件的附件中夹带木马程序或 Script 代码也是一种典型的攻击网络主机的方法。如以下命令就可以添加一个系统管理员账号，然后利用漏洞登录受害者主机为所欲为：

```
net user hacker 123456 /add
net localgroup administrators hacker /add
```

一般的防病毒程序均有邮件监控、注册表监控功能，能删除邮件中的木马程序和病毒程序，当程序修改注册表的时候能够有效地提醒用户。

安装防火墙限制程序的进出，是保护系统的重要手段。目前，较好的软件桌面防火墙如来自 Zone Labs 的产品 ZoneAlarm。该产品灵活安全，使用指纹来辨别程序的所有组件以及程序本身，防止了木马程序或其他恶意代码伪装成一个经批准的程序来获得对计算机的控制，也可以停止潜在的动态内容（包括 JavaScript 和 ActiveX 控件），防止它们危害计算机。除了防火墙功能（免费）外，该产品还有防病毒、邮件保护以及事件记录等功能。ZoneAlarm 站点也提供受限的免费 online spyware scanner，发现并汇报可能的间谍程序及其组件。

入侵检测也是保护主机信息的有效手段。扫描检测工具 Genius 会在一段时间内监听大量端口打开请求，当检测到一次扫描时就弹出一个对话框报警，指出冒犯者的主机 IP 地址或域名。Windows XP 自带的防火墙也可以记录连接，如果在没有上网的情况下有数据发送，那么主机已经被攻击的可能性很大。Windows 命令“netstat-an”将显示所有连接和端口、地址；或者使用 FPort 工具，该工具能够形成进程与端口映射的合成输出，有利于查找后门程序。后门程序一般修改注册表，使系统启动时自动执行，因而，查看注册表的 Run 键值（HKEY_LOCAL_MACHINE \ Software \ Microsoft \ Windows \ CurrentVersion \ Run），删除可疑选项也是重要的措施。

26.5　本章小结

本章对计算机监控系统硬件模型的构建过程做了详细的阐述，还介绍了主控机的主要功能及软件模型、受控机的主要功能及软件模型和主要流程图。这些技术有助于快速搭建计算机监控的硬件系统和软件系统。计算机监控系统的网络化是一个重要的发展趋势，也是延长监控距离的重要手段，由此也导致了网络安全问题。

本章的最后部分介绍了网络环境下主机的安全维护技术，包括升级操作系统、关闭不必要的服务、安装防病毒软件与防火墙，以及用工具查看可疑的连接等。网络环境下的主机安全维护技术可以有效地防止黑客攻击，从而在一定程度上避免严重的控制事故，保证基于网络的计算机监控系统的安全。

思考与练习

1. 如何构建计算机监控系统的硬件模型？
2. 主控机的功能是什么，由哪些部分组成？
3. 受控机的功能是什么？画出典型的受控机软件流程图，说明其中的含义。
4. 可以采取哪些措施保证网络环境下的主机安全？

参考文献

[1] 马玉春. 计算机监控技术与系统开发 [M]. 北京：清华大学出版社，2007.1.

[2] 马玉春，王建明. 计算机监控接口技术研究 [J]. 工业控制计算机，2004.6.

[3] 马玉春，宋瀚涛. 串行通信协议的研究及应用 [J]. 计算机应用研究，2004.4.

[4] 马玉春，王冬，韩建文. 基于C语言的数据包校验算法与接口转换技术研究 [J]. 琼州学院学报，2010.5.

[5] 马玉春. 通用多功能计算机监控系统测试软件：中国，2011SR025314 [P]. 2011-5-3.

[6] 马玉春，孙冰，王建明. 数字I/O模块的软件模拟研究 [J]. 计算机工程，2006.16.

[7] 马玉春，孙冰. 模拟量输入与开关量输出模块的软件仿真 [J]. 软件，2011.12.

[8] 马玉春，刘杰民，孙长圣. 基于计算机监控的专业平台课综合实践研究 [J]. 计算机教育，2007.20.

[9] 马玉春. 计算机监控系统仿真开发平台的软件实现 [J]. 专家论坛. 电脑编程技巧与维护，2009.1.

[10] 马玉春，刘杰民，孙长圣. 计算机监控系统仿真开发平台 [J]. 计算机工程，2008.7.

[11] Ma Yuchun, Li Zhuang. Comprehensive Practice Research of Professional Platform Courses Based on Computer Monitor Technologies [C]. JICSIT 2011.

[12] 马玉春，刘杰民，王鑫. Visual Basic. NET案例教程 [M]. 北京：机械工业出版社，2009.9.

[13] 马玉春，汪文彬，张鲲，李壮. 基于.NET的实时数据线绘制 [J]. 电脑编程技巧与维护，2010.22.

[14] 马玉春，宋瀚涛. Web中文文本分词技术研究 [J]. 计算机应用，2004.4.

[15] Ma Yuchun, Huang Yinghong, Zhang Kun, Li Zhuang. General Application Research on GSM Module [C]. ICICIS 2011.

[16] 马玉春，汪文彬，王冬，苏静. 面向工程技术的C语言程序设计教学实践研究 [J]. 琼州学院学报，2011.5.

[17] 马玉春，李应勇，张鲲，李壮. 数据的编码与处理技术 [J]. 电脑编程技巧与维护，2011.8.

[18] 马玉春，李应勇，张鲲，李壮. 数据包的综合校验与生成技术 [J]. 电脑编程技巧与维护，2011.6.

[19] 马玉春，李壮. GSM模块综合测试软件：中国，2011SR068766 [P]. 2011-9-23.

[20] 马玉春，刘杰民. 支持来电显示的Modem仿真软件：中国，2011SR074855 [P]. 2011-10-19.

[21] 马玉春. Java通用数据处理技术 [J]. 电脑编程技巧与维护，2007.8.

[22] 马玉春. Java事件驱动的串行通信 [J]. 电脑编程技巧与维护，2007.11.

[23] 马玉春. Java串行通信类 [J]. 电脑编程技巧与维护，2008.1.

[24] 马玉春，张鲲，李壮. 基于C语言的通用受控机程序设计 [J]. 电脑编程技巧与维护，2011.10.

[25] 马玉春，孙冰. POP3密码攻击与防护研究 [J]. 电脑编程技巧与维护，2005.9.

[26] Ma Yuchun, Huang Yinghong, Zhang Kun, Li Zhuang. Telephone Clients Management System With Short Messages [C]. ICICIS 2011.

[27] Ma Yuchun, Li Zhuang. Unmanned Mountain Station Supervising System Based on C Language [C]. JICSIT 2011.

华章专业开发者书库

Python编程实践
作者：Jennifer Campbell 等
译者：唐学韬 等
ISBN：978-7-111-36478-8
定价：49.00元

Windows 7脚本编程和命令行工具指南
作者：Brian Knittel
译者：李军 等
ISBN：978-7-111-35677-6
定价：79.00元

Linux内核设计与实现（原书第3版）
作者：Robert Love
译者：陈莉君 康华
ISBN：978-7-111-33829-1
定价：69.00元

Visual Studio 2010软件测试指南
作者：Jeff Levinson
译者：赵卓
ISBN：978-7-111-35931-9
定价：49.00元

深入剖析Tomcat
作者：Budi Kurniawan 等
译者：曹旭东
ISBN：978-7-111-36997-4
定价：59.00元

4.4BSD操作系统设计与实现
作者：Marshall Kirk McKusick 等
译者：李善平 等
ISBN：978-7-111-36647-8
定价：79.00元

Java并发编程实战
作者：Brian Goetz 等
译者：童云兰 等
即将出版

测试驱动的JavaScript开发
作者：Christian Johansen
译者：赵勇 等
即将出版

Web开发敏捷之道
作者：Sam Ruby 等
译者：骆古道 等
即将出版

华章精品图书

虚拟化技术指南

Hadoop实战

分布式和云计算

云计算架构：解决方案设计手册

智慧物联网：感知中国和世界的技术

云计算安全与隐私

www.hzbook.com

填写读者调查表　加入华章书友会
获赠精彩技术书　参与活动和抽奖

尊敬的读者：

感谢您选择华章图书。为了聆听您的意见，以便我们能够为您提供更优秀的图书产品，敬请您抽出宝贵的时间填写本表，并按底部的地址邮寄给我们（您也可通过www.hzbook.com填写本表）。您将加入我们的"华章书友会"，及时获得新书资讯，免费参加书友会活动。我们将定期选出若干名热心读者，免费赠送我们出版的图书。请一定填写书名书号并留全您的联系信息，以便我们联络您，谢谢！

书名：　　　　　　　　　　书号：7-111-(　　　　　　　　)

姓名：	性别：☐男　☐女	年龄：	职业：
通信地址：		E-mail：	
电话：	手机：	邮编：	

1. 您是如何获知本书的：

☐朋友推荐　☐书店　☐图书目录　☐杂志、报纸、网络等　☐其他

2. 您从哪里购买本书：

☐新华书店　☐计算机专业书店　☐网上书店　☐其他

3. 您对本书的评价是：

技术内容	☐很好	☐一般	☐较差	☐理由________
文字质量	☐很好	☐一般	☐较差	☐理由________
版式封面	☐很好	☐一般	☐较差	☐理由________
印装质量	☐很好	☐一般	☐较差	☐理由________
图书定价	☐太高	☐合适	☐较低	☐理由________

4. 您希望我们的图书在哪些方面进行改进？

____

____

5. 您最希望我们出版哪方面的图书？如果有英文版请写出书名。

____

____

6. 您有没有写作或翻译技术图书的想法？

☐是，我的计划是________________________　☐否

7. 您希望获取图书信息的形式：

☐邮件　☐信函　☐短信　☐其他________

请寄：北京市西城区百万庄南街1号　机械工业出版社　华章公司　计算机图书策划部收

邮编：100037　电话：(010) 88379512　传真：(010) 68311602　E-mail: hzjsj@hzbook.com